"十二五"职业教育国家规划教材
经全国职业教育教材审定委员会审定

浙江省"十一五"重点建设教材

高职高专信息技术类专业项目驱动模式规划教材

网页设计与制作项目教程

汪迎春 主编
秦学礼 李向东 副主编

清华大学出版社
北京

内容简介

本书突出项目化教学的特点，按照网页设计与制作的相关流程与应掌握的实践技能构建教学项目。根据相关知识点，本书将内容划分为初识站点、网页的基本元素——文本和图像、网页布局技术、表单、美化网页、ASP 动态网页技术、站点测试 7 个大项目，共 18 项任务。

全书基于真实案例，以应用为导向，采用任务驱动的教学法，融"教、学、练"于一体，把 Dreamweaver 的大量知识点细化到 18 项任务中讲解，并针对相关的知识点深化、拓展，循序渐进、直观明了地阐述了 Dreamweaver CS6 的各种功能，可加深读者的理解，具有较强的可读性和可操作性。

本书是一本为高职院校学生量身定做的网页设计和制作教材，适合计算机相关专业、数字媒体、电子商务专业教学使用，也适合网页制作培训班学员和网页制作爱好者学习参考。

图书在版编目(CIP)数据

网页设计与制作项目教程/汪迎春主编. —北京：清华大学出版社，2014(2018.11重印)
(高职高专信息技术类专业项目驱动模式规划教材)
ISBN 978-7-302-32705-9

Ⅰ. ①网…　Ⅱ. ①汪…　Ⅲ. ①网页制作工具—高等职业教育—教材　Ⅳ. ①TP393.092

中国版本图书馆 CIP 数据核字(2013)第 125549 号

责任编辑：孟毅新
封面设计：傅瑞学
责任校对：袁　芳
责任印制：刘祎淼

出版发行：清华大学出版社
网　　址：http://www.tup.com.cn，http://www.wqbook.com
地　　址：北京清华大学学研大厦 A 座　　邮　　编：100084
社 总 机：010-62770175　　邮　　购：010-62786544
投稿与读者服务：010-62776969，c-service@tup.tsinghua.edu.cn
质量反馈：010-62772015，zhiliang@tup.tsinghua.edu.cn
课件下载：http://www.tup.com.cn，010-62795764
印 装 者：北京鑫海金澳胶印有限公司
经　　销：全国新华书店
开　　本：185mm×260mm　　印　　张：17.75　　字　　数：409 千字
版　　次：2014 年 8 月第 1 版　　印　　次：2018 年 11 月第 6 次印刷
定　　价：32.00 元

产品编号：050611-01

前言

本书采用任务驱动的教学理念设计并组织全书内容，融“教、学、练”于一体。作者根据网页设计的知识结构和 Dreamweaver CS6 的相关功能，共设计了 7 个项目，将每个项目又划分为一项或多项子任务，每项任务都精心设计了具体的操作流程，尽可能多地积聚需重点掌握的制作环节和知识点。

全书结构新颖，每项任务都包含技能目标、知识目标、工作任务、相关理论知识的探究、知识能力的拓展等环节，以便学有余力的同学能够掌握更多的知识。此外，编者把 Dreamweaver CS6 的大量功能和制作知识点细化到各项任务中去讲解，并针对相关的知识点深化、拓展，循序渐进、直观明了地阐述了 Dreamweaver CS6 的制作功能，加深读者的理解，具有较强的可读性和可操作性。

为了使本书更能符合高职学生的实际情况，编者在设计教学内容的组织与编写过程中更多地考虑到实际开发与教学相结合的思路，使相应的理论知识在精练归纳后的任务技能实训过程中得到理解和掌握，教学内容按照由简单到复杂、由局部到整体、由易到难组织，以便学生能够循序渐进地、合理地组织学习知识、训练技能。读者在学习过程中，只需按照相关实践知识中对应的步骤完成工作任务，就能较快地理解网页的设计与制作流程。

本书设计的课程教学内容划分为 7 个教学项目，共 18 项教学任务，如下表所示。教师在教学过程中，可以灵活地采用先讲后练、先练后讲或者边讲边练的方式进行。

教学任务安排

项目组织	任务驱动模块设计	教学重点
项目 1　初识站点	任务 1　网站欣赏	分析优秀网页的布局结构、颜色搭配等
	任务 2　构建简单的 Web 站点	创建本地网站、Dreamweaver CS6 工作环境、网页制作基础知识
	任务 3　网站项目的开发与组织	网站设计的流程、SEO 搜索引擎、灵活 Web 设计
项目 2　网页的基本元素——文本和图像	任务 4　文本的操作	文本操作、特殊文本、超链接与文本超链接
	任务 5　图像的操作	认识图像、图像超链接、加快页面下载速度
项目 3　网页布局技术	任务 6　布局技术之一——表格	表格、嵌套表格、布局模式
	任务 7　布局技术之二——层 AP Div	AP 元素与表格的转换、拖动 AP 元素行为、显示-隐藏元素行为
	任务 8　布局技术之三——Div+CSS	Div+CSS 布局
	任务 9　布局技术之四——框架	框架和框架集、创建自定义框架和框架集、内联框架 iFrame
	任务 10　布局技术之五——模板和库	模板、库项目、资源的应用

续表

项目组织	任务驱动模块设计	教学重点
项目4　表单	任务11　表单和Spry表单构件	表单及表单对象、Spry表单构件、制作具有校检功能的会员注册表单、检查表单行为
项目5　美化网页	任务12　使用CSS美化网页	CSS层叠样式表、CSS滤镜
	任务13　动感页面——多媒体	网页中的动感元素、Spry组件
	任务14　网页特效——行为	行为与事件、行为的应用、内置行为
	任务15　网页特效——插件	插件、检查插件行为
项目6　ASP动态网页技术	任务16　搭建服务器平台	ASP技术、建立虚拟目录、Access数据库、ADO技术、连接数据库
	任务17　动态网页	绑定数据库制作注册页面、制作登录页面、SQL查询、数据库的应用
项目7　站点测试	任务18　站点测试与维护	管理网站、网站发布、维护站点、网站的宣传
课外拓展实践	根据课堂所学习的操作方法，选择一个主题，学生自己动手制作网页	
工学结合网站开发项目	网页设计与制作的知识和技能的综合应用，提高网页制作实战技能和岗位适应能力	

本书设计的项目导向、任务驱动教学还存在一定的局限性，还需要经过教学实践的证实与提炼。由于这是一项尝试性的教学改革思路，所以在内容的组织与归纳总结方面，难免存在不足之处，还有待于在实践中得到进一步完善。

本书已列为2009年浙江省“十一五”重点建设教材资助计划。

本书的编写得到了浙江育英职业技术学院教授、高级工程师、浙江省教学名师秦学礼老师的指导与大力支持，大舟电子商务有限公司董事长兼总经理刘豪伟给予了相关技术支持。本书由汪迎春老师任主编并负责统稿，秦学礼、李向东任副主编。具体编写分工如下：项目1由秦学礼编写，项目2由刘豪伟和陈薇编写，项目3由汪迎春编写，项目4由杭州职业技术学院高永梅副教授编写，项目5由何燕飞、陈静编写，项目6由李向东编写，项目7由管瑞霞、徐利华编写。在编写过程中还参阅了大量的相关教材和专业书籍，在此一并向各位专家及各位参考书籍的编者表示感谢！相关的教学素材可在清华大学出版社网站下载，也可和编者联系。

鉴于编写者水平有限，书中难免有不足之处，欢迎各位专家和广大读者不吝赐教、批评、指正，电子邮件发送至 wycszjsjy@126.com。

编　者

2014年6月

目录

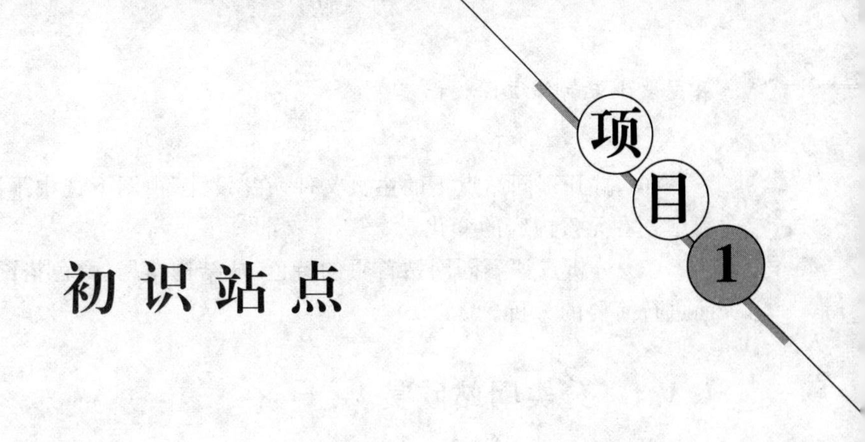

初识站点

1.1 任务1 网站欣赏

技能目标

(1) 通过欣赏、观察、分析不同主题的网页,从学习和任务中归纳出不同网页的设计理念,感触网页设计的风格、色调等基础知识。

(2) 了解页面的组成元素。

(3) 熟练掌握网页设计过程中的基本技能之一——本地站点的创建。

知识目标

(1) 能够熟练配置和使用网页的基本运行环境。

(2) 欣赏优秀的网页,学习他人之长,激发学习网页设计的兴趣。

(3) 教师点评优秀网页的布局结构、色彩搭配、视觉效果,帮助学生了解网页设计的基础知识。

(4) 了解网页的组成元素。

(5) 掌握网站的开发流程,了解网站的规划与组织。

(6) 理解网页配色与布局在网页设计中的重要性。

工作任务

本任务在\Mywebsite\N1\T1(该路径针对每个子任务来说是根节点,下同)目录下提供了4种不同风格类型的网站,通过本地站点的创建及相关网站的欣赏,在与老师和同学之间的合作交流过程中,发表自己的观点、交流思想,对文件的分类管理以及网页的布局、色彩、组成元素有一个直观的认识。在学习中有意识地浏览、鉴赏网络上不同设计风格的网页,培养网页设计的创新意识与欣赏能力,为今后的学习和提高网页设计技能提供铺垫。

(1) 打开IE浏览器登录到一个网站,通过选择“文件”|“另存为”命令的方式,把浏览时看到的精美网页复制到本地硬盘,并分析设计的结构和风格。

(2) 双击刚下载的网页文件,查看网页在IE浏览器地址栏中的显示路径。

(3) 在指定盘符下新建子目录,并把教师提供的设计完整的不同类别的网站复制到该目录下。

(4) 打开相应类别网站所在的目录,查看文件的扩展名及目录名。

(5) 在Dreamweaver CS6环境下,为各种类别的网站分别建立站点,掌握站点之间的切换方法。

(6) 打开不同站点下的主页文件,在"设计"视图下选中不同的页面元素,并在属性面板中查看元素内容的变化。

(7) 分析点评不同网站首页的特色,从结构布局、颜色搭配、文字效果、图片效果等方面进行简要的分析。

1.1.1 分类网站欣赏

(1) 打开IE浏览器,在地址栏输入网址 http://www.kinder-bueno.com.cn,一张精美的巧克力美食网站首页即显示在眼前,如图1-1所示。

图1-1 网站浏览页面

(2) 在浏览器窗口选择"文件"|"另存为"命令,弹出图1-2所示的"保存网页"对话框。

图1-2 "保存网页"对话框

(3) 在对话框中先指定网页的保存路径，选择"网页，全部"选项，可以采用默认的文件名将网页保存起来。目录中除了一个HTML文档外，还有一个文件夹专门存放该网页中用到的相关图片文件等，如图1-3所示。

(4) 选中kinder.htm，右击，并在弹出的菜单中选择"使用Dreamweaver CS6编辑"选项，在Dreamweaver CS6的编辑区中打开网页的内容，查看网页设计风格。

(5) 打开资源管理器，把企业类businessweb、儿童类childweb、影视类filmweb、游戏类gameweb这4类不同风格类型的网站，复制到在E盘创建的\Mywebsite\N1\T1文件夹下。

(6) 启动Dreamweaver CS6。双击安装程序在桌面创建的快捷图标，或执行"开始"|"所有程序"|AdobeDreamweaver CS6命令，以启动程序的运行。快捷图标如图1-4所示。

图1-3　保存下来的网页文件

图1-4　Dreamweaver CS6快捷图标

(7) 第一次启动会弹出"默认编辑器"对话框，如图1-5所示。用户可单击"全选"按钮将Dreamweaver CS6设置为对话框中所有文件类型的默认编辑器。

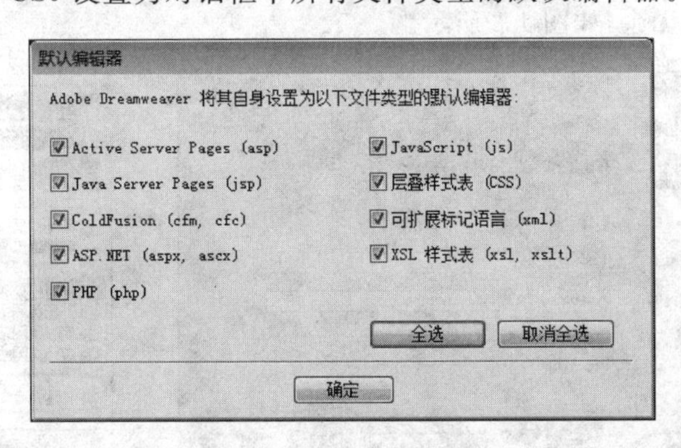

图1-5　"默认编辑器"对话框

(8) 单击"确定"按钮，进入Dreamweaver CS6欢迎界面，如图1-6所示。该界面允许快速访问最近打开的页面文件、轻松创建不同的页面类型，并且能够在线连接到多个关键的帮助主题(如快速入门、资源、插件、主要功能等)。

(9) 选择"站点"|"新建站点"命令、界面上方的"站点"图标，或单击界面右侧"文件"面板的"管理站点"，都可以创建站点。在弹出的如图1-7所示的"站点设置对象"对话框内的"站点名称"文本框内输入"企业类网站"，单击"本地站点文件夹"后的文本框旁的"浏览文件夹"图标，选择站点文件夹为E:\Mywebsite\N1\T1\businessweb\。(网站目录的层次建议最多不要超过3层。此处目录层次是教材编写需要，可将E:\Mywebsite\N1\T1\等同于根目标。)单击"保存"按钮即完成了站点的设置过程(静态网站)。

图 1-6　Dreamweaver CS6 欢迎界面

(10) 按照步骤(9)的操作顺序,再依次建立 3 个本地站点:“儿童类网站”、“影视类网站”、“游戏类网站”。在 Dreamweaver CS6 窗口右侧的“文件”面板中,所有站点信息、当前站点内容都一览无余,如图 1-8 所示。

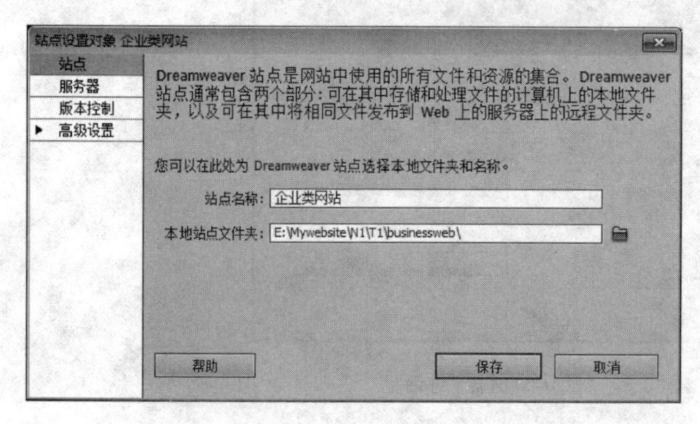

图 1-7　设置站点对象

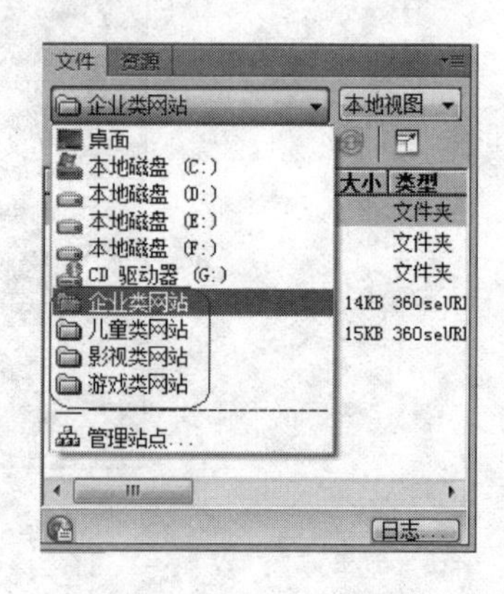

图 1-8　“文件”面板

(11) 在“文件”面板中,可以方便地设置站点窗口显示的内容和形式,进行网站文件和文件夹的创建、删除、修改、复制等常规操作。可以通过“站点列表”实现不同站点间的切换,还可以通过“视图列表”显示本地站点的视图类型:本地视图、远程视图、测试服务器和地图视图。对于静态网站,一般只选择本地视图和地图视图进行站点编辑与测试。

(12) 站点(Site)由文档和文件夹组成,不同的文件夹保存不同类别的网页内容,如,\images 存放各种网页图像素材,\style 存放 CSS 样式文件,\JavaScript 存放 JS 文件。在实际的工作环境下,通常为每个要处理的网站建立一个本地站点,以便于用户对网站内部文件进行组织、维护和管理。存储在 Internet 服务器上的站点，称为远程站点，它是本地站点的副本。

(13) 打开“企业类网站”，可以看到简洁明快的网站结构，其中，\html 子目录存放二级目录网页文件，\images 子目录存放主页的所有图片，\style 子目录存放主页面所有元素的样式设置，在根目录下保存着扩展名为. html 的网页文件。双击网页文件 bubugao. html，则打开网页文件，并显示在 Dreamweaver CS6 的“设计”视图窗口中，如图 1-9 所示。

图 1-9 打开网页文件 bubugao. html

(14) 在“设计”视图窗口中，页面的结构一览无余，能清晰地看到该文件采用的布局技术、页面元素的设置参数、采用的媒体对象、超链接形式等所有信息，以及通过超链接形式与其他网页文件的链接。

(15) 按 F12 键或单击“在浏览器中预览”|“调试”图标，可预览主页显示效果。在 IE 浏览器地址栏，显示了该网页保存路径 E:\Mywebsite\N1\T1\businessweb\bubugao. html。通过“设计”视图与浏览器预览两种方式的显示对比会发现，此时页面的所有元素已成为一个整体，如图 1-10 所示。

(16) 首页构思分析。首页作为网站的重要组成部分，担负着网站“形象大使”的责任，也是网络欣赏的重点，所以，在设计时要特别注意色彩的搭配及创新意识的体现。对于“企业类”网站，在设计构建时，要结合企业产品的特点实施网络营销，尽可能地体现专业性和可信度，让读者对企业和产品建立信任，而制作时，要特别注重细节与视觉元素的均衡分布，用不同的视觉方式表达清晰的主题，色彩不宜太多，以蓝、灰等中性色调为基色，给人以清新、爽朗的感觉，尽可能使网站风格与企业文化背景相融合。

(17) 分别打开其他网站首页，对网页的设计构思、布局结构、色彩搭配等相关内容简要谈谈自己的看法。

图 1-10　在 IE 浏览器窗口预览主页文件

1.1.2　问题探究——网站分类

网页设计者在设计网站时，会根据客户的要求以及拟实现的功能和表达主题进行开放式设计。根据网站功能需求一般分为以下三类。

1. 资讯类网站

如新浪、网易、搜狐等大型门户网站。这类网站为访问者提供了大量的信息服务，而且用户访问量较大。网站信息服务往往涵盖多个领域，依托拥有海量用户群体的优势来赢利。因此，需要对这些信息进行合理分类，将页面划分为多个栏目，页面结构要合理、美观，以便于浏览者浏览。

2. 形象类网站

如一些中小型公司或单位的网站。这类网站一般较小，需要实现的功能也比较简单，主要任务是宣传企业形象。对于这类网站来说，版式、色彩、动画设计等是项目重点，一般对美编的要求较高。

3. 资讯与形象相结合的网站

如大型公司或高校的网站。这类网站在设计上要求较高，既要考虑到资讯类网站的各项功能，同时又要突出企业、单位的形象。

根据网站功能,也可以将网站细分为门户类、娱乐类、电子商务类、交易类、企业类、政府类、个人主页类等类别。在实际应用中,很多网站往往不能简单地归为某一种类型,无论是建站目的还是表现形式,都可能涵盖了两种或两种以上类型。

1.1.3　知识拓展——网页布局与配色

1. 网页布局

网页布局的好坏,是决定网页美观与否的一个重要因素。网页布局主要从两方面去理解：一种是结构布局；另一种是艺术布局。通过合理的布局,可以将页面中的文字、图像等内容完美、直观地展现给访问者,同时合理安排网页空间、优化网页的页面效果和下载速度。因此,在对网页进行布局的过程中,应遵循视觉的对称平衡、对比、凝视和空白等原则。常见的网页布局形式包括π形网页布局、"三"形网页布局、框架网页布局、POP网页布局和Flash网页布局等。

(1) π形网页布局

π形网页布局的网页顶部一般为网站标志、主菜单和广告条；下方分为3个部分：两边为链接、广告或者其他内容；中间为主题内容的布局结构。整体效果类似于符号π,如图1-11所示。这种网页布局的优点是充分利用了页面的版面,可容纳的信息量大；缺点是页面可能因为大容量的信息而显得拥挤,不够生动。

图1-11　π形布局的网页

(2) "三"形网页布局

"三"形网页布局常见于国外的网站。这种布局通常采用横向的两条色块将整个网页划分为上、中、下3个区域,如图1-12所示。而色块中一般只放置广告更新和版权提示等信息。

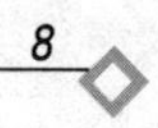

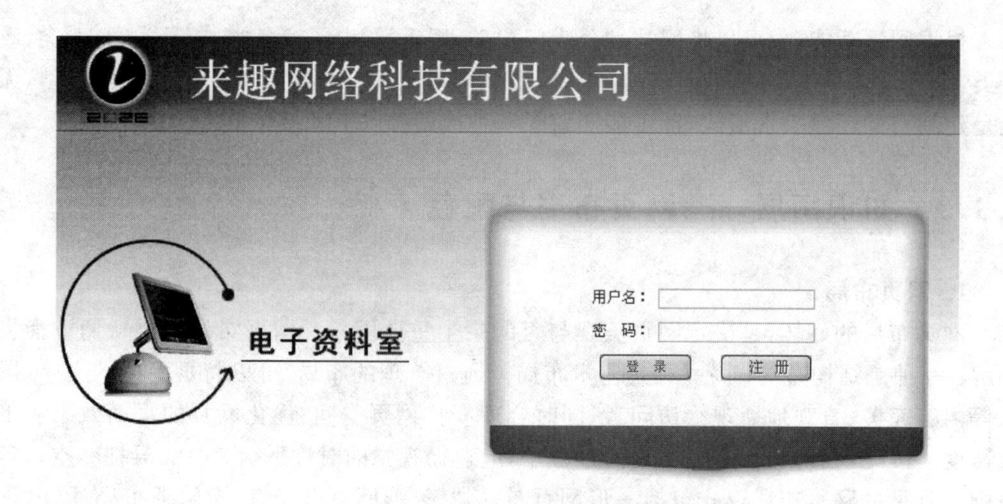

图 1-12 “三”形布局的网页

(3) 框架网页布局

框架网页布局包括左右框架网页布局、上下框架网页布局和综合框架网页布局 3 种形态。常见的大型论坛都是采用这种结构。这种网页布局一般通过某个框架内的链接控制另一个框架内的页面内容，结构清晰，可显示较多的文字、图像，如图 1-13 所示。

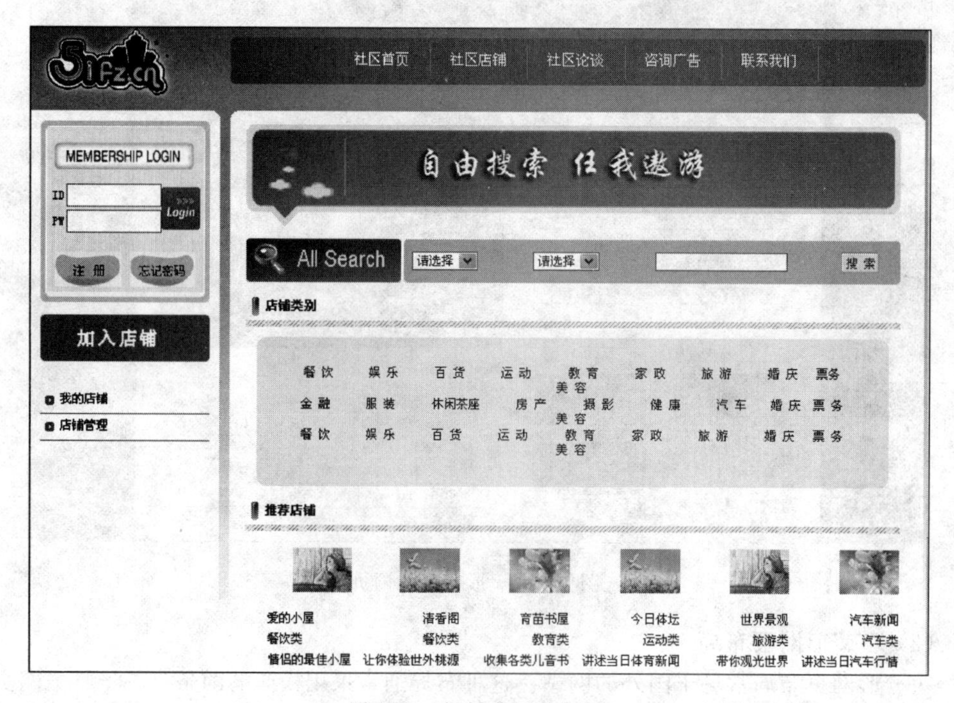

图 1-13 框架布局的网页

(4) POP 网页布局

POP 源于广告术语，是英文 Point of Purchase 的缩写，意为"卖点广告"，其主要的商业用途是刺激引导消费和活跃卖场气氛。在网站设计中，指网页布局像一张宣传海报，以一张精美的图片作为网页设计的中心，如图 1-14 所示。

图 1-14　POP 布局的网页

(5) Flash 网页布局

Flash 网页布局的页面由一个 Flash 动画填充，画面一般制作得比较绚丽、活泼，是一种能迅速吸引访问者注意的新潮布局方式，如图 1-15 所示。

2. 布局原则

除了以上总结的目前网络上常见的网页布局之外，还有许多别具一格的网页布局方式。其实，不管采用哪种网页布局类型，关键在于网站的创意和设计。在设计制作网页时，要注意以下几个原则。

(1) 简洁实用。网页设计要人性化，适合并满足读者的需求。

(2) 整体性好。网站强调整体概念，围绕一个统一的目标进行设计，以体现延续性。

(3) 网站形象突出。精美的网页能使网站的形象得到最大限度的提升。

(4) 页面用色协调，布局符合形式美的要求，还要遵循一定的艺术规律。布局有条理，充分利用颜色诠释美，使网页富有可欣赏性，以提高网页的档次。

3. 色彩基础

网页设计是一种特殊的视觉设计，属于平面设计的一个分支，它对色彩的依赖性很

图 1-15 Flash 布局的网页

高。由于色彩能够在不知不觉间影响人的心理,左右人的情绪,所以色彩设计也是网站风格设计的决定性因素之一。所以设计者不仅要掌握基本的网站制作技术,还需要掌握网站的风格、配色等设计艺术。色彩在网页上是看得见的视觉元素,虽然自然界的色彩各不相同,但色彩都具有色相(Hue)、饱和度(Saturation)、亮度(Brightness)3 个基本属性(其中黑、白、灰只有明度属性),也称色彩的三要素。

(1) 色相。色相是指区别各类色彩的名称,是根据色的光波长划分的。只要色彩的波长相同,色相就相同;只有波长不同,才会产生色相的差别。如果把亮度比作色彩隐秘的骨骼,那么色相就如同色彩华丽外表的肌肤。色相体现着色彩外向的性格,是色彩的灵魂。比如,红、黄搭配具有热烈感,蓝、绿搭配则具有清凉感。

(2) 饱和度。饱和度指色彩的纯净程度,取决于色彩中含色成分的比例,含色成分越大,饱和度越大。也就是说,向任何一种色彩中加入黑、白、灰,都会降低它的饱和度,加得越多就降得越低,直到变成灰色。大多数情况下,黑白网页给浏览者的视觉冲击不如彩色网页效果强烈,同时网页风格也有一些局限性。而色彩的选择,不仅仅决定了作品的风格,同时也使得作品更加饱满、富有魅力。

(3) 亮度。亮度是指色彩的明暗程度,明度越大,色彩越亮。亮度是全部色彩都具有的属性,亮度关系是搭配色彩的基础。亮度在三要素中具有较强的独立性,它可以不带任何色相的特征,而通过黑、白、灰的关系单独呈现。

4. 颜色模式

颜色模式是图形设计的基础,它将某种颜色表现为数字形式的模型,或者说,是计算机记录图像颜色的方式。不同模式有着不同特性,也可以进行相互转换,常见模式有 RGB 模式、CMYK 模式、索引颜色模式、灰度模式、位图模式和双色调模式。

(1) RGB 模式。是计算机中表示色彩最常用的模式,采用三基色(即红 Red、绿

Green 和蓝 Blue)的组合表示每种色彩。由于该模式按照不同比例进行叠加组合生成各种颜色,因此也叫加色模式,常用于显示输出,例如显示器、投影设备及电视机等设备的显示。

(2) CMYK 模式。这是一种减色色彩模式,由青色(Cyan)、洋红色(Magenta)、黄色(Yellow)和黑色(Black)这 4 种基本颜色组成不同色彩。该颜色模式常用于图像打印。

(3) 索引颜色模式。使用 256 种颜色,如果原图像中的一种颜色没有在 256 种颜色中,程序会选取已有颜色中最相近的颜色或者使用已有颜色模拟该种颜色。该模式由于文件存储空间小,广泛应用于媒体动画的制作和因特网。

(4) 灰度模式。使用最多 256 级灰度来表示纯白(255)、纯黑(0)以及两者中的一系列从黑到白的过渡色。在一些图片处理软件中,灰度一般以纯黑为基准,用百分比表示(0%~100%)。从最低的纯白到最高的纯黑,百分比越高颜色越黑。

(5) 位图模式。使用黑白两种颜色中的一种表示图像中的像素。位图模式的图像也叫做黑白图像,它包含的信息最少,因而图像也最小。需要注意的是,只有灰度图像或多通道图像才能被转化成位图模式。

(6) 双色调模式。在黑白(灰色系)图片中加入颜色以使色调更加丰富的模式。在 RGB 色彩模式中,图像先要转换成为灰度模式,才能转换为双色调模式。

5. 网页安全色

网页安全色,是指当红(Red)、绿(Green)、蓝(Blue)颜色数字信号值为 0、51、102、153、204、255 时构成的颜色组合,它一共有 6×6×6=216 种颜色(其中彩色为 210 种,非彩色为 6 种)。216 种网页安全色是指在不同硬件环境、不同操作系统、不同浏览器中都能够正常显示的颜色集合,它是根据当前计算机设备的情况通过反复分析论证得到的结果。使用它进行网页配色,可避免颜色失真,拟定出更安全、更出色的网页配色方案。

在 HTML 语言中,对于颜色的定义是十六进制的,对于三基色,HTML 分别给予两个十六进制来定义,也就是每个基色都有 256 种色彩,可混合成 1600 多万种颜色。

读者在操作时不需要特别地记忆 216 种网页安全色彩,只需要通过网页设计软件内置的调色板,例如 Dreamweaver CS6 的安全调色板,就可以实现色彩设置,如图 1-16 所示。

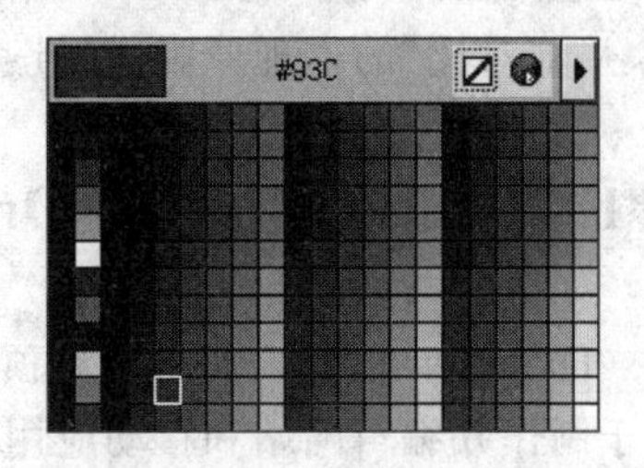

图 1-16 Dreamweaver CS6 中的网页安全色

6. 网页的配色

色彩本身是没有任何含义的,联想使之产生含义,如:红色——强有力、喜庆的色彩,很容易使人兴奋;黄色——亮度最高的色彩,给人温暖、灿烂辉煌的感觉;绿色——美丽、优雅,给人大度、宽容的感觉;蓝色——永恒、博大,给人平静、理智的感觉;紫色——给人神秘、压迫的感觉;黑、白色——这两种色在不同时候给人的感觉是不同的,黑色有时给人沉默、虚空的感觉,但有时也给人一种庄严、肃穆的感觉;白色也是同样,有时给人无尽希望的感觉,但有时也给人一种恐惧和悲哀的感觉。不同的色彩联想给各种色彩赋予了特定的含义,这就要求设计人员在用色时除了考虑网站本身的特点外,还要遵循一定的艺术规律,深入掌握网页配色的技巧。

网站的风格和色彩基调确定后,色彩的应用心理效应十分重要,这也是网页配色设计中最关键的一步和最后一步。自 19 世纪中叶以后,心理学已从哲学转入科学的范畴,注重实验所验证的色彩心理效应:色彩的物理光刺激对人的生理发生的直接影响。在设计过程中,网页元素的色彩搭配要体现"和谐、统一、平衡、协调"的原则,同时也要注意各种色彩的面积、所占比例、渐层变化、位置等问题,使浏览者在接收网页传达信息的同时,也能感受到浏览网站的视觉享受。

(1) 色彩的鲜明性。如果一个网站色彩鲜明,很容易引人注意,会给浏览者耳目一新的感觉。注意,一个页面尽量不要超过 4 种色彩,太多的色彩会让人感觉没有方向、没有侧重。

(2) 色彩的独特性。网页用色要有自己独特的风格,才能给浏览者留下深刻的印象。

(3) 色彩的艺术性。网站设计是一种艺术活动。按照内容决定形式的原则,在考虑网站本身特点的同时,大胆进行艺术创新,设计出既符合网站要求,又具有一定艺术特色的网站。

(4) 色彩搭配的合理性。色彩要根据网站主题来确定,在确定好网页主题色后,还要考虑其他配色对主题色和表现效果的影响。由于人的视觉不同,不同色彩的对比会受色彩面积、时间、亮度等影响因素产生不同的效果。当长时间看一种纯色(如红色),然后再看看周围的人的脸色会成绿色,正是因为红色与周围颜色的对比,形成了对视觉的刺激。

黑白灰三色是可以跟任意一种色彩搭配的万能色。如果对某种色彩的搭配感觉不太协调时,不妨尝试一下黑白灰三色的运用。对一些明度较高的网站,配以黑色能够适当地降低其明度;白色是网站最普遍运用的一种颜色,很多设计性网站大量运用留白艺术以留出大块的白色空间,恰当地留白对页面的均衡能起到较好的协调作用。留白,给人以一个遐想的空间,让人感觉心情舒适、畅快。总的来说,网站色彩的运用通常按照"总体协调、局部对比"的处理原则,尽量避免采用纯度很高的单一色彩,以免造成视觉疲劳。

1.1.4 知识拓展——Dreamweaver CS6 新增功能

Dreamweaver CS6 是世界顶级软件厂商 ADOBE 推出的一套拥有可视化编辑界面,用于制作并编辑网站和移动应用程序的网页设计软件。由于它支持代码、拆分、设计、实时视图等多种方式来创作、编写和修改网页,因此初级人员可以无须编写任何代码就能快速创建 Web 页面,其成熟的代码编辑工具更适用于 Web 开发高级人员的创作! Dreamweaver CS6 的新增功能有如下几种。

1. 流体网格布局

使用系统提供的基于 CSS3 的自适应网格版面,来创建跨平台和跨浏览器的兼容网页设计。利用简洁、业界标准的代码,为各种不同设备和计算机开发项目,提高工作效率,直观地创建复杂网页设计和页面版面而无须忙于编写代码。

2. Adobe Business Catalyst 集成

使用 Dreamweaver 中集成的 Business Catalyst 面板,连接并编辑用户利用 Adobe

Business Catalyst(需另外购买)建立的网站,利用托管解决方案建立电子商务网站。

3. 增强型 jQuery Mobile 支持

使用更新的 jQuery Mobile 框架支持,为 iOS 和 Android 平台建立本地应用程序,建立触及移动受众的应用程序,同时简化用户的移动开发工作流程。

4. CSS3 转换

将 CSS 属性变化制成动画转换效果,使网页设计栩栩如生;在用户处理网页元素和创建优美效果时,保持对网页设计的精准控制。

5. 更新的实时视图

使用更新的"实时视图"功能在发布前测试页面。"实时视图"现已使用最新版的 WebKit 转换引擎,能够提供绝佳的 HTML 5 支持。

6. 更新的多屏幕预览面板

利用更新的"多屏幕预览"面板,检查智能手机、平板电脑和台式机所建立项目的显示画面,该增强型面板现在能够让用户检查 HTML 5 内容呈现。

从 CS5 开始,以下功能就被 Dreamweaver 弃用:创建网站相册,导航条,辅助功能验证报告,插入 FlashPaper,"隐藏弹出菜单"行为,"播声音"行为,"检查浏览器"行为,"控制 Shockwave 或 SWF"行为,"显示事件"菜单("行为"面板),"显示弹出菜单"行为,"时间轴"行为,ASP/JavaScript 服务器行为,验证标签,查看实时数据,插入/删除 Web 标签,Microsoft Visual SourceSafe 集成,InContext Editing 管理可用的 CSS 类,等等。

1.2　任务 2　构建简单的 Web 站点

技能目标

(1) 能熟练运用站点管理器对站点进行创建、管理和更新。

(2) 掌握网站文件的分类管理与调试。

知识目标

(1) 掌握站点的创建方法。

(2) 掌握站点文件与文件夹的管理方法。

(3) 掌握 Dreamweaver CS6 各种面板的操作。

(4) 掌握网页的基本知识。

(5) 熟悉浏览器的相关技术用语。

工作任务

本任务利用低版本 Dreamweaver 内置的站点相册功能,通过它自动生成简易网站,以帮助读者理解 Dreamweaver 站点实际上是一个包含网站所有文件的存储区域,掌握站点的创建与管理方法,明确本地站点和远程站点的区别,以及通过站点管理器更好地实现站点文件分类管理的便捷,了解网页设计的基本原理、方法和使用工具,对网页浏览器相关的技术名词有基本的了解,为今后网页设计和制作提供理论指导和方法支持。

(1) 在 E:\Mywebsite\N1\T2 目录下,创建二级目录\T2。

（2）把通过低版本 Dreamweaver 内置的站点相册功能创建的站点相册网站，复制到该目录下。

（3）指定站点，并检查站点及目录结构，理解分类管理的重要性。

（4）打开主页文件，并对页面进行简单的美化设置。

（5）按 F12 键预览网站效果。

（6）关闭 Dreamweaver CS6，返回资源管理器，在\Mywebsite\N1\T2 子目录下观察站点相册的整个目录结构。

（7）双击 index. html 浏览网站。

1.2.1 创建本地站点

（1）在 E：\Mywebsite\N1\T2 目录下，创建二级目录\T2。

（2）把通过低版本 Dreamweaver 内置的站点相册功能创建的站点相册网站，完整复制到该目录下。

（3）启动 Dreamweaver CS6，在菜单栏中选择"站点"|"新建站点"命令，或在欢迎界面的中部选中 Dreamweaver 站点... 选项，则弹出"站点设置对象"对话框，如图 1-17 所示。"站点"类别处于默认选中状态。在"站点名称"文本框中输入站点名称"兰苑"，单击"本地站点文件夹"文本框的浏览文件夹图标，则弹出"选择根文件夹"对话框，选择本地站点的存放目录后，单击"选择"按钮，以指定当前目录为本地站点。

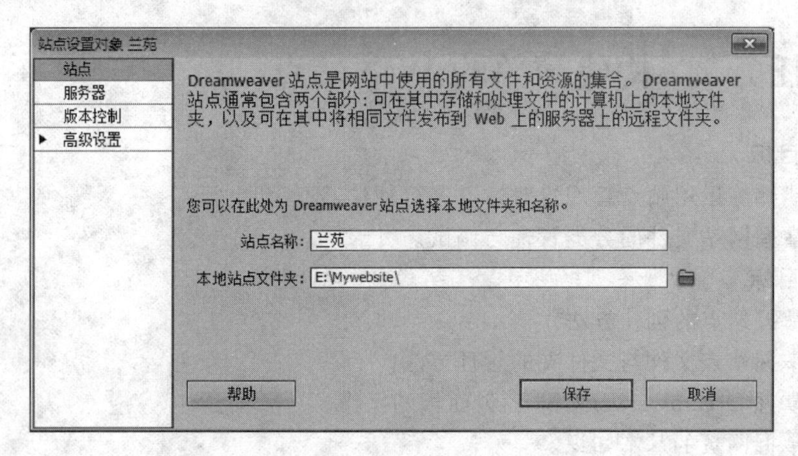

图 1-17 "站点设置对象"对话框

（4）单击"保存"按钮，关闭"站点设置"对话框。本地站点"兰苑"显示在窗口右侧的"文件"浮动面板组中。现在读者就可以利用站点窗口对本地站点的文件、文件夹进行创建、删除、移动和复制等操作，还可以对已创建好的站点进行重新规划，如图 1-18 所示。

（5）在文件面板可以直观地查看站点目录里各种详细资料。站点相册由 1 个主页 index. html 文件和 3 个子目录组成，其中：index. html 文件包含所有缩略图及相应图像链接、\images 存放图像、\pages 存放相应的页面文件、\thumbnails 存放缩略图，如图 1-19 所示。

图 1-18 “文件”浮动面板组

图 1-19 站点相册自动生成目录显示

(6) 单击文档工具栏中的“在浏览器中预览”|“调试”图标，查看网页在浏览器中的效果，如图 1-20 所示。

(7) 单击主页效果图中的任意一张图片，都会自动指向相应缩略图的放大效果页面，如图 1-21 所示。

(8) 关闭 Dreamweaver CS6 程序窗口。打开资源管理器，找到子目录\N1\T2，可以直观地看到整个网站除主页 index.htm 文件置于根目录下外，其余文件都分门别类地归于不同子目录中。

图 1-20　站点相册的首页效果图

图 1-21　放大效果页面

如果在网站里加入相册功能，大批量对于一个空间有限的网站来说是巨大的资源浪费。其实，网络上已经有很多网站提供大空间免费相册，只需要一个链接，就可以很轻松地解决大量、高清晰图片带来的空间占用问题。

1.2.2　问题探究——管理本地站点

Dreamweaver CS6 既是站点创建和管理的工具，又是网页创建和编辑的工具，它沿袭了该系列软件集网页制作和网站管理于一身的“所见即所得”的风格。它除了增强了面向专业人士的基本工具和可视技术外，还提供了多种创建页面的方法。读者可以利用它创建新的空白 HTML 页面，打开现有的 HTML 页面，或使用模板创建新页面。

1. 创建文件/文件夹

创建站点的目的是为了更好地管理网站内的文件。那么，创建站点之后如何实现并科学地进行站点管理呢？网站中的各类文档、素材并不一定全部放在站点根目录下，一般是将不同的文档、素材分别放置于不同的子文件夹中，这样管理起来才有条不紊。创建文件/文件夹的方法有如下两种。

（1）选择本地站点，单击“文件”面板右上角的按钮，则弹出如图 1-22 所示的菜单。在弹出的菜单中选择“文件”|“新建文件”命令（快捷键 Ctrl＋Shift＋N），在本地站点中创建一个网页文件；选择“文件”|“新建文件夹”命令（快捷键 Ctrl＋Alt＋Shift＋N），创建文件夹。

（2）在站点管理面板中选择本地站点，用鼠标右键单击站点，在弹出的菜单中选择相应的选项，也可以新建文件或文件夹，如图 1-23 所示。

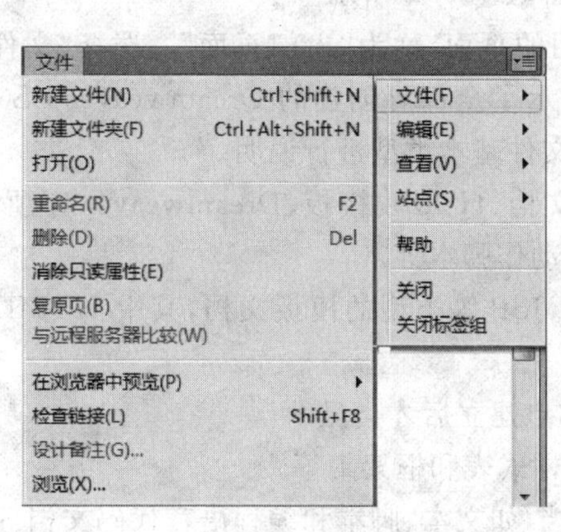

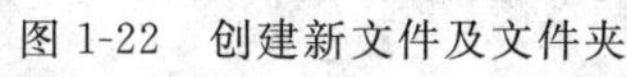
图 1-22　创建新文件及文件夹

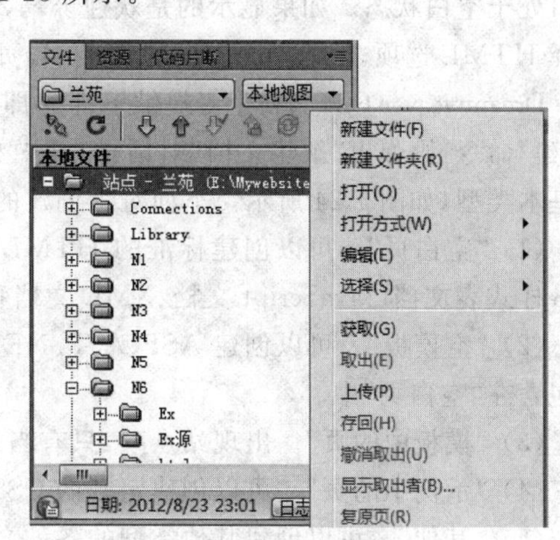

图 1-23　使用快捷菜单命令

注意：为了提高站点的运行环境适应能力，建议网页文件及文件夹的名称设置为小写字母英文或拼音，不要使用中文命名避免因为服务器系统不同而产生混淆；不要在文件名中加入空格，虽然不会给网站带来麻烦（空格会自动转换成“%20”符号），但会在浏览文件名时产生不便；避免在文件名中使用特殊符号，如“&”、“#”或“?”。这些符号会由于服务器的曲解而产生不必要的错误。

2. 文件/文件夹的操作

(1) 移动或复制

和大多数的文件管理器一样，可以利用剪切、复制和粘贴操作来实现文件或文件夹的移动和复制。从"站点"面板选择要移动或复制的文件(或文件夹)，右击后选择"编辑"|"剪切"或"编辑"|"复制"命令，然后选择"编辑"|"粘贴"命令，文件或文件夹就被移动或复制到相应的文件夹中。也可以用鼠标拖动文件或文件夹，实现移动操作。先在站点窗口的本地文件夹列表中选中要移动或复制的文件或文件夹，再用鼠标直接拖动到目标文件夹中释放。

(2) 删除

要删除本地站点中的文件，先选中要删除的文件或文件夹，之后右击，选择"编辑"|"删除"命令，或按 Delete 键。此时，系统会跳出一个提示对话框，询问是否真正要删除，确认后，将文件或文件夹从本地站点中删除。

注意：由于该删除操作将文件彻底从硬盘中删除，建议执行该操作时一定要谨慎。

3. 新建 HTML 文档

当启动 Dreamweaver CS6 时以及在没有打开文档的任何时候，会显示欢迎对话框(见图 1-6)，在欢迎屏幕中间的"新建"项目下选择 HTML，创建一个空白的 HTML 页面。利用该对话框可以创建新文档、模板及打开最近使用过的文档，还可以通过产品介绍或教程了解有关 Dreamweaver 的更多信息，读者可根据自己的使用习惯选中左下角的"不再显示"复选框，决定是否弹出该屏幕。当欢迎屏幕被隐藏且没有打开任何文档时，"文档"窗口处于空白状态。如果显示的是欢迎屏幕，则可以在欢迎屏幕中间的"新建"选项组下选择 HTML 选项，创建一个空白的 HTML 页面，如图 1-6 所示。

Dreamweaver CS6 为初学者提供了即建即用的页面，称为"入门页面"。选择"文件"|"新建"命令，则弹出"新建文档"对话框，其中显示了全部可创建的 Dreamweaver CS6 文件基本类型，如图 1-24 所示。下面对可创建的文件基本类型进行说明。

(1)"空白页"。可以创建标准的 HTML 文档、HTML 模板、Dreamweaver 库项目、CSS 样式表文档、JavaScript 文档、XML 文档和动作脚本等。

(2)"空模板"。可以创建 ASP、ASP.NET、JSP 等类型的模板文档，其中 HTML 模板包含在"空白页"中。

(3)"模板中的页"。出现站点项，只有当站点建立后才会显示。

(4)"示例中的页"。可以创建定制的 CSS 样式表和框架集等。

(5)"其他"。可以创建其他类型的各种文档，如文本、脚本和编程语言代码文档等。

4. 打开 HTML 页面

对于已经保存的 Dreamweaver CS6 文件，在下次使用时可以通过以下几种方式打开现有页面。

(1) 选择菜单栏中的"文件"|"打开"命令、单击标准工具栏中的"打开"按钮或按 Ctrl+O 键，都会弹出如图 1-25 所示的对话框。

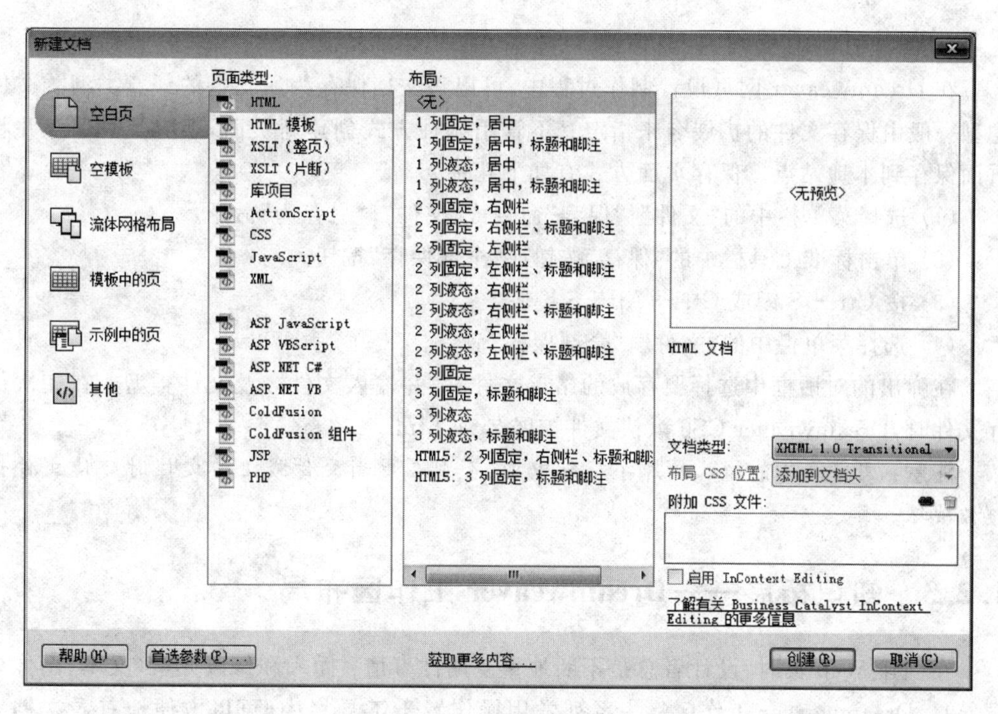

图 1-24　创建空白页面

图 1-25　打开现有页面

(2) 选择菜单栏中的“文件”|“打开最近的文件”命令，弹出下一级子菜单，就可以看到最近打开的 10 个文件，然后单击要打开的文件。

(3) 也可以在“站点管理”面板中选中需要打开的页面，双击打开。

5. 保存 HTML 文档

在 Dreamweaver 网页设计制作过程中，可以将文档保存为所支持的任意类型。文件类型一般由保存文件的扩展名来指定。不管用哪种方式创建新页面，都应及时保存并将页面保存到本地站点。保存页面方式有如下几种。

(1) 选择菜单栏中的“文件”|“保存”命令或“文件”|“另存为”命令。

(2) 单击标准工具栏中的“保存”按钮或“全部保存”按钮。

(3) 按 Ctrl＋S 键或 Ctrl＋Alt＋S 键。

(4) 选择菜单栏中的“文件”|“全部保存”命令。

在弹出的对话框中选择要存放的站点文件夹，并输入文件名及文件类型。在初次保存文件时，Dreamweaver CS6 默认文件扩展名为.html。

注意：文件名不能输入特殊字符或中文，否则在更新文件或上传文件时会使文件链接被破坏。

1.2.3 知识拓展——Dreamweaver 工作区布局

在创建 Web 页时，设计者总是不断地重复两件事情：插入和修改元素(文本、图像或层等)。Dreamweaver 工作区将一系列常用操作置于工具栏中，可以方便地查看文档和对象属性，使整个创建过程更富流动性，从而提高网站管理员的工作效率。

1. 工作区域

Dreamweaver CS6 应用程序的操作界面主要由菜单栏、插入栏、文档工具栏、文档窗口、状态栏、属性面板、文件面板、帮助中心和扩展管理器等组成，可通过选择“窗口”菜单来显示或隐藏某些功能模块，如图 1-26 所示。

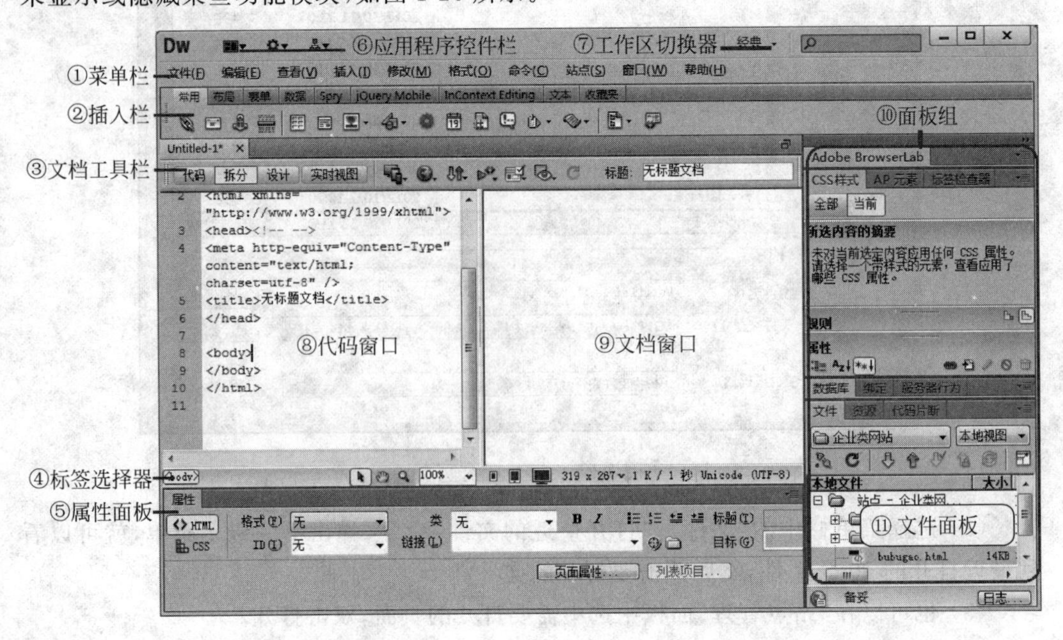

图 1-26 Dreamweaver CS6 的操作环境

(1) 菜单栏。菜单栏集中了所有的菜单命令。

(2) 插入栏。仅在经典工作区布局中显示,插入栏是 Dreamweaver 操作界面中使用频率最高的部分,它由"常用"、"布局"、"表单"、"数据"、Spry、jQuery Mobile、InContext Editing、"文本"、"收藏夹"9 个类别组成,便于将各种类型的"对象"(如图像、表格和媒体元素等各种类型的对象)插入到文档,每个对象都是一段 HTML 代码,允许在插入的同时设置不同的属性。各类别包含多个按钮,其中右侧带有一个向下黑色小箭头的按钮是一个按钮组,表示该按钮位置包含有多个同类型的按钮。

(3) 文档工具栏。包含按钮和弹出式菜单,它们提供各种"文档"窗口视图("代码"、"拆分"、"设计"、"实时视图"四种)间的快速切换、各种查看选项、在本地和远程站点间传输文档的常用命令和一些常用操作(如在浏览器中预览)。"实时视图"与"设计"视图类似,能更逼真地显示文档在浏览器中的表示形式,并能够直接模仿在浏览器中与文档的交互,在"实时"视图状态下不可编辑。

(4) 标签选择器。位于"文档"窗口底部的状态栏中,显示环绕当前选定内容所在标签的层次结构。单击该层次结构中的任何标签,可以选择该标签及其全部内容。

(5) 属性面板。用于查看和更改所选对象或文本的各种属性,每种对象都具有不同的属性。默认情况下,在"编码器"工作区布局中,属性面板是不展开的。Dreamweaver 将两个属性面板(CSS 属性面板和 HTML 属性面板)集成为一个属性面板。应用 HTML 格式时,Dreamweaver 会将属性添加到页面正文的 HTML 代码中。应用 CSS 格式时,Dreamweaver 会将属性写入文档头或单独的样式表中,使 Web 设计人员和开发人员能更好地控制网页设计,同时提供辅助功能并减小文件的大小。在 CSS 属性检查器中,既能够访问、编辑现有样式,也能创建新样式。

(6) 应用程序控件栏。应用程序窗口顶部包含菜单栏(由 10 个菜单项组成)、其他应用程序控件、工作区切换器、Adobe CS Live 在线服务及"最小化"、"最大化/还原"、"关闭"三个按钮,其中应用程序控件会随着 Dreamweaver 编辑窗口的缩放而改变显示位置(菜单栏的上方和右侧)。当为了获得较大的屏幕空间而关闭浮动面板的时候,利用菜单就显得很重要。

(7) 工作区切换器。为不同类型的开发人员提供适合的开发界面。选择"经典"模式则显示与以前低版本相匹配的插入栏。

(8) 代码窗口。在当前编辑状态下,查看和编辑 HTML、JavaScript、服务器语言代码(如 PHP 或 ColdFusion 标签语言(CFML))以及任何其他类型代码的手工编码环境。

(9) 文档窗口。显示当前文档,用于可视化布局页面、可视化编辑对象和快速应用程序开发的设计环境。文档窗口是 Dreamweaver 的主工作区,新建文档展现在面前的就好像是一块空白的画布。用户可以在该区域可视化地输入或编辑标题和段落,插入图像和链接,创建表格、表单及其他 HTML 元素。

(10) 面板组。面板组是分组在某个标题下面的相关面板的集合,便于监控和修改。若要展开一个面板组,请单击组名称左侧的展开箭头;若要取消停靠一个面板组,请拖动该组标题条左边缘的手柄。

(11) 文件面板。使用文件面板,可以方便地管理站点或远程服务器的文件和文件夹，直观地访问本地磁盘上的所有文件。

2. Dreamweaver CS6 面板

Dreamweaver CS6 中的面板包括属性面板和其他浮动面板，它们浮动于文档窗口之上，读者可以随意调整这些面板的位置，以扩充文档窗口。

(1) 属性面板

网页设计中的对象都有各自的属性。比如：文字有字体、字号、对齐方式等属性；图形有大小、链接、替换文字等属性。显示或隐藏属性面板可以通过选择“窗口”|“属性”命令打开，该面板上的大部分内容都可以在编辑窗口上方的“修改”菜单中找到。属性面板的设置项目会根据对象的不同而变化，表格的属性面板如图 1-27 所示。

图 1-27　表格的属性面板

Dreamweaver CS6 保留了旧版本传统的 Dreamweaver 彩蛋。在网页页面选中某张图片，按下 Ctrl 键，并在图像属性面板左侧双击该图片的缩略图，随后该区域显示出的头像即为开发 Dreamweaver 的相关设计人员，右侧为姓名，图像的属性面板如图 1-28 所示。

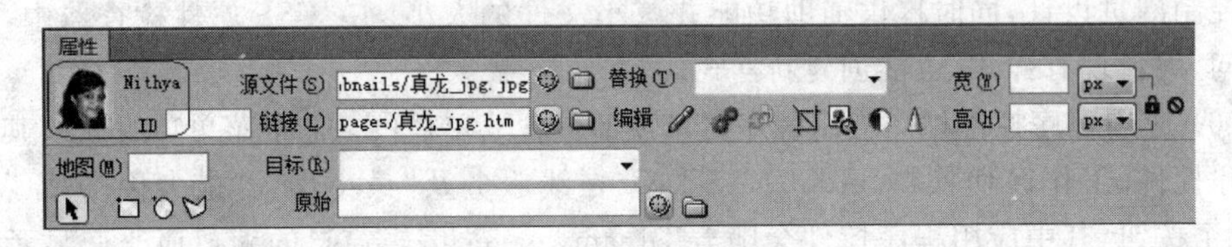

图 1-28　图像的属性面板

(2) 浮动面板组

浮动面板组是 Dreamweaver 操作界面的一大特色，其中一个好处是可以节省屏幕空间。读者可以根据需要显示浮动面板，也可以拖曳面板脱离面板组。

若要打开当前操作界面上不可见的面板组或面板，选择“窗口”菜单，然后选择需要操作的面板名称，指定的面板即显示在右边的面板栏中。“窗口”菜单中的选中标签表示指定的项目当前是打开的(虽然它可能隐藏在其他窗口后面)。如图 1-29 所示。

读者可以通过单击面板组上方右侧的“折叠”图标 ▸▸ 和“展开面板”图标 ◂◂ 改变显示方式，如图 1-30 所示。单击可展开对应的面板，双击则折叠面板。同一组别的面板可在选中面板后拖动，以改变排列顺序。

当需要更大的编辑窗口时，可以按 F4 键或选择“窗口”|“显示面板(或隐藏面板)”命令，所有的面板都会隐藏；再按一下 F4 键，隐藏之前打开的面板又会在原来的位置上出现。

图 1-29　“窗口”菜单下的可选面板

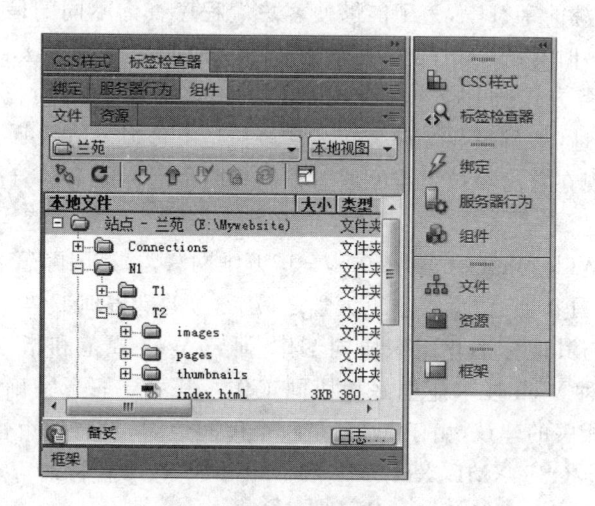

图 1-30　浮动面板组

1.2.4　知识拓展——网页制作基础知识

1. 网页基础知识

当前互联网以其独有的优势渗透到社会的不同层面，已经成为人们日常生活中的重要组成部分。在 Internet 中，经常会遇到专业术语的英文缩写及中文术语。掌握这些术语将对浏览和制作网页有很大的帮助。

(1) Internet

Internet 又称因特网或国际计算机互联网，是世界上最大的使用公用语言互相通信的计算机连接而成的全球信息网络。一旦您连接到它的任何一个节点上，就意味着您的计算机已经连入 Internet 网上了。目前 Internet 用户遍及全球，有超过数亿的人在使用 Internet，并且用户数量还在以等比级数上升。

(2) WWW

WWW(World Wide Web,万维网)是一个保存着各类“资源”的资料空间,并由一个全域 URL 标识。这些资源通过超文本传送协议(HyperText Transfer Protocol)传送给使用者,而后者通过点击链接来获得资源。从技术层面讲,WWW 由 HTTP、URL、HTML(超文本标签语言) 三个机制向用户提供资源。从另一个观点来看,万维网是一个通过网络存取的互链超文本(Interlinked HyperText Document)系统。万维网常被当成因特网的同义词,其实万维网是依靠因特网运行的一项服务。一般来说,凡是能彼此通信的设备组成的网络就叫互联网;因特网是互联网的一种,它是由上千万台设备组成的互联网,并使用 TCP/IP 协议让不同的设备彼此通信;万维网是基于 TCP/IP 协议实现的,TCP/IP 协议由很多协议组成,而不同类型的协议又被放在不同的层,只要应用层使用 HTTP 协议就称为万维网。三者的关系是:互联网⊆(包含)因特网⊆万维网。

(3) URL

URL(Uniform Resource Locator,统一资源定位符)是人们常说的网址,它是因特网上用来描述信息资源的字符串,为了能够使客户端程序查询不同的信息资源(文件、服务器的地址和目录等)时有统一访问方法而定义的一种地址标识方法。URL 由三部分组成:“协议(或称服务方式)+://+存有该资源的主机 IP 地址(有时也包括端口号)+/+主机资源的具体地址(如目录和文件名)”。它最初是由蒂姆·伯纳斯·李发明,并用来作为万维网的地址,现在它已经被万维网联盟编制为因特网标准 RFC 1738。

(4) W3C

W3C(World Wide Web Consortium,全球万维网联盟)是国际著名的标准化组织,该联盟于 1994 年 10 月在拥有“世界理工大学之最”称号的麻省理工学院(MIT)计算机科学实验室成立,同时与其他标准化组织协同工作,研究 Web 规范和指导方针,致力于推动 Web 发展,保证各种 Web 技术能很好地协同工作。其主要职责是确定未来万维网的发展方向,并且制定相关的建议(由于 W3C 是一个民间组织,没有约束性,因此只能提供建议)。它还负责制定 CSS、XML、XHTML 和 MathML(数学置标语言)等其他网络语言规范,建立者是万维网的发明者蒂姆·伯纳斯·李。

(5) Server

Server 即服务器,是一种用来帮助大量用户访问同一数据或资源的高性能计算机,作为网络的节点,存储并处理网络上 80%的数据、信息,因此也被称为网络的灵魂。服务器可以是高效率的电脑、专用超级服务器、中档服务器,甚至还可以是大型机。但是,它们有着对其各自正确操作都至关重要的相似要求和特性。

(6) Browser

Browser 即浏览器,主要通过 HTTP 协议与网页服务器交互并获取网页,它是一种可以显示 Web 服务器或文件系统上传来的 HTML 文件,并让用户与这些文件交互的软件。浏览器的种类很多,比较流行的有微软的 Internet Explorer(IE)、FireFox(火狐浏览器)、Chrome(谷歌浏览器)、Opera、遨游、360、百度、腾讯等。大部分浏览器本身支持除了 HTML 之外的广泛格式,例如 JPEG、PNG、GIF 等图像格式,并且能够扩展支持众多的插件(plug-ins)。另外,许多浏览器还支持其他的 URL 类型及其相应的协议,如 FTP、

HTTPS(HTTP协议的加密版本)、Gopher(分布型的文件搜集获取网络协议)。

(7) TCP/IP协议

TCP/IP(Transmission Control Protocol/Internet Protocol,传输控制协议/因特网协议)是Internet最基本的协议和基础(又名网络通信协议),是为了连接不同的网络而设计的一个协议集,由网络层的IP协议和传送层的TCP协议组成。TCP/IP定义了电子设备如何连入因特网,以及数据如何在它们之间传送的标准。协议采用4层结构(网络接口层、网络层、传送层、应用层),每一层都呼叫它的下一层所提供的网络来完成自己的需求。TCP负责发现传送的问题,一旦发现问题,立刻发出信号要求重新传输,直到所有数据安全正确地传输到目的地;IP负责给因特网的每一台电脑规定一个地址。

(8) 网页

网页(Web Page)是由文本、图像、动画、音频、视频等各类信息元素整合成形式多样、色彩丰富的页面文件,能够被Web浏览器直接翻译并显示出来。网页按其表现形式分为静态网页(文件扩展名为.html或.htm)和动态网页(文件后缀名为.asp、.aspx、.jsp或.php)。静态网页实际上是用HTML置标语言编写的图文结构页面,浏览者可以阅读页面中的信息,但不能与服务器端进行交互操作;动态网页是指浏览器端和服务器端可以进行交互操作,信息存储在服务器端的数据库中,根据浏览者的请求从服务器端的数据库中取出数据,生成页面文件,传送到客户端的浏览器上显示出来。交互技术有两种实现方式:一种是客户端的脚本技术,如常用的JavaScript和VBScript;另一种是服务器端技术,如目前常用的ASP、ASP.NET、JSP和PHP。万维网上相关网页的集合就是网站。

(9) HTML

HTML(HyperText Markup Language,超文本置标语言)是构成网页文档的主要置标语言。网页文件也称为HTML文件,它是纯文本文件,可以直接用记事本之类的编辑工具编辑、查看源代码,不需要编译可以直接在浏览器上执行。自1990年以来,HTML就一直被用作万维网上的信息表示语言,利用各种标签(Tag)来表示网页文档的结构以及标签超链接的信息。HTML文件必须使用.html或.htm为文件扩展名。

(10) XHTML

XHTML(Extensible HyperText Markup Language,可扩展超文本置标语言),它是一个基于XML的置标语言,看起来与HTML有些相像,但XHTML是一种增强了的、结合了部分XML强大功能及大多数HTML的简单特性的HTML,它的可扩展性和灵活性将适应未来网络应用更多的需求。

(11) 脚本语言

常用的脚本语言有PerlScript、VBScript及JavaScript,其中JavaScript最为流行。早期的Web浏览器只能显示文本、图片等静态内容。为了扩展网页的功能,人们在网页中引进了嵌入脚本程序,相应地,Web浏览器也加入了执行脚本程序的解释器,IE 4.0以上的版本具有脚本程序解释器。通过在网页中嵌入脚本程序,就可以实现许多动态特性,必须注意的是:由于一些网页中嵌入的脚本程序不是由服务器端执行,而是由请求该网页的Web浏览器解释执行,所以Web浏览器的差异(有不能执行脚本程序的Web浏览器)可能导致脚本程序不能正常运行。

2. 网页基本构成元素

网页由文本、图像、多媒体、超链接等基本元素构成。

(1) 文本。一般情况下,网页中文本占了较大比重,是网页传递信息的主要载体。文本不仅传递速度快而且信息量大,还可以根据需要对字体、大小、颜色、底纹、边框等属性进行设置。用于网页正文的文字,建议不要使用过多的字体,字体也不要太大,中文文字一般可使用宋体,大小一般使用9磅或12像素左右。

(2) 图像。丰富多彩的图像是美化网页必不可少的元素,网页上的图像一般使用JPG格式和GIF格式。相对于文本来说,图像在页面中更加生动直观,给人较强的视觉冲击,更具吸引力。网页中的图像主要有:用于点缀性的小图片、介绍性的照片、代表企业形象或栏目内容的标志性图片(即Logo)、用于宣传的广告(即Banner)等多种形式。

(3) Logo。Logo(logotype,徽标、标志、商标)作为一种识别和传达信息的视觉图形,以其简约、优美的造型语言,体现品牌的特点和企业的形象。网站Logo具有简洁、明确、一目了然的视觉传递效果。随着网络科技的进步和电子商务的发展,网络标志成为日益盛行的新的标志形态。Logo目前主要有88×31像素、120×60像素、120×90像素、200×70像素4种规格,前两种使用较广泛。

(4) Banner。Banner(网幅图像广告)是网络广告的主要形式,多数是GIF、JPG等格式图像文件,用来表现网络广告内容。它既可以是静态图形,也可以用多帧图像拼接为动画图像定位在网页中,还可使用Java等语言使其产生交互性,以及用Shockwave等插件工具增强表现力。

(5) 多媒体。多媒体是网页中最活跃的元素。创意出众、制作精致的动画是吸引浏览者眼球的有效方法之一。网页中可使用的多媒体对象有Flash动画、Flash按钮、Flash文本、Java小程序、音频和视频等。多媒体对象的应用可以增强浏览者的视觉和听觉感受,使网页显得更加丰富;但是如果网页多媒体元素太多,会使人眼花缭乱,进而产生视觉疲劳。

(6) 超链接。超链接是Web网页的主要特色,是指从一个网页指向另一个目的端的链接。这个"目的端"通常是另一个网页,也可以是相同网页上的不同位置、一个下载的文件、一幅图片、一个E-mail地址等。超链接的对象可以是文本、按钮或图片,鼠标指针指向超链接位置时,会变成小手形状。

(7) 导航栏。导航栏是一组超链接,用来方便地浏览站点。它是网页中较为独立的重要组成部分,一般由多个按钮或者多个文本超链接组成。导航栏的应用增强了网站的可访问性,在页面中的位置也较为固定,一般常见位置有页面左侧、右侧、顶部和底部。

(8) 表格。表格是HTML语言中的一种元素,主要用于网页内容的布局,组织整个网页的外观,通过表格可以精确地控制各网页元素在网页中的位置。

(9) 表单。表单是通过网页来采集数据信息或实现一些交互作用的网页。浏览者通过在表单内输入文本、选中单选按钮或复选框、从下拉菜单中选择选项等方式填写需提交的信息。一个表单包含表单标签(包含了处理表单数据所用CGI程序的URL以及数据提交到服务器的方法)、表单域、表单按钮(包括提交按钮、复位按钮和一般按钮,用于将数据传送到服务器上的CGI脚本或者取消输入,还可以控制其他定义了处理脚本的处理工作)三个基本组成部分。

(10) 页面尺寸。网页在设计初始要界定出网页的尺寸大小,由于网页尺寸和显示器大小及分辨率有关,网页的显示无法突破显示器的显示范围,再加上浏览器本身也会占去不少空间,所以网页的显示范围也受到限制。原则上,页面长度不超过3屏,宽度不超过1屏。一般情况下,分辨率800×600px时,建议将页面尺寸设计为778×430px;分辨率1024×768px时,建议将页面尺寸设计为1000×600px。随着宽屏显示器的流行,使得页面宽度早已超过"习惯"参数,为每个显示器定制专属的页面也不太可能。考虑视觉效果和用户体验,建议网页两边预留20px左右的空白,并采取适当的分栏措施。

网页中除了上述这些最基本的构成元素外,悬停按钮、计数器、音频、视频、Java Applet等元素,以及Flash、横幅广告、GIF Banner、浮动广告、字幕等网面页广告形式。

3. 网页制作的专业工具

常用制作网页的工具有以下几种。

(1) 制作网页的专门工具:FrontPage、Dreamweaver。

(2) 图像处理工具:Fireworks、Photoshop。

(3) 动画制作工具:Flash、Swish。

(4) 图标制作工具:小榕图标编辑器、超级图标。

(5) 屏幕抓图工具:HyperSnap、HyperCam、Camtasia Studio。

1.2.5 知识拓展——超文本置标语言HTML

HTML是一种基于文本的解释性语言,它不是一种编程语言,主要用来描述超文本中内容的显示方式。基于文本表明,可以用任何文本编辑器进行编辑和设计;解释性说明,这种语言是在运行时边解释边执行的,而不同于计算机程序语言需要先编译生成可执行文件后才能执行。HTML文档能够独立于各种操作系统平台(如UNIX、Windows等),主要由以下3种途径生成。

① 手工直接编写。用ASCII文本编辑器(如记事本、写字板)或其他HTML的编辑工具(如Dreamweaver),都可以手工编写出需要的网页。

② 通过某些格式转换工具将现有的其他格式文档(如Word文档)转换成HTML文档。

③ 由Web服务器(或称HTTP服务器)一方实时动态地生成。

1. HTML的基本架构

一个HTML文档是由HTML元素构成的描述性文本文件,HTML元素是通过HTML标签来进行定义的,标签名不区分大小写。HTML用标签来规定元素的属性和它在文件中的位置。

```
<!DOCTYPE html PUBLIC "-//W3C//DTD XHTML 1.0 Transitional//EN" "http://www.
w3.org/TR/xhtml1/DTD/xhtml1-transitional.dtd">
<html xmlns="http://www.w3.org/1999/xhtml">
```

```
    <head><meta http-equiv="Content-Type" content="text/html; charset=utf-8" />
    <title>网页标题</title>
    </head>
    <body>
    body之间则为主要语法所在，也是网页的主要呈现部分
    </body>
</html>
```

这是在Dreamweaver中生成的最简单网页代码文件。一份完整的网页文档，通常包含两个部分：头部(head)和主体(body)。在文档头部描述浏览器所需的信息，并对文档进行必要的定义；文档主体之内才是所要显示的具体表现信息。

(1) <!DOCTYPE>定义或声明文档类型，此标签须位于HTML标签之前。此标签可告知浏览器文档使用哪种HTML或XHTML规范。该标签可声明三种DTD(Doctype Declaration，文档类型声明)，分别表示严格版本Strict、过渡版本Transitional以及基于框架Frameset的HTML文档。

(2) <html></html>标签处在页面文档的最外层，文档中的所有文本和HTML标签都包含在其中，它表示该文档是以超文本置标语言(HTML)编写的。事实上，现在常用的Web浏览器都可以自动识别HTML文档，并不要求有 <html>标签，也不对该标签进行任何操作，但是为了使HTML文档能够适应不断变化的Web浏览器，还是应该养成不省略这对标签的良好习惯。

(3) <head></head>是HTML文档的头部标签，在浏览器窗口标签对之间的内容不会显示出来，两个标签必须一起使用，其作用是放置关于此HTML文件的信息，如提供索引、定义CSS样式等。

(4) <meta></meta>是元数据标签，是html语言head区内的一个辅助性标签，用来描述网页的有关信息。<meta>元素常用属性有name属性、http-equiv属性和content属性，可提供有关页面的元信息(meta-information)，如文档的字符编码、针对搜索引擎和更新频度的描述和关键词等多种信息。

(5) <title></title>放在<head></head>中。<title>称为标题标签，标签之间的文本信息(网页标题)显示在浏览器顶部的蓝色标题栏中，作为网页的主题。

(6) <body> </body>标签又称为主体标签，一般不省略。标签之间的内容是网页的主体，包含文本、图片、音频、视频等各种内网页所要显示的内容，都放在这个标签内。

上面的这几对标签在文档中都是唯一的，head和body都是嵌套在HTML标签中的。另外，在构建HTML框架的时候要注意一个问题，标签是不能交错的，否则将会造成错误。

2. HTML元素语法

HTML元素是指从开始标签(start tag)到结束标签(end tag)的所有代码。

通过HTML可以实现页面之间的跳转。

```
<a href="文件路径/文件名"></a>
```

通过 HTML 可以展现多媒体的效果。

```
<embed src="音乐(或视频)文件名" autostart="true">
```

从上面的简单语句可以看出，HTML 文件中每个用来作为标签的符号都是一条命令，它告诉浏览器如何显示对象。HTML 标签符分为成对标签和单独标签。成对标签由“<标签符>内容</标签符>”组成，其作用域只作用于这对标签中的文档。单独标签格式是“<标签符>”，使用单独标签在相应的位置插入相应元素，最常用的单独标签是
，它表示换行。大多数标签都有自己的一些属性，属性要写在首标签内，各属性间无先后次序且是可选的，也可以省略而采用默认值。其格式如下：

```
<标签符  属性1  属性2  属性3…> 内容 </标签符>
```

作为一般规则，大多数属性值不用加双引号。但是，包括空格、%、# 等特殊字符的属性，必须加入双引号。为了养成良好的书写习惯，提倡属性全部加双引号。如：

```
<font color="#FF3333"  font-size="24px"  font-family="宋体">字体设置</font>
```

3. HTML 文字标签

(1) 标题标签<h#></h#>：HTML 共提供 6 组文本标题标签对，#=1～6。h1 为最大字标题，h6 为最小字标题。

(2) 字体标签<font></font>：指定文字的字体、大小以及颜色。在 HTML 4.01 及 XHTML 1.0 更高版本，已不再支持 font 标签，一般使用样式来代替<font>标签。

(3) 段落标签<p></p>：HTML 的段落与段落之间有一定的间隔。它与
标签的区别在于，<p>标签除了换行外，还会用一行空白加以间隔，效果就如同连续按两下 Enter 键。<p>标签也可以单个使用。

(4) 换行标签
：单独标签。在 HTML 文件中的任何位置，只要使用了该标签，文件内容将显示到下一行。

(5) 文字样式标签<b></b>、<i></i>、<u></u>、<b></b>：用来使文本以黑体字的形式输出；<i></i>用来使文本以斜体字的形式输出；<u></u>用来使文本以下画线的形式输出。

(6) 无序号列表标签<ul></ul>：列表项目前使用项目符号。

(7) 序号列表标签<ol></ol>：列表项前带有编号，如果插入和删除一个列表项，编号会自动调整。

(8) 文字移动标签<marquee></marquee>：常用来做滚动字幕，既可以横向滚动也可以纵向滚动。常用属性有速度 scrollAmount=#(#最小为 1，速度最慢；数字越大，移动得越快)；方向 direction=#(up 向上、down 向下、left 向左、right 向右)。

4. HTML 表格标签

(1) <table>：定义表格。

(2) <caption>：定义表格标题。

(3) <th>：定义表格页眉。

(4) <tr>：定义表格的行。

(5) <td>：定义表格单元格。

(6) <col>：定义表格列的属性。

5. HTML 框架标签

(1) <frame>：定义框架的子窗口。在框架集网页中，<frameset>标签用于分割窗口(框架)，而<frame>标签用于定义具体的框架，并指定框架中显示的文档。

(2) <iframe>：定义内联框架(即行内框架)，通过指定 src 属性来调用另一个网页文档的内容。

6. HTML 样式标签

(1) <style>定义页面内部的 CSS 样式表。<style>标签通常放置在 head 区，它定义的 CSS 样式表只能用于本页面；如果想要引用外部的样式文件，需要使用<link>标签。

(2) <div>指定渲染 HTML 的容器。div 是一个块级元素，可以包含段落、标题、表格，乃至诸如章节、摘要和备注等。div 起始标签和结束标签之间的所有内容都是用来构成这个块的，所包含元素的特性由<div>标签的属性来控制，或者是通过使用样式表格式化来控制这个块。

(3) <span>指定内嵌文本容器。span 是行内元素，它没有结构的意义，它的存在纯粹是应用样式，所以当样式表失效时，它就没有任何作用。

7. 超链接标签<a>

HTML 用<a>来表示超链接(也称锚 anchor)，使用 href 属性创建指向目标的链接(或超链接)。该目标可以是另一个网页，也可以是同张网页上的不同位置；还可以是一张图片、一个电子邮件地址、一个文件，甚至可以是一个应用程序。当浏览者单击链接的文字或图片后，链接目标将显示在浏览器上，并根据目标的类型打开或运行浏览目标。使用 name 或 id 属性创建一个文档内部的书签(即创建指向文档片段的链接)。

HTML 其他标签还需要在今后的学习中逐渐熟悉并运用起来。HTML 语言虽然描述了文档的结构格式，却不能精确地描述文档信息如何显示和排列。它只是建议 Web 浏览器应该如何显示和排列这些信息，最终在用户面前的显示结果取决于 Web 浏览器本身的显示风格及其对标签的解释能力，这也是造成同一文档在不同的浏览器中显示不同效果的原因。

1.3 任务 3 网站项目的开发与组织

技能目标

(1) 掌握网站项目开发设计的基本流程。

(2) 掌握网站设计需求分析的基本过程。

(3) 熟悉网站总体规划的主要任务。

知识目标

(1) 掌握网页设计的规范。

(2) 掌握网站项目开发设计的基本流程。

(3) 熟悉网站设计需求分析需要完成的内容。

工作任务

本任务通过一份较为完整的《网站功能描述书》的编制过程，帮助读者理解网站设计开发项目的一般流程，理解在项目准备前期开展需求分析的重要性、在需求分析中需要完成的主要工作任务和工作重心，通过较为翔实细致的用户调查和市场调研活动，输出《用户调查报告》和《市场调研报告》文档。项目组成员在项目负责人的领导下，再对整个需求分析活动进行认真总结，将分析前期不明确的需求逐一明确清晰化，输出详细、清晰的总结性文档《网站功能描述书》作为项目开发过程中的依据，最终设计出客户满意的网站。简而言之，本节的工作任务为：

(1) 人员确定。

(2) 准备调查内容。

(3) 客户调查。

(4) 市场调查。

(5) 分析结果。

(6) 输出需求分析文档。

1.3.1 网站需求分析的基本流程

(1) 人员确定。在开展需求分析前，应根据项目的规模、公司人员配置等情况，确定需要参与到网站设计项目的需求分析人员。一般情况下，静态页面实现者、网站模板设计者、网站动态功能实现者和网站的项目管理者，都要参与到需求分析中。

(2) 准备内容。在开展分析之前，首先要设计好准备调查的内容、记录的方式、调查形式等，并编写基本的调查计划安排(时间、地点、参加人员、调查内容)。调查的形式可以是：发放需求调查表、召开需求调查座谈会或者现场调研。调查的内容主要包含网站的功能、网站的访问群体、网站的风格要求、网站的栏目要求、网站的内容定位、主页面和次级页面数量要求、是否有多种语言版本要求、客户对网站的性能和可靠性要求、对网站维护的要求等。

(3) 客户调查。一旦确定了需求分析的调查内容和调查计划等事务，接下来就是要按照具体的调查计划向客户进行调查，并做好调查记录。在开展具体调查时，一定要做到仔细到位，并向不同层次客户进行调查，以获得不同层面的需求，因为不同层次用户对网站的理解和需求的表达往往是不同的。通过这种方式，可以更好地定位网站的设计方式和功能要求。

(4) 市场调查。通过市场调查可以清晰地分析相似网站的性能和运行情况，帮助项目负责人更加清楚地构思拟开发网站的大体框架和结构，在总结同类网站优势和缺点的同时,项目开发人员可以博采众长,开发出更加优秀的网站。由于时间、经费及公司能力所限,市场调整编辑记录研的覆盖范围存在一定的局限性,调研重点应尽可能多地了解同类网站的生存环境与用户使用群,提高网站研发质量,明确并引导用户需求。

(5) 分析结果。在与客户的调查交流过程中,获取到的大量有用信息是零散的,对这些信息的加工处理过程就是调查结果的分析过程。确定好总体脉络后,就可以在分析统计的基础上编制《市场调查报告》和《用户调查报告》。

(6)《市场调查报告》。它主要针对市场上同类网站调查的分析报告。在总结同类网站优势和缺点的同时,项目开发人员可以博采众长以开发出更加优秀的网站。它主要包含:①概要说明:调研计划、网站项目名称、调研单位、参与调研、调研开始终止时间。②内容说明:调研的同类网站作品名称、网址、设计公司、网站相关说明、开发背景、主要适用的访问对象、功能描述、评价等。③可借鉴的网站功能设计:功能描述、用户界面、性能需求、可采用的原因。④不可采用借鉴的、调研网站的功能设计:功能描述、用户界面、性能需求、不可采用的原因。⑤分析同类网站的弱点和缺陷以及本公司产品在这些方面的优势。⑥调研资料汇编:将调查获取的信息进行分类整理汇总。

(7)《用户调查报告》。它是客户对网站的具体要求的分析报告。主要包含:①概要说明:网站项目的名称、用户单位、参与调查人员、调查起止时间、调查的工作安排及方式。②内容说明:用户的基本情况、用户的主要业务、信息化建设现状、网站当前和将来潜在的功能需求、性能需求、可靠性需求、实际运行环境,用户对新网站的期望(网站的功能、色彩、布局、功能、性能、操作)等。③调查资料汇编:将调查获取的信息进行分类、整理、汇总,形成书面材料(如调查问卷、会议记录等)。

(8) 输出需求分析文档。项目组在《用户调查报告》和《市场调研报告》的基础上,对整个需求分析活动进行认真的讨论总结,将前期不明确的需求逐一明确清晰化,并由此输出一份详细、清晰的总结性文档——《网站功能描述书》作为网站设计过程中的核心依据。具体内容包括:①网站功能;②网站用户界面(初步);③网站运行的软硬件环境;④网站系统性能定义;⑤网站系统的软件和硬件接口;⑥确定网站维护的要求;⑦确定网站系统空间的租赁要求;⑧网站页面总体风格及美工效果;⑨主页面及次页面的大概数量;⑩管理及内容录入任务的分配;⑪各种页面的特殊效果及其数量;⑫项目完成时间及进度(根据合同);⑬明确项目完成后的维护责任。

在网站项目的需求分析阶段,主要由项目负责人来确定对用户需求的理解程度。而用户调查和市场调研等需求分析活动的目的,就是帮助项目负责人加深对用户需求的理解并对前期尚不明朗的地方进行明确化,做好文档的收集和保存工作,以便于日后在项目开发过程中作为开发成员的依据和借鉴。由于各个公司现实情况的不同,读者可以根据自身情况加以借鉴、吸收、利用。

1.3.2 问题探究——网站设计的主要流程

一个网站的成功与否,与网站制作前期的规划有着极为重要的关系。为了使网站能够达到预期的目的,满足客户的具体要求,不仅需要在网站建设过程中与客户方进行良好的沟通与交流,更重要的是要遵循网站建设流程。只有这样,才能做到既不浪费时间又能提高效率,又能保证网站的科学性、严谨性。网站公司的建设流程大同小异,通常是在几个主要工作程序的基础上再附带自己的特色服务。一般网站设计过程分为以下几个阶段。

1. 网站用户需求分析

和开展一般的IT类项目相同,网站设计类项目在开展工作之前,首先要进行需求分析,掌握客户的具体要求。要与客户进行充分的交流与沟通,明确客户建设网站的目的和具体要求,全面搜集和整理客户提供的各种资料,然后认真分析和充分理解客户的意图和实际需求。如果有需要,可对客户所在部门管理人员进行访谈,充分了解客户的理想目标、对网站的功能要求、内容要求、色彩要求、栏目要求、功能要求、性能要求、布局要求、操作要求等,还可以请客户提供他们所喜欢的网站实例,并在此基础上结合网站技术特点,提出网站设计方案,并与客户反复商讨,得到客户认可后,网站设计者才能做到心中有数,进而做到有的放矢以设计出真正符合客户意愿的网站。一个网站至少应有一台用于运行应用程序的服务器,通常有自备主机、租用虚拟、主机托管等方案。网站的需求分析主要完成以下任务:①准备需求分析计划;②开展需求分析;③提交网站功能描述书。

2. 网站总体规划设计

一旦掌握了客户的具体需求,接下来要做的工作就是对网站项目进行总体的规划性设计,主要包括网站的类型选择、设计工具、主题设计、风格设计、内容设计、版面布局设计,以及网站策划书、规范等内容的确定和定位,在此过程也要尽可能和客户进行沟通,防止或减少后期返工。网站规划设计对网站建设起到计划和指导作用,对网站的内容和维护起到定位作用,该环节不仅直接影响网站的整体效果,而且是网站发布后能否成功运行的主要因素。网站总体设计主要完成以下任务:①确定网站的设计工具;②主题内容和主体色调;③确定网站的布局结构;④确定网站的栏目设置;⑤确定网站的设计工具;⑥确定网站的设计规范;⑦界面/交互设计;⑧制订网站的建设计划。

3. Dreamweaver 开发工作流程

精心设计的网站规划方案最终要通过网页表现出来,网页制作是将网站规划付诸实施的主要任务。Web站点可以使用多种方法来创建,下面介绍通用的方法。

(1) 规划和设置站点

确定将在哪里发布文件,检查站点要求、访问者情况以及站点目标。此外,还应考虑用户访问以及浏览器、插件和下载限制等技术要求。组织好相关信息后,就可以创建站点了。

(2) 组织和管理站点文件

利用Dreamweaver提供的各项管理功能,可以方便地添加、删除和重命名文件及文件夹,根据需要可以方便地组织管理站点结构、与远程服务器传输文件、设置存回/取出过程来防止文件被覆盖,以及同步本地和远程站点上的文件。

(3) 设计网页布局

在制作页面前,要考虑到网站的风格和功能,根据所建网站的特点做充分准备,使网站的基本格调符合客户的要求、使网站的功能满足客户的使用需求。网站的外观设计将直接影响到浏览者的兴趣，因此，设计者必须在网站的外观、栏目、内容和功能上多下工夫。选择要使用的布局技术，或将Dreamweaver布局选项与布局技术结合起来创建站点外观。可以使用Dreamweaver提供的CSS定位样式、预设计的CSS布局、Dreamweaver AP元素来创建布局；利用表格工具绘制并重排页面结构；使用框架设计的页面布局，可以在浏览器中同时显示多个元素；基于模板创建的站点，可以随时批量更新页面的布局。

(4) 向页面添加内容

Dreamweaver提供了易于使用的可视化编辑工具，同时也提供了高级编码环境直接编写网页代码创建页面，以方便不同层次的开发人员创建和编辑页面。在Dreamweaver中，能够在页面直接键入内容或者从其他文档中导入内容，可以根据需要添加不同资源和设计元素，如文本、图像、鼠标经过图像、颜色、影片、声音、HTML链接、跳转菜单等，并提供相应的行为响应特定事件，同时还提供了工具最大限度地提高Web站点的性能，并测试页面以确保能够兼容不同的浏览器。

(5) 创建动态页

许多Web站点都包含了动态页，动态页能够允许访问者查看存储在数据库中的信息，或向数据库添加、编辑信息。若要创建此类页面，则必须先设置Web服务器和应用程序服务器，创建或修改Dreamweaver站点，然后连接到数据库。Dreamweaver中设置了动态内容的多种来源(从数据库提取的记录集、表单参数和JavaBeans组件)，若要在页面上添加动态内容，只需将该内容拖动到页面上即可，提高了程序设计效率。

4. 网站的测试与发布

网站制作完成后，需要经过反复测试、审核、修改，确定无误后才能正式发布。页面测试是整个开发周期中一个持续的过程，基本测试比较简单，既可以在本机进行，也可以在网络环境中进行。网站制作的过程本身就是一个不断开发、测试、修改和完善的过程。一般情况下，该过程是将网站内的所有文件上传到测试服务器中，由开发者首先进行全面测试，然后请部分客户上网浏览测试，并听取浏览者提出的意见。测试项目一般包括链接的准确性、浏览器的兼容性、文字内容的正确性、功能模块的有效性等。在测试过程中，需要反复听取各方意见并不断修改和完善，直到客户满意。最后，将网站文件上传到服务器中完成发布。

5. 网站的更新与维护

网站发布后，并不意味着网站建设工作已经终结。客户对网站的功能要求并不是一成不变的，在合同有效期内设计者需要根据客户的要求，对网站进行针对性的修改和后期宣传推广，以提高网站的访问率和知名度，定期维护更新内容和版块，以保持网站的常新，定期做好网站数据备份工作。

1.3.3 知识拓展——SEO搜索引擎优化

SEO(Search Engine Optimization，搜索引擎优化)是一种有效的网络营销方式。通过对网站的结构、标签、排版等各方面的优化，利用搜索引擎的搜索规则，使Google等搜索引擎更容易搜索到网站的内容，为网站提供生态式的自我营销解决方案，提高目的网站在有关搜索引擎内的排名，从而获得品牌收益。搜索引擎优化工作应贯穿网站策划、建设、维护全过程的每个细节。SEO效果的意义非常值得每个网站设计、开发和推广人员了解。

经过优化的网站，通过搜索引擎带来的流量会有很大程度的提高。搜索引擎优化主要工作任务有站内优化[网站标签(标题、关键字、描述)、关键词密度控制、友情链接选择、锚文本布置、文章内容更新、动态页面静态化、长尾关键词搭建、网站地图建立等]和站外优化。SEO技术需要对网站的每个细节进行优化，现简略介绍SEO优化的7大技巧。

1. 设计网站的内容

SEO是一种辅助手段，真正能够留住用户的还是网站的内容，在网站建设的过程中仍然要将大部分精力放在网站内容的完善上。因为网站的描述是用户了解网站最直观的方法，所以描述一定要足够吸引用户的眼球。

2. 网站的关键词

<title>和<meta>标签是HTML中关键词出现的位置，也是一个页面的核心，优化好这两个标签会有事半功倍的作用。关键词可以帮助浏览者更加准确地找到目标网站，借助一些工具(如百度、谷歌根据网页的语义分析查找)找一些搜索量大的、竞争小的词作为网站的关键词，这样更容易被用户搜索到。关键词在网站内容部分的比例保持在5%～8%，在网站的分布不能过于集中。

3. 选择网站的域名

一个新网站的域名应尽量包含网站优化过的关键词如(163的域名163.com)，这样的域名既方便用户记忆，也方便搜索引擎判断。程序应优先选择静态网址，且URL能短则短。如果必须引用动态路径时，也不要过多过杂，网站布局尽量使用常规做法。

4. 网站的静态化

动态网页优化就是页面静态化。大多数搜索引擎的蜘蛛程序都无法解读符号"?"后的字符，这就意味着动态网页很难被搜索引擎检索到，因而被用户找到的机会也大为降低。因此，将动态网页转换成HTML页就成为优化网站的一个常见手段。动态网页的静态化不仅有利于搜索引擎的获取排名会更加靠前，同时由于在访问时不需要服务器单独的运算处理，因此还大大提高了系统的运行效率，是一举多得的好技术。

5. 优化图片的关键词

一般而言，搜索引擎只识读文本内容，对图片文件视而不见。添加图片时尽量压缩图像的文件大小；不要忽略它的替代关键词；另外在这个图片上使用链接，以增加受访问的几率。

6. 网站的内部链接

搜索引擎在决定一个网站的排名时，不仅要对网页内容和结构进行分析，还围绕网站的链接展开分析。网站内部的下载链接要鲜明，这样用户才能清晰地看到，而且下载链接的个数要适当，不宜过多或过少，另外链接在网站的分布应均匀。

7. 网站的外部链接

对网站排名至关重要的影响因素是获得尽可能多的高质量外部链接，也称导入链接。PR(PageRank，网页级别)值是 Google 排名运算法则(排名公式)的一部分，用来标识网页的等级/重要性。级别从 1 级到 10 级，10 级为满分，PR 值越高，说明该网页越受欢迎(百度 PR 是 7)。不过 Google 更偏向于英文网站，大部分英文网站的 PR 值都大于中文的。获得外部链接的方式主要使用购买链接和软文链接两种方法。

注意： 搜索引擎比较重视链接文本中出现的关键词，因此无论是导出链接、导入链接还是内部链接，最好都能兼顾到。无论是导出链接还是内部链接，都要保证链接有效而不是死链接。

1.4 项目小结

本项目首先通过几个典型网站的首页欣赏，并通过分析布局结构、颜色搭配、视觉效果等相关环节，给读者留下初步印象，以理解网页配色与布局在网页设计中的重要性。然后，简单介绍了 Dreamweaver CS6 工作环境、网站的定义等基本原理和方法，网页设计基础、HTML 标签语言、SEO 搜索引擎优化、网站项目的开发与组织等相关知识。最后，通过网站设计的主要流程介绍网站项目开发的基本思路，为网页设计和制作提供了指导与方法。

1.5 习题

1. 填空题

(1) Dreamweaver CS6 中的文档可以显示为 4 种视图：________、________、________、________。

(2) 严格来说，________并不是一种编程语言，而只是一些能让浏览器看懂的标签。

(3) Dreamweaver CS6 的工作界面与 Windows 中其他应用软件几乎相同，该工作界面主要包括标题栏、菜单栏、________、________、文档窗口、状态栏、________。

(4) 单击菜单栏中的“查看”|“工具栏”|“文档”命令，可以显示或隐藏文档工具栏，该工具栏中有三个按钮，分别是________、________、________。

(5) 网页是由________语言构成的。该语言中，由＜ ＞构成的部分(如＜table＞)称为________，它由________和________两部分组成，有时可以合写。

(6) 使用“CSS 样式”面板可以跟踪影响当前所选页面元素的 CSS 规则和属性，或影响整个文档的规则和属性。使用“CSS 样式”面板顶部的切换按钮，可以在________和________两种模式之间切换。

(7) 一个页面尽量不要超过________种色彩。

(8) 在 Dreamweaver CS6 中的主编辑窗口中，按________快捷键可以快速启动主浏览器预览正在编辑的页面。

2. 简答题/上机练习

(1) 简述 Dreamweaver CS6 的工作环境。

(2) 简述网页的配色原则。

(3) 创建一个子目录\web,创建站点 MyWeb,并指定该目录为本地站点文件夹。

(4) 在 Dreamweaver CS6 视图窗右侧的文件面板中,在站点目录下新建文件和文件夹,完成文件和文件夹的拷贝、删除、复制、移动等命令的操作。

(5) 简述网站设计的一般流程。

(6) 网站功能说明书主要包括哪些内容?

项目2

网页的基本元素——文本和图像

2.1 任务4 文本的操作

技能目标

(1) 在网页的设计编辑中,熟练引用文本、列表、分段等方法。

(2) 网页文本格式化的操作方法。

(3) 能够根据页面的需要,对文本进行编辑设置以美化页面。

(4) 能够根据页面的需要,灵活添加其他特殊元素。

(5) 能够运用锚点链接,为页面中的文本建立快速的页内链接。

(6) 能够把外部不同格式的文件插入网页中。

知识目标

(1) 掌握在网页中输入文本并编辑文本。

(2) 学会在网页中插入其他特殊文本。

(3) 了解相对地址和绝对地址的用法。

(4) 掌握与文本相关联的各种链接状态。

(5) 掌握外部文件插入网页的多种方法。

工作任务

本任务是针对网页的基本元素——文本的相关操作的子任务,旨在通过该任务的实施、完成,使读者能够熟练掌握编辑网页文本的各种方法,对网页文本的格式化处理有一个清晰的认识,使网页的显示效果更加丰富多彩。

(1) 新建一个网页并保存到站点指定目录。

(2) 在页面中输入文字。

(3) 运用 Dreamweaver CS6 提供的导入功能,把外部文件插入当前页面。

(4) 在拆分视图中显示并修改标记,了解标记功能。

(5) 在页面的指定位置插入水平线。

(6) 在页面的适当位置,插入能够自动更新的日期。

(7) 通过页面属性的设置,掌握网页格式的整体。

(8) 设置网页中文本的项目列表及缩进方式。

(9) 设置网页中文本的格式。

(10) 设置锚点链接。

(11) 预览网页效果(见图 2-1)。

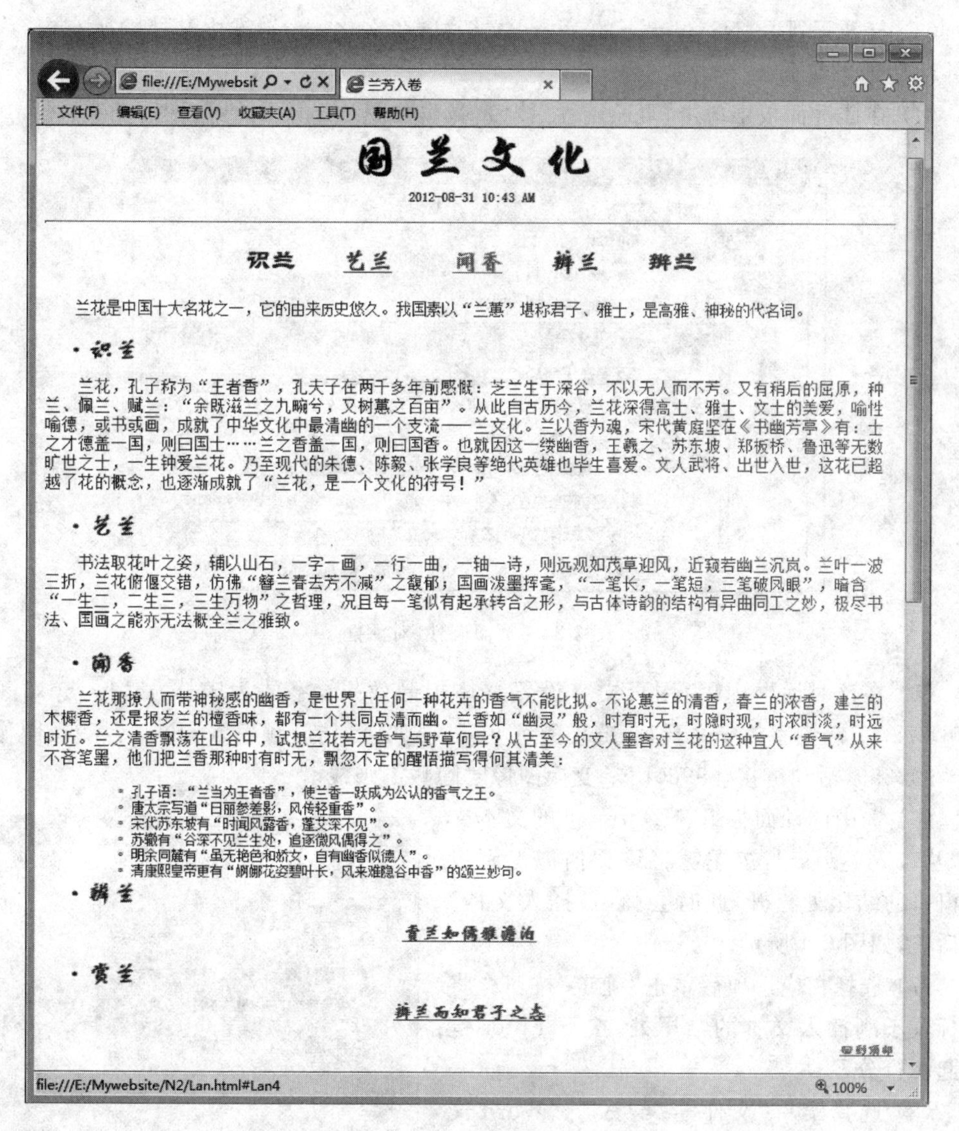

图 2-1　文本页面显示效果

2.1.1　编辑文本

图 2-2　本地站点“兰苑”

（1）启动 Dreamweaver CS6，在项目 1 中建立的站点“兰苑”会自动显示在右侧的“文件”浮动面板内，本地站点的文件组织结构如图 2-2 所示（每个项目各生成一个子目录，相关文件都存放在对应目录下）。

（2）新建网页文件 Lan0. html 并保存到站点的\N2 子目录下，在文档工具栏“标题”旁的文本框内输入“兰芳入卷”。

(3) 打开子目录\N2\text下的Word文档“国兰文化.doc”，选中文档的所有内容，复制并粘贴到当前页面。

(4) 在属性面板中单击“页面属性”按钮，弹出如图2-3所示的对话框。

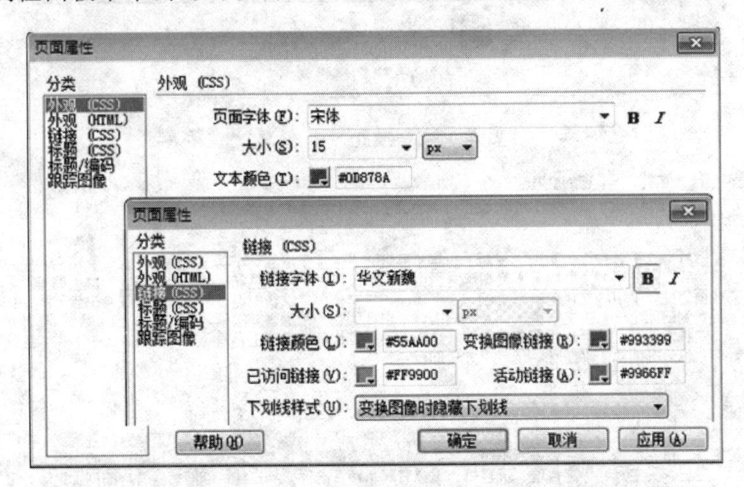

图2-3 “页面属性”对话框

(5) 在该对话框内，为网页文字设置整体控制效果：字体为宋体，大小15px，颜色#0D878A；链接字体华文新魏，链接颜色#55AA00，已访问颜色#FF9900，变换图像链接#993399，活动链接#9966FF；变换图像时隐藏下画线。

(6) 选中浮动面板组\N2\text下的文本文件“兰芳入卷.txt”，按左键将该文档拖曳到设计窗口的结尾处松开，此时会弹出“插入文档”对话框，如图2-4所示。

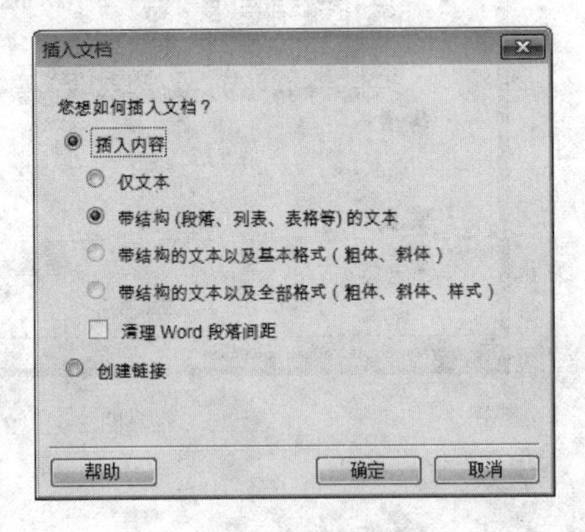

图2-4 “插入文档”对话框

(7) 选择相应选项后单击“确定”按钮。将光标置于刚插入文本的结尾处，按下Enter键另起一行分段。

(8) 选择菜单“文件”|“导入”|“Word文档”命令，将Word文档“兰香.doc”中的内容导入到当前页面的结尾处。单击“拆分”网页代码窗口和正文的设计窗口同时显示，以便于观察对比操作状态，如图2-5所示。

(9) 如果导入的文本文件使用的是换行标签
，而项目列表只对段落标签<p>有效，就需要把部分段落的
置换为<p>。选中代码窗中拟替换的文字，再选择“编辑”|“查找和替换”命令，打开如图2-6所示的对话框。

(10) 在该对话框中“替换”右侧的文本框内，输入“</p>”，单击“替换全部”按钮即完成了替换功能。由于段落标签<p>和</p>必须配套使用，因而在每行文字的起始处再依次添加标签<p>。然后，选中刚导入文本的后六行文字，单击属性面板中的“项目列表”按钮，为文本设置项目列表；接着，在属性面板上单击两次“文本缩进”按钮，使

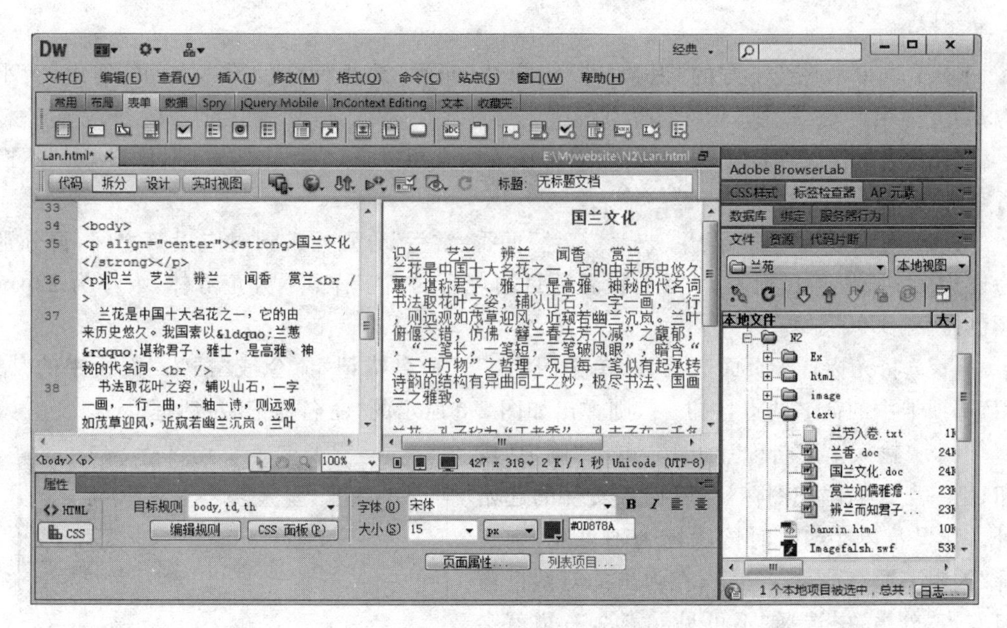

图 2-5　网页文件的"拆分"视图

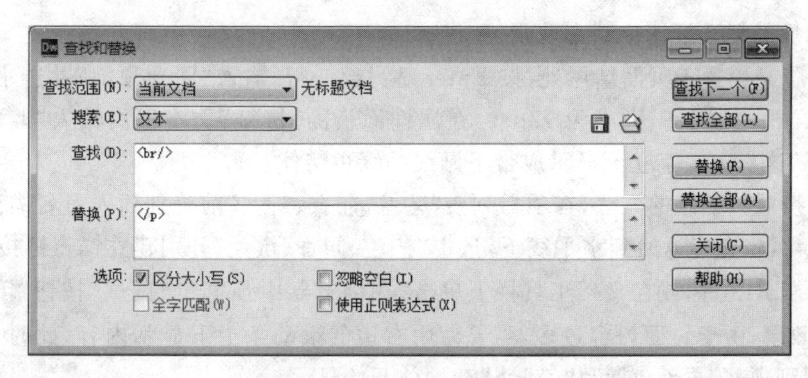

图 2-6　"查找和替换"对话框

选中文字向后推进两个层次，以区别段落的默认设置。

(11) 分别拖动 Word 文档"赏兰如儒雅淡泊. doc"、"辨兰而知君子之态. doc"，于文档结尾处松开，在如图 2-4 所示的对话框中选择"创建链接"单选按钮，单击"确定"按钮分别插入 Word 文档链接。

(12) 将光标置于网页标题文字之后，执行"插入"|"日期"命令插入当前系统日期，如图 2-7 所示设置相关信息。单击"确定"后，将日期设置为右对齐、字体为黑色、大小为 12px。

(13) 单击"插入"|HTML|"水平线"命令，在日期与导入的文本之间插入一条水平线，在属性面板选择一个有颜色的样式应用，以改变

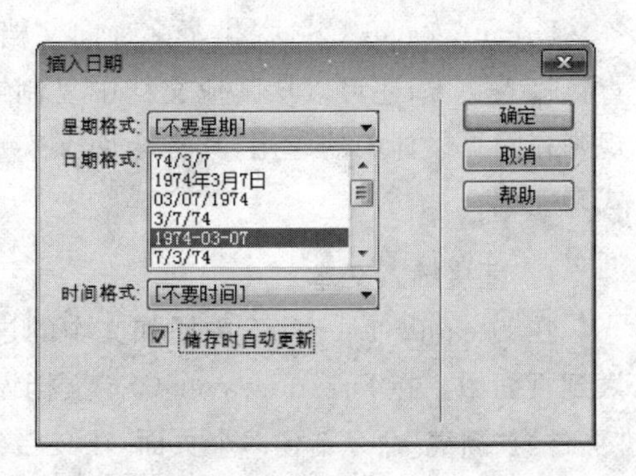

图 2-7　插入日期

水平线的颜色。

(14) 选中水平线下方的“识兰、艺兰、辨兰、闻香、赏兰”设置：华文隶书，居中，大小为 22px 加粗。

(15) 为每段文字前添加空两格，采用输入法全角方式，或单击“插入”|HTML|“不换行空格符”命令，以实现空格键的输入。

(16) 对照效果图将“识兰、艺兰、辨兰、闻香、赏兰”分别插入到对应段落之间，再分别为这些文字设置项目列表，然后再设置项目列表后的文字样式：方正舒体，大小为 22px，颜色为＃1B9909。

(17) 将光标置于页面起始处，单击“插入”|“命名锚记”命令或“插入”面板中的“常用”选项卡中的命名锚点按钮，则弹出如图 2-8 所示的“命名锚记”对话框。

(18) 输入锚记名称“Lan1”，单击“确定”按钮，则一个命名锚记图标就插入文件的起始处。如果希望在编辑时该图标为不可见，则选择“编辑”|“首选参数”命令，在弹出的对话框窗口左边“分类”中选择“不可见元素”，右边就会显示“不可见元素”选项的设置界面，将命名锚记图标后的复选框选中状态取消。

图 2-8 “命名锚记”对话框

(19) 将光标置于页面结尾处，按 Enter 键另起一行，输入“回到顶部”并选中，在属性面板设置样式：右对齐，大小为 12px。在属性面板的“链接”文本框内输入“＃Lan1”，则“回到顶部”这 4 个文字立刻显示成带下画线的绿色字体。

(20) 按照(16)条的方法，在项目列表“艺兰、闻香、辨兰”前分别插入命名锚记“Lan2、Lan3、Lan4”，将光标返回到水平线下，选中“艺兰、闻香、辨兰”分别建立锚点链接。

(21) 按 F12 键，或在文档工具栏上单击“在浏览器中预览”|“调试”按钮，可预览整个页面效果，由于页面内容过多，需要使用右边的滚动条上下显示内容，此时单击底部的文字“回到顶部”页面，就可以直接从起始处开始显示。

2.1.2 问题探究——文本操作

Dreamweaver CS6 提供了多种向文档中添加文本和设置文本格式的方法，不仅可以直接输入文本，还可以从其他文档中复制或导入文本。因此，它进一步提升了 CSS 样式规则在网页设计中的应用，其齐全而又实用的文本编排功能，都可以通过 CSS 规则的形式来完成。

1. 直接键入文本

在 Dreamweaver CS6 中添加文本的过程比较简单，可以在编辑窗口中直接将文本输入到页面中。在 Dreamweaver CS6 文档窗口中打开一个需要添加文本的页面，或者选择“文件”|“新建”命令新建一个页面，在文档窗口会出现一个闪烁的光标，这就是文本插入点的默认位置，就可以像在 Word 等文字编辑软件中那样进行文字输入了，如图 2-9 所示。

图2-9　在页面中输入文本

当文本内容较多时，就需要对其换行分段便于浏览，此时可通过下列两种方式进行。

(1) 利用Enter键换行，文本被分段，且上下段落之间的行距较大。

(2) 利用Shift＋Enter键换行，上下段落之间的行距较小。

注意：当输入的文本长度超过了文档窗口的显示范围时，文本将自动换行。采用这种方式换行，其好处是不用考虑浏览器窗口的大小，网页中的文本会随浏览窗口的大小而自动调整。

2. 从外部文档复制和导入文本

能够合并到网页的文本内容，其常见文档类型有ASCII文本文件、RTF文件和Word文档。Dreamweaver CS6能快速从这些文档类型中取出文本，然后并入网页中，因而节省了大量的输入时间。

(1) 打开外部文件，选中并复制文本内容，然后切换到Dreamweaver CS6文档窗口。

(2) 将光标移到需要粘贴内容的位置，选择"编辑"|"粘贴"命令或按Ctrl＋V键，选中的文本就粘贴到当前Dreamweaver CS6文档了。

(3) 如果要将Word文档中的全部内容添加到当前页面中，选择"文件"|"导入"|"Word文档"命令。在弹出的"导入Word文档"对话框中找到要添加的文件，然后单击"打开"按钮。

(4) 或在Dreamweaver CS6界面右侧的"文件"面板中，直接将Word文档从当前位置拖放到当前页面的适当位置，在弹出的对话框内选择指定条件后，单击"确定"按钮即可。

3. 文本的属性

一张纯粹的文字页面，可以通过文字属性的改变而丰富起来。文字属性包括标题、字体、大小、颜色、加粗及倾斜等。一般网页正文文本字号为10～12磅，版权声明等文本设置为9～10磅，标题文本设置为12～18磅。

(1) 段落格式

HTML页面中，每个段落都可以有相对独立的格式，对段落的格式化操作可以控制段落的整体格式，如段落的缩进方式、对齐方式、列表方式等。使用属性面板中的"格式"弹出菜单或"格式"|"段落格式"子菜单，可以应用标准段落和标题标签。

① 设置标题

一般用标题来强调段落要表现的内容，Dreamweaver CS6定义了6级标题，<h1>标

签为最大，<h6>标签为最小。若要应用段落或标题标签，将插入点放在要设置标题的段落中，打开“格式”|“段落格式”子菜单，再选择相应标题级别的选项，可选的标题级别菜单从标题 1 到标题 6。选择“无”选项则删除段落格式。

也可以使用属性面板定义标题。打开属性面板中的“格式”弹出式下拉菜单，选择相应的标题，将当前插入点所在位置的文本设置为相应级别的标题，则与所选样式关联的 HTML 标签(h1 表示“标题 1”、h2 表示“标题 2”)应用于整个段落，如图 2-10 所示。

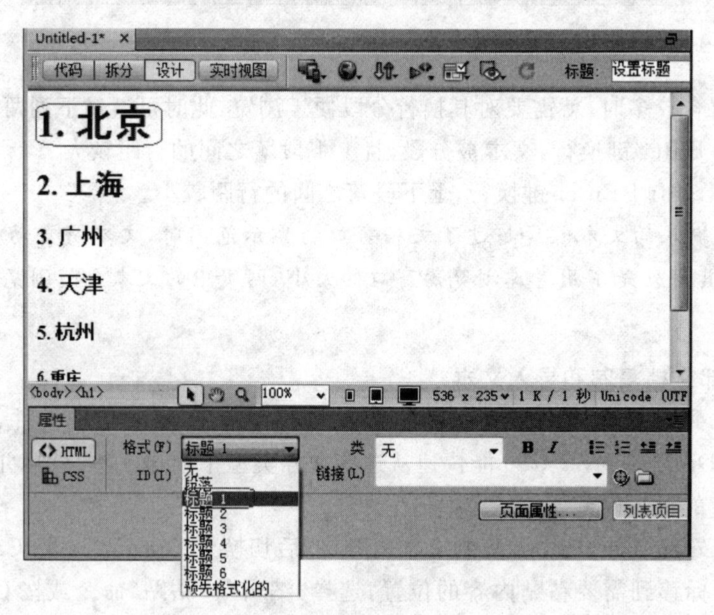

图 2-10　使用属性面板的格式及列表选项设置标题

② 对齐段落

段落的对齐方式是指段落相对于文档窗口(或浏览器窗口)在水平位置的对齐方式。单击属性面板中的“对齐”按钮，就可以为当前段落设置 4 种对齐方式：左对齐、居中对齐、右对齐和两端对齐，如图 2-11 所示。也可执行“格式”|“对齐”命令选择下拉菜单，执行这 4 种对齐方式。

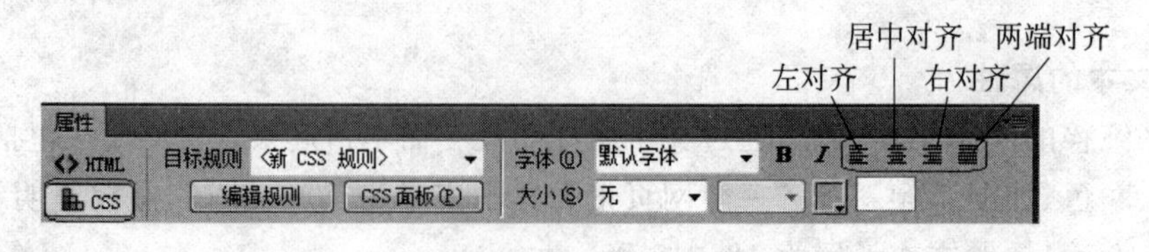

图 2-11　利用属性面板设置对齐方式

③ 缩进(凸出)段落

通过单击属性面板中的“缩进”按钮(或“凸出”按钮)，实现当前段落的缩进(或凸出)。每选择一次该命令，文本就在原基础位置上缩进(或凸出)一段位置，如图 2-12 所示。也可执行“格式”|“缩进”命令，将当前段落向右缩进一段位置。执行“格式”|“凸出”命令，会将当前段落向左恢复一段缩进位置。

图 2-12　利用属性面板设置列表和缩进(凸出)段落

④ 使用列表

列表是指将具有相似特征或者是具有先后顺序的几行文字进行对齐排列,列表分为项目列表(无序列表)和编号列表(有序列表)两类。项目(编号)列表有 3 种创建方式:将光标移到需要插入列表处或选择一个系列(相关内容),单击“属性”面板中的项目列表按钮(或编号列表),如图 2-12 所示;或者选择“插入”|HTML|“文本对象”命令,单击“项目(编号)列表”按钮;或者选择“格式”|“列表”命令,单击“项目(编号)列表”按钮。

无序列表的各个列表项之间没有先后次序,默认为黑点。它通常使用一个项目符号(球形、环形和矩形)作为每条列表项的前缀,并通过设置<ul>标签的 type 属性来决定无序项目列表的项目符号类型:球形(type="disc")、环形(type="circle")、矩形(type="square")。它的 HTML 语法结构描述如下:

```
<ul type = "circle">
<li>第一列表项</li>
<li>第二列表项</li>
⋮
</ul>
```

有序列表可以自动生成顺序显示(使用编号),而不是项目符号来编排项目。<ol>标记带有 type、start 等属性,用于设置编号类型和起始编号。通过设置 type 属性,可以指定数字编号类型,阿拉伯数字(type="1")、小写字母(type="a")、大写字母(type="A")、小写罗马数字(type="i")、大写罗马数字(type="I");通过设置 start 属性,可以决定编号的起始值。对于不同类型的编号,浏览器会自行计算相应的起始值。它的 HTML 语法结构描述如下:

```
<ol type="1" start="1">
<li>第一列表项</li>
<li>第二列表项</li>
⋮
</ol>
```

要结束列表输入,可连续按两次 Enter 键,或者再次单击属性面板上的编号列表按钮即可。

注意:列表<p>段落标记有效,而对
标记无效。

(2) 设置或更改字体的特性

用 CSS 属性面板或“修改”|“字体家族”菜单中的选项,可以设置或更改所选文本的

字体特性。如果未选择文本，更改将应用于随后键入的文本。

① 若要更改字体，请从“CSS 属性”面板或“修改”|“字体家族”子菜单弹出的对话框中选择字体。选择“默认字体”选项删除先前应用的字体；“默认字体”选项应用所选文本的默认字体(或者是浏览器的默认字体，或者是在 CSS 样式表中指定给该标签的字体)。

② 若要更改字体样式，请单击属性面板中的“粗体”或“斜体”按钮，或者从“格式”|“样式”子菜单中选择字体样式(“粗体”、“斜体”、“下画线”等)。

③ 若要更改字体大小，请从“CSS 属性”面板选择大小。选择“大小”下拉框的字号，在弹出的“新建 CSS 规则”对话框中输入选择器名称(如“aa”)后，单击“确定”按钮，返回属性面板对文本进行相应设置，效果如图 2-13 所示。

图 2-13 文本设置效果

(3) 更改文本的颜色

可以更改所选文本的颜色，使新颜色覆盖“页面属性”中设置的文本颜色。如果未在“页面属性”中设置任何文本颜色，则默认文本颜色为黑色。

从页面中选择需要更改颜色的文本，按照下列任意一种方法进行文本颜色的设置。

① 直接在属性面板中颜色框后的文本框中，输入颜色的十六进制数值，如＃009，如图 2-14 所示。

图 2-14 直接输入颜色的十六进制数值

② 图中出现了"单击指示器可打开代码导航器"图标。单击该图标，可弹出如图 2-15 所示的对话框。勾选复选框可以禁用指示器；按住 Alt 键再单击 CSS 样式，直接切换到"拆分"视图下，光标直接定位在 CSS 样式代码段。代码提示功能有助于用户快速插入和编辑代码，并且不会出差错。当键入标记、属性(attribute)或 CSS 属性(property)名的前几个字符时，直接弹出以这些字符开头的选项列表供用户选择。此功能简化了代码的插入和编辑操作，还可以使用此功能查看标记的可用属性、功能的可用参数或对象的可用方法。

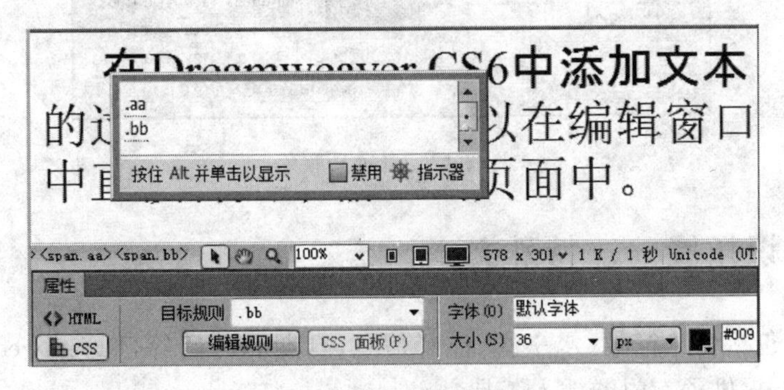

图 2-15　代码指示器对话框

③ 单击属性面板中的颜色选择器，在弹出的颜色器中列出了 216 种 Web 安全色供读者选择，如图 2-16 所示。

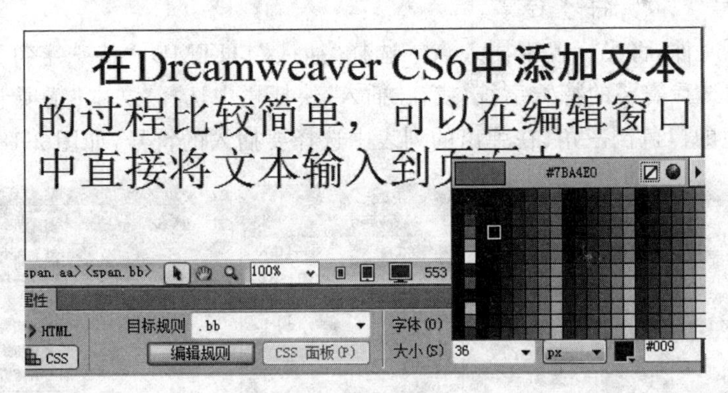

图 2-16　选择 Web 安全色

④ 选择"格式"|"颜色"命令，或者在属性面板中单击颜色框，然后单击"系统颜色拾取器"按钮，Dreamweaver CS6 会弹出"颜色"对话框。可以从右侧色谱中选择需要的颜色，也可以通过在色谱下的文本框中输入色调、饱和度、亮度或者红、绿、蓝的数值来精确设置颜色，然后单击"确定"按钮，如图 2-17 所示。

⑤ 要定义默认文本颜色，使用"修改"|"页面属性"命令，或直接单击属性面板中的"页面属性"按钮。

⑥ 要使文本返回到默认颜色，在属性面板中颜色框后的文本框中双击，选中里面的十六进制数值，按 Delete 键，再按 Enter 键。或者在属性面板中单击颜色框，在弹出的 Web 安全色面板中单击"默认颜色"按钮，把颜色恢复成默认颜色。

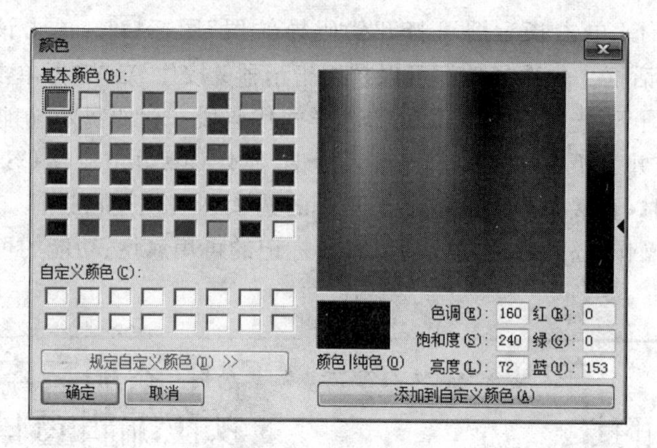

图 2-17 自定义颜色

2.1.3 知识拓展——特殊文本

特殊文本包括特殊符号、水平线、注释信息、日期和时间等，Dreamweaver CS6 针对上述特殊文本，提供了专门的插入工具。

1. 插入特殊符号

所谓“特殊符号”是指通过键盘输入无法直接输入的一类符号，如版权符号©、注册商标®、商标符号™、欧元符号 €等。

打开网页文件，将光标置于插入点。选择“插入”|HTML|“特殊字符”命令，在显示的菜单列表中选择需要的特殊字符，或在“插入”快捷栏中选择“文本”选项卡，单击“字符”按钮 BR 旁边的黑色倒三角，在弹出的列表中选择要插入的符号，如图 2-18 所示。

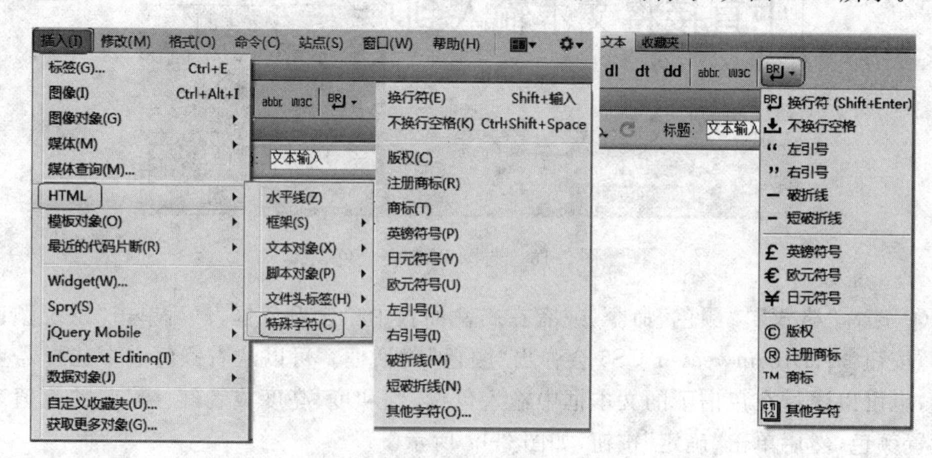

图 2-18 插入特殊符号

如果需要的字符没有在列表中显示，则选择最后一项“其他字符”选项，之后弹出“插入其他字符”对话框，选择字符后插入，如图 2-19 所示。

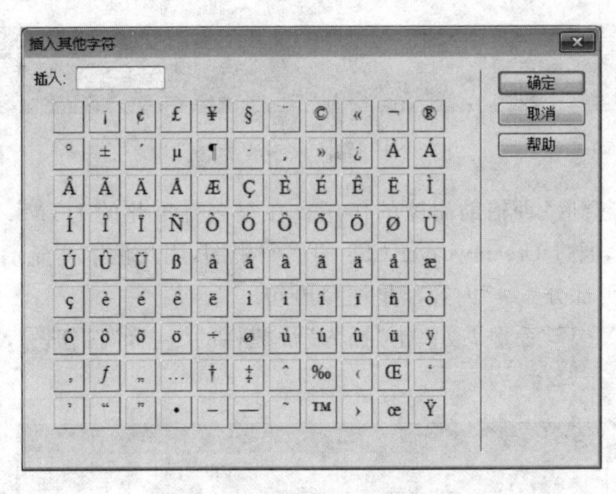

图 2-19 插入其他特殊符号

2. 插入日期

Dreamweaver CS6 提供的日期对象可以插入当前日期(可以包含或不包含时间),可以选择在每次保存文件时都自动更新该日期。将当前日期插入到文档中,可执行下列操作。

(1) 在文档窗口将光标置于插入点,选择“插入”|“日期”命令,或在“插入”快捷栏的“常用”选项卡中单击“日期”按钮,弹出“插入日期”对话框,如图 2-20 所示。

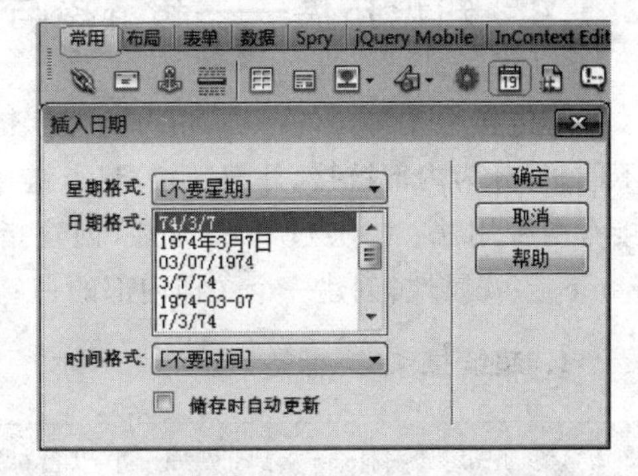

图 2-20 “插入日期”格式对话框

(2) 在该对话框中,可根据需要选择星期格式、日期格式和时间格式。其中,在“日期格式”文本框中显示的日期和时间只是日期格式显示方式的示例。

(3) 如果希望在每次保存文档时都更新插入的日期,请选中“储存时自动更新”复选框。如果希望日期在插入后变成纯文本并永远不自动更新,请取消选中该复选框。

(4) 单击“确定”按钮,即在指定位置插入日期。

3. 插入水平线

水平线主要用于分割文本段落、页面修饰等。在进行页面设计时,使用一条或多条水平线可以使页面元素的安排更加井井有条。

将光标移到要插入水平线的位置,执行“插入”|HTML|“水平线”命令,在光标处插入一条水平线。选中页面中的水平线,则可在属性面板中修改其相应属性。如图 2-21 所示。

4. 插入注释

注释是 HTML 的一种帮助性的信息,注释不会显示到 Web 浏览器窗口中,只是在编

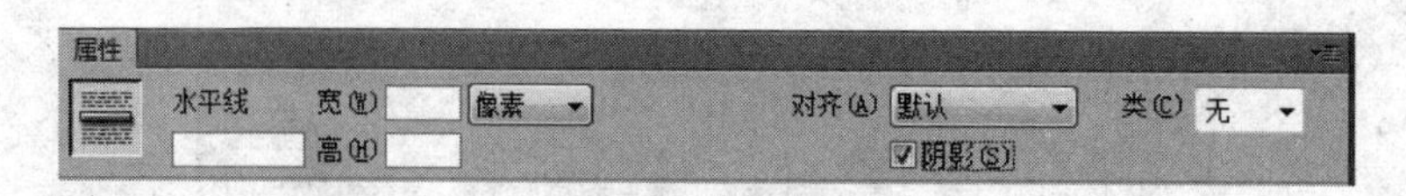

图 2-21　修改水平线的属性

写 HTML 代码时起到一种辅助阅读的作用。在很多标准化的 HTML 文档中，往往都包含大量的注释信息，通过 Dreamweaver CS6 的代码视图，用灰色字体显示的“<! --注释 1：以下为 ** 功能代码部分-->”内容都是注释语句。

选择“插入”|“注释”命令，或单击“插入”快捷栏的“注释”按钮，都可以插入注释。如图 2-22 所示。

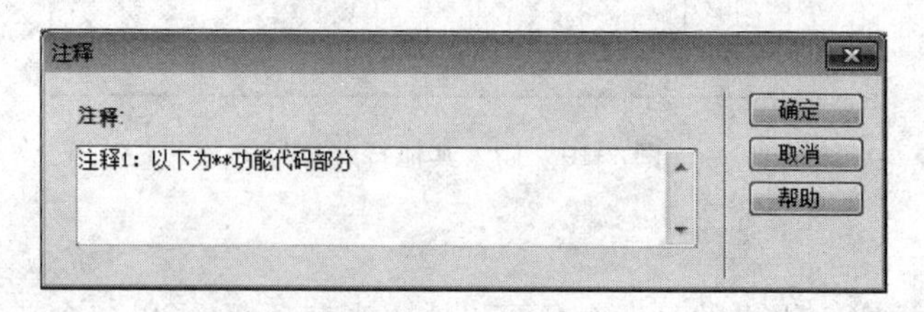

图 2-22　插入注释

2.1.4　知识拓展——超链接与文本超链接

超链接根据源锚的不同，可分为文字链接、图片链接和其他元素链接；根据目标锚的不同，可分为内部链接、外部链接、热点链接、电子邮件链接以及空链接和脚本链接。超链接有两种用法：①通过 href 属性，创建指向另外一个文档的链接(或超链接)；②通过 name 或 id 属性，创建一个文档内部的书签(创建指向文档片段的链接)。

1. 超链接<a>标签语法

```
<a href="网址、链接地址" target="目标" title="说明">被链接内容</a>
```

其中各项说明如下。

(1) href 值：它是<a>元素最重要的属性，指定被链接的目标网址，网址一定要加上“http://+域名”；相对路径如 href="/abc/"，代表本站内锚文本。

(2) target 目标值：_blank 在新窗口中打开链接；_parent 在父窗体中打开链接；_self 在当前窗体打开链接(默认值)；_top 在当前窗体打开链接，并替换当前的整个窗体(框架页)。如果 target 不带值，默认在本页父窗体中打开链接。

(3) title 值：链接目标说明，也是对被链接网址情况的简要说明或标题。

(4) css 链接样式：CSS 用 4 个伪类来定义链接的样式，分别是：a:link 是超级链接的初始状态；a:visited 是访问过后的状态；a:hover 是鼠标放上去时的悬停状况；a:active 是鼠标选中激活状态。

2. 了解链接路径

要正确创建链接，必须了解链接与被链接文档之间的路径，弄清楚作为链接起点的文档到目标文档之间的文件路径。一般来说，链接的路径可以分为绝对路径、相对路径和根目录相对路径。

(1) 绝对路径

绝对路径是被链接文档的完整路径，直接使用“/”代表从根目录开始的目录路径，如“/”和“D:/abc/”都是绝对路径，代表根目录。绝对路径与链接的源端点无关，它包含的是具体地址，如果目标文件被移动，则链接无效。

如果需要链接到当前站点之外的网页或网站必须使用绝对路径。使用绝对路径不利于站点的测试，在同一站点使用绝对路径链接方式时，如想测试链接是否有效，就必须在Internet服务器端进行。此外，采用绝对路径不利于站点的移植。例如，一个较为重要的站点，可能会在几个服务器上创建镜像，同一个文档就有几个不同的网址，要将文档在这些站点间移植时，就必须对站点中的每个使用绝对路径的链接一一进行修复。

(2) 相对路径

相对路径(文档目录相对路径)是建立内部路径时较理想的形式，是指以当前文档所在位置为起点到被链接文档经由的路径。使用相对路径时，一般省略了当前文档和被链接文档的绝对URL中相同的部分，只留下不同的部分。

相对路径构建链接的两个文件间的相对关系。只要是站点内的文件，即使不在同一个文件夹，在创建链接时都可以使用相对路径。也就是说，在使用文档相对路径时，用符号“.”来表示当前目录，用符号“..”来表示当前目录的父目录。如果链接到同一文件夹中的网页文档，只需要提供被链接文档的名称，如./abc.html；如果要链接到不同级或同级其他文件夹中的网页文件，则输入“../文件夹名/文件名”表示上一级(或“../../”指向上上一级)文件夹，如../SubDir/abe.gif。

使用相对路径时，如果在Dreamweaver CS6站点中改变了某个网页文档的位置，或把整个站点移植到其他地址的站点中，Dreamweaver CS6会自动更改相应的链接，不需要手工修改文档的链接路径。

3. 文本超链接

文本超链接是网页中最常见的超链接，它能给浏览者很直观的主题信息，建立过程简单，只要选中拟设置成超链接的文本，然后在属性面板“链接”文本框中添加相应的URL即可。由于文本超链接有别于文字，所以链接的颜色不能跟文字的颜色一样。现代人的生活节奏快，不可能浪费太多的时间寻找网站的链接。独特的链接颜色设置、自然的好奇心会使用户移动鼠标点开链接。

(1) 打开网页文件banxin.html，在编辑窗口选中要建立链接的文本。如图2-23所示。

(2) 在属性面板中选中“链接”文本框右侧的“指向文件”按钮，拖曳鼠标至右侧文件浮动面板内的网页文件上方松开左键，即创建一个文本链接。也可以在“链接”文本框内直接输入拟链接的网址或文件名。

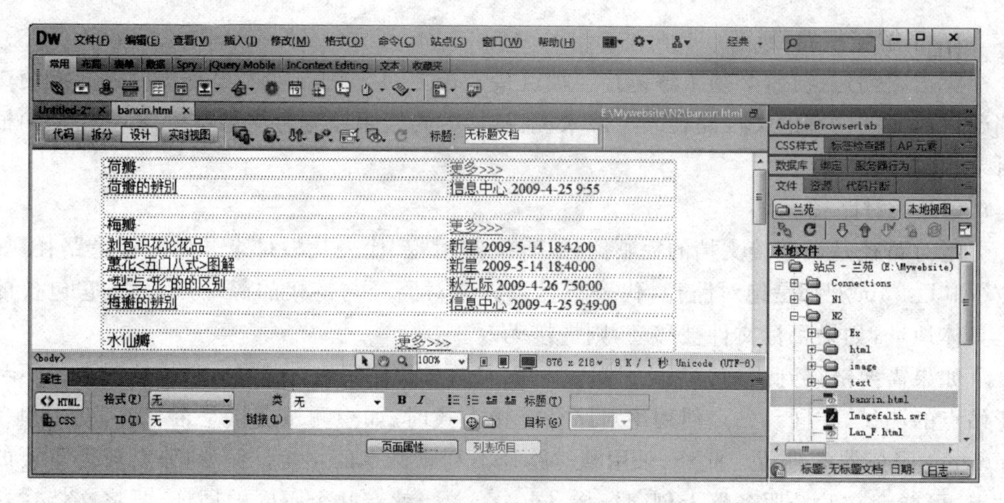

图 2-23　选择要建立链接的文本

(3) 或单击“链接”文本框右侧的“浏览文件”按钮，弹出“选择文件”对话框，如图 2-24 所示。

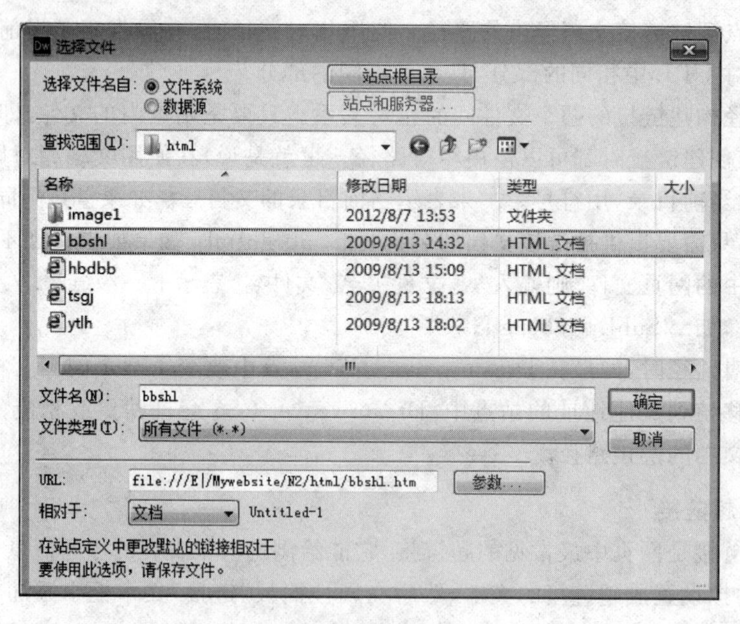

图 2-24　选择链接文件

(4) 在该对话框中选择链接要指向的文件，或在 URL 后的文本框内直接输入要链接的网址或文件，单击“确定”按钮。

(5) 在编辑区的空白处单击，选中的文本已被建立链接，产生链接状态的文本变成带下画线的蓝色文本。

(6) 在属性面板中的“目标”文本框中可以选择链接的网页，以_blank(空白窗口)、_parent(父页窗口)、_self(本窗口)和_top(顶层窗口)这 4 种目标位置显示链接的网页。

4. 创建锚点链接

当设计的页面篇幅很长时，浏览时就需要拖动上下滚动条来查看文档内容。为了方便浏览，Dreamweaver CS6 提供了锚点链接，可以对页面的不同对象分别设置锚点和锚点链接，从而使读者通过锚点链接准确、快速地跳转到待查找的信息。

(1) 打开站点目录下的网页文件 text.html，将光标置于待插入锚点的位置。

(2) 单击“插入”面板中的“常用”选项卡中的“命名锚点”按钮，或者单击“插入”|“命名锚记”命令，则弹出如图 2-25 所示的“命名锚记”对话框。

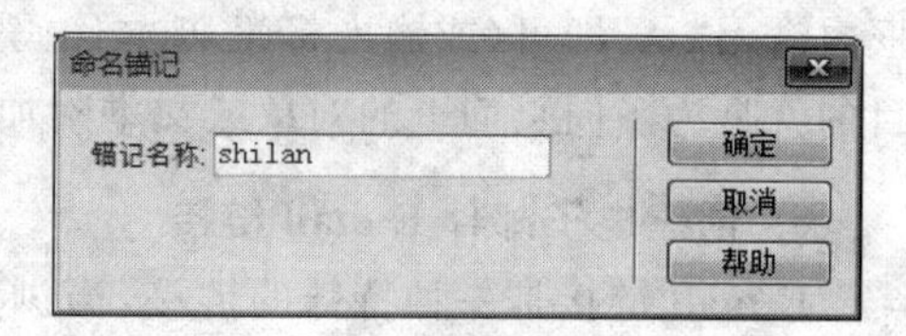

图 2-25　命名锚记名称

(3) 单击“确定”按钮，锚点 shilan 即被插入到文档的指定位置，如图 2-26 所示。如果不希望锚点在页面编辑状态显示出来时，可以在“首选参数”对话框窗口左边“分类”中选择“不可见元素”，右边就会显示“不可见元素”选项设置界面。勾选命名锚记图标，就会在可视化页面显示该标记。

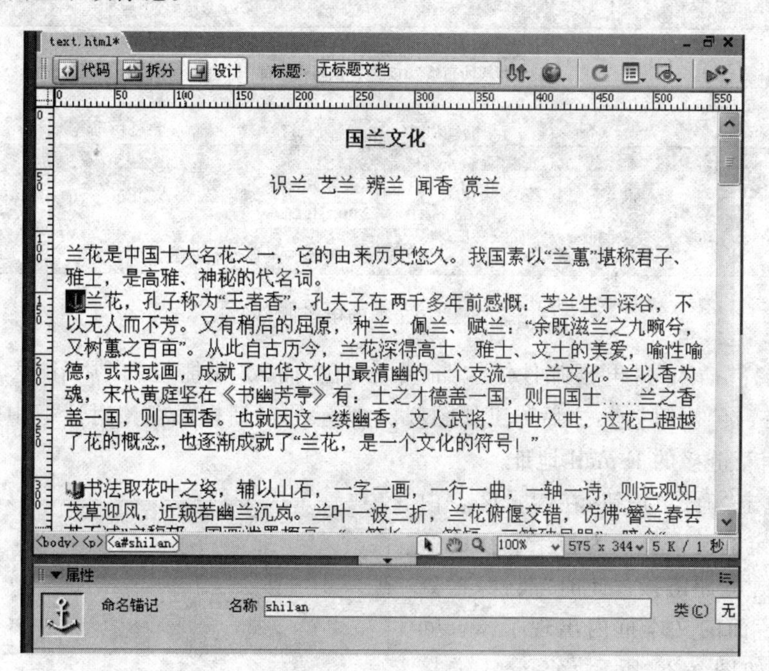

图 2-26　文档窗口中的锚记

(4) 如果链接在同一文档内跳转，将光标置于标题下的文字，分别选择“识兰、艺兰、辨兰、闻香、赏兰”中的关键字，直接在属性面板中的“链接”文本框内键入“#锚记名称”。

(5) 当链接的是另一个页面文件中的锚记时，在 URL 文本框中键入“文件名称#锚记名称”，例如要链接到当前目录下 index.htm 文档中的 news 锚点的位置，可以输入“index.htm#news”。

(6) 单击“确定”按钮。使用 F12 键可以预览网页的超链接效果。

5. 空链接

空链接是指没有指定目标文件的链接，这样的超链接在单击时不进行任何跳转。Dreamweaver 的“行为”面板罗列了许多相当于 JavaScript 编写的程序或者函数。要想对文本设置行为，必须先为文本设置空链接。

为文本设立空链接时，先在文档窗口选择指定文本，然后在属性面板中的“链接”文本框内输入“#”即可(或输入标准脚本代码“javascript:;”也表示空链接)。建立空链接的目的就是为了向页面上的对象或文本附加行为。

6. 创建电子邮件 E-mail 链接

E-mail 链接是一种特殊的链接，当浏览者单击该链接时，就能打开浏览器默认的空白通信窗口进行交互，创建电子邮件，并将相关内容发送到收件人邮件地址。

(1) 将光标移至想要创建电子邮件链接的对象，或选中要添加电子邮件信箱链接的文本，如“请联系我们”，如图 2-27 所示。

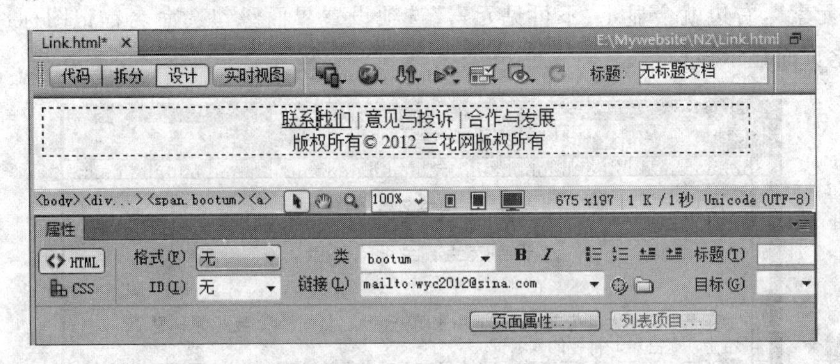

图 2-27 建立文本的电子邮件链接

(2) 选择“插入”|“电子邮件链接”命令，或在“插入”快捷栏的“常用”选项卡中单击“电子邮件链接”按钮，之后弹出如图 2-28 所示的对话框。在该对话框中输入要添加电子邮件信箱链接的 E-mail 地址。

(3) 单击“确定”按钮，在编辑区空白处单击，指定的文本显示为带下画线的蓝色字，即已建立超链接。此时“属性”检查器上链接后面的文本框内出现了 wyc@sina.com，如图 2-29 所示。E-mail 链接的格式与其他链接不同，在前面要添加“mailto:”，这是因为在设置 E-mail 超链接时，也要像网页一样声明链接的协议。

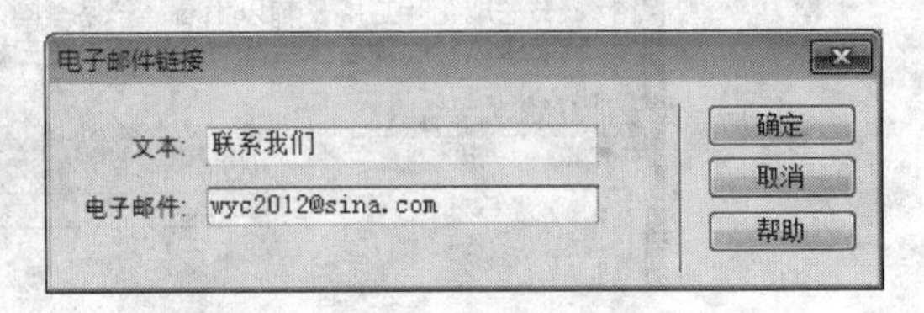

图 2-28 输入 E-mail 地址

图 2-29 E-mail 超链接的属性

(4) 按F12键预览网页，然后单击“联系我们”超链接文本，弹出“Outlook Express 发送邮件”窗口。

2.2 任务5 图像的操作

技能目标

(1) 能够根据页面显示效果在适当位置插入图像元素。

(2) 能够对图像进行必要的修饰来美化页面的显示效果。

知识目标

(1) 掌握图像的插入方法。

(2) 掌握图像的设置与修饰方法。

(3) 掌握图像对象的插入与设置。

(4) 掌握图像与文本混合编排的方法。

(5) 掌握与图像相关联的各种链接状态。

(6) 掌握制作图像导航条的方法。

(7) 了解网页中与图像技术相关的特效处理技术。

工作任务

本任务主要针对图片的插入与设置，旨在通过该任务的实施完成，让读者能够掌握图像的编辑方法，通过图像的修饰美化页面，在网页设计制作过程中能够灵活运用与拓展。

(1) 在站点中打开指定的页面。

(2) 在页面的指定位置处插入图片。

(3) 利用属性面板对图片进行相应的设置。

(4) 在页面的适当位置制作导航条。

(5) 熟练掌握鼠标经过图像效果的制作。

(6) 设置图像的热点链接。

(7) 网页预览效果(见图2-30)。

2.2.1 设置图像

(1) 启动 Dreamweaver CS6，如果在此之前没有建立其他新的站点，已建立的站点“兰苑”就完整地呈现在窗口右侧的“文件”面板中。

(2) 在本地站点中打开网页文件 Lan.html，选择“文件”|“另存为”命令，将该文件另存为 Lantu.html(注：为了保证任务之间的联系与衔接，所以图像的操作是在任务1的制作基础上继续完善)。

(3) 在属性面板中选择“页面属性”选项，在弹出的对话框中选择“外观(CSS)”选项，单击“背景图像”后的“浏览”按钮，选择背景图像为 image/bg.jpg.

(4) 将光标置于页面正文的起始处，连续插入5张由文字生成的图片 title_index.gif、title_news.gif、title_info.gif、title_exh.gif、title_bbs.gif。

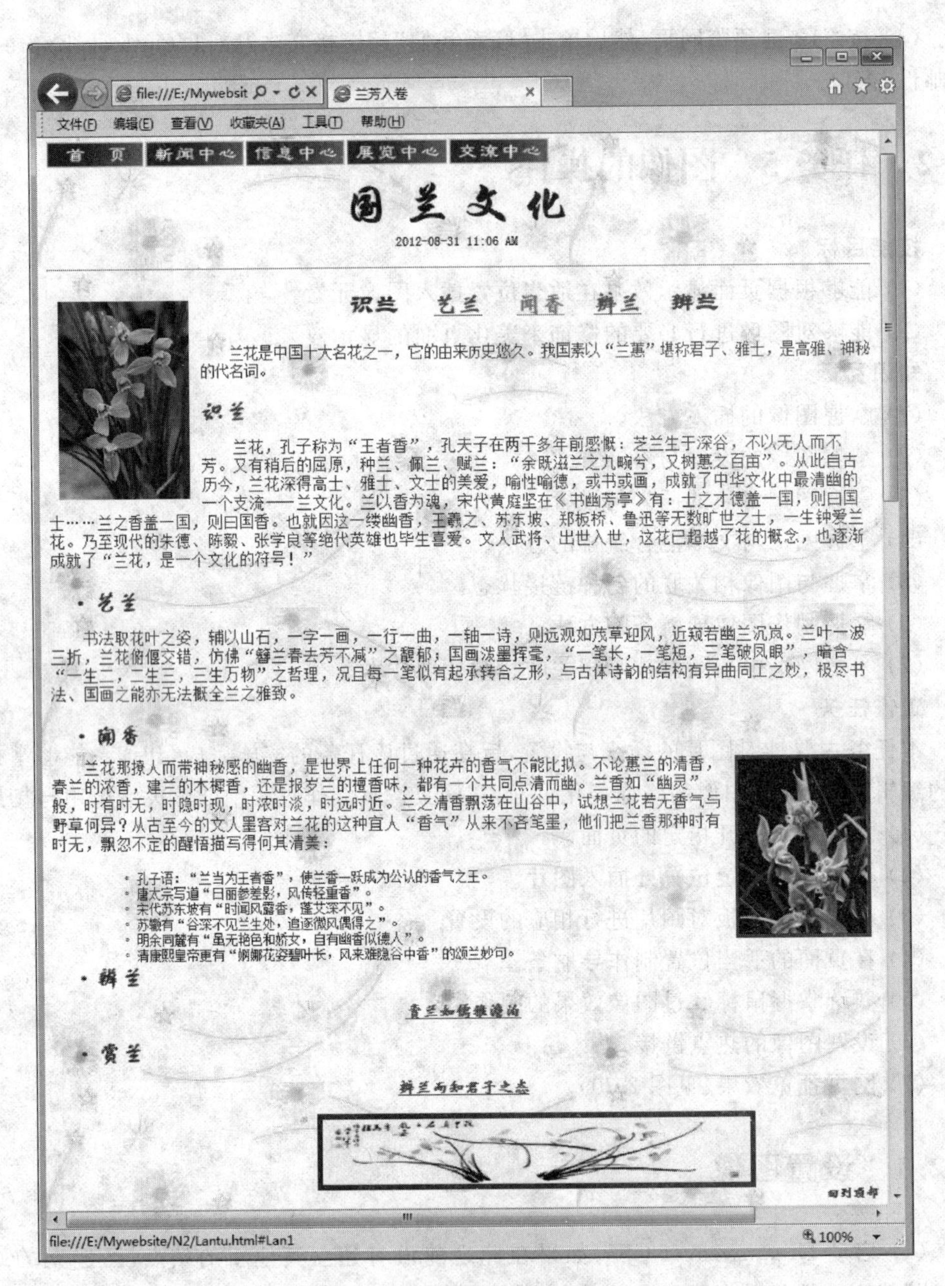

图 2-30 网页预览效果图

(5) 将光标置于页面水平线下方起始处，选择“插入记录”|“图像对象”|“鼠标经过图像”命令，则弹出“插入鼠标经过图像”对话框，设置相关信息，如图 2-31 所示。

(6) 单击“确定”按钮后，图片 lan02.jpg 插入页面的指定位置，而图片 lan01.jpg 则需要预览网页时鼠标经过第一张图片时才能显示出来。

(7) 单击选中图片 lan02.jpg，在属性面板将其对齐方式设置为“左对齐”、大小为 140×200px、垂直边距为 5、水平边距为 12。

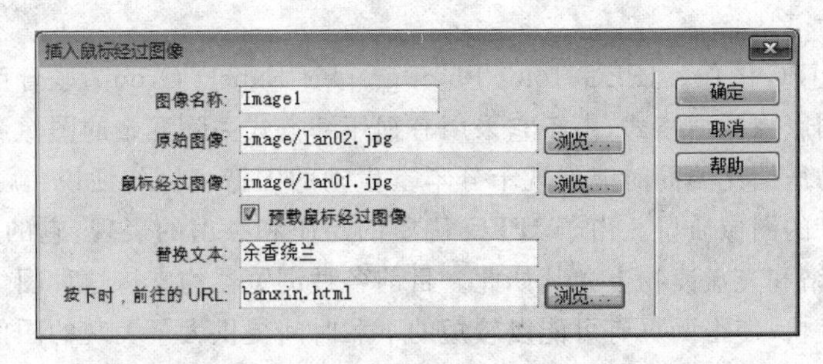

图 2-31　“插入鼠标经过图像”对话框

(8) 从右侧的文件面板组中的\image 子目录中找到图片文件 lan03.jpg，选中图片并将其拖到编辑窗口中正文项目列表“闻香”下方的起始处，设置图片为：宽 120×160px，替换文本“盆兰-朵香素心春兰”，边框为 3，右对齐，水平边距为 5。

(9) 将光标置于页面最底部的链接“回到顶部”前，插入图片 flag.gif。在属性面板中设置其大小为 400×60px，替换文本“兰香四溢”，边框为 5，绝对居中，水平边距为 250。选择图片属性面板中的“矩形热点工具”，在图片 flag.gif 上划出矩形区域，在下方的属性面板中的“链接”文本框内输入“Lan.html＃Lan2”(或先选择文件夹，或指向网页文件 Lan.html 再输入锚记名称)。

(10) 按 F12 键，或在文档工具栏中单击“在浏览器中预览”|“调试”按钮，预览网页效果。

2.2.2　问题探究——认识图像

图像在页面中的恰当运用，不仅使得网页更加生动、形象、美观，而且改变了网页的表现氛围，令网页表达信息更加直观，吸引浏览者的注意力。网页大量图片的正确使用，不仅页面品质得到提升，还提高了网站的浏览量。通过图像的修饰来美化页面，是网页制作编辑的基本技能之一。

1. 认识图像

由于图像在磁盘中的压缩方式和存储方式的不同，其保存的格式和存储容量也各不相同，Web 图像格式通常分为位图和矢量两种类型。位图图像与分辨率有关，即图像尺寸取决于查看图像的显示器的分辨率。矢量格式(SVG 和 SWF)从数学角度将图稿描述为一组几何对象，与分辨率无关，并且可以在不损失图像质量的情况下放大或缩小。所以在网页设计时，要整体考虑图像的数目和大小，尽可能地避免由于图像因素造成的网页下载速度过慢。

Web 页面中常用的图像有 GIF、JPEG/JPG 和 PNG 这 3 种格式。

(1) GIF 图像。GIF(Graphics Interchange Format，图形交换格式)是 Internet 上应用最广泛的图像文件格式之一，只有索引色和灰阶图像可以保存为 GIF 格式。由于采用无损压缩方法，其体积小、下载速度快、又不失原貌的特点恰恰符合了 Internet 的需要，主要用于标题和卡通图像。缺点是只能保存最大 8 位色深的数码图像，对于色彩复杂的图像处理就显得力不从心了。

(2) JPEG/JPG 图像。JPEG(Joint Photographic Expert Group,联合照片专家组)格式是一种全彩的影像压缩格式,由于它采用有损压缩方式去除冗余的图像和彩色数据,所以在获得极高的压缩比的同时能展现十分丰富生动的图像。换句话说,就是用最少的磁盘空间得到较好的图像质量。由于 JPEG 优质的品质和杰出的表现,它的应用也非常广泛,特别是在网络和光盘读物上尤其如此。目前各种浏览器均支持这种图像格式,文件尺寸小和下载速度快,使得网页有可能以较短的下载时间提供大量美观的图像。

(3) PNG 图像。PNG(Portable Network Graphic,可移植网络图形)格式是 Fireworks 软件默认的图像格式,也是一种新兴的网络图片格式。它汲取了 GIF 和 JPG 两者的优点,存储形式丰富,兼有它们的色彩模式。它采用无损压缩方式减少文件的大小,能把图像文件压缩到极限以利于网络传输,又能保留所有与图像品质有关的信息。它显示速度很快,只需要下载 1/64 的图像信息就可以显示出低分辨率的预览图像。它支持透明图像的制作,用网页本身的颜色信息来代替设为透明的色彩,这样可以让图像和网页背景很和谐地融合在一起。PNG 的缺点是,不支持动画应用效果。现在越来越多的软件开始支持这一格式,而且在网络上也越来越流行。

2. 插入图像

插入图像的方法通常有 3 种。

(1) 使用"插入"菜单:选择"插入对象"|"图像"命令,则弹出"选择图像源文件"对话框,选中某个图像文件,如 lanh01.jpg,之后单击"确定"按钮。

(2) 使用"插入"快捷栏:单击"插入"快捷栏中的"常用"选项卡中的图标,弹出"选择图像源文件"对话框,选中某个图像文件,如 lanh01.jpg,单击"确定"按钮。

(3) 使用面板组"资源"面板:单击左侧"图像"图标,选中"站点"旁的单选按钮,展开根目录的图片文件夹,选中某个图像文件,如 lanh01.jpg,用鼠标拖动至工作区的合适位置。

为了便于管理,一般将图片放在 image 文件夹内。如果图片过少,也可以放在站点根目录下。

注意:文件名要用英文或用拼音文字命名,不能用中文,否则预览页面时、特别是背景图片时根本无法显示。

3. 图像属性

仅仅将图像插入网页,并不能达到正确使用图像的目的,而要在了解图像的属性以及如何正确设置属性后,创建出图文并茂的网页效果。图像属性包括图像的名称、图像大小、图像源文件、图像的链接、图像的文本说明、图像的边距、自身的低分辨率图像、图像边框等。

(1) 新建网页文件 Untitled-1.html,并在文档窗口插入图像 lanh01.jpg,选中该图像,则在属性面板中显示出该图像的基本属性值。单击属性面板右下角的扩展箭头,可以查看该图像的更多属性,如图 2-32 所示。

(2) 给图像命名。在属性面板的左上角,显示当前图像的缩略图及图像存储大小。

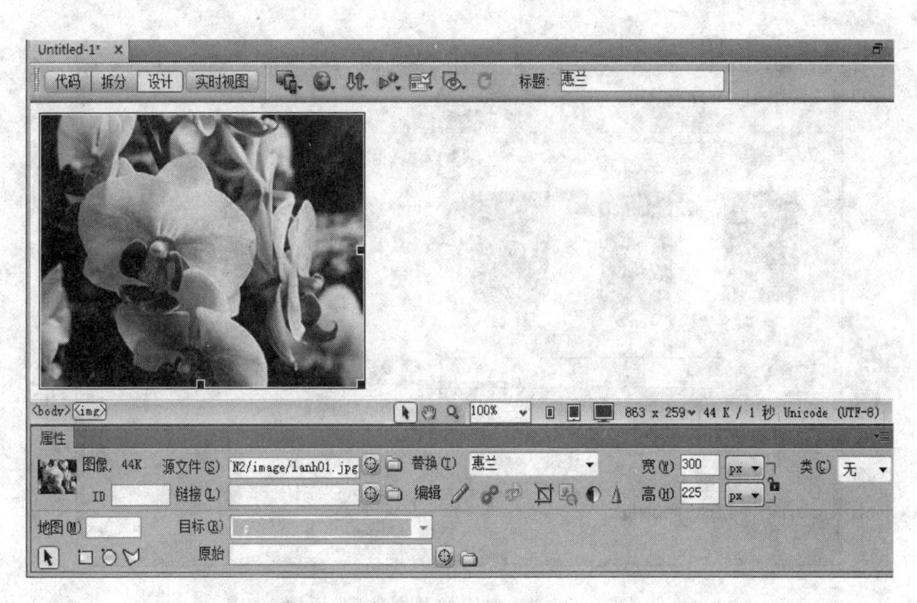

图2-32 图像属性面板

在该缩略图右侧的文本框内可以设置图像名称，如 image1，在使用行为(如"交换图像")或脚本撰写语言(例如 JavaScript 或 VBScript)时，可以直接通过图像名称引用该图像。建议在替换右侧的文本框内输入替换文本，替换文本的添加为图片添加了 alt 属性。alt 属性指定，当图片不能显示时就显示替换文本。这样做对正常用户可有可无，但对纯文本浏览器和使用屏幕阅读机的用户来说，只有添加了 alt 属性，代码才会被 W3C 正确性校验通过。

(3) 改变图像大小。以像素为单位，把图像本身的大小显示在"宽"和"高"文本框内，如宽 300、高 225。如果期望改变图像大小，可以直接在"宽"和"高"文本框中输入新的参数值；或者选中该图像，分别拖动图像右方、下方和右下方的句柄调整图像大小；按 Shift 键后再拖动图像右下方的图柄，可以按比例调整图像大小。单击"宽"和"高"文本框右侧的恢复标记 C，或右击文档窗口中的图片，在弹出的快捷菜单中选择"调整大小"选项，这两种方式都可以恢复图像的原始大小。

(4) 改换图像。在属性面板重新指定图像，可以有 4 种实施方法：①选中"指向文件"图标 ，拖动鼠标至右侧"文件"面板内的目标图像上松开即可；②直接输入图像的路径及文件名；③单击文本框右侧的"文件夹"图标 ；④双击源图像。后面两种方法都可以打开"选择图像源文件"对话框，再选择需更换的图片文件，如图 2-33 所示。

(5) 图像超链接。"链接"指定图像的超链接。选中图像，在属性面板中的"链接"文本框内输入超链接的 URL 地址，如 image/lanh03.jpg，图像就被设置了超链接。在浏览器中单击该图像，则链接跳转到一个包含图像 lanh03.jpg 的浏览页面。同样，单击右边的"文件夹"图标 打开"选择文件"对话框，在站点目录中选择要链接的对象；或者通过拖动该文本框右边的"指向文件"图标 ，也可以提取相应的 URL 链接路径。

(6) 给图像添加替换文本。在属性面板中的"替换"文本框中输入图像的说明文本。

图 2-33 “选择图像源文件”对话框

给图像添加替换文本有两个作用：一是当鼠标移动到这些图像上时，浏览器在鼠标指针右下方弹出一个说明框，为浏览者提供该图片的相关文本信息；二是当浏览器禁止显示图片时，可以在图像位置上显示图片的相关文本信息。

(7) 为图像定义样式。单击属性面板中的“类”下拉列表，可以为图像指定一种预先定义的样式(CSS类)。

(8) 编辑图像。利用 Dreamweaver CS6 在属性面板中提供的编辑功能按钮，可以对图像进行再编辑，如图 2-34 所示。这里其实只是提供了一个接口，以调用外部 Photoshop CS 等专用图像处理软件的图片编辑功能，在一定程度上方便了网页设计者的操作。由于图像的编辑直接修改图像文件本身，因此编辑时一定要谨慎，最好事先做好源图像的备份。

图 2-34 图片“编辑”按钮

(9) 设置图像边距。选中图像 lanh02.jpg 后，在图像属性面板中的“垂直边距”和“水平边距”文本框中输入合适的参数，如垂直边距 5、水平边距 10，可以调整图像相对于相邻元素在垂直方向和水平方向的边距。

(10) 设置超链接目标窗口。如果为图像设置了超链接，则在图像属性面板中“目标”后的下拉列表中选择设置链接目标文档的打开方式。其中：_blank 将链接的文件载入一个未命名的新浏览器窗口中；_parent 将链接的文件载入含有该链接的框架的父框架集或父窗口中，如果包含链接的框架不是嵌套的，则链接文件加载到整个浏览器窗口中；_self 将链接的文件载入该链接所在的同一框架或窗口中，此目标是默认的，所以通常不需要指定它；_top 将链接的文件载入整个浏览器窗口中，因而会覆盖原有框架或窗口。

(11) 设置低分辨率图像。指定点加载主图像之前，应加载低分辨率的图像 URL 地址，此项也可不设置。在页面中插入需要的图像后，单击属性面板中“低分辨率源”文本框后的“浏览文件”按钮，选中该低分辨率图像。这样在浏览网页时，低分辨率图像就作为载入主图像的缩略图迅速加载显示，使浏览者快速了解所期待的图像是什么样子。

(12) 增加图像边框。在图像属性面板中的“边框”文本框内输入边框的宽度，以像素为单位，可以为图像增加边框；不输入，或输入为 0，表示没有边框。

(13) 对齐图像。设置图像相对于周围元素(文本、另一个图像、插件或其他元素)的 9 种对齐方式(默认值、基线、顶端、底部、文本上方、绝对居中、绝对底部、左对齐、右对齐)。

4. 其他图像元素

(1) 图像占位符

由于插入的并不是一个具体的图像文件，而只是为了页面布局的需要，所以先临时设置一个符号来占用相应的页面空间，以方便下一步在该位置插入图像时使用。

将光标置于文档窗口插入点，选择“插入”快捷栏中的“常用”选项卡，单击“图像”按钮组的下拉菜单，选择“图像占位符”图标(单击该图标后，在常用选项卡保留此图标，如想更换，继续单击右侧的下拉菜单选择)，或者将“图像占位符”图标拖到“文档”窗口中的所需位置，或者在菜单栏中选择“插入”|“图像对象”|“图像占位符”命令，都可以弹出如图 2-35 左图所示的对话框。如图 2-35 所示，图像占位符的属性面板中的各参数与图像类似。

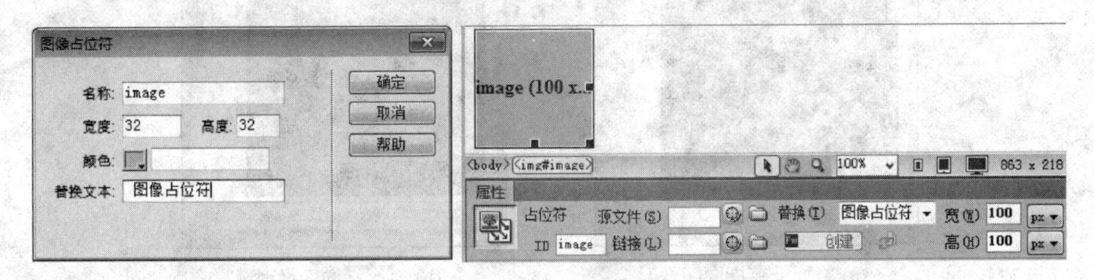

图 2-35　“图像占位符”对话框及插入效果

(2) 鼠标经过图像命令

在浏览网页时，把鼠标移动到图片上时，这张图片可以更换成另一张图片，当鼠标移开时图片又恢复原状。它的创建可以通过菜单命令和行为来完成。

事先准备两幅尺寸一致、外观相似但又有明显区别的图像，分别为主图像(当首次载入页时显示的图像)和次图像(当鼠标指针移过主图像时显示的图像)。两个图像应大小相等，如果大小不同，Dreamweaver CS6 将自动调整第二个图像的大小以匹配第一个图像。

① 在“设计”视图中，将插入点放置在鼠标经过图像的位置。

② 选择“插入记录”|“图像对象”|“鼠标经过图像”命令，或选择“插入”快捷栏中的“常用”选项卡，然后单击“鼠标经过图像”图标，或直接将“鼠标经过图像”图标拖到文档窗口中的所需位置，都会弹出图 2-36 所示的“插入鼠标经过图像”对话框。

③ 设置好相关选项后，单击“确定”按钮，鼠标经过图像效果就插入到文档中。在“设计”视图中，看不到鼠标经过图像的效果。选择“文件”|“在浏览器中预览”命令，或按 F12 键，或者在文档工具栏中单击“在浏览器中预览”|“调试”按钮选择预览，都可以浏览网页，将鼠标指针移过原始图像，浏览器显示切换到鼠标经过图像，如图 2-37 所示。

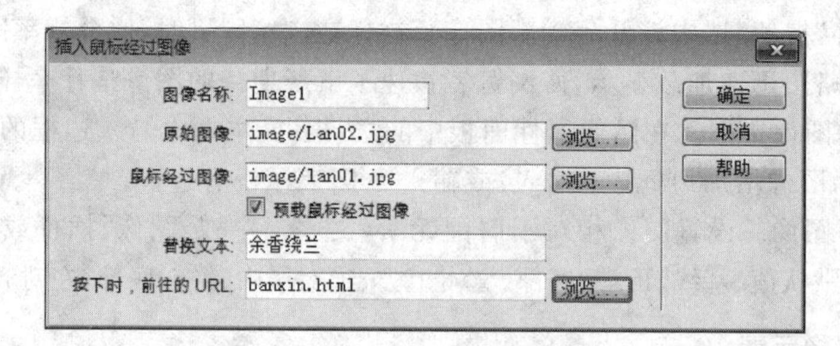

图 2-36 “插入鼠标经过图像”对话框

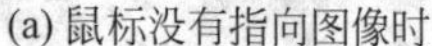
(a) 鼠标没有指向图像时

(b) 鼠标指向图像时

图 2-37 在浏览器中预览鼠标经过图像效果

(3) 鼠标经过图像行为

① 在页面中插入一张图片，然后选中这张图片。

② 打开“行为”面板，从动作菜单中选择“交换图像”命令，弹出“交换图像”对话框，如图 2-38 所示。

③ 在“设定原始档为”文本框中，输入新图像的文件名路径，设置相应选项后，单击“确定”按钮，刚才为图片所添加的事件和动作就显示在“行为”面板中，如图 2-39 所示。

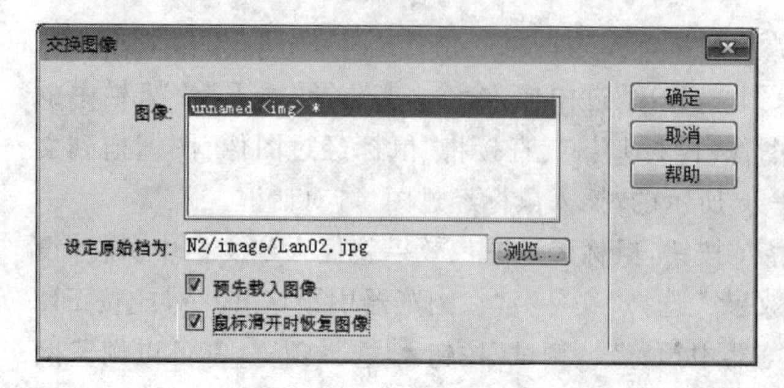

图 2-38 “交换图像”对话框

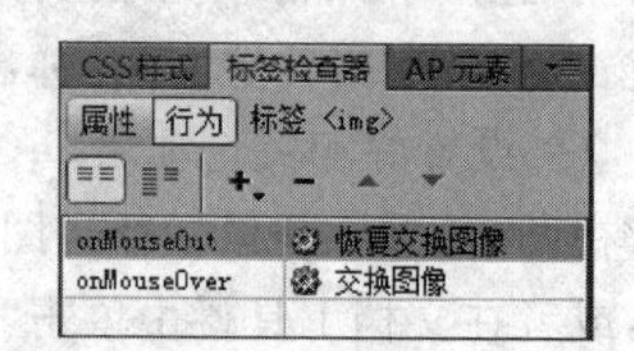

图 2-39 添加行为后的“行为”面板

④ onMouseOver 事件旁，有一个“交换图像”动作的标记。在它上面，还有 onMouseOut 事件以及相应的“恢复交换图像”的动作(该行为是在“交换图像”对话框中接受默认选项而被定义的)。检查默认事件是否为所需事件，如果不是，则单击该事件，在右侧的下拉列表中选择合适的事件。

⑤ 按 F12 键预览页面。在浏览器窗口把鼠标移到图像上，源图像则被另外一张指定图像所代替。

(4) Fireworks HTML

使用 Fireworks 制作的图像，可以利用导出方式同时生成 HTML 网页代码和图像源文件。即使不懂代码，依然可以使用它，只要不对文件进行移动和重命名，产生的代码不进行任何修改就可以自动执行。将 Fireworks HTML 插入到 Dreamweaver CS6 中，可以采用以下方法。

① 选择“插入记录”|“图像对象”|Fireworks HTML 命令，或者在“插入”快捷栏的“常用”选项卡中单击“图像”菜单并单击 Fireworks HTML 按钮，弹出“插入 Fireworks HTML”对话框，如图 2-40 所示。

图 2-40 “插入 Fireworks HTML”对话框

② 单击“Fireworks HTML 文件”文本框后的“浏览”按钮，选择所需要插入的 Fireworks HTML 文件，单击“确定”按钮，将 HTML 代码连同它的图像、切片和 JavaScript 一起，插入网页文档中。

③ 选中“插入后删除文件”复选框，就会在单击“确定”按钮的同时删除 Fireworks HTML 文件，不会影响与 HTML 文件相关联的 PNG 源文件。

5. 网站图片优化

网站大量图片的使用，不仅美化了网站，还提高了信息浏览量、增加了访问者。但图片过多会影响网站的打开速度，此时对图片做些适当的优化就显得尤其重要。

(1) 在网站设计之初，就先要做好规划，比如在 HTML 中明确图片的大小、背景图片的使用等，做到心中有数。

(2) 图片编辑要慎重，只展示必要的、重要的、与内容相关的部分。装饰性的图片应尽量组合，并采用 CSS sprite 方式使用，以节省 HTTP 请求数。

(3) 页面边框、背景，尽可能使用 CSS 的方式来展示。如果图片上要添加文字，应采用透明背景图片，尽量不要把文字嵌入图片中，或者运用 CSS 定位技术让文字覆盖在图片上，这样既能获得相等的效果，还能更大程度地压缩图片。

(4) 运用 Photoshop 编辑图片时，缩放图片通常会让图像模糊，用 smart sharpen 会让图片更为出色。输出时图片大小要妥当，长宽像素根据布局的需要缩放，而不要输出大图片。

（5）图片尽量使用png格式，以替代过去常用的gif和jpeg格式。对于gif和png文件，在保证质量的同时最小化颜色位数，使用最小化dithering（抖动显示）使文件更小。

（6）图片在优化之前，通过降噪可以获得＞20%的额外压缩。jpg图片通过模糊背景也可以压缩得更多。

2.2.3 知识拓展——图像超链接

把图像作为超链接的对象，以实现图像整体链接、图像地图、图像占位符、鼠标经过图像、导航条，使网页的内容更丰富。建立图像超链接与建立文本超链接方法很相似。

1. 建立图像超链接

（1）新建网页文件，单击对象面板上的插入图像按钮，在打开的对话框中选择图像文件，将图像插入页面指定位置。

（2）选中要创建链接的图像。

（3）在属性面板的"链接"文本框中设置超链接的源文件，提供以下3种具体方法。

① 直接在"链接"框中键入链接文件的地址。

② 单击"链接"框后的浏览文件按钮，在打开的"选择文件"对话框中选择链接文件。

③ 利用Dreamweaver CS6提供的独特且方便的"镖靶"方法，在属性面板中选中圆形标靶图标，按下鼠标左键使用鼠标拖曳的方式指向目标源，即当箭头指向网站文件管理器窗口中的某个文件时，文件周围会出现一个蓝色方框，松开鼠标后，系统自动将获取的目标文件名显示在"链接"的文本框内，如图2-41所示。

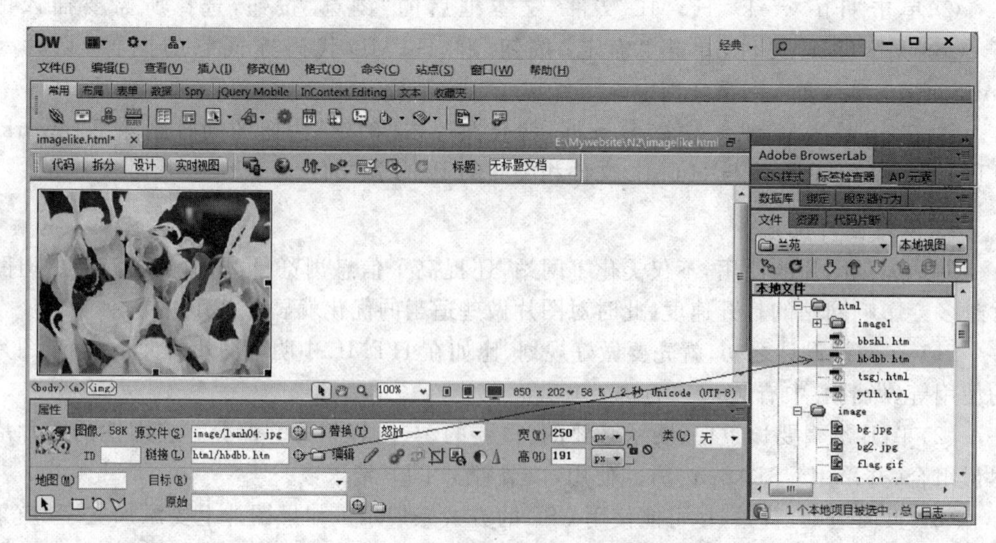

图2-41 使用鼠标拖动链接对象创建链接

（4）按F12键就可以预览网页。当鼠标移到图像上时，鼠标指针就会变成手指形，单击该图像，即可跳转到图像所链接的页面。

2. 制作图像映射

图像映射是指一张图片上有多个不同区域拥有不同的链接地址。在图像上定义一个区域，并为该区域设置链接，这些区域称为热点。

(1) 创建热点区域 Map。

① 选中要创建热点区域的图像 lanh06.jpg，在属性面板中的“地图”文本框中输入图像映射的名称 Map。

② 选择“热点工具”中矩形、圆形、多边形工具的任一种，进入热点区域绘制状态。当鼠标指针变成“+”形状时，根据图形需要在图像上绘制一个不规则热区，此时指定图像的热点区域显示为透明的蓝色。

(2) 调整热点区域。选中热点区域，可以对其大小、位置进行适当的调整。

(3) 设置热点区域的超链接。选中热点区域，在属性面板中指定链接地址和超链接的打开方式。在链接文本框后输入链接地址，在“目标”列表框中选择打开的状态，单击该热区，跳转到该热区所链接的页面上去，如图 2-42 所示。

图 2-42　创建图像热区

(4) 完成热区链接后，按 F12 键预览，将鼠标指向热点区域单击后，浏览器直接打开相应的链接页面。

3. 跟踪图像

“跟踪图像”是 Dreamweaver 一个非常有效的功能。利用手绘或用绘图软件绘制出的平面设计稿作为网页页面设计的蓝图，在网页制作时作为页面的辅助背景，然后用户按既定设计方案对号入座，方便地定位文字、图像、表格、层等网页元素的位置。具体操作步骤如下：

(1) 使用绘图软件作一个网页排版格局草图，保存为网络图像格式(如 GIF、JPG、JPEG 和 PNG)。

(2) 新建一张页面，在菜单中选择“修改”|“页面属性”命令。在弹出的“页面属性”对

话框里选中“跟踪图像”选项，单击“浏览”按钮，弹出“选择图像源”对话框，选择草图；再继续设置跟踪图像的透明度。

(3) 在菜单中选择“查看”|“跟踪图像”|“载入”命令，弹出“选择图像源”对话框选择草图后，在给定的对话框中设置跟踪图像的透明度。现在就可以使用“查看”|“跟踪图像”命令进行显示、对齐所选范围、调整位置、重设位置等操作。

(4) 有了草图做底衬，在当前网页就能方便地定位各个网页元素的位置了。使用了跟踪图像的网页，在编辑时背景图案不再显示，但按 F12 键预览、使用浏览器浏览时，跟踪图像将不再显示，展现在眼前的是经过编辑的网页(同时能够显示背景图案)。

2.3 项目小结

文本和图像是网页中最重要的两个元素，美观的网页是图文并茂的。文本的效果对网页整体效果影响较大，配合图片的恰当运用，使简单平白的页面氛围立刻变得丰富生动起来。向页面添加网页元素是网站建设的基础，如果能够把网页中的每个元素都设置到位，“于细微之处见功夫”，可以说网站成功了一半。通过本项目的实践与拓展，在掌握图像与文本的基本操作基础上，能够熟练掌握图像与文本混合编排的技巧，使网页的整体效果美观、爽目。

2.4 上机操作练习

(1) 请制作如图 2-43 所示的页面效果。

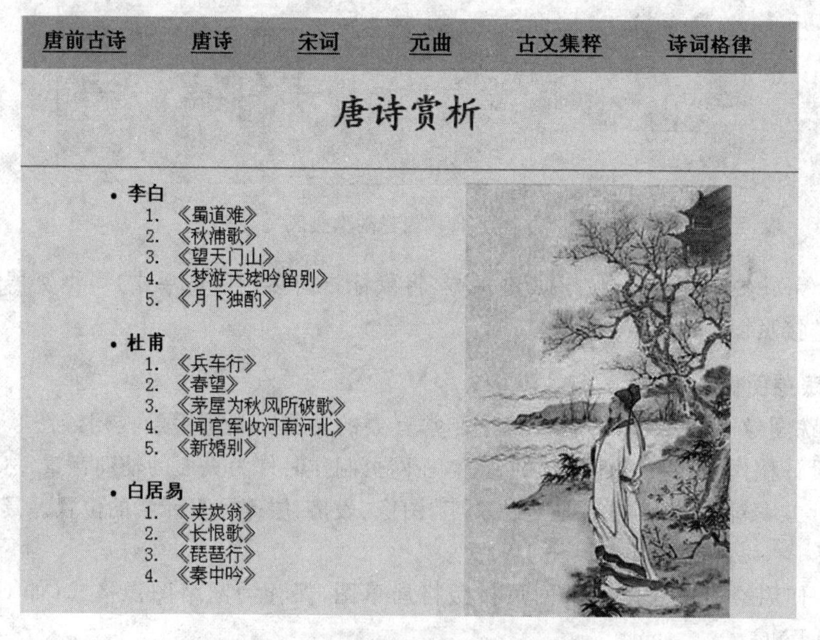

图 2-43 文本与图像页面的效果图

(2) 请制作如图 2-44 所示的导航栏效果，使导航栏图片具有鼠标经过的效果(利用 Ex\image 中的图例)。

图 2-44　导航栏的效果图

(3) 滚动的文字和图片是网页常见的处理效果，<marquee>…</ marquee>标签的运用及其属性的灵活运用，可以实现各种不同的效果(实例见 Ex\html\ marquee. html)。

操作要点：添加滚动效果可选定文字和图片，右击鼠标，在弹出的选项列表中选择“环绕标签”，在弹出的文本框内输入“marquee”，再按下空格键，依次添加需要的属性值。也可以直接在代码窗口手写代码。常用属性 direction 设置方向，up 上、down 下、left 左、right 右；behavior 设置滚动的方式；alternate 两端之间来回滚动，scroll 重复地从一端滚向另一端；slide 由一端滚向另一端；width 宽度，height 高度；loop 设置滚动的次数，scrolldelay 设置两次滚动的延迟时间，scrollAmount 控制移动的速度，数字越大速度越快。

2.5　习题

1. 选择题

(1) 下面关于 GIF 格式图像的说法错误的是(　　)。

A. 它是一种索引颜色格式

B. 在颜色数很少的情况下，产生的文件极小

C. 它能够以动态形式出现在页面中

D. 它至少可以支持 256 种颜色

(2) 在 Dreamweaver CS6 中，可以为图像创建热点，(　　)属性不可以进行设置。

A. 热点的形状　　B. 热点的位置

C. 热点的大小　　D. 热点区鼠标的灵敏度

(3) 针对 Dreamweaver CS6 的“跟踪图像”功能，说法错误的是(　　)。

A. 是页面排版的一种辅助手段

B. 用来进行图像定位

C. 只有网页预览时才有效

D. 对 HTML 文档并不产生任何影响

(4) 在拖动右下角的控制点时,可以同时改变图像的宽度和高度,但容易造成拖动的宽度与高度比例不等而失真,这时可以按住(　　)键进行"锁定比例"的放缩。

A. Alt　　B. Shift　　C. Ctrl　　D. F5

(5) 要通过工具栏为文档插入图像,应该首先将"插入"快捷栏切换到(　　)选项卡。

A. "常用"　　B. "布局"　　C. "文本"　　D. HTML

(6) (　　)能够制作出包含 4 种状态的按钮。

A. 背景图像　　B. 鼠标经过图像

C. 导航条　　D. 占位图像

(7) 下列操作中,不可以打开外部图像编辑器的是:(　　)。

A. 右击所需编辑的图像,在弹出的快捷菜单中选择"编辑"|"浏览"命令

B. 选择所需编辑的图像,单击属性面板中的"编辑"按钮

C. 双击图像

D. 在"文件"面板中双击需要编辑的图像文件

(8) (　　)图像编辑功能是 Dreamweaver CS6 自身不能完成的。

A. 裁剪　　B. 优化　　C. 锐化　　D. 阴影

2. 填空题

(1) 在 Web 上使用的图像格式有________、________、________ 3 种。

(2) 在 Dreamweaver CS6 的水平线属性检查器中,可以设置水平线的________、________、________和________。

(3) 锚点链接的作用是____。

(4) 链接的目标窗口类型有________、________、________、________ 4 种。

(5) 设置超链接属性时,目标框架设置为_blank,表示的是________。

(6) 在 Dreamweaver CS6 中的主编辑窗口中,按________快捷键可以快速启动主浏览器预览在编辑的页面。

(7) 导航条中的图像,通常有________、________、________、________ 4 种状态。

(8) 在网页制作过程中,如果所需插入的图像未制作完成,可以使用插入________的方式来插入图像。

3. 简答题/上机练习

(1) 创建导航条的前提条件是什么?

(2) 怎样创建图像的映射地图并进行热点链接?

(3) 在 Dreamweaver CS6 中是否可以调整图像? 可调整图像的哪些参数?

(4) 链接的路径有哪些? 区别是什么?

(5) 如何设置锚链接?

(6) 在 Dreamweaver CS6 的文档中创建交换图像,并在浏览器中预览其效果。

(7) 如何在文档中插入日期? 试在文档中插入当前日期,并设置日期使用的文本类型,如字体、样式等。

项目3

网页布局技术

3.1 任务6 布局技术之一——表格

技能目标

(1) 熟练运用表格掌握页面布局技术。

(2) 能够通过表格的定位,使页面的布局更加合理、美观。

知识目标

(1) 熟练掌握表格的添加与编辑。

(2) 掌握表格中操作行和列的方法。

(3) 掌握单元格的拆分与合并方法。

(4) 掌握在表格中输入文字、图像并定位的方法。

(5) 掌握嵌套表格的用法。

(6) 掌握切换视图的操作方法。

(7) 掌握布局表格、单元格的绘制与属性设置方法。

工作任务

利用表格布局页面时,应先规划好页面中各元素的具体位置,通过表格将这些区域划分出来,在单元格中插入元素后,再仔细调整各单元格的大小、位置,使页面各个元素的所在位置与实际需要相符。通过该任务的实施,读者能够灵活利用表格的背景、框线等属性设置,掌握使用表格准确定位页面元素的排版技术,创建布局更加合理、美观的网页效果。

(1) 在站点中新建一个页面并保存。

(2) 在网页中插入一张表格。

(3) 合并单元格。

(4) 为单元格设置背景色。

(5) 根据布局的需要插入嵌套表格。

(6) 在指定位置插入图片和文字。

(7) 根据页面的布局调整图片大小。

(8) 为文字设置相关属性。

(9) 为表格内文字建立超链接。

(10) 网页预览效果(见图3-1)。

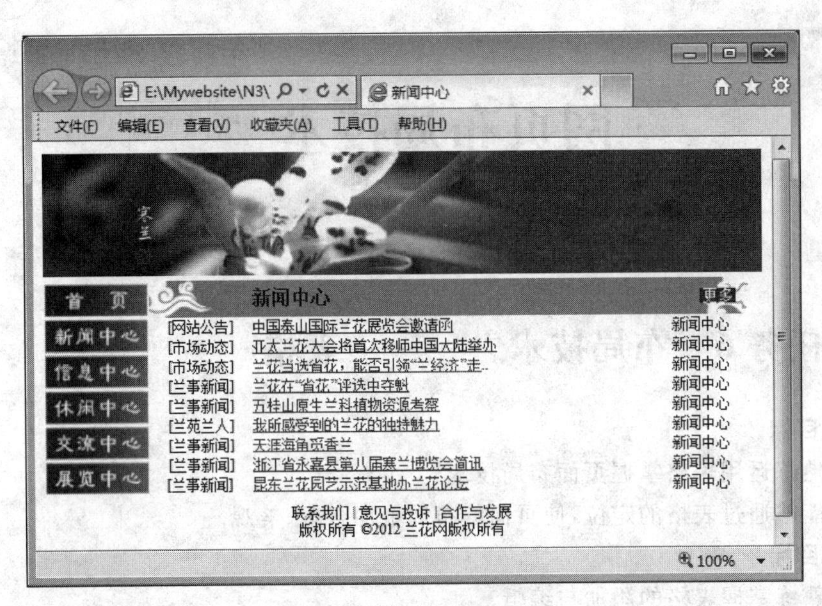

图 3-1 利用表格布局的网页预览效果图

3.1.1 使用表格搭建页面

(1) 启动 Dreamweaver CS6 站点，选择"文件"|"新建"|"空白页"命令，弹出"新建文档"对话框，选择基本页为 HTML，单击"创建"按钮，新建默认名为 untitled-1 的空白页面。

(2) 选择"文件"|"保存"命令，将该空白网页保存到站点目录\Mywebsite\N3 下，文件名为 Table.html。

(3) 将光标置于页面起始处，单击菜单栏中的"插入"|"表格"命令，或单击"布局"选项卡中的"表格"按钮，插入一个 3 行、2 列的空白表格。

(4) 合并第 1 行和第 4 行单元格。在第 1 行插入图片 title_bg.jpg。在第 4 行输入相应文字"联系|意见与投诉|合作与发展"和"版权所有© 2012 兰花网版权所有"，两行之间用 Shift+Enter 键换行。

(5) 在第 2 行第 1 列单元格内插入一个 7 行、1 列的嵌套表格，在此嵌套表格内依次插入 title_index.gif、title_news.gif、title_info.gif、title_love.gif、title_bbs.gif、title_exh.gif、title_free.gif 这 7 张图片，并将这 7 张图片的大小设置为 90×27px。

(6) 在第 2 行、第 2 列单元格内插入一个 10 行、3 列的嵌套表格。在此嵌套表格内依次插入相关图片和文字，将光标置于第 1 行、第 1 列，插入图片 b1_01.gif，在第 3 列插入图片 b1_02.gif；选中第 1 行、第 2 列，在下方的属性面板设置单元格背景色，单击背景颜色右下角的小三角，此时光标变成一个拾色器，在刚插入的图片上选取蓝色单击，则蓝色背景立刻充满整个单元格。

(7) 在嵌套表格的第 2 行至第 10 行单元格内分别输入相应文字，然后选中表格内所有文字，在下方的属性面板设置字体大小为 12 像素、颜色为蓝色。在文档窗口使用表格创建的布局效果如图 3-2 所示。

图 3-2　文档窗口里使用表格创建的布局效果图

(8) 再依次选中文字建立链接。如选中第 2 列中的文字"东方兰花飘香富农家"，右击，在弹出的快捷栏内选择"创建链接"，在随后弹出的对话框中选择链接的目标文件，单击"确定"按钮，再依次为其他新闻创建链接。

(9) 按 F12 键预览网页设置效果。

3.1.2　问题探究——认识表格

传统的网页设计一般会根据读者要求，考虑好主色调、图片、字体、颜色后，再用 Photoshop 等制图软件画出来，最后切成小图，再通过表格的定位来排版这些元素，从而设计整个网页页面。一般表格边框宽度设为 0，表格的宽度以像素为单位，当浏览器的窗口大小改变时，表格不会因此而改变。

1. 表格的组成元素

表格由边框、行、列、单元格组成。整张表格的边缘称为边框；水平方向的一组单元格称为行，垂直方向的一组单元格称为列，行列交叉部分就称为单元格；单元格中的内容和边框之间的距离称为边距，单元格和单元格之间的距离称为间距。如图 3-3 所示。

2. 插入表格

(1) 新建一个页面，在设计视图将插入点放在需要表格出现的位置。若文档是空白的，则插入点自动置于文档的起始处。

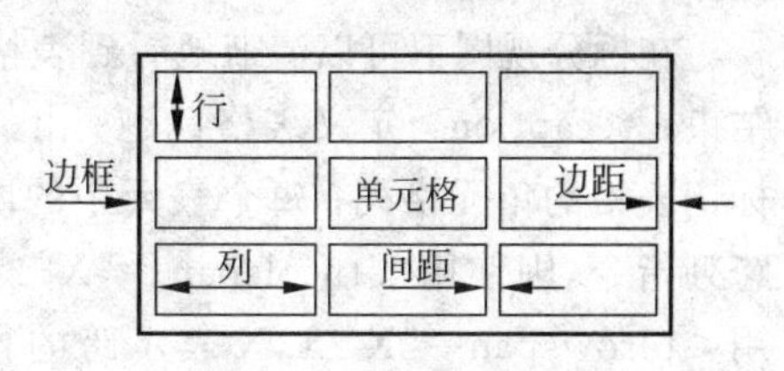

图 3-3　表格示意图

(2) 选择"插入"|"表格"命令，或在"插入"栏的"常用"类别中单击"表格"按钮，弹出如图 3-4 所示的"表格"对话框。

此对话框允许读者在插入表格之前，对表格的行数、列数、宽度、单元格间距、边框粗细等相关属性进行设置。

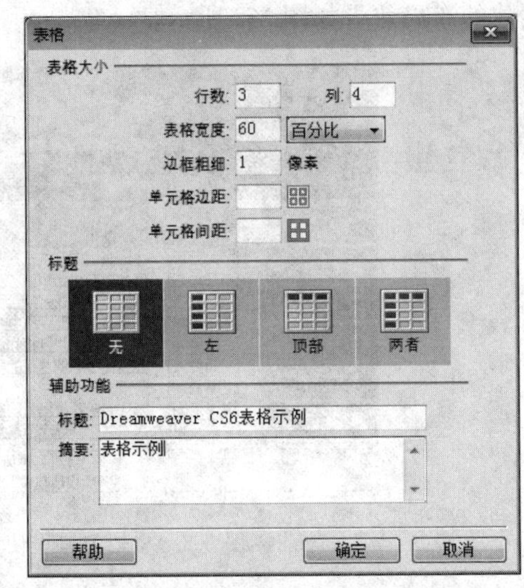

图 3-4 “表格”对话框

① “行数”：确定表格行数。

② “列”：确定表格列数。

③ “表格宽度”：以像素为单位，或按浏览器窗口宽度的百分比%指定表格的宽度。以像素定义的表格大小是固定的，不因浏览器窗口大小变化而产生影响。以百分比定义的表格，会随浏览器窗口大小的改变而变化。

④ “边框粗细”：指定表格边框的宽度（以像素为单位）。

⑤ “单元格边距”：确定单元格边框和单元格内容之间的像素数。

⑥ “单元格间距”：确定相邻的表格单元格之间的像素数。

如果没有明确指定边框粗细或单元格间距和边距的值，则大多数浏览器按边框粗细和单元边距为1、单元格间距为2来显示表格。若要确保浏览器不显示表格边框、边距或间距，则将它们全部设置为0。

“标题”部分可用来定义表头样式。

① “无”：对表格不启用列或行表头。

② “左”：可以将表格的第一列作为标题列，以便为表格中的每一行输入一个标题。

③ “顶部”：可以将表格的第一行作为标题行，以便为表格中的每一列输入一个标题。

④ “两者”：可以在表格中输入列标题和行标题。

“辅助功能”部分指定以下选项。

① “标题”：提供了一个显示在表格外的表格标题。

② “摘要”：给出了表格的说明。在浏览器中，该文本不会在表格中显示。

(3) 单击“确定”按钮，一个3行、4列的空白表格就出现在文档窗口，如图3-5所示。其中，表格的百分比宽度是相对于网页文档编辑窗口的宽度而言的，如果需要精确指定表格宽度，建议选择“像素”作为表格的宽度单位。

在拆分视图下可以清晰地看到表格的代码定义情况，表格由<table>开始，</table>结束；<caption>定义表格标题；由<tr>和</tr>标记表格的行；由<td>和</td>标记表格的单元格列；每个表元中的内容放在<td>和</td>之间；如果某行需要用到跨列指令，则使用<thcolspan="X">，X表示跨的列数；某列需要用到跨行指令，则使用<tdrowspan="X">，X表示跨的行数；由于html对连续的空格只作为一个空格处理，所以用 ；显示一个空格。注意表格标记都必须配对使用，如配对错误，会出现意想不到的显示结果。

3. 设置表格及单元格属性

在设计视图中，表格的属性设置有表格整体设置、单元格设置与行和列设置3种。表

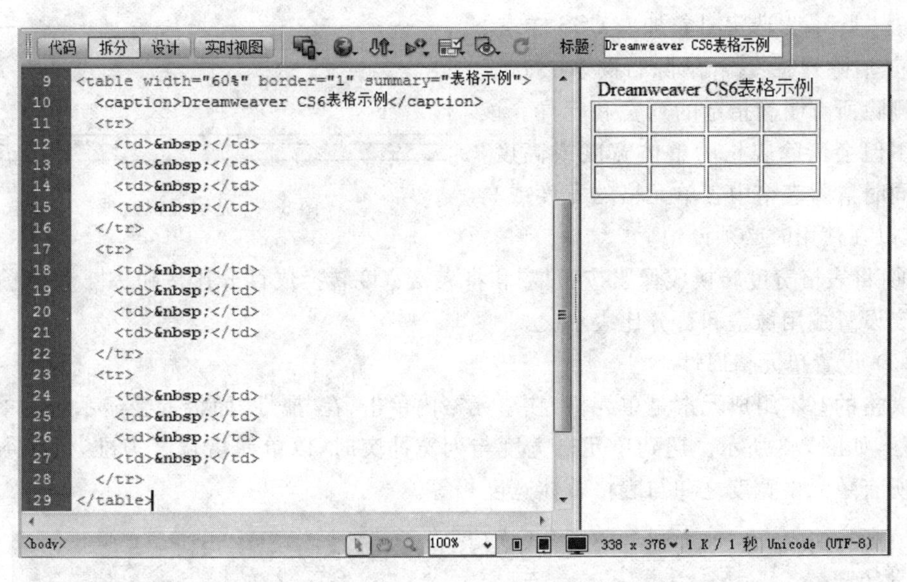

图 3-5　表格插入页面效果

格式设置的优先顺序为单元格、行/列、表。

(1) 设置表格属性

单击表格的外框就可以选中整个表,在属性面板可以为选中的表格进行属性设置,如图 3-6 所示。

图 3-6　表格属性面板

①“表格”:在文本框中设置表格的名称,用于网页脚本程序区分页面不同表格。

②“行”和“列”:设置表格中行和列的数目。

③“宽”:以像素(或按浏览器窗口宽度的百分比%)为度量单位指定表格的宽度,通常不需要另外设置表格的高度。一般来说,网页最外层表格用像素作为度量单位,否则表格的宽度会随着浏览器的大小而变化。如果没有设计页面的样式配合,则网页内容将很容易面目全非。如果使用嵌套表格,则百分比和像素任意使用。

④“填充”:设置单元格内容和单元格边框之间的像素数。

⑤“间距”:设置相邻的表格单元格之间的像素数。

⑥“对齐”:设置表格相对于同一段落中其他元素(如文本或图像)的显示位置,有 4 种选项可选:默认、左对齐、居中对齐、右对齐。

⑦“边框”:指定表格边框的宽度(以像素为单位)。若没有明确指定边框的值,则大多数浏览器按边框设置为 1 显示表格。若要确保浏览器不显示表格边框,则将其设置为 0,为了方便操作,在文档窗口中表格边框显示为虚线框,如图 3-7 所示。

⑧“类”：为选定对象加入 CSS 样式。

⑨ 清除列宽和清除行高：从表格中删除所有明确指定的列宽和行高。该操作不但会清除表格的整体宽度或高度，还会同时清除表格中各单元格的宽度或高度，所以在使用时必须谨慎。

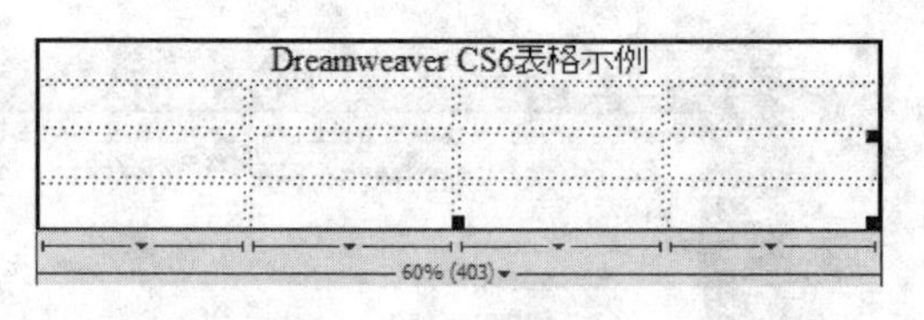

图 3-7　显示虚拟边框

⑩ 将表格宽度转换成像素按钮和将表格宽度转换成百分比按钮：将当前表格的宽度设置成用像素和百分比表示。

(2) 设置单元格属性

表格的基本组成元素是单元格，在单元格内单击，在“属性”面板上会显示当前单元格的属性，如图 3-8 所示。遇到单元格宽度与列宽冲突时，以单元格宽度为准，但必须保证该行所有单元格宽度之和与表格整体宽度相等。

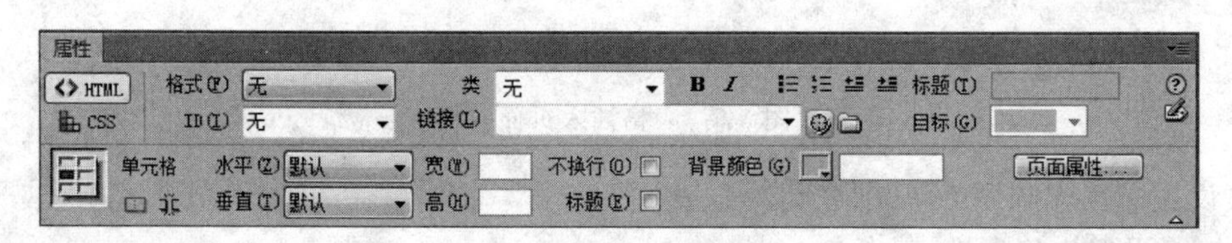

图 3-8　单元格的属性面板

① 合并单元格按钮：将所选的单元格、行或列合并为一个单元格，只有当单元格形成矩形或直线的块时，才可以合并这些单元格。

② 拆分单元格按钮：将一个单元格分成两个或更多个单元格。一次只能拆分一个单元格；如果选择的单元格多于一个，则此按钮将禁用。

③“水平”：指定单元格、行或列内容的水平对齐方式。可以将内容对齐到单元格的左侧、右侧，或使之居中对齐，也可以指示浏览器使用其默认的对齐方式(默认为左对齐，标题单元格为居中对齐)。单击向下的箭头有对齐方式可选择。

④“垂直”：指定单元格、行或列内容的垂直对齐方式。可以将内容对齐到单元格的顶端、中间、底部或基线，或者指示浏览器使用其默认的对齐方式(通常是居中对齐)。单击向下的箭头有对齐方式可选择。

⑤“宽”和“高”：单元格以像素为单位或按整个表格宽度或高度的百分比确定。若指定为百分比，请在值后面使用百分比符号(%)，页面会根据单元格的内容以及其他列和行的宽度或高度调整单元格的宽度或高度。如果没有特定指定值，单元格会根据列中最宽的图像或最长的行调整列宽度。这就是为什么当将内容添加到某个列时，该列有时变得比表格中其他列宽得多的原因。

⑥“不换行”：选中该复选框防止单元格文字自动换行。如果选中了“不换行”复选框，则当输入数据或将数据粘贴到单元格时，单元格会加宽来容纳所有数据。

⑦“标题”：选中该复选框，将所选的单元格格式设置为表格标题单元格。默认情况下，表格标题单元格的内容为粗体并且居中。

⑧“背景颜色”：使用颜色选择器选择的单元格、列或行的背景颜色。

(3) 设置行、列属性

除对表格进行整体设置外，还可分别对表格的某行(某几行)或某列(或某几列)进行设置。将鼠标移至目标行的行首，当光标变为“▶”状态时，选中该行；将鼠标移至目标列的顶部，当光标变为“▼”状态时，选中该列。属性面板自动切换到行(列)状态，如图3-9所示。

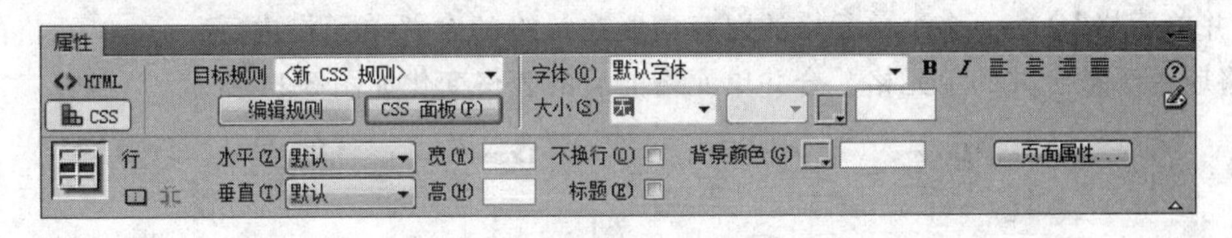

图3-9　表格行(列)的属性面板

行属性面板与单元格属性面板类似(左下角名称不同)，只是作用对象不同而已。表格的各行、各列都可以单独设置背景颜色、边框颜色和背景图像。如果各列宽度之和大于表格整体宽度，则以表格整体宽度为准；若各行行高之和大于表格总高度，则以各行实际行高为准。

4. 编辑调整表格

在插入表格时，如果对表格的行数、列数和样式没有确切的预计，可以根据需要对表格进行编辑。

(1) 添加行和列

添加行和列的方法有以下4种。

① 将光标定位在单元格中，选择“修改”|“表格”|“插入行(列)”命令，或选择“插入”|“表格对象”|“在上(下)面插入行”|“左(右)边插入列”命令，可在该单元格的上面添加一行(左侧添加一列)。

② 将光标定位在单元格中，右击，在弹出的快捷菜单中选择“表格”|“插入行”命令，在单元格上方添加一行；选择“表格”|“插入列”命令，在单元格左方添加一列。

③ 将光标定位在表格最后一个单元格中，按Tab键，可在当前行的下方添加一行。

④ 将光标定位在单元格中，选择“修改”|“表格”|“插入行或列”命令，或右击鼠标再选择“表格”|“插入行或列”命令，在弹出的对话框中添加行或列数，如图3-10所示。

此对话框允许将多行或多列插入表格中。根据需要设置要插入的是行还是列，以及需要插入的行数或列数，并指定插入的位置。

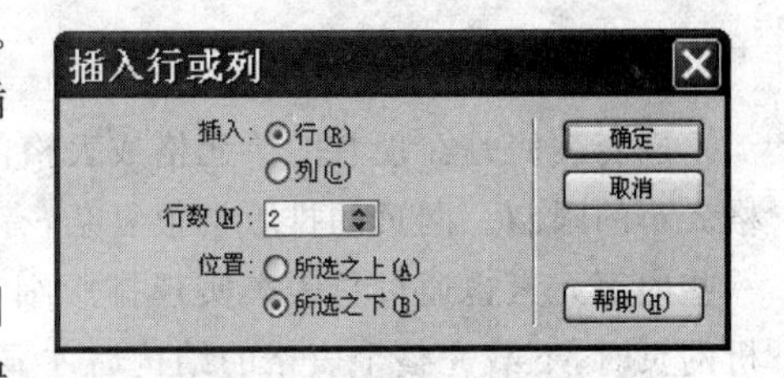

图3-10　“插入行或列”对话框

(2) 删除行和列

将光标置于要删除的行和列中，选择“修改”|“表格”|“删除行(或删除列)”命令；右击打开快捷菜单，选择“表格”|“删除行(删除列)”命令；选中表格中需要删除的一整行或一整列，再按Delete键进行删除，都可以将当前行或列从表格中删除。当删除包含数据的行和列时，Dreamweaver CS6不发出任何警告。

(3) 合并/拆分单元格

在网页设计中，可能会根据不同版面的需要执行单元格合并、拆分操作。这种操作有以下 3 种形式。

① 选择待合并的两个或两个以上单元格，选择“修改”|“表格”|“合并单元格”命令(快捷键 Ctrl+Alt+M)。右击属性面板中的按钮，在弹出的快捷菜单中选择“表格”|“合并单元格”命令。多个单元格的内容放置在最终的合并单元格内，第一个单元格的属性将应用于被合并的单元格。合并单元格前后的表格变化如图 3-11 所示。

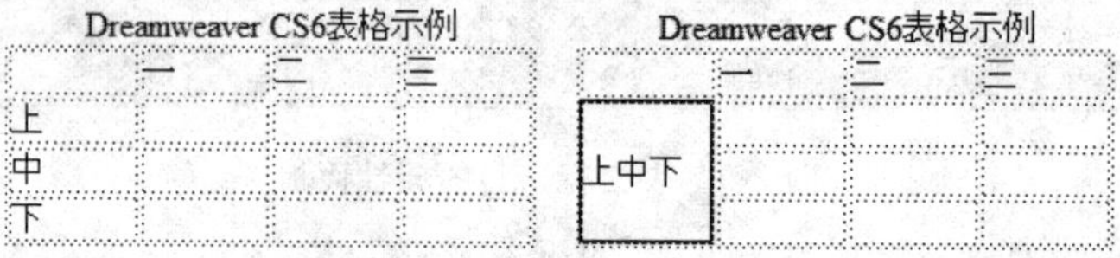

图 3-11　合并单元格前后的表格

② 将光标定位在要拆分的单元格中，选择“修改”|“表格”|“拆分单元格”命令(快捷键 Ctrl+Alt+S)。右击属性面板上的按钮，在打开的快捷菜单中选择“表格”|“拆分单元格”命令，都会弹出“拆分单元格”对话框，如图 3-12 所示。

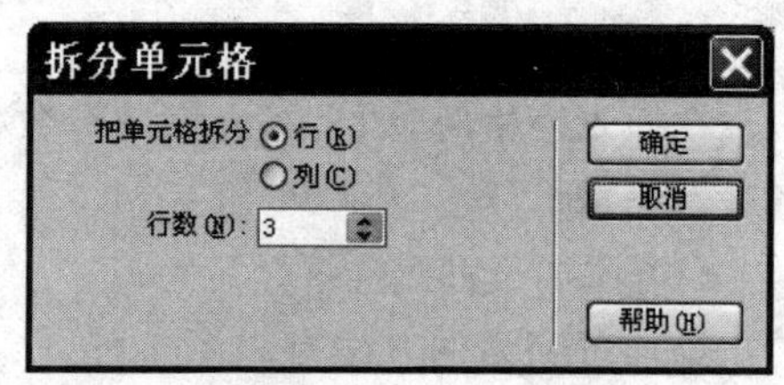

图 3-12　“拆分单元格”对话框

③ 在对话框的“把单元格拆分”选项区中，选中“行”单选按钮，表示水平拆分单元格，而选中“列”单选按钮表示垂直拆分单元格。文本框内的数字指定要拆分的数目。图 3-13 显示了水平拆分单元格前后的变化，拆分后的文本内容被保留在第一个单元格内。

图 3-13　拆分单元格前后的表格

5. 嵌套表格

嵌套表格是在现有的单元格或表格内再插入一个表格，插入表格的大小受所在单元格大小的限制。网页的排版会很复杂，有时会通过一个表格控制页面的总体布局。如果一些内部元素也通过总表来实现排版细节，很容易引起行高或列宽的冲突；浏览器在解析网页时，下载完整个表格的结构后才显示表格，浏览者通常需等待很长时间才能看到网页内容。

嵌套表格的使用使页面布局更加灵活，其外部父表格控制页面的整体布局，而嵌套表格负责各子栏目的排版，互不干扰。

(1) 将光标置于单元格内，选择“插入”|“表格”命令或单击“插入表格”按钮，就会

弹出“表格”对话框。

(2) 根据布局需要完成对话框设置后，单击“确定”按钮，一个2行、3列的嵌套表格就插入到4行、4列的表格中的光标所在处，如图3-14所示。

注意：

① 表格可以无限制地多层嵌套。但嵌套层数越多，浏览器解析的速度就越慢，降低了页面的下载速度，访问者等待时间就越久。通常情况下，表格嵌套深度不超过3层。

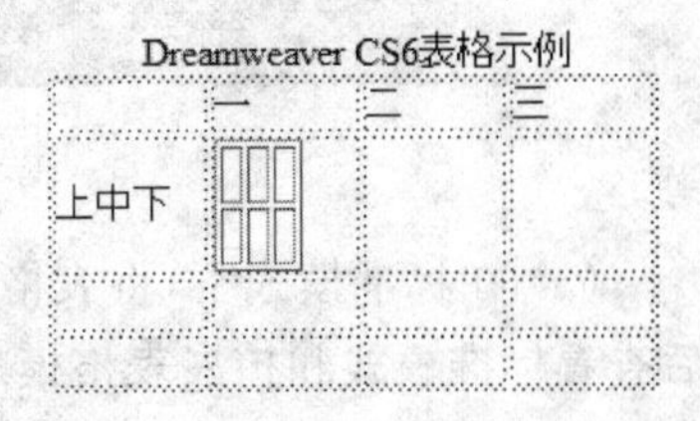

图3-14　嵌套表格

② 嵌套表格会对父表格产生一定影响。当嵌套表格宽度大于所在父表格单元格的宽度时，父表格的单元格将会自动调整；如果嵌套表格过大，甚至会增加整个父表格的大小。在使用嵌套表格时，为了保持在不同分辨率下的外观结构，父表格的宽度和高度一般使用像素值，而嵌套表格一般使用百分比。

3.1.3　知识拓展——标准模式和扩展表格模式

页面布局是网页设计中最基本、最重要的工作之一。Dreamweaver CS6提供了一种较为方便的“布局”模式，可以直观地检查嵌套表格与主表之间的位置和关系。页面嵌套表格过多时，为了方便观察和布局，使用扩展表格模式使表格的编辑更容易。

(1) 选择菜单栏中的“查看”|“表格模式”|“扩展表格模式”命令(快捷键Alt+F6)，或在“布局”选项卡中单击“扩展”按钮 扩展 ，页面就从标准模式进入扩展表格模式，此时便可以清楚地看出表格的嵌套关系。如果是第一次使用该模式，就会弹出一个如图3-15所示的消息框，提示读者，扩展表格模式是一种直观显示表格布局层次的模式。选中“不再显示此消息”复选框，在布局切换时将不再显示该对话框。

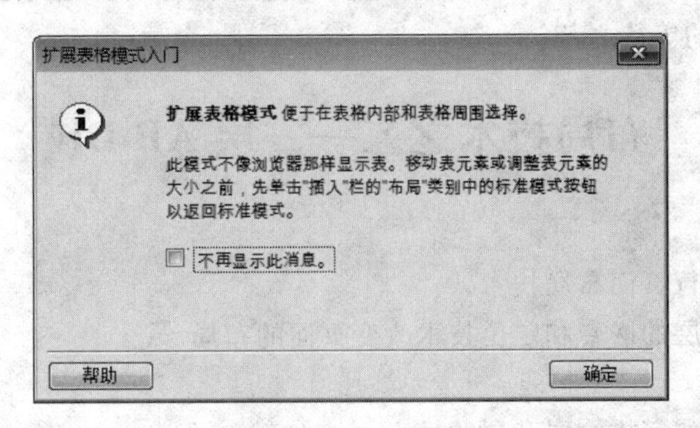

图3-15　提示消息框

(2) 单击“确定”按钮，进入扩展表格模式，文档窗口顶部就出现一条标有“扩展表格模式”的状态栏。单击“退出”按钮，或单击菜单栏中的“查看”|“表格模式”|“标准模式”，或单击“布局”选项卡中的 标准 按钮，都可以退出扩展表格模式，返回到标准模式，如图3-16所示。

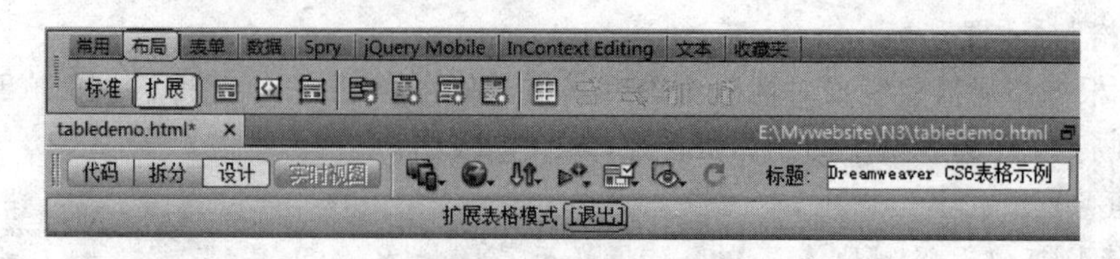

图 3-16 “布局”选项卡

(3) 在标准模式下，将表格的边框、填充、间距全部置为 0，使表格预览时无表格线，然后查看标准模式和扩展表格模式的显示状态，如图 3-17 所示。

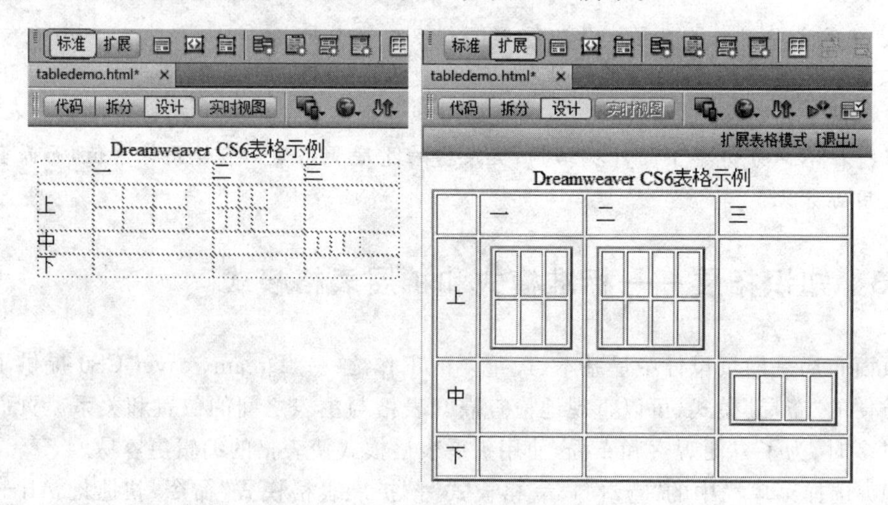

图 3-17 两种模式的显示状态

采用表格页面布局时，如果用一个大表格套住网页中所有的内容，根据浏览器的显示原则，只有在整个表格的内容下载完毕后才能显示整个表格。为了避免长时间的等待造成浏览者的流失，在版面布局时可使用多个横向表格，这样可以做到下载一层就马上显示上层，免去浏览者的等待之苦。

3.2 任务 7 布局技术之二——层 AP Div

技能目标

(1) 使用层进行页面布局技术。

(2) 熟练运用层的嵌套和定位技术改变页面的布局。

知识目标

(1) 熟练掌握如何描绘层和层的插入。

(2) 掌握层的属性设置及调整。

(3) 掌握在层中输入文字、插入图像的方法。

(4) 掌握嵌套层的创建方法。

(5) 了解层与表格之间的相互转换方法。

工作任务

层是网页制作时经常用到的对象，也是重要的网页布局工具之一。由于层在页面布局方面具有更大的随意性，通过拖动、方向键或指定坐标位置的方式就可以放到网页的任何位置，不受网页中其他元素的限制和干扰，就像浮在页面上方一样。运用层的特性创建布局更加合理、美观的网页效果。

(1) 在站点中新建一个页面并保存。

(2) 在网页中插入一个层，以作为整个页面的限制范围。

(3) 插入嵌套子层。

(4) 在层中插入文字和图片元素。

(5) 在层中插入表格等复杂网页元素。

(6) 通过属性设置精确调整层的位置和大小。

(7) 网页布局效果(见图 3-18)。

图 3-18 运用层搭建的布局效果图

3.2.1 使用层 AP Div 搭建页面

(1) 在站点中新建一张空白页面并保存到指定目录\Mywebsite\N3 下，文件名为 APDiv. html。

(2) 在页面中插入一个层 apDiv1 作为外边框，将光标置于层 apDiv1 内，选择“插入”|“布局对象”|AP Div 命令，插入一个嵌套子层 apDiv2。

(3) 将光标再次置于层 apDiv1 内、子层 apDiv2 外，按第(2)步操作方法，再依次插入嵌套子层 apDiv3、apDiv4、apDiv5。

(4) 选择“窗口”|“AP 元素”命令，打开右侧的“AP 元素”浮动面板，选中嵌套子层 apDiv4，将光标置于嵌套子层 apDiv4 中，将快捷栏中的“布局”选项卡中的“绘制 AP Div”按钮拖动至 apDiv4 中，并松开左键，插入嵌套子层 apDiv6、apDiv7。“AP 元素”面板如图 3-19 所示。单击“CSS 样式”面板，会发现对应每个层都生成了一个伪类 CSS 样式，可

以直接编辑样式控制 AP 元素中的元素，如图 3-20 所示。

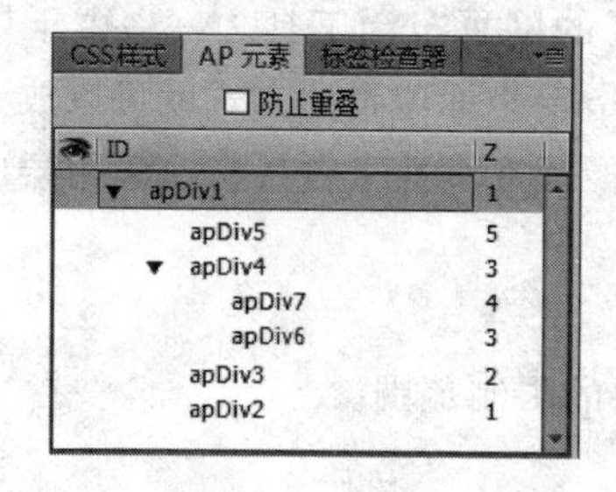

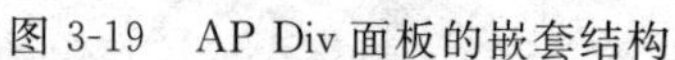
图 3-19 AP Div 面板的嵌套结构

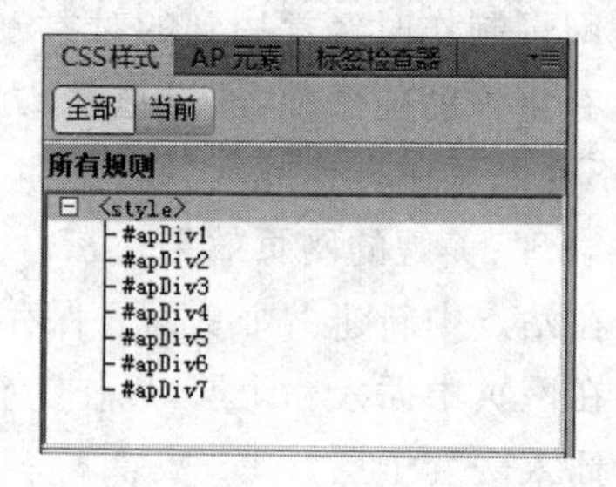

图 3-20 AP Div 的伪类 CSS 样式

(5) 在"AP 元素"面板里选中层 apDiv1，在属性面板设置如下：宽 660px、高 354px、左 165px、上 5px。

(6) 在"AP 元素"面板里选中子层 apDiv2，插入图片 title_bg.jpg。在属性面板设置如下：宽 660px、高 120px、左 0px、上 0px。

(7) 选中子层 apDiv3，分别插入 7 张导航图片：title_index.gif、title_news.gif、title_info.gif、title_love.gif、title_bbs.gif、title_exh.gif、title_free.gif。在属性面板设置如下：宽 90px、高 180px、左 2px、上 124px。

(8) 选中子层 apDiv4，在属性面板设置如下：宽 560px、高 200px、左 92px、上 124px。

(9) 选中子层 apDiv6，插入一个 1 行、3 列的表格，在第 1 列和第 3 列分别插两张导航图片：b1_01.gif 和 b1_02.gif，在第 2 列输入文字"新闻中心"。在属性面板设置如下：宽 560px、高 24px、左 2px、上 0px。

(10) 选中子层 apDiv7，在属性面板设置如下：宽 560px、高 175px、左 2px、上 28px，然后在此子层内输入正文内容(为方便起见，将上例中正文表格直接插入)。

(11) 选中子层 apDiv5，在属性面板设置如下：宽 660px、高 40px、左 0px、上 335px。

(12) 在对层进行位置调整时，也可以不需要在属性面板精确设置，选中层后使用键盘的上、下、左、右键，以一个像素向不同方向移动，配合 Shift 键以 10 个像素向不同方向移动，配合 Ctrl 键是以一个像素单位改变尺寸大小。

(13) 按 F12 键预览网页效果。

3.2.2 问题探究——认识层 AP Div

AP Div 又称绝对定位元素(AP 元素)，是分配有绝对位置的、用来精确控制浏览器窗口对象位置的 HTML 页面构成元素。AP Div 可以通过层的重叠和次序的改变，实现一组包含着文字或图像等元素的胶片变换效果；可以通过动态设置层的显示或隐藏，实现层内容的动态交替等特殊显示效果；通过子层遗传父层的嵌套特征，实现内容的可见及位置移动等。AP Div 的出现，使网页技术从二维空间拓展到三维空间，使页面元素能够实现相互重叠以及实现更复杂的布局设计，成为网页设计新的发展方向。

1. AP Div 的创建

层技术在网页布局中有其独到之处，除精确、灵活之外，还可以实现层在页面上的任意移动，这也是其他布局工具无法做到的。在页面上，层 AP Div 的创建方法如下。

(1) 选择“插入”|“布局对象”| AP Div 命令，在“设计”窗口中创建一个预设大小的 AP Div。

(2) 直接将“绘制 AP Div”按钮拖曳到“设计”窗口中，再松开左键，就可在编辑区创建一个预设大小的 AP Div。

(3) 单击“布局”选项卡中的“绘制 AP Div”按钮，移动光标至设计视图时，鼠标形状变成了“+”字形，按下左键并向任意方向拖动，画出一个大小合适的矩形，释放左键就绘制了一个 AP Div，如图 3-21 所示。

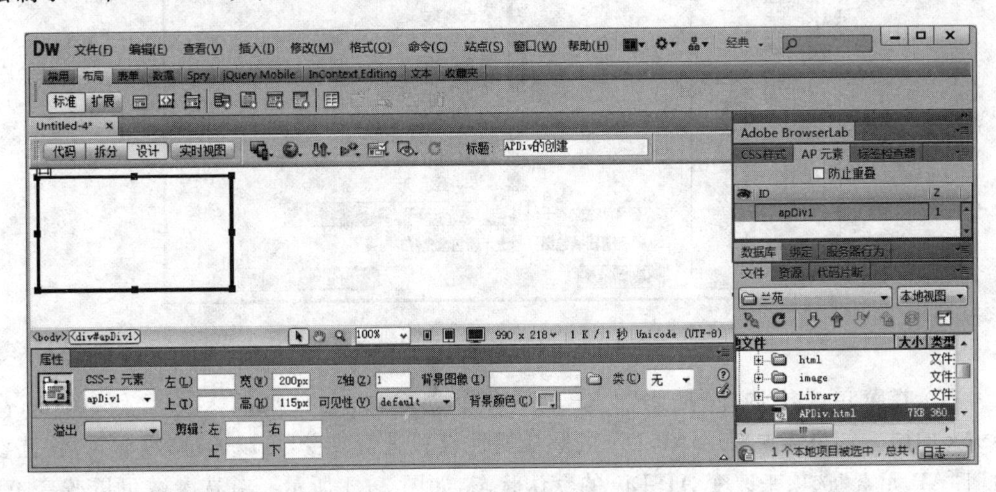

图 3-21　创建并绘制层 AP Div

(4) 若需要一次性添加多个 AP Div，在按住 Ctrl 键的同时，单击“绘制 AP Div”按钮，在编辑区内可以连续绘制多个 AP Div，如图 3-22 所示。

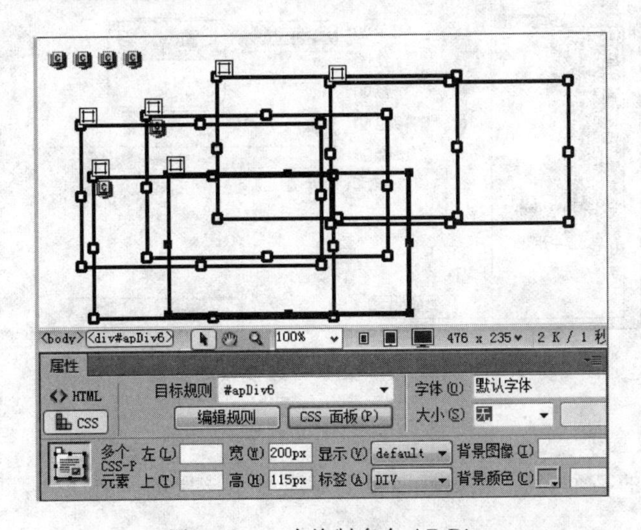

图 3-22　一次绘制多个 AP Div

(5) 在编辑区添加 AP Div 后，会在窗口的左上方出现“AP 元素的锚点”图标。如果文档中有多个 AP Div，则这些锚点依次排列。通过层锚点可以快速选中 AP Div，通过右键选中剪切、复制、粘贴选项，完成 AP Div 的相应操作。若不想在文档窗口显示 AP 元素的锚点，选择“编辑”|“首选参数”命令，在弹出的对话框的“分类”选项组中选择“不可见元素”选项，取消“AP 元素的锚点”复选框的选中状态即可，如图 3-23 所示。

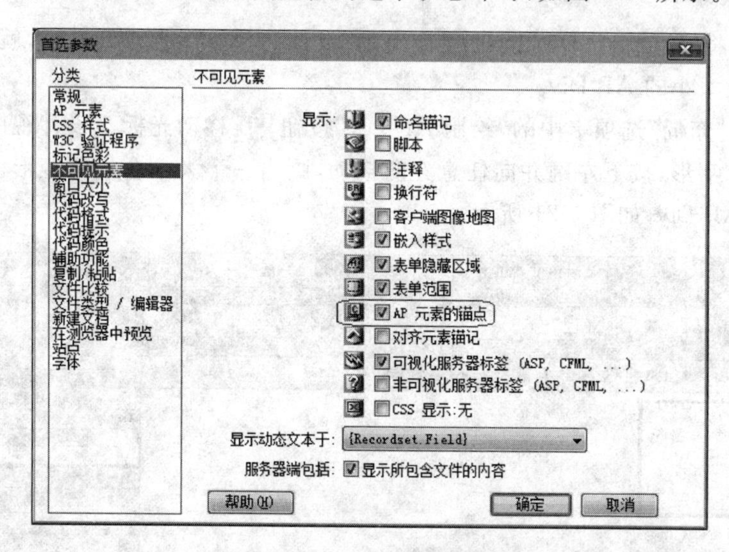

图 3-23　设置 AP 元素的锚点

(6) 在菜单栏中选择“插入”|AP Div 命令创建层，会自动插入一个宽 200px、高 115px 的层。如果需要对层 AP Div 的默认属性设置进行改变，可以通过“编辑”|“首选参数”|“AP 元素”选项来改变 AP Div 的默认状态，如图 3-24 所示。首选参数可以改变 AP Div 的显示方式(默认、继承、可见、隐藏 4 种)、宽高值、背景颜色、背景图像等信息。

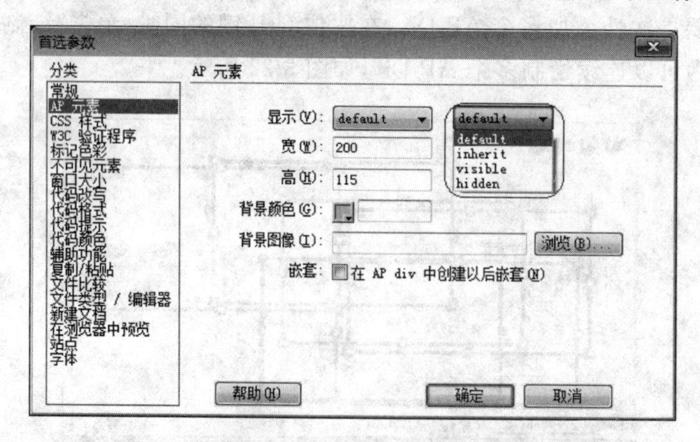

图 3-24　AP 元素首选参数的设置

2. 属性的设置

选中页面上的某个层后，在属性面板上对应显示该层的所有属性，可查看或修改对应的属性值，如图 3-25 所示。

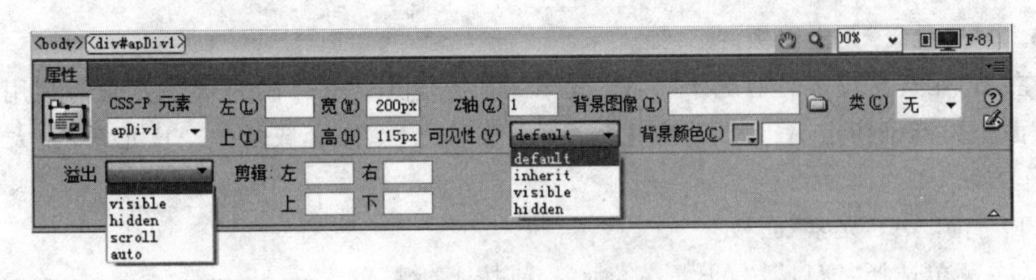

图 3-25　层的属性面板

层 AP Div 的属性面板各参数意义如下。

(1)“CSS-P 元素”：为选定的 AP 元素指定唯一的 ID，此 ID 用于区别和标识页面中的不同 AP 元素。为了避免出错，层命名应使用标准的字母、数字、字符，而不能用非英文字母的字符开头，不要使用空格、连字符、斜杠或名号等特殊字符。

(2)“左”、“上”：指定 AP 元素的左上角相对于页面(嵌套则为父 AP 元素)左上角的位置。

(3)“宽”、“高”：指定 AP 元素的宽度和高度。如果插入的内容超过 AP 元素指定的大小，AP 元素的底边会延伸以容纳这些内容。除非“溢出”属性设置为 visible(可见)，否则当 AP 元素在浏览器中出现时，底边将不会延伸。

(4)“Z 轴”：Z 轴确定 AP 元素的堆叠顺序，值可以为正，也可以为负。浏览时，编号较大的 AP 元素通常出现在编号较小的 AP 元素的上面。可通过两种方式改变 Z 轴的值：①在属性面板的“Z 轴”文本框内直接修改；②在 AP 元素浮动面板上双击选中 Z 值并输入新值，当输入值大于现值时该层向上移动，否则向下移动。

(5)“可见性”：可见性控制着 AP 元素中的内容在页面上的显示状态。通过可见性的控制，可实现页面元素的不同显示效果，从而使网页产生丰富的变换特效。共有以下 4 种指定方式。default：当未指定可见性时，大多数浏览器都默认为“继承”。inherit：将继承 AP 元素父级的可见性属性。visible：设置 AP 元素内容可见，而忽略父层的属性值。hidden：隐藏 AP 元素的内容，而忽略父层的属性值。

(6)“背景图像”：指定 AP 元素的背景图像。单击“文件夹”图标，可选择图像源文件。

(7)“背景颜色”：指定 AP 元素的背景颜色。默认为透明的背景。

(8)“类”：指定用于设置 AP 元素的 CSS 样式。

(9)“溢出”：当 AP 元素的内容超过层的指定大小时，控制 AP 元素在浏览器中显示的 4 种状态(该选项在不同的浏览器中会获得不同程度的支持)。visible(可见)：当显示内容超出 AP 元素本身大小时，AP 元素自动向外延伸来容纳显示内容，使其可见。hidden(隐藏)：隐藏超出 AP 元素大小的额外内容，且不提供滚动条。scroll(滚动)：不管 AP 元素内容是否超过范围，都为 AP 元素添加滚动条。auto(自动)：仅当 AP 元素的内容超出其边距时，才自动显示滚动条。

(10)“剪辑”：定义 AP 元素的可见区域。指定左、上、右和下坐标定义一个矩形范围

(从 AP 元素的左上角开始计算),在指定的矩形区域是可见的。

3. “AP 元素”元素面板

在 AP 元素比较多的情况下,“AP 元素”面板提供了一种快速管理方法。利用“AP 元素”面板可准确指定 AP 元素、防止重叠、更改可见性、嵌套或堆叠 AP 元素,大大简化了操作方法。

(1) 打开“AP 元素”面板

从主菜单选择“窗口”|“AP 元素”命令,或按 F2 键,就可以打开如图 3-26 所示的“AP 元素”面板。AP 元素按照 Z 轴的顺序显示为一列名称。默认情况下,第一个创建的 AP 元素(Z 轴为 1)显示在列表底部,最新创建的 AP 元素显示在列表顶部。不过,可以通过更改 AP 元素在堆叠顺序中的位置来更改它的 Z 轴。

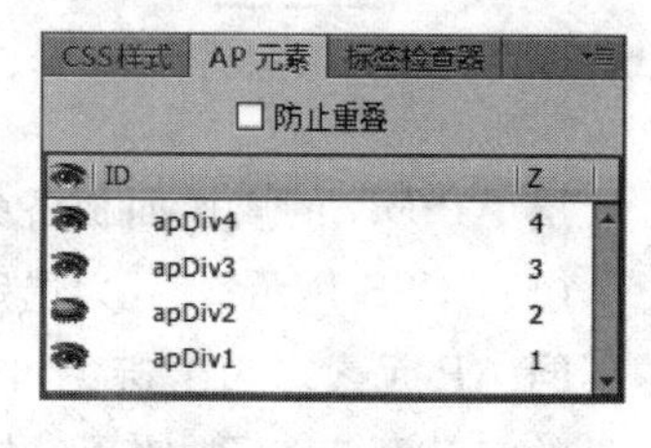

图 3-26 “AP 元素”面板

(2) 改变 AP 元素的可见性

“AP 元素”面板中的眼睛图标表示其可见性。单击面板中眼睛图标就可以显示或隐藏对应的 AP Div。如果图标是睁开的眼睛,表示该 AP 元素是可见的;如果图标是闭上的眼睛,表示该 AP 元素是不可见的。如果没有眼睛图标,那么继承其父 AP Div 的可见性,没有嵌套的 AP Div 总是可见的。

(3) 改变层的堆叠顺序

在 HTML 代码中,AP 元素的堆叠顺序或 Z 轴决定了 AP 元素在浏览器中绘制的顺序。AP 元素的 Z 轴值越高,该 AP 元素在堆叠顺序中的位置就越高。

① 单击要改变的层的数字。输入一个比现有值大的数,该 AP 元素在堆叠顺序中就会往前移;输入一个比现有值小的数,AP 元素就会往后移。

② 向上或向下拖动 AP 元素的位置,也可以调整 AP 元素的堆叠顺序。在移动时会看到有一条线随着鼠标的拖动而移动。当该线显示在想要的堆叠顺序时,释放鼠标,AP 元素移动到预期位置。图 3-27 显示了 APDiv4 移动堆叠顺序的前后对照。

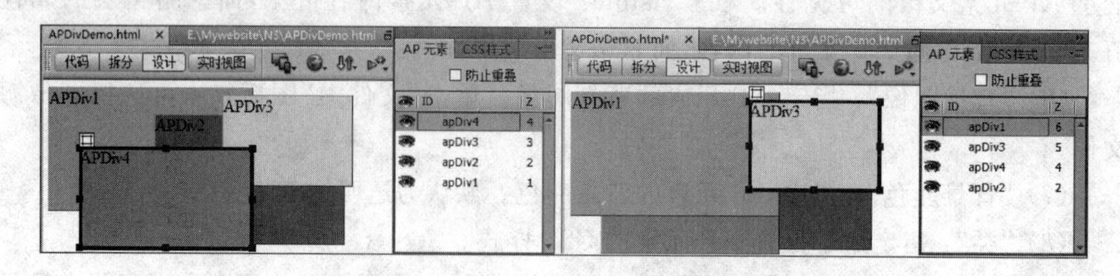

图 3-27 改变 AP 元素的叠放顺序

4. AP Div 的重叠与嵌套

如果页面上有两个交叉的 AP Div,存在重叠与嵌套两种关系。重叠的两个 AP Div 是相互独立的,任何一个 AP Div 的改变不影响另外一个 AP Div。

嵌套通常用于将 AP Div 组合在一起。嵌套 AP Div 和表格的嵌套有些类似,就是在层 AP Div 里面再建一个层 AP Div。嵌套 AP Div 总是随其父 AP Div 一起被移动,并继承其父 AP Div 的所有特征，包括可视性和背景颜色等。与表格嵌套不同的是，父表格一定是大于子表格的，但是 AP Div 的子 AP Div 可以超出父 AP Div，或在父 AP Div 之外。

(1) 创建重叠 AP Div

① 在"设计"视图下，选择菜单栏中的"插入"|"布局对象"|AP Div 命令，自动插入一个预设大小的层 apDiv1，并在属性面板设置其背景色为＃FF99FF。

② 在"布局"选项卡中，单击"绘制 AP Div"按钮，在文档编辑区创建一个新层 AP Div2，其背景色为＃9966FF。

③ 选中"绘制 AP Div"按钮，按住拖放该图标，在文档编辑区的空白处松开鼠标，建立一个不同颜色的新层 AP Div3，其背景色为＃FFFF00。

④ 在层 apDiv3 上继续创建一个不同颜色的新层 apDiv4，其背景色为＃66CCCC0，调整各 AP 元素的位置，图 3-28 显示了"设计"视图下和"AP 元素"面板中重叠 AP Div 的对应关系。

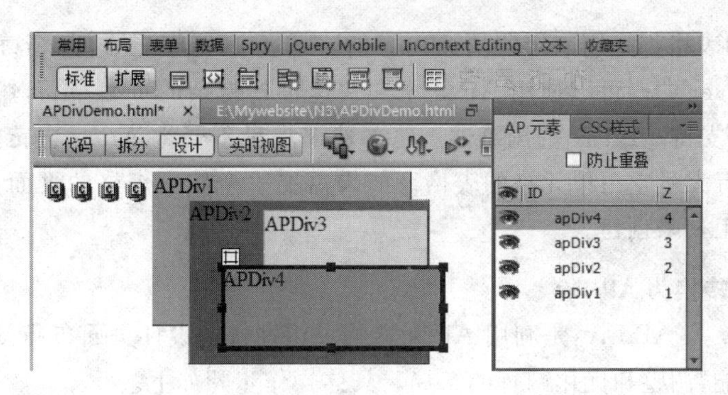

图 3-28 创建重叠的 AP Div 与层面板

(2) 创建嵌套层

① 在图 3-28 的基础上检验嵌套的创建过程，选中层 apDiv3 后按 Ctrl＋X 键，或右击在弹出的列表项中选择"剪切"命令，然后将光标置于 apDiv2 内按 Ctrl＋V 键，或右击在弹出的列表项中选择"粘贴"命令，使 apDiv3 成为 apDiv2 的子层(以前低版本直接使用拖放方式建立或解除嵌套功能已不再适用)。

② 选中层 apDiv4，按 Ctrl＋C 键，然后将光标置于 apDiv2 内，按 Ctrl＋V 键，由 apDiv4 生成的 apDiv5 成为 apDiv2 的子层。

③ 将光标置于 apDiv1 中，将图标拖动到该层，自动生成一个预设大小新嵌套层 AP Div6。

④ "设计"视图下，将光标置于 apDiv4 中，选择菜单栏中的"插入"|"布局对象"|AP Div 命令，自动插入一个预设大小的嵌套子层 apDiv7。要建立一个完全处于父 AP Div 之外的子 AP Div，在嵌套关系建立后，将子 AP Div 拖动到父 AP Div 外面即可。在"AP 元素"面板，可以清晰地看到各 AP 元素间的嵌套关系，如图 3-29 所示。

⑤ 若需解除嵌套关系，选中对应的 AP 元素，直接拖到父 AP Div 外即可，或采用"剪切"命令，然后在父层以外的区域使用"粘贴"命令也是最直接的办法。

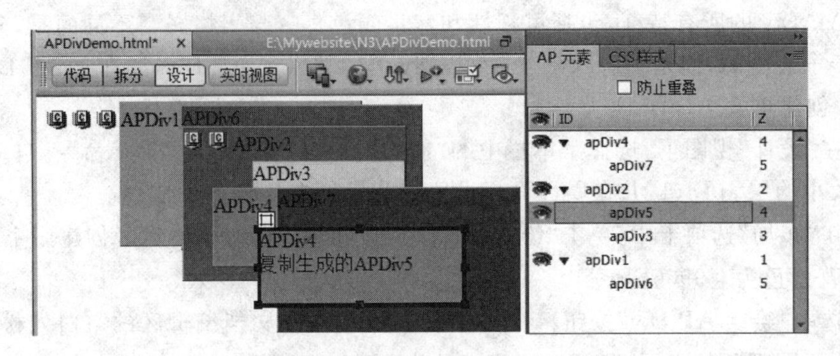

图 3-29　创建嵌套 AP Div 与“AP 元素”面板

3.2.3　知识拓展——AP 元素与表格的转换

AP 元素和表格都是用来定位页面内容的，AP 元素能够更方便、精确地定位页面元素。Dreamweaver CS6 可以使用 AP 元素来快速创建复杂的页面布局，然后再把它们转换成表格，供不支持 AP Div 的浏览器浏览。建议尽量不要将 AP 元素转换成表格，因为这样会产生带有大量空白单元格的表格。如果需要一个使用表格的页面布局，最好使用标准表格布局工具来创建。

1. 将表格转换为 AP Div

将表格转换为 AP Div，是利用 AP 元素的灵活性快速设计页面布局，通过表格与 AP 元素的互换功能，调整和优化网页的布局。具体操作步骤如下。

(1) 选中页面中欲转换为层的表格，如图 3-30 所示。

(2) 单击“修改”|“转换”|“将表格转换为 AP Div”菜单命令，则弹出如图 3-31 所示的对话框。“布局工具”下的“防止重叠”：在创建、移动和调整 AP 元素大小时约束 AP 元素的位置，使 AP 元素不会重叠；“显示 AP 元素面板”：在转换完成后显示 AP 元素面板；“显示网格”和“靠齐到网格”：借助网格来定位 AP 元素。

图 3-30　选择欲转换为层的表格

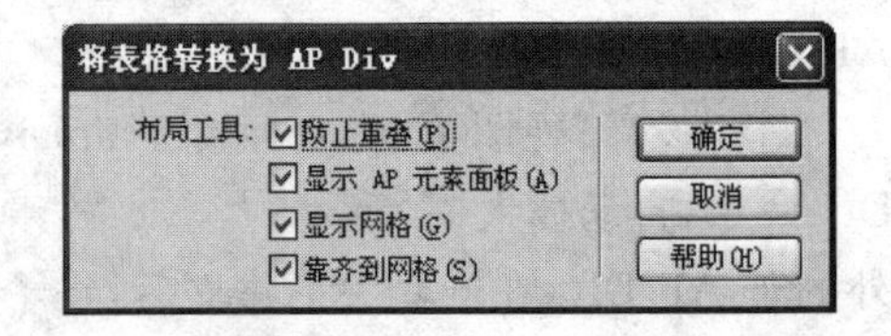

图 3-31　“将表格转换为 AP Div”对话框

(3) 需要注意的是，空的单元格不参与转换，而位于表格外的页面元素也将放入独立的 AP Div 中。单击“确定”按钮，就可以把指定的表格转换为层，如图 3-32 所示。

2. AP 元素转换为表格

把 AP 元素转换为表格是为了与低版本的浏览器兼容，供不支持使用层的浏览器浏览。选中页面中欲转换为表格的 AP 元素，单击“修改”|“转换”|“将 AP Div 转换为表格”命令，就会弹出“将 AP Div 转换为表格”对话框，如图 3-33 所示。

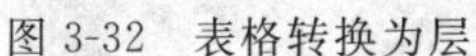
图 3-32　表格转换为层

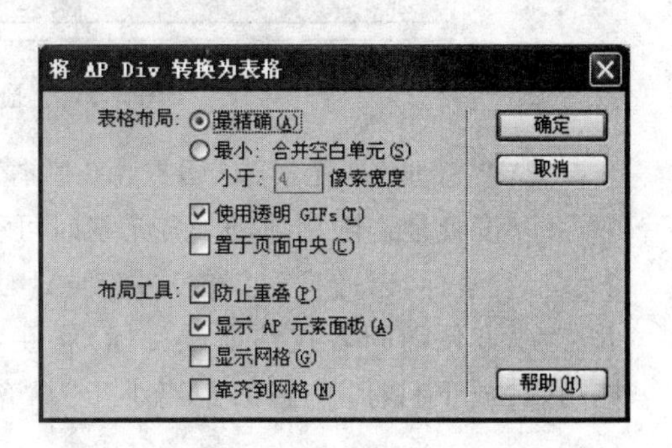

图 3-33　“将 AP Div 转换为表格”对话框

在该对话框中，布局工具区域各选项的含义同“将表格转换为 AP Div”对话框。设置完后，单击“确定”按钮，AP Div 就会转换为表格。

(1)“最精确”：为每个 AP 元素创建一个单元格以及保留 AP 元素之间的空间所需的任何附加单元格。

(2)“最小”：合并空白单元，指定若 AP 元素位于指定像素数内，则对齐 AP 元素边缘(选择此项生成的表格空行、空列最少，但可能不与布局精确匹配)。

(3)“使用透明 GIFs”：使用透明的 GIF 图像填充表格的最后一行，这将确保表格在所有浏览器中以相同的列宽显示。

(4)“置于页面中央”：使结果表格放置于页面中央。如果禁用此复选框，表格将左边缘对齐。

注意：Dreamweaver CS6 不会把重叠的 AP 元素转换为表格。要防止 AP 元素重叠，可在“AP 元素”面板中选中“防止重叠”复选框。如果是在建立了重叠 AP 元素之后才选中此复选框，此时只有通过移动 AP 元素的方法把重叠的 AP 元素分开。

3.2.4　知识拓展——拖动 AP 元素行为

“拖动 AP 元素”功能允许访问者自由拖动绝对定位的 AP 元素(在该元素内可置放各种网页元素)。使用此行为，可创建拼板游戏、滑块控件和其他可移动的界面元素。在使用该行为时，必须确保触发该动作的事件，发生在访问者试图拖动 AP 元素之前。最佳的方法是，使用 onLoad 事件，并将“拖动 AP 元素”附加到 body 对象上，操作如下。

(1) 插入一个 AP 元素，单击窗口状态栏左下角的<body>标签或光标，在页面空白处单击，在“行为”面板中单击 按钮添加行为，在弹出的列表中选择“拖动 AP 元素”命令，则弹出“拖动 AP 元素”对话框，如图 3-34 所示。

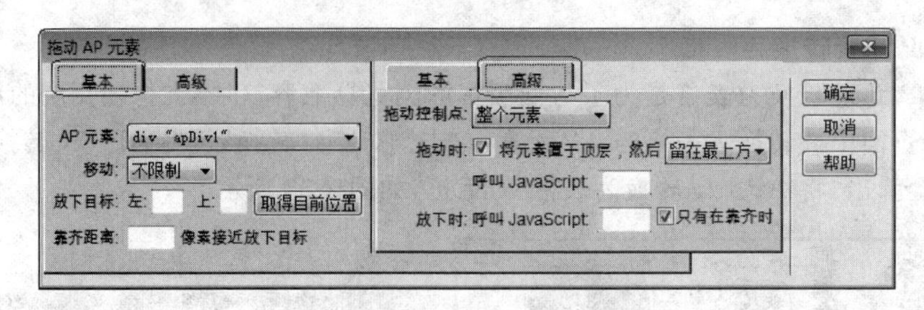

图 3-34 “拖动 AP 元素”对话框

(2)“拖动 AP 元素”对话框由“基本”和“高级”两个选项卡组成。在“基本”选项卡中,可以设置是否限制拖动 AP 元素时可移动范围(若选择限制,则需给出有效范围的上、下、左、右坐标,以像素为单位)、拖动 AP 元素的“放下目标”位置以及“靠齐距离”(取值略大点,以方便访问者找到拖放目标)属性,该属性与“放下目标”配合使用,当 AP 元素被拖动到“放下目标”位置的距离小于“靠齐距离”时,将自动靠齐,以实现 AP 元素的精确移动。

(3) 如果要 AP 元素的拖动控制点,在拖动 AP 元素时跟踪其移动以及在放下 AP 元素时触发一个动作,可以单击“高级”选项卡,如图 3-49 所示。在“高级”选项卡,可设置“拖动控制点”(用于设置 AP 元素区域内读者执行该动作的范围。如果选择“整个元素”,则无须设置范围坐标,控制点为整个元素范围),选择“将元素置于顶层”拖动时需选定 AP 元素是移动到堆叠顺序的最前面还是恢复到堆叠顺序中的原位置,以及拖动和放下整个元素时需要执行的 JavaScript 脚本或函数。

(4) 单击“确定”按钮,验证默认事件是否正确。

3.2.5 知识拓展——显示-隐藏元素行为

利用“显示-隐藏元素”行为可以显示、隐藏或恢复一个或多个图 AP 元素默认的可见性。此行为用于在用户与页面进行交互时显示信息。“显示-隐藏元素”行为其实是由“显示元素”和“隐藏元素”两项行为组成,由于这两项行为通常搭配使用,因此 Dreamweaver CS6 将其归为一个行为。调用该行为的方法如下。

(1) 新建一张空白页面并保存到指定目录\Mywebsite\N3\html 下,文件名为 AP Div1. html。

(2) 在页面中插入图片 lanh03. jpg,在图片旁边插入一个 AP 元素 apDiv1,设置该 AP 元素背景颜色为“#9999F”、可见性为“隐藏”,在该层内输入文字“显示隐藏元素”。

(3) 单击选中图片,在“行为”面板中单击 + 按钮添加行为,从弹出菜单中选择“显示-隐藏元素”命令,弹出“显示-隐藏元素”对话框,选择“显示”按钮,如图 3-35 所示。

(4) 单击“确定”按钮后,“行为”面板就增加了一个行为,修改事件为 onMouseOver。再次选择图片,增加同样行为,在对话框中选择“隐藏”按钮。

(5) 单击“确定”按钮后,“行为”面板就增加了一个行为,修改事件为 onMouseOut,“行为”面板如图 3-36 所示。

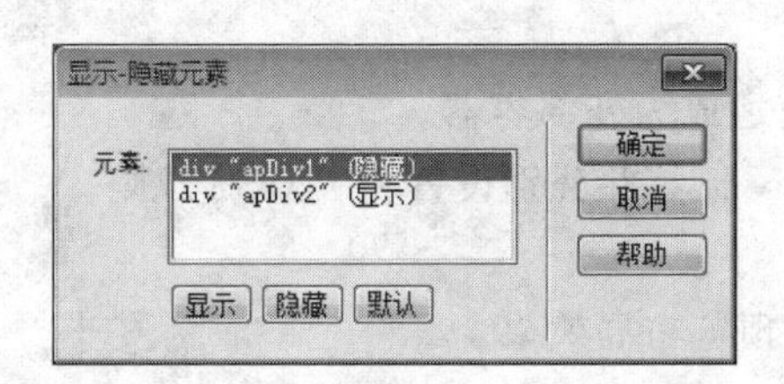

图 3-35 “显示-隐藏元素”行为对话框

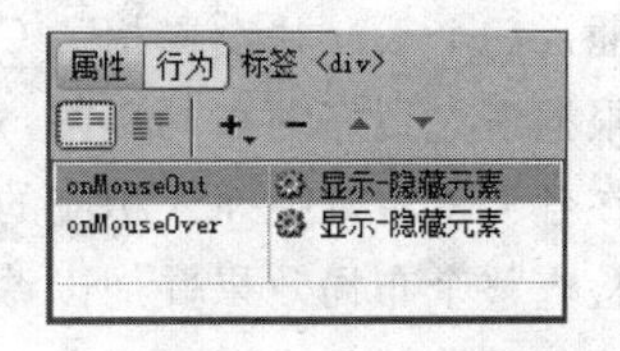

图 3-36 添加了两次“显示-隐藏元素”行为的“行为”面板

(6) 按 F12 键预览网页效果。当鼠标经过图片时 AP 元素就显示出来,如图 3-37 所示;鼠标移出图片时 AP 元素就隐藏,如图 3-38 所示。

图 3-37 鼠标经过图片时效果

图 3-38 鼠标移出图片时效果

3.3 任务8 布局技术之三——Div+CSS

技能目标

(1) 能够灵活掌握 CSS 样式表的规则设置和定义位置。

(2) 能够利用 Dreamweaver CS6 预设的 CSS 布局创建页面。

(3) 能够理解 Div+CSS 所体现的表现和内容相分离特性。

知识目标

(1) 熟练掌握 CSS 样式表的创建与编辑。

(2) 掌握 CSS 样式表的基本语法和定义位置。

(3) 掌握 CSS 规则的设置方法。

(4) 理解 CSS 盒子模式。

(5) 熟练掌握 Div 的创建与设置方法。

工作任务

Div 标签作为页面元素的主要容器,可容纳所有子 Div 标签、图像和文字等内容,并根据具体需要对各子 Div 标签和对象进行格式化。CSS 的引入引发了网页设计的一个又一个新高潮。它是一种简洁的智慧,可以使页面更加简练、更容易编排,直接通过对页面结构的改变实现风格控制,是网页美工设计的发展趋势。通过本任务的实施完成,读者能够灵活掌握 Div+CSS 准确定位页面元素的排版技术,创建布局合理、美观的网页。

(1) 在站点中新建一个页面并保存。

(2) 插入一个 Div 并设置相关 CSS 规则，使之成为外部容器。

(3) 根据事先拟好的布局草图，定制四个 Div 标签并分别设置相关 CSS 规则。

(4) 在各 Div 窗口中插入相应的页面元素。

(5) 检查整个布局效果并加以调整，保存并预览布局效果。

(6) 网页预览效果(见图 3-39)。

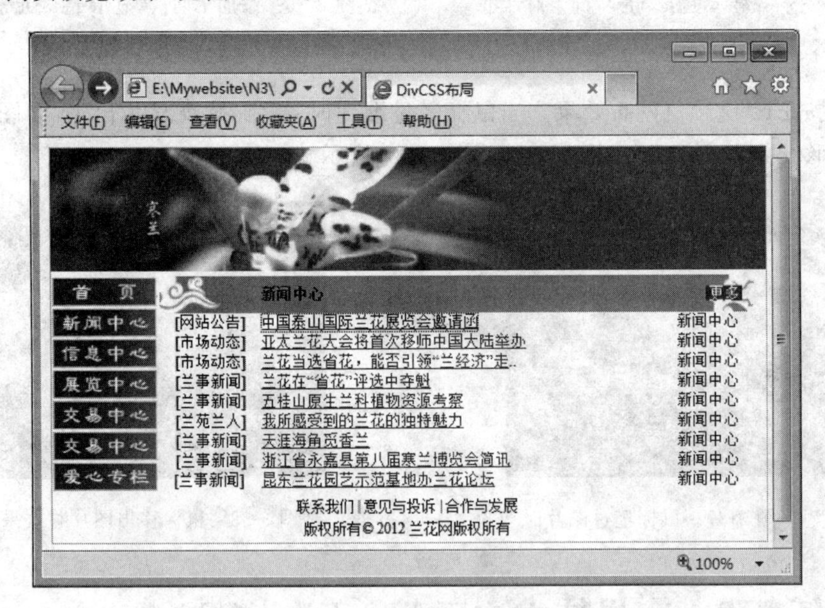

图 3-39　Div+CSS 布局预览效果图

3.3.1　使用 Div+CSS 搭建页面

(1) 打开 Dreamweaver CS6，选择“文件”|“新建”|“空白页”命令，弹出“新建文档”对话框，选择基本页为 HTML，单击“创建”按钮新建空白页面 untitled-1.html，按 Ctrl+S 键将该文件保存到指定目录\Mywebsite\N3 下，文件名为 DivCSS.html。

(2) 将光标置于页面起始处，选择菜单栏中的“插入”|“布局对象”|“Div 标签”命令，或单击“布局”选项卡上的“插入 Div 标签”按钮，弹出“插入 Div 标签”对话框。

注意：也可以先将所有 CSS 样式设置完毕，这样在插入 Div 标签时可直接应用样式。如果设置的是类标记，可以在弹出的“插入 Div 标签”对话框中的“类”下拉列表中选择已预先设置好的类标记样式；如果 CSS 规则定义的是 ID 或伪类选择器，则该 Div 标签可以应用 ID 下拉列表框中的 CSS 样式。

(3) 单击“新建 CSS 样式”按钮，在弹出的对话框中为刚建立的 Div 标签建立 CSS 规则。选中“类”单选按钮，名称设置为“mainArea”，选中“仅限该文档”单选按钮，如图 3-40 所示。

(4) 单击“确定”按钮，在弹出的“.mainArea 的 CSS 规则定义”对话框中定义方框/margin 边距选项：(自动)Right 右/Left 左(自动)；Width 宽(600px)；Height 高

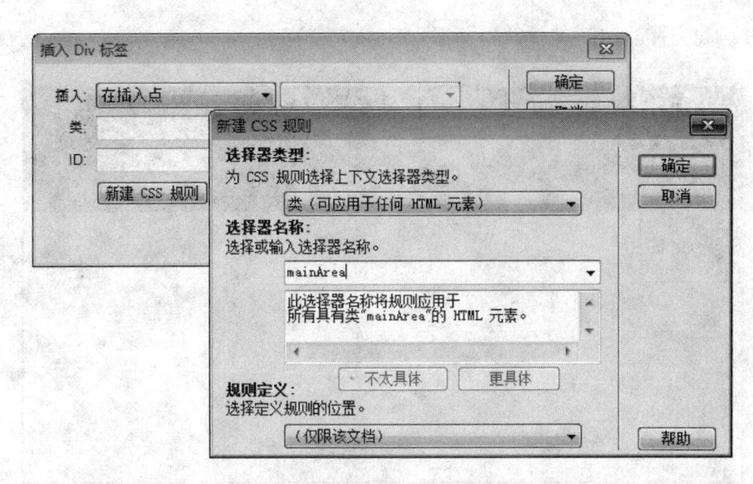

图 3-40　Div 的 CSS 规则定义

(320px)。把左右边距设置为自动,目的是使整个 Div 在浏览器显示时能够居中显示,如图 3-41 所示。继续设置边框/样式 Style 选项:"全部相同/Top 上(solid 实线); Width 宽度: 全部相同(1px); Color 颜色(#CCCCCC)","定位/Position 位置: relative 相对; 定位/Top 上(0px)"。

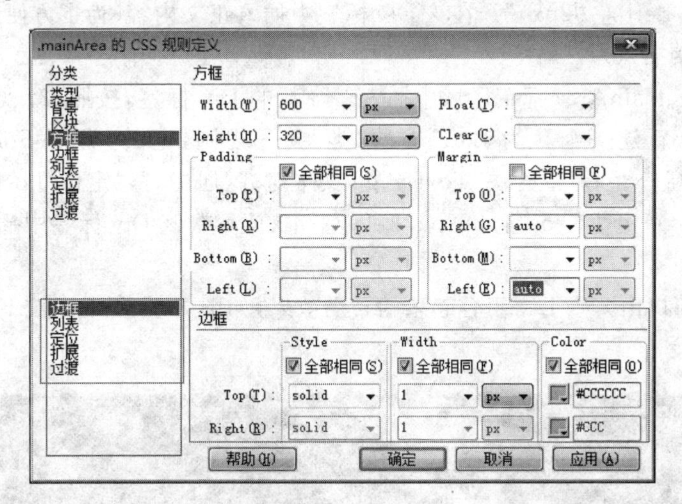

图 3-41　".mainArea 的 CSS 规则定义"对话框

(5) 在文档窗口中,将光标置于新建的 mainArea 标记区域中,插入一个新的 Div 标签,按照(2)、(3)、(4)步骤的操作,为该 Div 标签新建一个名为 title1 的"类"CSS 规则,定义"定位/Position(absolute),Height(100px)"。在该 Div 标签中插入图片 title_bg.jpg,将图片宽高设置为 600×100px。

(6) 继续在 mainArea 标记区域中插入新的 Div 标签,按照(2)、(3)、(4)步骤的操作,为该 Div 标签新建一个名为 left 的"类"CSS 规则,定义"定位/Position: absolute; 宽(85px); Top 上(102px)"。文档窗口状态如图 3-42 所示。在该 Div 标签中插入 7 张导航条图片: title_index.gif、title_news.gif、title_info.gif、title_love.gif、title_bbs.gif、

title_exh.gif、title_free.gif。

图 3-42 .mainArea 的 CSS 规则定义

(7) 继续在 mainArea 标记区域中插入新的 Div 标签，按照(2)、(3)、(4)步骤的操作，为该 Div 标签新建一个名为 middle 的“类”CSS 规则，定义“类型/Font-size 字体大小(13px)；Line-height 行高(15px)”，“定位/Position：absolute；Width 宽(508px)；定位(Top 上 102px，Left 左 92px)”。在该 Div 标签中插入正文内容(为了方便起见，将上例中的正文表格直接插入)。

(8) 继续在 mainArea 标记区域中插入一个新的 Div 标签，按照(2)、(3)、(4)步骤的操作，为该 Div 新建一个名为 Bottom 的“类”CSS 规则，定义“类型/Font-size(12px)；Line-height 行高(18px)”，“区块/Text-align 文本对齐(居中)”，“定位/Position：absolute，Width 宽(600px)，定位(Top 上 282px，Left 左 0px)”。在该 Div 标签中插入相关的版权信息。

(9) 文档窗口由 5 个 Div 组合起来的布局效果，如图 3-43 所示。按 F12 键预览网页设计效果。

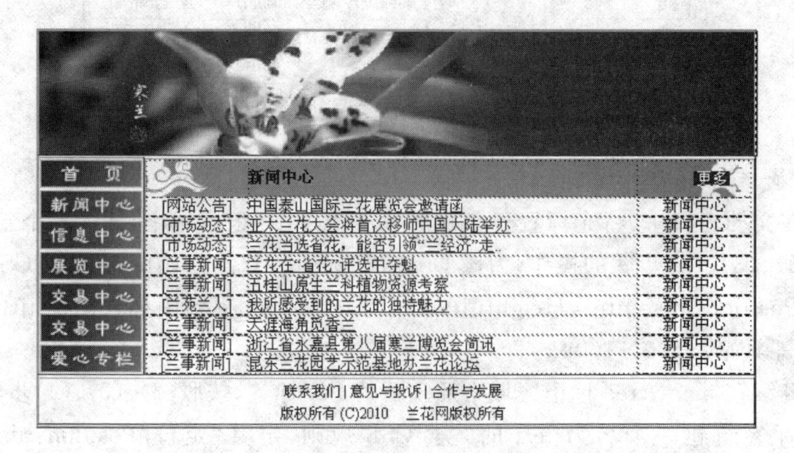

图 3-43 Div+CSS 在文档窗口的布局效果

3.3.2　问题探究——Web标准与CSS层叠样式表

自2005年以来，Web 2.0的提出和应用给IT界带来了新的技术革新，越来越多的主流网站开始抛弃传统的基于Table的表格布局方法，转而采用基于Web标准的Div+CSS的设计方法对网站进行重构。目前所说的WEB标准一般指网站建设，它将页面的结构(Structure)、表现(Presentation)和行为(Behavior)分别独立实现，其典型的应用模式是"Div+CSS"，在一定程度上Web标准等同于Div+CSS标准化。

CSS(Cascading Style Sheet，层叠样式表，或级联样式表)是网页设计中定义各种样式的一套规范，是由W3C的CSS工作组开发和维护的辅助HTML的新特性，用于控制Web页面内容的外观。CSS样式表是在HTML 4引入的，主要是为了使HTML能够更好地适应页面的美工设计，解决内容与表现分离的问题。页面内容(即HTML代码)存放在HTML文档中，而定义表现形式的CSS规则，嵌入<style type>="text/css"</style>之间，保存在扩展名为.css的文件中或HTML文档的头部分。将内容与表现形式分离(除符合Web标准外)，不仅使维护和改版站点的外观更加容易，而且还使文档代码更加简练，减少了网页的体积(较TABLE编码约1/2)，更有利SEO(谷歌等搜索引擎将网页打开速度作为排名因素及SEO因素)。

1. 创建CSS样式表

CSS控制着Web页面的外观和视觉，CSS语言和语法较为复杂，但功能强大，并且可以进行无限制的修改。CSS采用"先定义，后使用"的原则，可以将多个样式同时应用于一个页面或网页中的同一个元素，简化了网页的格式代码，实现了网页设计的标准化、结构化，同时也减少了代码的上传数量，加快了下载和显示速度，优化了工作流程。可采用3种方式创建CSS样式表规则来自动完成HTML标记的格式设置，或者class或ID属性所标识的文本范围的格式设置。

(1) 使用菜单命令

从主菜单选择"格式"|"CSS样式"|"新建"命令，或者在页面空白处右击，在弹出的菜单中选择"CSS样式"|"新建"命令，都可以弹出"新建CSS规则"对话框，如图3-44所示。

① "选择器类型"：用于指定4种不同的CSS样式的类。

"类(可应用于任何HTML元素)"：创建一个可将class属性应用于页面上任何HTML元素的自定义样式类。由于单一选择符有不同的class(类)，因而允许同一元素有不同的样式。由用户创建的自定义CSS规则可用于任何标记，在整个HTML中可以被多次调用，适用性非常广。

"ID(仅应用于一个HTML元素)"：定义包含特定ID属性的标记的格式。ID对页面唯一出现的元素进行定义，一般用在块级内容的最外层。

"标签(重新定义HTML元素)"：重新定义特定HTML标记的默认样式。如重定义<body>标记，则对整个网页体(浏览器窗口中显示的部分)重新刷新成刚设置的效果。

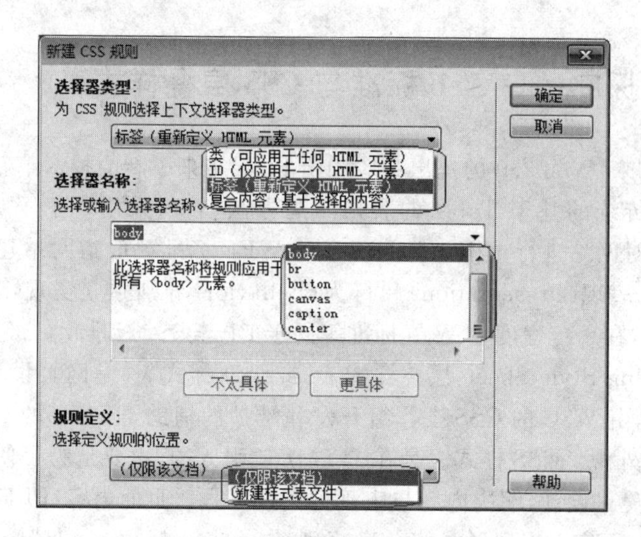

图 3-44 “新建 CSS 规则”对话框

“复合内容(基于选择的内容)”：定义同时影响两个或多个标签、类或 ID 的复合规则。如输入 div p,则准确说明改变选择器(div 标签内的所有 p 元素)时规则所影响的范围。

② “选择器名称”：当选中“类”选项时,在文本框中自定义的类名称最好能根据功能来定义,且有意义。如果直接输入类名,则 Dreamweaver 将自动在类名前加上“.”。类名可以包含任何字母和数字组合(如.myhead1)。选中“ID”选项时,ID 必须以“#”开头,可以包含任何字母和数字组合(如#containerDIV),如果直接输入 ID 名,则 Dreamweaver 将自动在 ID 名前加上“#”；在“标记”选项,可在下拉列表框中选择一种 HTML 标记重新定义；选中“复合内容”选项时,可在“选择器”下拉列表框中选择<a>系列标记的链接设置。锚元素 A:link、A:hover、A:visited 和 A:active,以不同的方式显示链接(link)、鼠标经过(hover)、已访问链接(visited)和激活(active) 4 种链接状态。

③ “规则定义”：指定 CSS 规则的作用范围。“仅限该文档”选项把设置的 CSS 规则保存在当前文件的头文件中。这些样式表称为嵌入式样式表,直接作用于某一标签,并嵌在当前 HTML 文档中,且随着该文档的关闭而关闭。在设计视图下选取要应用的对象,在“CSS 样式”面板中右击拟应用的样式名称,在弹出的菜单中选择“应用”选项,或在 CSS 属性面板的目标规则下拉列表中选择目标样式,都可以使用样式。“(新建样式表文件)”选项把设置的样式保存在站点目录下的后缀名为.CSS 的独立文件中,该文件可以应用到本站点的任何 HTML 文件；还可以将新创建的规则附加到指定样式表文档中。

(2) 使用“CSS 样式”面板

“CSS 样式”面板集成在浮动面板组,处于隐藏状态。用户可选择“窗口”|“CSS 样式”命令(快捷键 Shift+F11),打开如图 3-45 所示的“CSS 样式”面板。单击“CSS 样式”面板右上角的菜单按钮,或在“CSS 样式”面板的所有规则的空白处右击,弹出如图 3-46 所示的面板菜单。通过该菜单,可以完成对“CSS 样式”面板的大部分控制,如复制、移动 CSS 规则等。

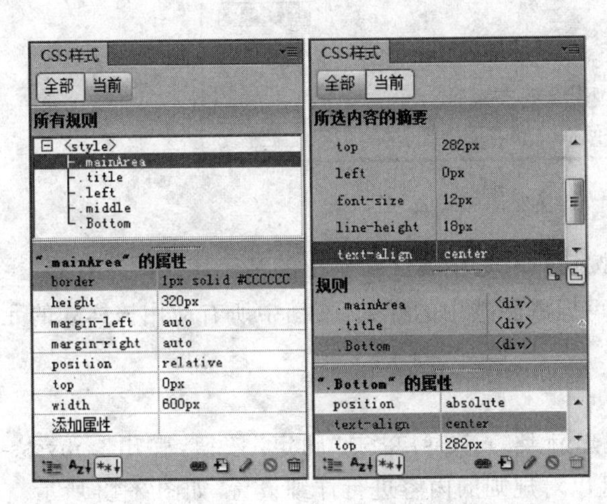

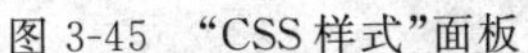
图 3-45 “CSS 样式”面板

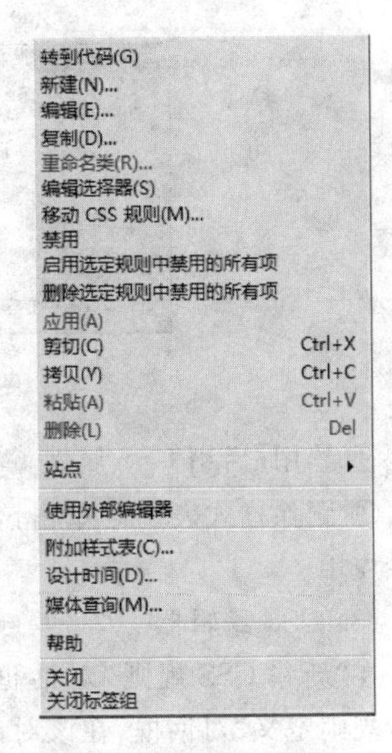

图 3-46 面板菜单

使用“CSS 样式”面板可以跟踪影响当前文档所选页面元素的规则和属性，或影响整个文档的规则和属性。各参数含义如下。

① “全部”模式：显示当前文档的所有样式。在该模式下，“所有规则”窗格显示当前文档中定义的规则和附加到当前文档的样式表中定义的规则；属性窗格可以直接编辑“所有规则”窗格中选定规则的样式值。

② “当前”模式：显示当前文档选定对象使用的样式。在该模式下，“所选内容的摘要”窗格显示文档所选内容的 CSS 属性；“规则”窗格显示所选属性的位置；属性窗格可以直接编辑所选对象对应规则的 CSS 属性值。

③ 显示类别视图 ：将 Dreamweaver CS6 支持的 CSS 属性分为 8 个类别：字体、背景、区块、边框、方框、列表、定位、表、内容、引用、用户界面、多列布局、文本、行布局、动画转换过渡、扩展、Mozilla、Microsoft、Opera、Webkit 等。每个类别的属性都包含在一个列表中，单击类别名称旁的 按钮，可以展开或折叠该属性。

④ 显示列表视图 ：会按字母顺序显示 Dreamweaver CS6 支持的所有 CSS 属性。

⑤ 只显示设置属性 ：仅显示已进行设置的属性。该视图为默认视图。

⑥ 附加样式表 ：单击该按钮，弹出如图 3-47 所示的“链接外部样式表”对话框，单击“浏览”按钮，选择需要添加的外部 CSS 样式表文件，选择添加为“链接(或导入)”。单击“确定”按钮，就可以将外部样式表链接或导入到当前文档。“链接”只读取外部 CSS 样式表的信息，不把信息导入到网页文档中；而“导入”则将外部 CSS 样式表的信息导入到当前的网页文档，相比起来导入方式更有优势些。

⑦ 新建 CSS 规则 ：单击该按钮，弹出“新建 CSS 规则”对话框，创建新的 CSS 样式。

⑧ 编辑样式 ：单击该按钮可以在弹出的对话框中编辑所选样式。

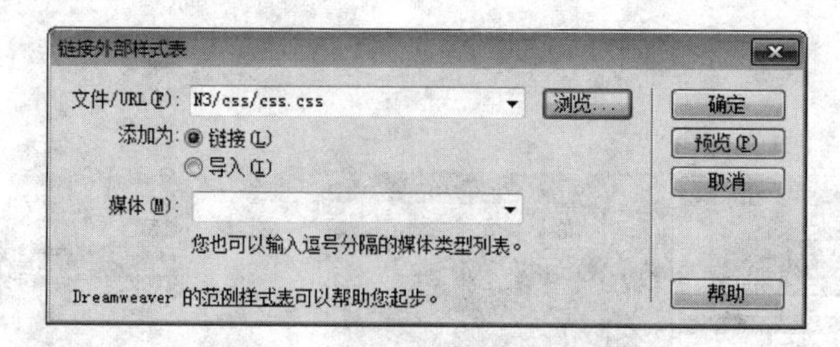

图 3-47 “链接外部样式表”对话框

⑨ 禁用/启用 CSS 属性 ：该按钮只有选中属性窗格中的某个属性时才有效。

⑩ 删除样式表 ：单击该按钮可以删除选中的样式，文档中所有应用该样式的元素解除应用。

(3) CSS 编辑器

在“新建 CSS 规则”对话框中创建新类. mycss，单击“确定”按钮，弹出“. mycss 的 CSS 规则定义”对话框，在该对话框可以对规则的内容进行详细设置，如图 3-48 所示。

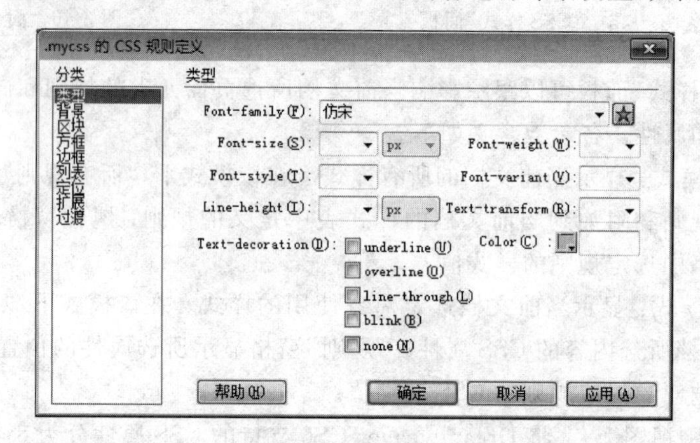

图 3-48 “. mycss 的 CSS 规则定义”对话框

“. mycss 的 CSS 规则定义”对话框包含了 W3C 组织规定的所有 CSS 的属性，包括“类型”、“背景”、“区块”、“方框”、“边框”、“列表”、“定位”、“扩展”、“过渡”9 个部分。

① “类型”：用于定义 CSS 样式的基本字体、类型等属性。

② “背景”：用于定义 CSS 样式的背景属性，可以对页面中各类元素应用该属性。

③ “区块”：用于定义标记和属性的间距和对齐方式。

④ “方框”：用于定义元素放置方式的标记和属性。

⑤ “边框”：用于定义元素的边框，包括边框宽度、颜色和样式。

⑥ “列表”：用于为列表标记定义相关属性，如项目符号的大小和类型。

⑦ “定位”：用于对元素进行定位。

⑧ “扩展”：用于设置一些附加属性，包括滤镜、分页和指针选项等，这些属性设置在不同的浏览器中受支持的程度有所不同。

⑨ “过渡”：用于控制动画属性的变化，以响应触发器事件(如悬停、单击和聚焦等)。

CSS样式表的核心特点是将规则应用到元素集上的能力。它的应用主要有3种形式：组合多种属性自定义样式、对某种标记重新设置属性、对某种标记的特定属性进行设置。其应用又分为两个步骤进行：首先，定义CSS样式规则，这些规则可以直接插入网页的HTML代码段中，也可以单独保存在CSS文档中。然后，将规则应用到相应的页面元素（如文本、列表、图像、表格、框架、表单等）上。

2. 样式选择器

样式选择器（selector）是CSS中很重要的概念，它是指定CSS要作用的标签，该标签的名称就是选择器。所有HTML语言中的标签都是通过不同的CSS选择器进行控制。用户只需要选择器对不同的HTML标签进行控制，并赋予各种样式声明，即可实现各种效果，样式选择器使得样式的定义方式更加多样。

（1）html标记选择器。这是最基本的CSS修饰对象，即body标记内的每个HTML标签都可以修饰。CSS语言对于所有属性和值都有相对严格的要求，如果声明的属性在CSS规范中没有，或者某个属性的值不符合该属性的要求，都不能使该CSS语句生效。通常情况下，直接利用CSS编辑器的语法提示功能可避免错误出现。

（2）class类别选择器。类别选择器的名称可以由用户自定义，属性和值跟标记选择器一样，必须符合CSS规范。利用class可以创建同一个HTML标签的多种风格。

```
<head>
<style type="text/css">
p{                          /* 标签选择器 */
  color:blue;
  font-size:18px;
}
.one{                       /* 类别选择器 */
  color:red;                /* 红色 */
  font-size:18px;           /* 文字大小 */
}
.two{                       /* 类别选择器 */
  color:green;              /* 绿色 */
  font-size:20px;           /* 文字大小 */
}
</style></head>
<body>
  <p class="one">class 选择器 1</p>
  <p class="two">class 选择器 2</p>
  <h3 class="two">h3 同样适用</h3>
</body>
```

（3）id选择器。id选择器使用方法与class选择器类似，以#命名。不同之处在于，它具有唯一性，只能在HTML页面中使用一次，因此针对性更强。由于JavaScript等脚本语言也能调用HTML中设置的id，一个id最多只能赋予一个HTML标签，所以网站建设者在编写CSS代码时，应养成良好的编写习惯。

```
<head>
<style type="text/css">
#one{            /* ID 选择器 */
  font-weight:bold;/* 粗体 */
}
#two{            /* ID 选择器 */
  font-size:30px; /* 字体大小 */
  color:#009900;/* 颜色 */
}
</style>
</head>
<body>
  <p id="one">ID 选择器 1</p>
  <p id="two">ID 选择器 2</p>
</body>
```

(4) 伪元素选择器。指对一个 HTML 元素的各种状态和其所包括的部分内容的一种定义方式。有些标记的不同属性代表不同的状态，如“a:link”代表超链接初始状态、“a:visited”代表被访问后的状态、“a:hover”代表光标移到超链接上的状态、“a:active”代表点击超链接时的状态；也可以具有当前状态的修饰，如“p:first-line”为段落的第一行文本、“p:first-letter”为段落中的第一个字母。

(5) 关联选择器。一个用空格隔开的两个或更多的单一选择器组成的字符串，类似于嵌套标签。只有按照定义标记之间的组合顺序，才能够正确地应用该定义的样式。比如下面的定义：

```
<style type="text/css">
center h1 em {
  font-family: Times New Roman;
  color: blue;
}
</style>
```

引用时结构：<center><h1>This is a <em>test</em></h1></center>，显示结果只有 test 是蓝色的。规则使用时也是一样，必须同时满足定义顺序时，样式才生效。

(6) 组合选择器。对多个不同选择器使用相同的设置样式时应用。相当于同一样式应用于不同标记、类别或不同 id，且相互之间使用逗号“,”分隔。应用方式如下：

```
<style type="text/css">
#tradition, .top, em, h1 {
  font-family: Times New Roman;
  color: blue;
}
</style>
```

3. CSS 规则设置

HTML 语言是由标签和属性构成的，CSS 格式设置规则由选择器和声明(大多数情况下为包含多个声明的代码块)两部分组成，选择器是 HTML 标识符(如 p、h1、类名称或 ID)，而声明块则用于定义样式属性。

```
h1 { font-size: 16 pixels; font-family: Helvetica; font-weight:bold; }
```

示例中，h1 是选择器，{}之间的所有内容都是声明块。各声明块之间使用分号“;”隔开，声明由属性(如 font-family)和值(如 Helvetica)两部分组成。CSS 规则可位于以下位置：

(1) 外部 CSS 样式表

为了进一步提高代码的复用性，有时候许多页面会采用同样的样式，这样就有必要将相同的样式部分提取，并存储在一个单独的外部 CSS 文件(后缀名.css)中，通过链接 link 或导入 @import 将此规则文件置于文档头<head></head>部分，并可以引入到网站的所有页面中，以达到复用效果。

链接式 CSS 样式表使用频率最高，也是最实用的方法。它将 HTML 页面本身与 CSS 样式风格分离为两个或多个文件，实现了页面框架 HTML 代码与美工 CSS 代码的完全分离，使得前期制作和后期维护都十分方便，网站后台的技术人员与美工设计者也可以很好地分工合作。使用方法如下：

```
<head>
<link href="css1.css" rel="stylesheet" type="text/css" />
</head>
```

导入样式表与链接样式表的功能基本相同，只是语法和运作方式上略有区别。采用 import 方式导入的样式表，在 HTML 文件初始化时，会被导入 HTML 文件内，成为文件的一部分，形成类似于内嵌式的效果。而链接式则是在 HTML 的标记需要格式时，才以链接方式引入。导入样式表最大的用处在于，可以让一个 HTML 文件导入多个样式表。使用方法如下：

```
<head>
<style type="text/css">
@import url(css1.css);
@import url("css2.css");
@import css1.css;
@import 'css1.css';
</style>
</head>
```

在 HTML 文件头部的<style> </style>之间，通过 link 或@import 与多个外部 CSS 文档相关联，其 type 属性则表明这部分代码用来定义样式表。将 style 对象的 type

属性设置为 text/css，是允许不支持这类型的浏览器忽略样式表。

(2) 嵌入式样式表

将样式规则加入 HTML 文档中的方法有很多。使用 HTML 的 Style 构件是引入样式表最通用的方式，该构件置于文档的 head 部分，对同一个页面中指定标记产生统一的样式，作用范围由 class 或其他任何符合 CSS 规范的文本来设置，提高了代码的重用性。它可以直接由浏览器解释执行（属于浏览器解释型语言）。以下代码定义了<body>标签和自定义字体 font1 使用的字号和颜色。

```
<head>
<style type="text/css">
body {
    font-size: 12px;
    color: #333333;
}
.font1 {
    color: #FFFFFF;
    text-align: center;
}
</style>
</head>
```

(3) 内联样式（不建议使用）

在整个 HTML 文档中的特定标签实例内定义。每个 HTML 标签都有一个基本属性 style，可以利用 style 直接设置该标记的样式。由于内联样式需要为每一个标签设置 style 属性，后期维护成本较高，且网页容易过胖，因此不推荐使用。例如：

```
<p style="font-family: Times New Roman; color: blue">内联样式定义 p 标记</p>
```

Dreamweaver 可识别现有文档中定义的样式（只要这些样式符合 CSS 样式规则），并在"设计"视图中直接呈现大多数已应用的样式。在浏览器窗口中预览文档，可以获得最准确的页面"动态"效果。有些 CSS 样式在不同浏览器中呈现的外观不相同。

4. CSS 规则冲突的解决方法

将两种或多种 CSS 规则应用于同一文本时，这些规则有可能会产生冲突，并导致不可预料的显示效果。一般情况下，当浏览器显示 CSS 时遵循以下规则。

(1) 如果两种规则同时应用于同一文本时，浏览器会将两种规则的所有属性都显示出来，除非特定的两个规则属性之间有显示上的冲突。例如，一种规则指定文本的颜色为蓝色，而另一种规则指定文本为红色。

(2) 如果应用于同一文本的两种规则发生冲突，则浏览器选择离该文本最近的规则显示。如果外部样式表和内联样式同时影响文本元素，则应用内联样式。

(3) 如果存在直接冲突，则自定义 CSS 规则（由 class 类属性应用的规则）会覆盖基于 HTML 标签的规则格式。

(4) CSS控制页面的不同方法各有其自身特点，这些方法如果同时运用到同一个HTML文件的同一个标签上时，会出现优先级问题。当各种方法中设置的属性不一样时，显示结果不同的属性同时生效；但当各种方法同时设置一个属性时，各种规则表之间存在优先准则：

内联式规则表＞链接式规则表＞嵌入式规则表＞@import 导入式＞浏览器的默认设置

虽然各种CSS规则加入页面的方式有先后的优先级，但在建设网站时，最好只使用其中的1～2种，这样既有利于后期的维护和管理，也不会出现各种规则的"冲突"，便于设计者理顺设计的整体思路。

3.3.3 问题探究——Div＋CSS布局

刚学习网页制作时，用户总是会先考虑怎么设计，再选择图片、字体、颜色以及布局方案，运用Photoshop或Fireworks绘制出平面效果图，再分割成小图，最后编辑HTML，以将所有设计还原并表现在页面上。

在运用CSS布局时，则需要先分析和规划页面内容的语义和结构，再针对语义、结构添加CSS实现整体表现效果。首先需要借助HTML的标记元素DIV对内容块的语义进行说明，再对Div添加对应的ID(ID名称是控制某个内容块的重要手段)，最后用CSS选择器来精确定义每一个页面元素的外观表现(如标题、列表、图片、链接或段落等)。一个结构良好的HTML页面，根据CSS的不同定义，可以显示在任意的网络设备(如PDA、移动电话和屏幕阅读机)上。CSS样式表不但是定义页面样式的良好工具，而且它所具有的精确定位对象的控制能力又使其成为不可多得的网页布局工具。使用这种DIV＋CSS方式排版的网页代码简洁、更新方便，能兼容更多的浏览器。

1. CSS的盒子模式(Box model)

盒子模式是CSS控制页面时的重要方式。页面中有一组＜div＞＜/div＞、＜span＞＜/span＞等语法标签组及组内包含的所有元素，都可以看成是一个盒子。CSS盒子模式具备4种属性：内容(content)、填充(padding)、边框(border)和边距(margin)，与日常生活中所见的盒子类似。盒子模式各属性定位如图3-49所示。

通常一个盒子实际占据的空间是由content＋padding＋border＋margin组成，往往要比具体的内容大。内容是盒子里装的东西；填充则是防止盒子里的物品损坏而添加的抗震辅料；边框就是盒子本体；边距则是摆放盒子时预留一定空隙保持通风，同时便于取出。padding用于控制content和border之间的距离，书写时可将四条语句按照上右下左顺时针方向依次合并(如 padding：5px 8px 0px

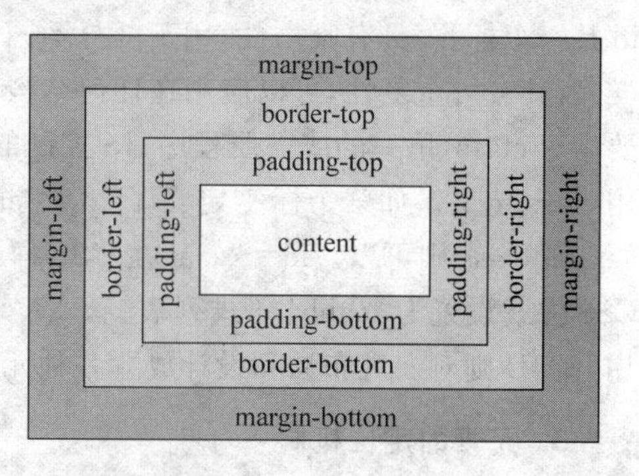

图3-49 盒子模式

8px),如果网页使用 width 或 height 属性指定父框的宽或高,其值就已经包含了 padding,content 会受到挤压;border 一般用于分离元素,border 的外围即为元素的最外围,在计算精细版面时一定要考虑 border 的影响;margin 一般用于控制块与块之间的距离,相邻两个行内元素的距离等于 Div1 的 margin-right 加上 Div2 的 margin-left,两个相邻块级元素之间的距离则是 Div1 的 margin-bottom 和 Div2 的 margin-top 两者中的较大者,嵌套关系时则会在不同浏览器中显示不同效果。

在设计网页时,利用 CSS 的强控制能力,灵活控制这 4 种属性,使网页区块更分明、代码易读、强化代码重用,实现页面复杂布局的控制效果。

2. <div>标签与<span>标签

在使用 CSS 排版的页面中,<div>与<span>是两个常用的标签。利用这两个标签,加上 CSS 对其样式的控制,可以方便地实现各种效果。<div>标签早在 HTML 3.0 就已经出现,直到 CSS 技术的出现才逐渐发挥出它的优势。<div>也称区隔标签,将页面分隔成不同的区域,设定文字、图像和表格等对象的摆放位置。由于 Div 标签是一种结构化文字,在浏览中不会显示出来。而<span>标签在 HTML 4.0 时才被引入,它是专门针对样式表而设计的标签。XHTML 给出了一种灵活的标签<div>和<span>来完成所需的各种分层结构和呈现效果。这种结构被划分成块级结构与行级结构(来源于 CSS 的块级 block 和行级 inline 概念),直接影响着文档在浏览器中的显示结构。表 3-1 列出了这两个分层标签之间的区别。

表 3-1 分层标签<div>和<span>

标签名称	标签形式	说明
<div>	<div> …</div>	该标签是块级标签,一般用来定义网页上的一个特定区域。它可以嵌套各种块级和行级标签,定义内容为块级内容,包围的元素会自动换行。在<div>与</div>之间可以容纳段落、标题、表格、图片,乃至章节、摘要和备注等各种 HTML 元素。声明时,只需要用 CSS 对该区域进行定位和样式的设置
<span>	<span> …</span>	该标签是行级标签,被用来组合文档中的行内元素,默认状态不换行。它可以嵌套各种行级标签,定义内容为行级内容

通常情况下,将标签<div>和<span>与其属性<id>和<class>结合起来使用。id 是一个标签,具有唯一性,用于区分不同的结构和内容,尽量在外围使用;class 是一个样式,具有可重复性,可以应用在任何结构和内容上,尽量在结构内部使用。id 的优先级要高于 class,单一的或需要程序、JS 控制的标签,需要用 id 定义;重复使用的元素、类别,用 class 定义。如某个标签定义了 id="aaa",那么网页中其他元素的 id 就不能定义成 aaa,而 class 则可以。id="aaa"在 CSS 样式设置为"#aaa{样式列表}",class="bbb"在 CSS 样式设置为".bbb{样式列表}"。在实际应用时,class 可能对文字的排版等比较有用,而 ID 则对宏观布局和设计放置各种元素较有用。

3. 元素的定位机制

网页中各种元素都必须有自己的合理位置,从而搭建出整个页面的结构。CSS 有普通流、绝对定位和浮动三种基本定位机制，以定义元素框相对于其正常位置应该出现的位置，或者相对于父元素、另一个元素甚至浏览器窗口本身的位置。除非特别指定，所有框都在普通流中定位，其中 div、h1 或 p 元素可以显示为一块内容，称为块级元素，即“块框”。块框从上到下顺序排列，框之间的垂直距离是由框的垂直外边距决定；span、strong 等元素的内容显示在行中，称为行内元素，即“行内框”，可使用水平内边距、边框和外边距调整间距，但垂直内边距、边框和外边距不影响行内框的高，可设置行高增加框的高度。通过 display 属性，可改变生成框的类型。将其值设为 block，可使行内元素（如＜a＞元素）表现得像块级元素一样；将值设为 none，则使生成元素显示无框，框及其内容不再显示，也不再占用文档空间。

定位一直是 Web 标准应用的难点。如表 3-2 所示，利用 CSS 为定位 position 和浮动 float 提供的属性（所有主流浏览器都支持 position 和 float 属性），可以建立列式布局，以将布局的一部分与另一部分重叠，还可以处理需要使用多个表格才能完成的布局。

表 3-2　CSS position 定位属性与 float 属性

定位属性	属性值	描　述
position	static	默认值，静态没有定位。元素出现在正常的流中（忽略 top、bottom、left、right 或者 z-index 声明），以代码顺序定位在页面上
	relative	生成相对定位的元素，被看做普通流定位模型的一部分，相对于它在普通流中的位置。元素框偏移某个距离，元素仍保持其未定位前的形状，它原本所占的空间仍保留
	absolute	生成绝对定位的元素，元素框从文档流完全删除，并相对于 static 定位以外的第一个父元素进行定位。绝对定位使元素的位置与文档流无关，因此不占据空间且可以覆盖页面上的其他元素。元素定位后生成一个块级框，而不论原来它在正常流中生成何种类型的框。元素的位置通过 left、top、right 以及 bottom 属性精确定位。使用 z-index 来控制这些框的堆叠顺序
	fixed	生成绝对定位的元素，相对于浏览器窗口进行定位。元素的位置通过 left、top、right 以及 bottom 属性精确定位。使用 z-index 设置元素的堆叠顺序。fixed 可以用来制作 toolbars、button 以及导航菜单 menu，这些可以在一个固定的位置，随着页面一起滚动（但低版本浏览器不支持）
float	left	元素向左浮动
	right	元素向右浮动
	none	默认值。元素不浮动，并会显示其在文本中出现的位置
	inherit	规定应该从父元素继承 float 属性的值。任何版本的 Internet Explorer（包括 IE 8）都不支持该属性值

float 属性定义元素在哪个方向浮动。以往该属性常应用于图像，使文本围绕在图像周围，在 CSS 中任何元素都可以实现浮动。浮动元素会生成一个块级框，而不论它本身是何种元素。正常情况下，HTML 页面中的块元素都是自上至下排列的。如果要实现左右结构，应对标签使用 float 属性后，立即脱离原来页面的标准输出流，然后用＜span style＝"clear:both"＞＜/span＞清除浮动。假如在一行上只有极少的空间可供浮动元

素，那么该元素就会跳至拥有足够的空间某行为止。

4. Div+CSS 布局操作方法

通过 Div 标签实现页面结构排版的编排与嵌套，把设计者的创意运用 CSS 规则定义修饰呈现出丰富的视觉效果。为了提高设计效率，可以事先定义好布局所需的 CSS 样式规则，然后在"插入 Div 标签"对话框中直接应用。其设计思路如下。

(1) 使用 Div 来定义语义结构；

(2) 使用 CSS 来美化网页，如加入背景、线条边框、对齐等属性值；

(3) 在 CSS 定义的盒子内添加内容，如文字、图片等。

下面用一个典型的版面实例加深对此步骤的理解，该实例采用分栏结构，即由页头、导航栏、内容和版权信息 4 部分组成，如图 3-50 所示。

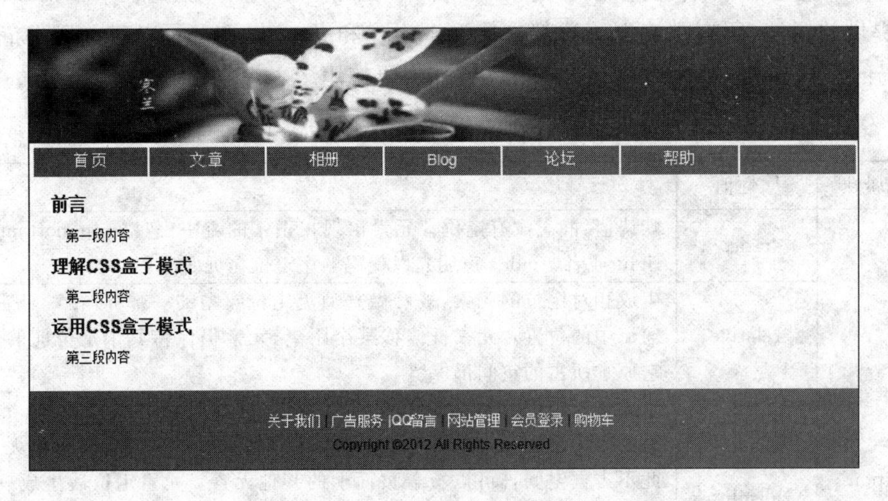

图 3-50 Div+CSS 排版预期效果

(1) 用 Div 来定义语义结构。在新建的空白页面内，拟定义 4 个不同 ID 的盒子，这些盒子等宽，并在整个页面中居中对齐。将光标置于页面起始处，选择菜单栏中的"插入"|"布局对象"|"Div 标签"命令，或在"布局"选项卡内单击"插入 Div 标签"图标，在弹出的对话框中的 ID 文本框内输入"header"，创建一个名为 header 的 Div 标签。将光标移出该 Div 标签，再依次创建 ID 为 nav、content、footer 的标签。

(2) 为 body 标签重新指定样式，再为 body 标签加上 class 或者 id，就能运用 CSS 对页面的任何标签进行自定义控制，完成 CSS 对页面布局的控制。在此为了方便控制，通过 body 标签这个大盒子限制 4 个 Div 盒子在页面的位置，使它们在页面的宽度统一为 760px、居中，并加上线型边框，以便于查看盒子当前状态。

(3) 在页面空白处右击，选择"CSS 样式"|"新建"选项，在弹出的对话框里分别设置：选择器类型选择"标签"选项，名称选择 body 选项，规则定义选择"仅限该文档"选项。

(4) 单击"确定"按钮，在弹出的 body 的 CSS 规则定义"对话框中做如下定义："font-family 字体：Arial, Helvetica, sans-serif；font-size 大小：12px"；"方框：width 宽(760px)height 高(自动)，margin-top 上(10px)margin-right 右(自动)margin-left 左(自动)下(0px)"；"边框/style 样式：全部相同(solid,实线)，宽度：全部相同(1px)，颜色：

全部相同(＃006633)”。其样式代码如下：

```
body {
    font-family: Arial, Helvetica, sans-serif;
    font-size: 12px;
    height: auto;
    width: 760px;
    margin-top: 10px;
    margin-right: auto;
    margin-bottom: 0px;
    margin-left: auto;
    border: 1px solid #006633;
}
```

(5) 将图片插入 header DIV 标签内，将图片大小置为“width 宽：760px；height 高：100px”。然后再选中该 DIV 标签，右击，选择“CSS 样式”|“新建”选项，弹出如图 3-51 所示的对话框。

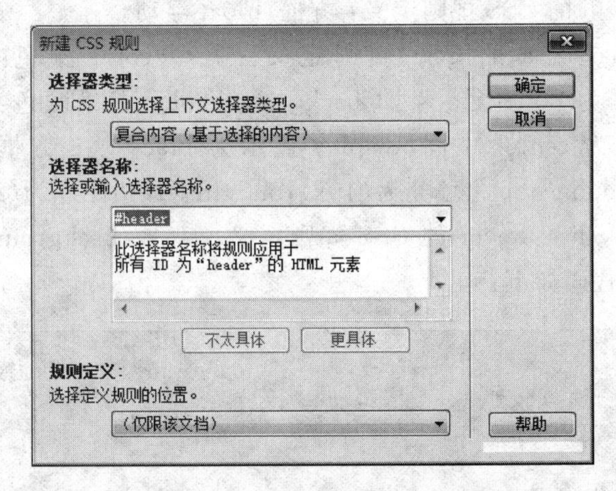

图 3-51 “新建 CSS 规则”对话框

(6) 单击“确定”按钮，在弹出的“＃header 的 CSS 规则定义”对话框中做如下定义：“背景/background-repeat 背景重复(no-repeat，无重复)；方框/宽(760px)高(100px)”。其样式代码为：

```
#header {
    height: 100px;
    width: 760px;
    background-repeat: no-repeat;
}
```

(7) 接着继续处理导航栏，制作效果为 7 个文字按钮，鼠标移上去会改变按钮背景色和字体色。为了页面的整体效果，在按钮下边距与导航栏之间设定一点间隙，导航样式和布局利用浮动处理来解决 IE 浏览器可能出现的空白问题。把包含导航项目的无序列表

<ul>标签，置于一个 div 内部并设置为未排序列表，<li>标签排列成列表，显示为行内元素（元素前后没有换行），然后把 li 元素设置成块元素，并向左浮动，用一个<a>标签实现导航效果。其中，<li>标签用于定义列表项目，在 W3C 标准下不能单独使用，需要与有序列表<ol>或无序列表<ul>配合使用。在 Div+CSS 开发时，<ol>/<ul>和 div 一样是块级别元素，都需要对<li>进行 CSS 样式设置。

（8）ID 其实是对每个页面出现的元素进行唯一性定义，有助于代码阅读和使用。具体做法如下：将光标置于 ID 为 nav 的 Div 标签中，输入导航文字“首页相册博客论坛会员帮助”，将光标置于“首页”后，按 Enter 键与其他文字断开，再依次操作 6 次，生成 7 行，分别选中文字并在 HTML 属性面板建立空链接；再选中全部文字，并为其添加项目列表。

（9）选中“nav”Div 标签，在 CSS 样式面板单击“新建 CSS 规则”图标，弹出“新建 CSS 规则”对话框，类型选择“复合内容”，名称选择“#nav”，单击“确定”按钮，在弹出的“#nav 的 CSS 规则定义”对话框中做如下定义：类型/font-size 字体大小：14px，font-weight 字体样式为 bold 加粗；方框/width 宽（100%），height 高（25px）；列表/List-style-type 类型：none 无。

（10）设置#nav li 的 CSS 规则定义：方框/Float 浮动。

（11）设置#nav li a 的 CSS 规则定义。类型/color 颜色：#FFFFFF，text-decoration 文本修饰为 none 无；背景/background-color 背景颜色：#769E50；区块/text-align 文本对齐为 center 中间，display 显示为 block 块；方框/width 宽（106px）height 高（22px），padding-top 上填充为（4px），margin-left 边距左为（2px）。

（12）设置#nav li a:hover 的 CSS 规则定义。背景/background-color 背景颜色：#4C6A20。其样式代码如下：

```
#nav {
  height: 28px;
  width: 760px;
  font-size: 14px;
  font-weight: bold;
  list-style-type: none;
}
#nav li {
  float:left;
}
#nav li a{
  color: #FFFFFF;
  text-decoration:none;
  display:block;
  width:106px;
  height:24px;
  text-align:center;
  background-color: #769E50;
  padding-top:4px;
  margin-left:2px;
```

```
}
#nav li a:hover{
  background-color:#4C6A20;
}
```

(13) 此时导航栏已有Div标签nav、未排序列表、伪类link(链接)和hover(鼠标经过效果)。内容部分主要放入文章内容(有标题和段落),标题加粗,为了规范化,使用<h>标签。段落自动实现首行缩进两个字,并采用填充效果使所有内容看起来和外层边框有一定距离。选中“content”Div标签,右击鼠标,在弹出的“#content的CSS规则定义”对话框中做如下定义。类型/行高: 1.5em; 方框/宽(760px)高(自动),padding填充: 全部相同(10px)。再依次设置#content p的CSS规则定义对话框,区块/ text-indent文字缩进: 2pc。设置#content h3的CSS规则定义对话框,类型/font-size大小: 16px; margin边距: 全部相同(10px)。其样式代码如下:

```
#content {
  line-height: 1.5em;
  height:auto;
  width: 760px;
  padding: 10px;
}
#content p {
  text-indent: 2pc;
}
#content h3 {
  font-size: 16px;
  margin: 10px;
}
```

注意:

(1) 为了版面的整体效果,版权栏在设置时与前面相呼应,添加与导航栏相同的背景色,文字白色且居中对齐,有多行内容时,行间距要合适。选中footer Div标签,右击鼠标,在弹出的“#footer的CSS规则定义”对话框中做如下定义。类型/line-height行高: 2em,color颜色# FFFFFF; 背景/background-color颜色#769E50; 区块/text-align文本对齐: center居中; 方框/width宽(760px)height高(50px),padding填充: 全部相同(10px)。继续设置页脚链接文字效果: 类型/color颜色# FFFFFF; text-decoration文字修饰: none。

```
#footer
{
  line-height: 2em;
  color: #FFFFFF;
  background-color: #769E50;
  text-align: center;
  height: 50px;
```

```
    width: 760px;
    padding: 10px;
  }
  a:link {
    color: #FFFFFF;
    text-decoration: none;
  }
```

(2) 由于部分标签的边距存在默认值,如 form 标签,所以可以使用通配符初始化各标签的边距和填充,在一定程度上简化了代码。其样式代码如下:

```
  * {
    margin: 0px;
    padding: 0px;
  }
```

(3) 按 F12 键就可以预览布局的整体效果,如图 3-50 所示。

5. Div+CSS 标准的优点

(1) 符合 W3C 标准。微软等软件公司均支持 W3C,这样可以保证网站不会因为网络应用的升级而被淘汰。

(2) 结构清晰,容易被搜索引擎搜索到,并能够优化搜索引擎。

(3) 提高易用性,可以一次设计、随处发布。支持浏览器的向后兼容,几乎所有的浏览器都可以解析。

(4) 表现和内容相分离。这也是 CSS 布局的特色所在。网页由内容构成,而将网页设计部分剥离出来放在一个独立样式文件中,HTML 文件中只存放内容,代码变得更简洁,使页面和样式的更新变得更加方便,对搜索引擎更加友好,提高了网页下载速度。

(5) 表格布局中,混杂着大量嵌套的 TABLE、TR 和 TD 标记,一些修饰的样式及布局的代码混合一起,垃圾代码相应增多。而 DIV+CSS 只需要简单地修改相关 CSS 文件,就可以重新设计整个网站的页面,重构性强,更能体现样式和结构相分离的优点。

3.3.4 知识拓展——使用预设 CSS 布局创建页面

如果用户对使用 Div 标签和 CSS 创建 Web 页面不熟悉,可以使用基于 Dreamweaver 定制的 CSS 布局来创建 CSS 布局页面;也可以创建自己的 CSS 布局,并将它们添加到配置文件夹中,就能在"新建文档"对话框中显示自定义的布局选项。预设布局自带的 CSS 附加了大量注释,对规则加以说明,以方便用户的理解。CSS 布局可以在下列浏览器中正确呈现:Firefox(Windows 和 Macintosh)1.0、1.5 和 2.0;Internet Explorer(Windows)5.5、6.0、7.0;Opera(Windows 和 Macintosh)8.0、9.0;以及 Safari 2.0。创建页面的步骤如下。

(1) 选择"文件"|"新建"命令,弹出"新建文档"对话框,如图 3-52 所示。选择"空白

页”|“页面类型”下的 HTML 页面类型，从 18 种预设布局中选择需要的 CSS 布局。

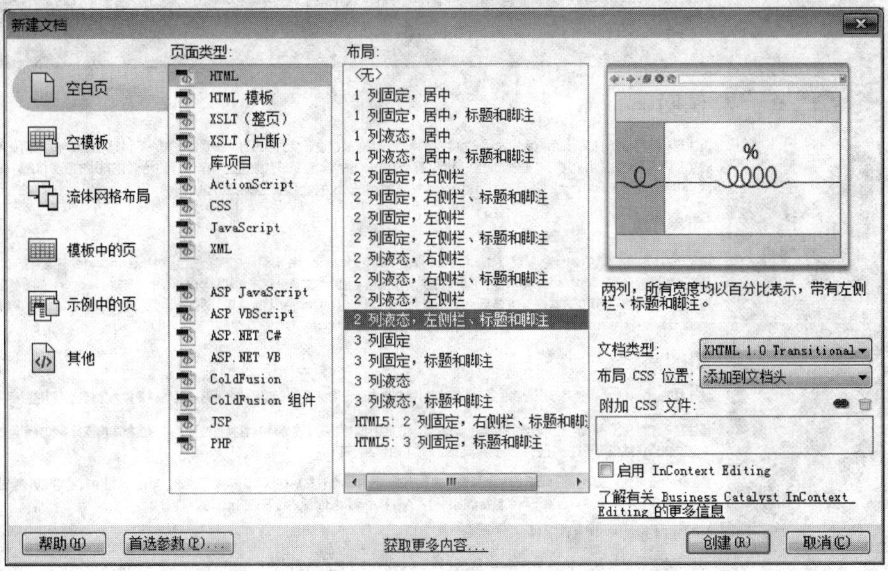

图 3-52　“新建文档”对话框

(2) 在对话框右上角边的预览区域显示该布局及相关简短说明。预设的 CSS 布局提供了下列类型的列。

① 固定：列宽是以像素指定的。列的大小不会根据浏览器的大小或站点访问者的文本设置来调整。

② 弹性：列宽是以相对于文本大小的度量单位指定的。如果站点访问者更改了文本设置，该设计将会进行调整，但不会基于浏览器窗口的大小来更改列宽度。

(3)“文档类型”下拉菜单提供了 7 种版本的 HTML 文档类型。

(4)“布局 CSS 位置”下拉菜单提供了 CSS 规则设置插入 HTML 文档的 3 种位置。

①“添加到文档头”：将布局的 CSS 添加到要创建的页面头中。

②“新建文件”：将布局的 CSS 添加到新的外部 CSS 样式表，并将该样式表应用到页面。

③“链接到现有文件”：指定现有 CSS 文件附加到新创建的布局文档中。当希望多个文档上使用相同的 CSS 布局(CSS 布局的 CSS 规则包含在一个文件中)时，此选项特别有用。

(5) 单击“创建”按钮，一张已定制好的 CSS 布局页面就自动生成了，如图 3-53 所示。此时可根据已规划好的布局放置不同的网页元素。

(6) 向选项列表添加自定义 CSS 布局。

① 如果希望自定义 CSS 布局能够与 Dreamweaver 提供的其他布局一样，出现在如图 3-52 所示的预设布局选项列表中，则必须保证自定义的 HTML 布局文件扩展名为 .html，且将此页面添加到 Adobe Dreamweaver CS6\Configuration\BuiltIn\Layouts 文件夹中。

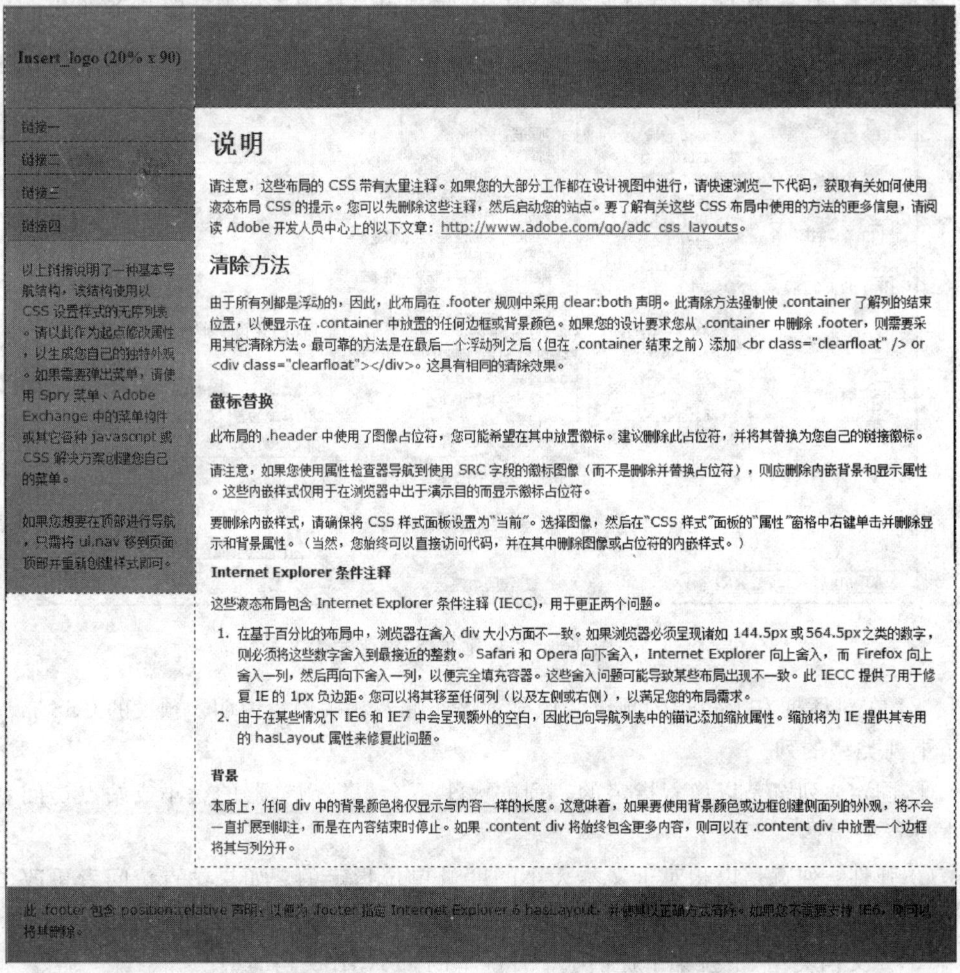

Insert_logo (20% x 90)

链接一
链接二
链接三
链接四

以上链接说明了一种基本导航结构，该结构使用以 CSS 设置样式的无序列表。请以此作为起点修改属性，以生成您自己的独特外观。如果需要弹出菜单，请使用 Spry 菜单、Adobe Exchange 中的菜单构件或其它各种 javascript 或 CSS 解决方案创建您自己的菜单。

如果您想要在顶部进行导航，只需将 ul.nav 移到页面顶部并重新创建样式即可。

说明

请注意，这些布局的 CSS 带有大量注释。如果您的大部分工作都在设计视图中进行，请快速浏览一下代码，获取有关如何使用液态布局 CSS 的提示。您可以先删除这些注释，然后启动您的站点。要了解有关这些 CSS 布局中使用的方法的更多信息，请阅读 Adobe 开发人员中心上的以下文章：http://www.adobe.com/go/adc_css_layouts。

清除方法

由于所有列都是浮动的，因此，此布局在 .footer 规则中采用 clear:both 声明。此清除方法强制使 .container 了解列的结束位置，以便显示在 .container 中放置的任何边框或背景颜色。如果您的设计要求您从 .container 中删除 .footer，则需要采用其它清除方法。最可靠的方法是在最后一个浮动列之后（但在 .container 结束之前）添加 <br class="clearfloat" /> or <div class="clearfloat"></div>。这具有相同的清除效果。

徽标替换

此布局的 .header 中使用了图像占位符，您可能希望在其中放置徽标。建议删除此占位符，并将其替换为您自己的链接徽标。

请注意，如果您使用属性检查器导航到使用 SRC 字段的徽标图像（而不是删除并替换占位符），则应删除内嵌背景和显示属性。这些内嵌样式仅用于在浏览器中出于演示目的而显示徽标占位符。

要删除内嵌样式，请确保将 CSS 样式面板设置为"当前"。选择图像，然后在"CSS 样式"面板的"属性"窗格中右键单击并删除显示和背景属性。（当然，您始终可以直接访问代码，并在其中删除图像或占位符的内嵌样式。）

Internet Explorer 条件注释

这些液态布局包含 Internet Explorer 条件注释 (IECC)，用于更正两个问题。

1. 在基于百分比的布局中，浏览器在舍入 div 大小方面不一致。如果浏览器必须呈现诸如 144.5px 或 564.5px之类的数字，则必须将这些数字舍入到最接近的整数。 Safari 和 Opera 向下舍入，Internet Explorer 向上舍入，而 Firefox 向上舍入一列，然后再向下舍入一列，以便完全填充容器。这些舍入问题可能导致某些布局出现不一致。此 IECC 提供了用于修复 IE 的 1px 负边距。您可以将其移至任何列（以及左侧或右侧），以满足您的布局需求。
2. 由于在某些情况下 IE6 和 IE7 中会呈现额外的空白，因此已向导航列表中的锚记添加缩放属性。缩放将为 IE 提供其专用的 hasLayout 属性来修复此问题。

背景

本质上，任何 div 中的背景颜色将仅显示与内容一样的长度。这意味着，如果要使用背景颜色或边框创建侧面列的外观，将不会一直扩展到脚注，而是在内容结束时停止。如果 .content div 将始终包含更多内容，则可以在 .content div 中放置一个边框将其与列分开。

此 .footer 包含 position:relative 声明，以便为 .footer 指定 Internet Explorer 6 hasLayout，并使其以正确方式清除。如果您不需要支持 IE6，则可以将其删除。

图 3-53　采用 CS3 定制布局自动生成的页面

② 将自定义的布局预览图像(例如. gif 或. png 文件)也添加到 Adobe Dreamweaver CS6\Configuration\BuiltIn\Layouts 文件夹中，默认 PNG 图像大小为 227×193px。

③ 还可以创建自定义备注文件，复制并粘贴 Adobe Dreamweaver CS6\Configuration\BuiltIn\Layouts_notes 文件夹中的任意一个备注文件，然后将该副本备注文件修改为自定义备注文件。

3.4　任务 9　布局技术之四——框架

技能目标

(1) 能灵活运用 Dreamweaver CS6 提供的框架结构定制不同的页面布局。

(2) 实现在框架结构的指定区域引入外部文件。

(3) 使用内联框架 iFrame 制作页面指定区域的链接。

知识目标

(1) 熟练掌握框架页面的创建过程。

(2) 掌握框架集和框架文件的区别。

(3) 掌握框架集属性和框架文件属性的设置。

(4) 掌握框架结构中文件的链接添加方法。

(5) 掌握框架结构中页面元素的添加与编辑方法。

(6) 掌握内联框架 iFrame 的用法。

工作任务

针对框架的页面布局技术实施该任务,该框架集由 4 个框架组成:一个框架横放在顶部,存放站点 LOGO 和标题;一个较窄的框架位于左侧面,存放导航条;一个大框架占据了页面的主要部分,存放主要内容;下部的框架放置一些版权信息。为了简化制作过程,预置 4 张已制作好的页面,然后在各框架结构中分别建立 HTML 文档链接。

(1) 在站点中新建 4 张独立页面并保存。

(2) 新建一个框架集文件。

(3) 在框架集的各框架内建立与独立页面的联系。

(4) 设置框架和框架集的属性,并调整各框架区域的大小。

(5) 注意保存框架集和框架文件的区别。

(6) 设置各框架之间的链接和显示区域。

(7) 网页预览效果(见图 3-54)。

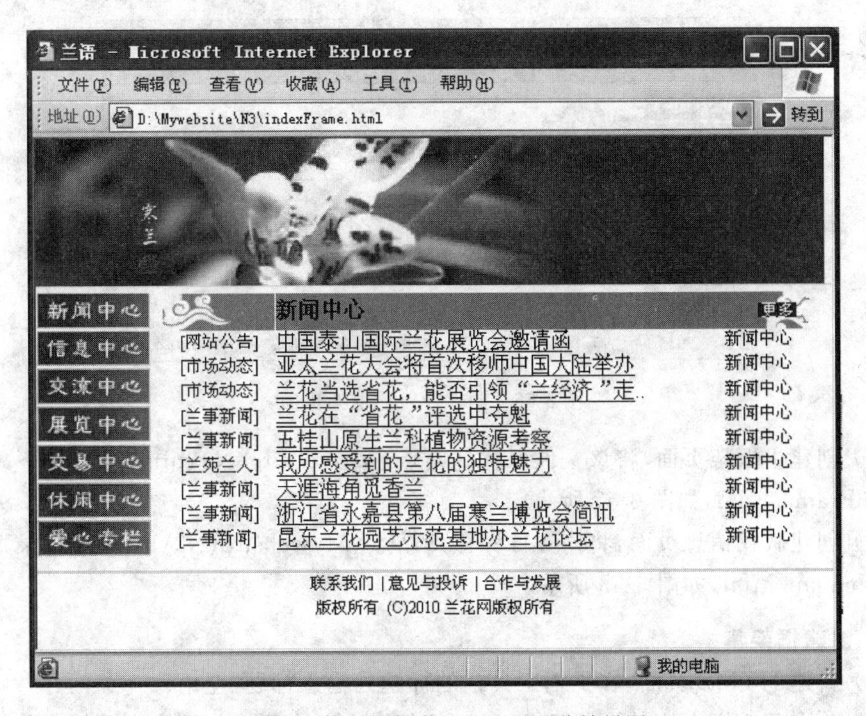

图 3-54 使用框架布局的网页预览效果图

3.4.1 使用框架搭建页面

1. 准备框架页

(1) 创建顶部框架页面,插入 banner 图片 title_bg. gif,图片大小为 600×120px,将该文件保存到站点\Mywebsite\N3\html 子目录下,文件名为 topFrame. html,如图 3-55 所示。

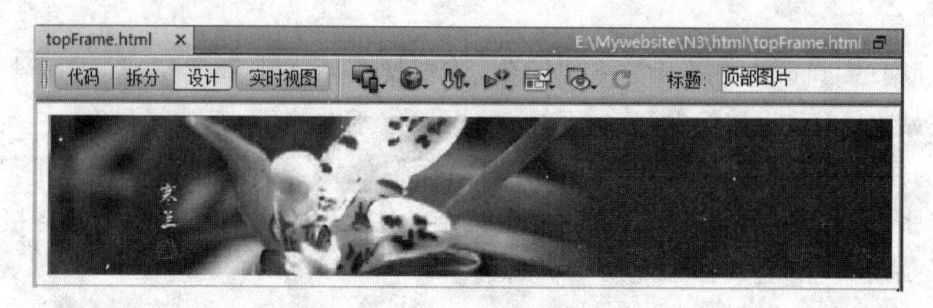

图 3-55　制作顶部框架页面

(2) 创建导航栏框架页面,在页面插入一个 7 行、1 列的表格,从上到下依次插入 7 张导航图片: title_news. gif、title_info. gif、title_bbs. gif、title_exh. gif、title_shop. gif、title_free. gif、title_love. gif,将该文件保存到站点\Mywebsite\N3\html 子目录下,文件名为 LeftFrame. html,如图 3-56 所示。

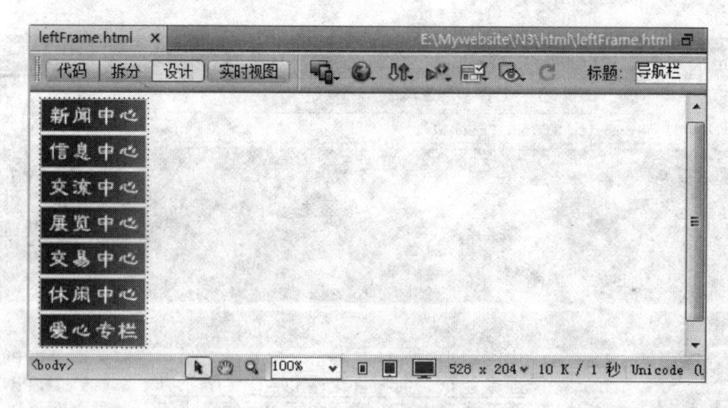

图 3-56　制作导航栏框架页面

(3) 创建主框架页面,将该文件保存到站点\Mywebsite\N3\html 子目录下,并命名为 mainFrame. html,如图 3-57 所示。

(4) 创建版权信息页面,将该文件保存到站点\Mywebsite\N3\html 子目录下,并命名为 banquan. html,如图 3-58 所示。

2. 创建框架集

(1) 新建 HTML 页面,在文档工具栏的标题处输入标题"兰语"。

(2) 单击菜单栏中的"插入"|HTML|"框架"命令,在弹出的列表中选择"上方及左侧嵌套",如图 3-59 所示,则在文档中加入框架集,Dreamweaver CS6 提供了 13 种最常见的

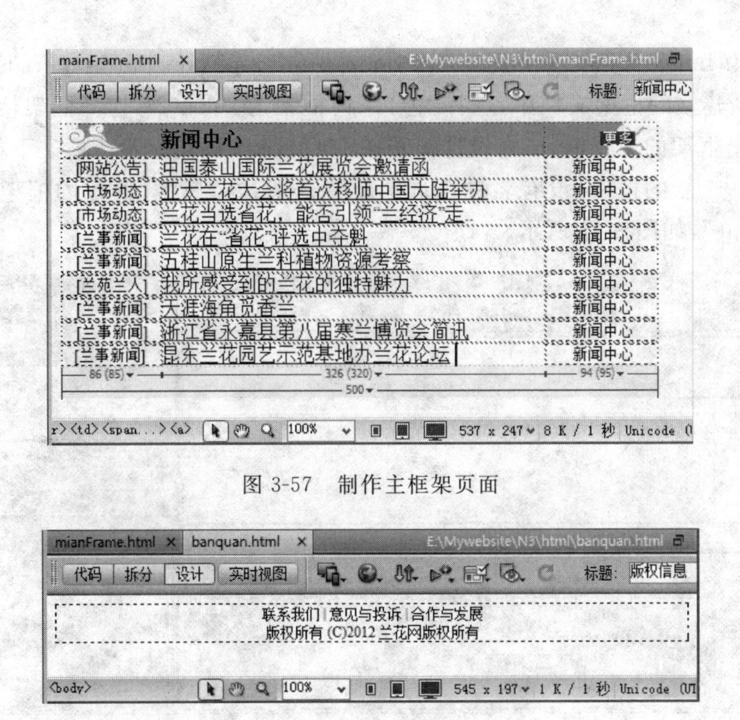

图 3-57　制作主框架页面

图 3-58　制作版权信息页面

预定义框架集结构。

(3) 单击要插入的框架集后，打开"框架标签辅助功能属性"对话框，如图 3-60 所示。如果希望插入框架集时不出现此窗口，则单击下方的"请更改'辅助功能'首选参数。"在弹出的"首选参数"对话框中将框架前的辅助功能属性取消。

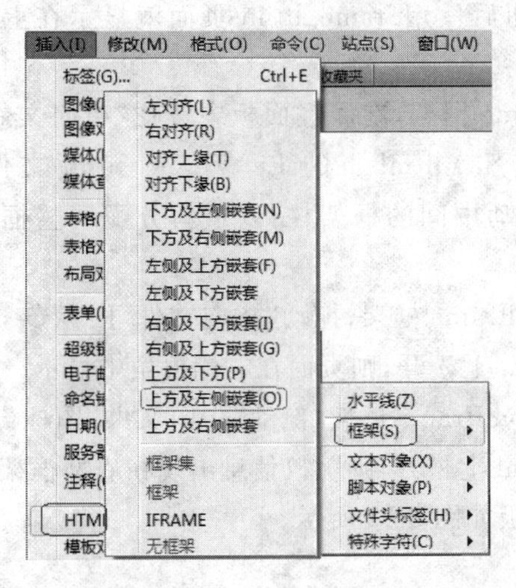

图 3-59　在"插入"面板上显示框架图标

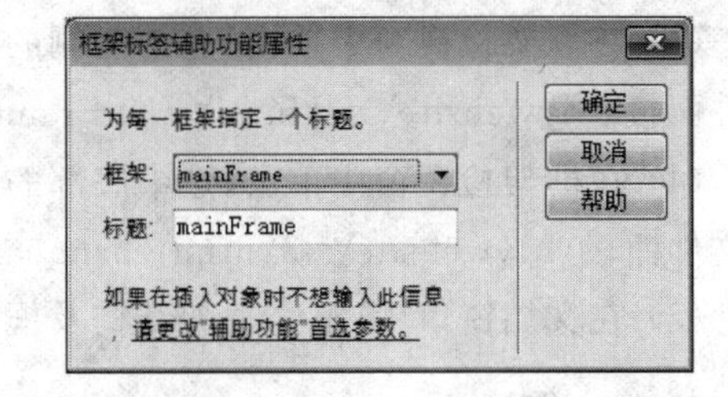

图 3-60　"框架标签辅助功能属性"对话框

(4) 单击"确定"按钮，在当前文档中创建了含有框架的网页。此时，最好能及时保存新建的框架集和框架页文档，单击菜单栏中的"文件"|"保存全部"或按下"浏览器中预览"|"调试"按钮，分别保存框架集和所有框架文件至站点目录\Mywebsite\N3\html 目录下，

文件名分别为 Index Frame. html、Main Frame. html、topFrame. html、Left Frame. html。

(5) 在新建立的框架文档中，选择“窗口”|“框架”菜单命令，打开框架检视窗。单击以选中检视窗框架的最外框，或在设计视图按下 Ctrl 键，将光标置于框架下方的边框，向上拖动生成一个新的框架(没有名称)，选中新建框架，在“属性”面板的框架名称中输入“buttomFrame”，如图 3-61 所示。

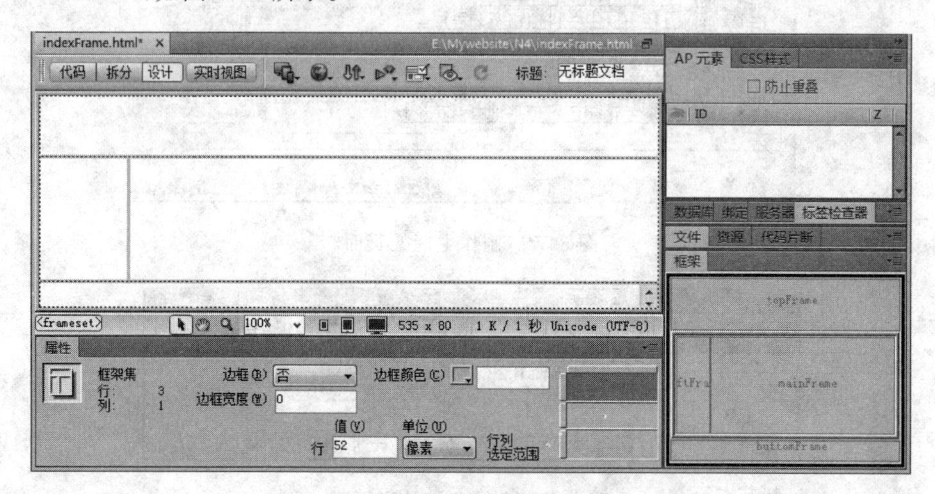

图 3-61 在预设框架上创建新的框架

3. 插入框架页面

(1) 在框架检视窗中单击，选中上部的 topFrame 框架，然后在属性面板单击源文件文本框右边的浏览文件图标，在弹出的对话框中选择保存在站点\Mywebsite\N3\html 下的 topFrame. html 文件，单击“确定”按钮后，topFrame. html 页面就显示在上部框架中。

(2) 在框架检视窗中单击，选中左侧 leftFrame 框架，在属性面板中按住“指向文件”图标，并拖动鼠标至文件面板\Mywebsite\N3\html 下的 LeftFrame. html 文件，LeftFrame. html 页面出现在左侧的框架中。拖动中间的框架栏，以重新分配调整框架宽度。

(3) 在框架检视窗中单击，选中右侧的 mainFrame 框架，拖动“指向文件”图标，至文件面板\Mywebsite\N3\html\mianFrame. html 上松开，则页面在右侧框架中显示。

(4) 在框架检视窗中单击，选中底部的 buttomFrame 框架，拖动“指向文件”图标，至文件面板\Mywebsite\N3\html\ banquan. html 上松开，则版权信息出现在底部框架。

(5) 在文档窗口中，整个框架结构及框架面板如图 3-62 所示。

4. 建立链接

(1) 选中框架左侧的第一张导航栏图片 title_news. gif，在属性面板中单击链接项右侧的文件夹图标，在弹出的“选择文件”对话框中选择\Mywebsite\N3\html\mainFrame. html，并在属性面板的目标弹出菜单中选择框架 mainFrame。

(2) 以同样的方法，依次为左侧导航栏的其他图片建立对应链接，并在属性面板的目

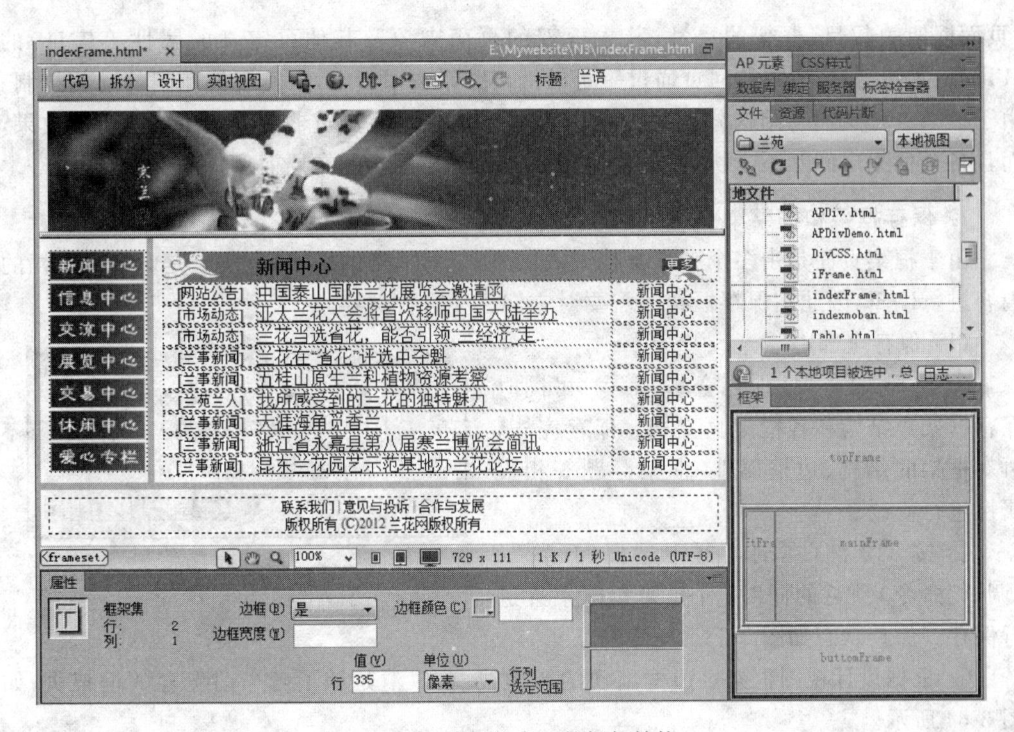

图 3-62　编辑状态下的框架结构

标弹出菜单中选择框架 MainFrame。

5. 调整框架页面

(1) 按 F12 键，在浏览器中预览框架集效果。框架集结构不够紧凑，与框架页面之间还存在一定间隙。

(2) 在框架检视窗中单击，选中上部的 topFrame 框架，在属性面板把边距宽度和边距高度都设置为 0。边距宽度是框架页面与左侧边框的距离，边距高度是框架页面与上部边框的距离。

(3) 在框架检视窗中单击，选中 leftFrame(mainFrame)框架，在属性面板中把边距宽度设置为 0、边距高度都设置为 4，这两个框架与上部框架之间有点留白，以改变视觉效果。

6. 预览框架页面

按 F12 键，在浏览器中预览页面的最终效果。在顶部框架中显示的文档始终保持不变，左侧框架导航栏图片包含链接，单击其中某一链接会更改主框架的内容，但左侧框架自身的内容保持静态。

3.4.2　问题探究——框架和框架集

框架(Frame)是一种更复杂的布局工具。把浏览器窗口划分为若干个区域，每个区域载入不同的网页文件并组合成一个完整的框架集结构，由框架集指定网页结构与属性

(页面框架的数目、框架的尺寸、装入框架的页面来源及其他可定义的属性等信息)的HTML文件,各框架中的网页通过一定的链接关系联系起来,以实现彼此间的互相控制。由于框架这种文档与结构分离的功能,不仅能够方便地在浏览器中浏览不同的页面效果,而且各个框架之间互不干扰,因此使用框架布局可使网页的布局效率大大提高。

1. 保存框架和框架集

由于框架页面是由多个独立文档组成的,所以对框架的编辑,事实上是对多个文档的内容进行编辑,因此在保存框架时需要对它们逐一进行保存。

(1) 保存全部

① 选择"文件"|"保存全部"命令,可同时保存框架集结构和各框架页文档。保存完毕,再对框架的结构、边框属性、框架标题等相关属性进行修改。

② 按F12键(在浏览器中选择"预览"|"调试"命令)预览的同时,对框架和框架集进行保存。保存状态如图3-63所示。

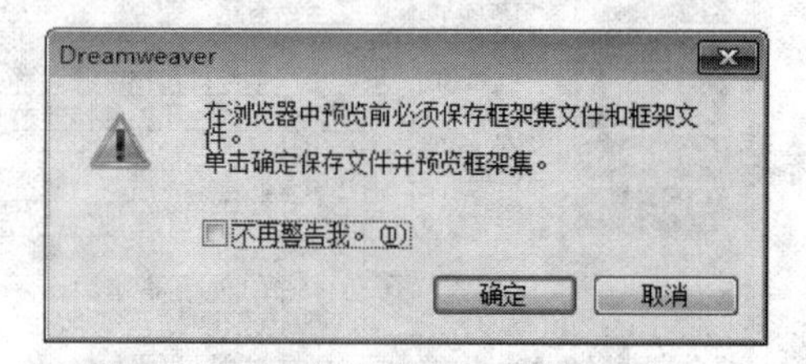

图3-63 保存框架集状态

③ 根据设计视图框架页边框出现的粗虚线,可以清楚地了解当前保存的框架页,如图3-64所示。

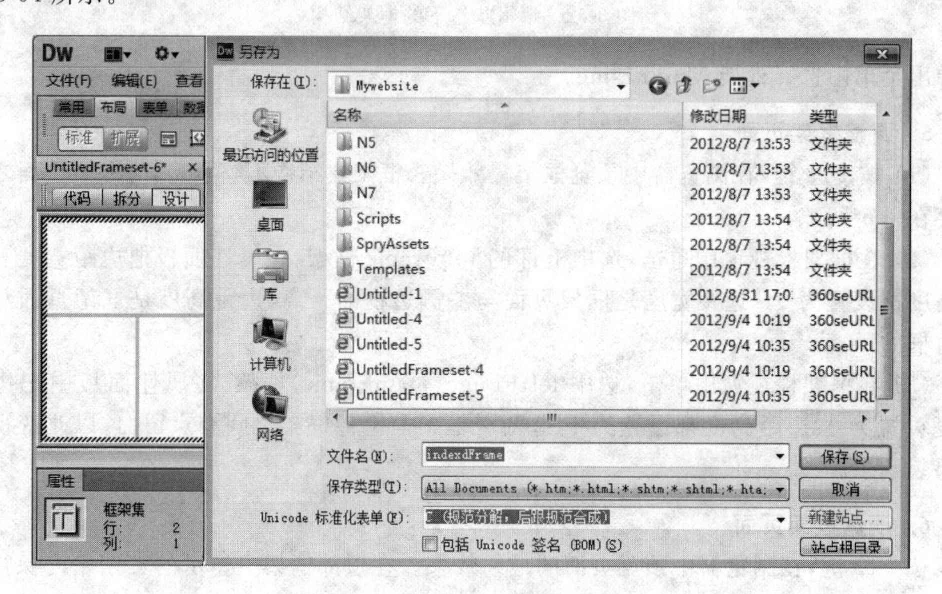

图3-64 按F12键保存框架集状态

(2) 保存框架文件

① 在"框架"面板中单击要保存的框架,选择"文件"|"保存框架"命令,或按Ctrl+S键,则弹出"另存为"对话框,选择指定目录后,在"文件名"文本框中输入文件名,单击"保存"按钮将框架网页保存到指定目录下。

② 选择“文件”|“框架另存为”命令，可把框架结构另存为HTML文件。该命令只保存框架结构的HTML文件，而不保存框架中显示的HTML文件。

(3) 保存框架集页面

① 单击文档或框架面板中的框架集边框，以选择框架集，打开“文件”菜单，这时可以看到“保存框架”和“框架另存为”命令变为“保存框架页”和“框架集另存为”命令。

② 选择“保存框架页”或“框架集另存为”命令，在“另存为”对话框中的“文件名”文本框中输入文件名，单击“保存”按钮即可。

2. 操作框架和框架集

框架主要包括框架集和框架两部分，如图3-65所示。每一个框架显示一个独立的HTML文档，而框架集定义这组框架的布局和属性（框架的数目、大小、位置以及在每个框架中初始显示的页面的URL），在浏览器如何显示这组框架，以及在这些框架中应显示哪些文档的有关信息。

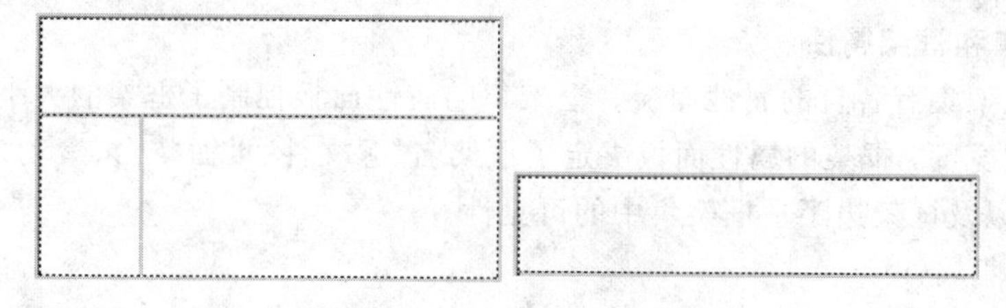

图3-65　框架集（左）和框架（右）

(1) 拆分框架

① 要将一个框架拆分成几个更小的框架，单击拟拆分的框架窗口，将插入点置于其中，在菜单栏选择“修改”|“框架集”命令，在弹出的列表清单中选择拆分项，如图3-66所示。一个“没有名称”的框架显示原框架的对应位置（类似拆分表格）。

② 如果期望以垂直或水平方式拆分一个框架或一组框架，可将框架边框从设计视图的边缘拖入设计视图的中间，这时生成的框架个数根据当前与拖动框相垂直的交叉数而定。

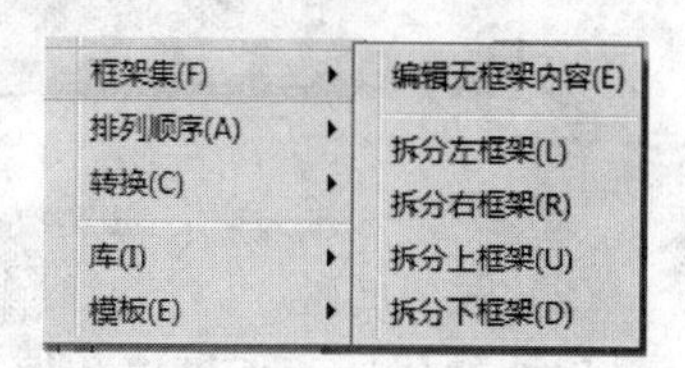

图3-66　拆分框架

③ 如果期望在设计视图边缘由框架边框拆分一个完整框架，可在按住Alt键的同时拖动框架边框。

④ 如果期望由框架边框拆分成N个框架，请将光标置于设计视图框架集的顶角，当光标变成✥字形时，将光标拖动至视图区即可。

(2) 删除框架

删除框架实质上是从框架集文件中删除相应的<frame>标签，并重新设置<frameset>标记的cols属性和rows属性，框架中链接的文档保留在原路径中，并不会被删除。

框架没有合并功能。因为框架保存的是独立的网页文件，所以将两个框架文件内容合并成一个文件内容显示是不可能的。若要删除一个框架，可将光标置于要删除的框架上，待鼠标变成双向箭头时，将框架边框拖动至父框架的边框上，使之脱离页面。

3. 框架检视器

框架检视器为框架提供了一种便捷的可视方法，不仅可以显示框架结构，而且便于读者编辑不同框架中的文档。在菜单栏执行“窗口”|“框架”命令，就会在右侧的框架检视器面板组中显示当前框架文件的框架结构，如图 3-67 所示。

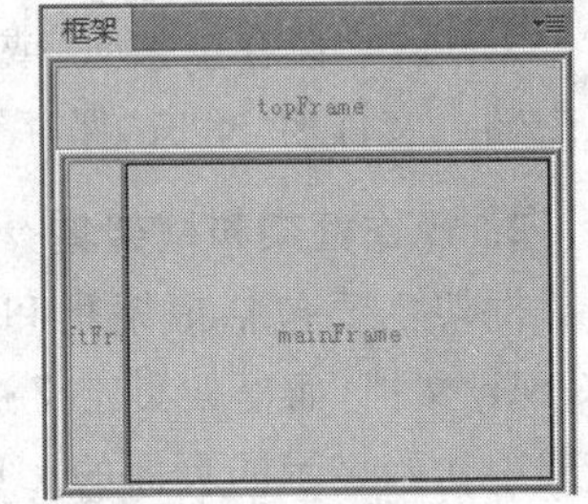

图 3-67 框架检视器

每一个框架集都由一个较粗的立体边框所包围，而每一个框架都有一个细边框。读者可以从框架面板中直观地看到整个页面的框架结构、框架的名称等信息。用鼠标单击某框架内部，或单击框架集的边框，就选中了页面中对应的框架或框架集，被选中的框架或框架集四周会出现粗黑色边框，而在设计视图被选中的框架或框架集，则显示为虚线边框。也可单击文档窗口中两个框架的共用边距，选择框架集。

4. 框架集和框架属性

框架与框架集有各自的属性面板。框架集的属性面板控制了框架的大小以及框架间边距的颜色及宽度；框架的属性面板决定了框架名、源文件、页面空白、滚动条、单个框架大小的调整，以及框架边距在框架集中的可见性。

(1) 框架集属性

单击框架检视器的最外框，单击文档窗口中两个框架的共用边距，或单击框架集面板最外围的边框，就可以看到框架集的属性面板，如图 3-68 所示。

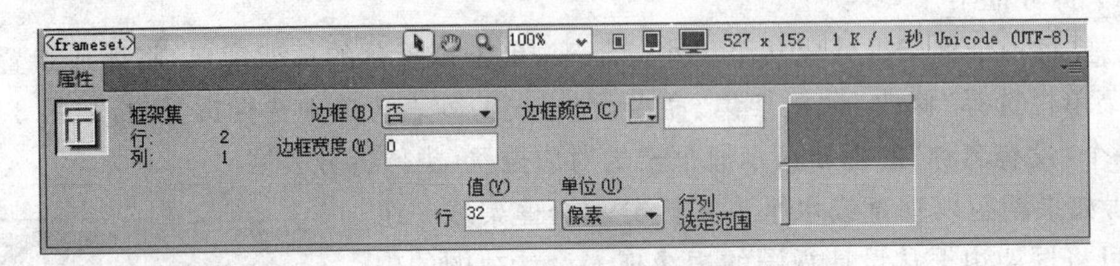

图 3-68 框架集的属性面板

(2) 框架属性

用框架属性面板可以为框架命名，设置边距，为框架指定链接网页等。在设计视图下按住 Alt 键并单击某个框架，以选中框架的属性面板，如图 3-69 所示。

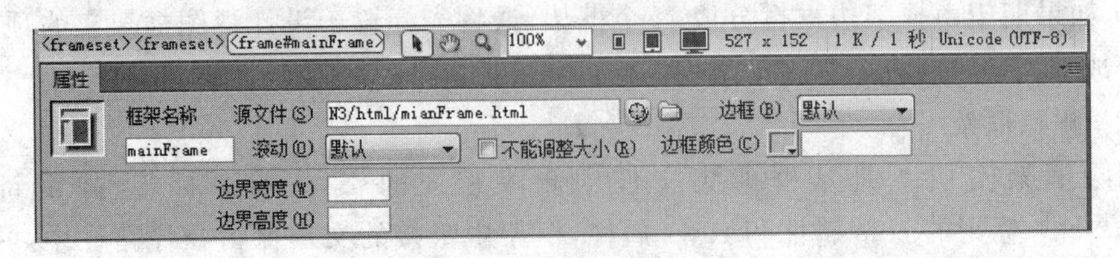

图 3-69 框架的属性面板

由于框架集页面是指向它的 URL 页面，而且是由页面管理的，所以为确保以后能正确地链接页面，给每一个框架起一个名字是很必要的。在如图 3-69 所示的属性对话框中,在左侧的"框架名称"文本框中输入相应的框架名称。由于框架集页面是指向它的URL页面且该页面管理的,为确保以后能正确地链接页面,给每一个框架起一个名字是很必要的,通过框架名可以方便地找到对应的框架页面。如果没有定制好的网页,用鼠标单击任意一个框架之后,就可以像普通页面一样插入各种文本内容、图片、Flash动画和背景音乐等页面元素。

为了获得更好的页面浏览效果,可将框架集和框架的边框线设置为否,同时将上面和左边的框架的滚动设置为否,右边框架的边框也设置为否,滚动设置为默认,去掉边框线和滚动条后,页面就显得比较整洁、清晰了。

3.4.3　知识拓展——创建自定义框架和框架集

打开一个空白文档,在创建框架集或使用框架前,单击菜单栏中的"查看"|"可视化助理"命令,在弹出的列表中勾选"框架边框"命令,使框架的边框在设计视图中可见,便于了解当前光标所处区域。

(1) 直接用鼠标拖曳窗口周边任意一个边框,就可以在空白页面自动增加一个框架。拖动空白框架的上(下)边框可以水平分割文档窗口,拖动空白框架的左(右)边框可以垂直分割文档窗口,如图3-70所示。用鼠标拖曳框架线就可以调整关联框架的大小,把框架线拖曳到邻近的框架线上或父框线上,都可以删除框架。

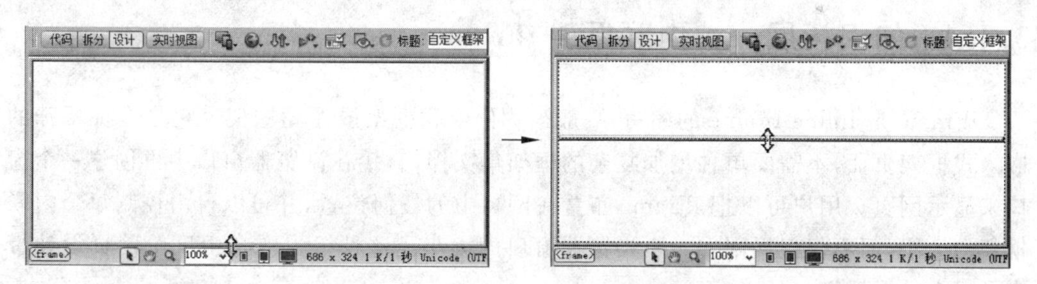

图3-70　鼠标指针指向框架边框的下边框

(2) 按住Alt键,将鼠标指针置于已有框架的分割线上或角点上,拖曳边框线或角点,就可以分割已有的框架。当鼠标指向窗口的4个角点时,拖动角点可以将文档窗口划分为4个框架,如图3-71所示。

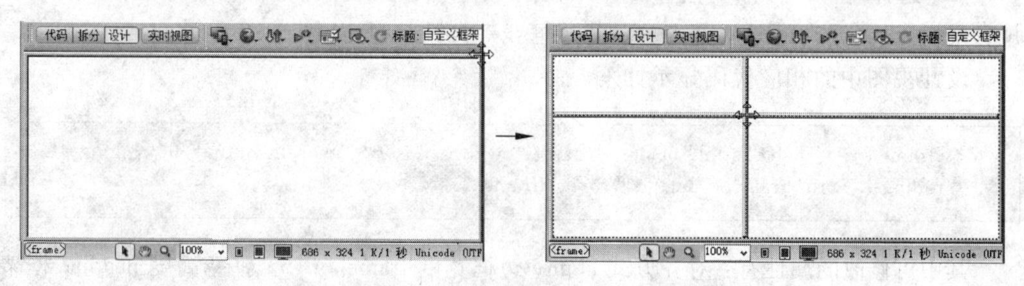

图3-71　鼠标指针指向角点拖动产生4个框架

(3) 用鼠标拖曳父边框(或按下 Ctrl 键),松开鼠标之后就可以在原框架基础上增加多个或一个框架,如图 3-72 所示。

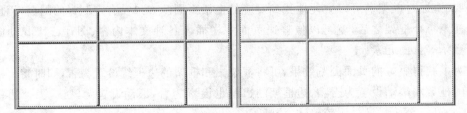

图 3-72 用鼠标拖曳父边框和按下 Ctrl 键拖曳父边框增加框架的效果对照

(4) 如果浏览器不支持框架,则框架集和框架的内容就无法正常显示。在框架集文件中,就创建位于<noframes></noframes>标签之间的提示信息,告诉读者如何访问基于框架的网页。noframes 元素位于 frameset 元素内部。如果浏览器支持框架,就不会显示出 noframes 元素中的文本。代码如下:

```
<noframes>
<body>对不起,您的浏览器不支持框架,请使用其他或更高版本浏览器!</body>
</noframes>
```

3.4.4 知识拓展——内联框架 iFrame

iFrame 是 Inline Frame 的缩写,一般被称作内联框架或浮动框架。它是一种特殊的嵌入式框架页面,不需要单独增加复杂的框架集文档,直接在浏览器窗口中再创建一个窗口来显示网页。用户可以把 iFrame 布置在网页中的任何位置,并可以自由控制每个内联框架的大小,而不仅仅局限在一个浏览器窗口的大小。这种极大的自由度给网页设计带来了极大的灵活性。

(1) iFrame 元素会创建包含指定文档的内联框架(即行内框架),在菜单栏中选择"插入"|HTML|"框架"选项,在弹出的列表中选择 IFRAME 命令,一个框架在光标插入点生成。

(2) 选择"窗口"|"标签检查器"命令或按下 F9 键,打开"标记检查器"面板组,点开常规目录树,设置浮动框架的宽度、高度、边框线等参数信息,如图 3-73 所示。

设计视图中的相应代码显示如下:

```
<iframe src="Table.html" name="iframe1" width="100%" marginwidth="0" height="250"
scrolling="auto" frameborder="1" ></iframe>
```

其中可修改的属性有:对齐方式 align;边框宽度 frameborder;框架高度 height;框架宽度 width;框架名称 name;滚动条显示方式 scrolling;宽度横向边距 marginwidth 定义 HTML 文件显示距内联框架左右边距的大小,默认由浏览器决定;纵向边距

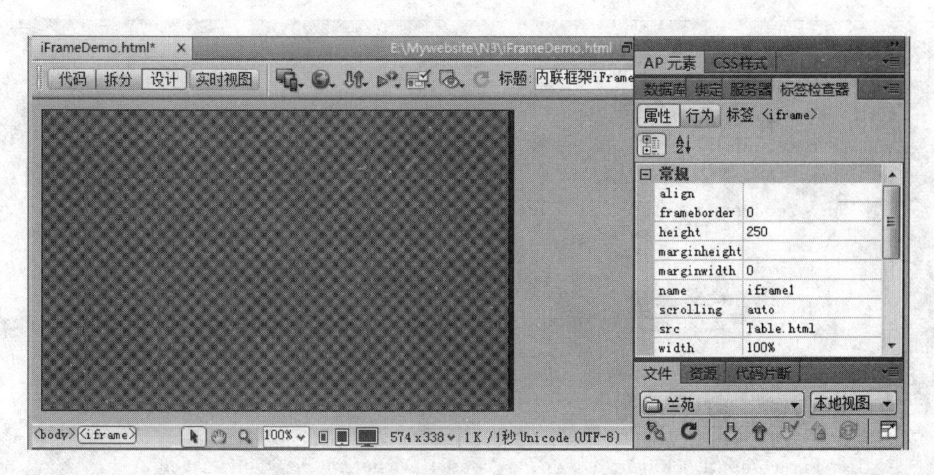

图 3-73　iFrame 编辑状态

marginheight 定义 HTML 文件显示距内联框架上下边距的大小，默认由浏览器决定。

(3) 如果期望通过父页面建立链接来控制浮动框架的页面内容跳转，关键在于浮动框架的名称(即 name 属性)设置要与父窗中超链接的目标属性保持统一。实现指定位置链接名，例如，将浮动框架的名称设置为 iFrame1，那么父窗口中超链接文本的目标属性也设置为 iFrame1，就可以在浮动框架中打开超链接目标 URL 地址对应的网页。

(4) 如果想要为浮动框架定义透明内容，须将 iFrame 标签中浏览器特定的属性 Allowtransparency 设置为 true。在链接的源文档中 background-color 或 body 元素的 Bgcolor 标记属性必须设置为 transparent。

(5) iFrame 自适应高度。不带边框的 iFrame，因为能和网页无缝的结合，所以可以在不刷新页面的情况下更新页面的部分数据。在使用 iFrame 时，由于其大小却不像层那样“伸缩自如”，经常会遇到所调用的页面在预览时出现滚动条或页面不能完整显示的情况，对整个页面的美观性产生较大影响，打破了页面的统一风格。可以尝试采用以下两种方法实现。

(6) 方法一：生成 js 文件，再打开源文件调用。

① 建立一个 bottom.js 的文件，然后输入下面的代码。

```
parent.document.all("iframe1").style.height=document.body.scrollHeight;
Parent.document.all("iframe1").style.width=document.body.scrollWidth;
```

② 打开 iframe 拟装的网页文件 Div_css.html，在文件最前面添加语句。

```
<script language = "JavaScript" src = "bottom.js"/></script>
```

(7) 方法二：在源文件内添加以下脚本后再运行。

```
margin-top: 10px;
margin-right: auto;
```

```
margin-bottom: 0px;
margin-left: auto;
<script language="javascript" type="text/javascript"> function dyniframesize(down) {
  var pTar = null;
  if (document.getElementById){
    pTar = document.getElementById(down);
  }
  else{
    eval('pTar = '+ down + ';');
  }
  if (pTar && !window.opera){
    //begin resizing iframe
    pTar.style.display="block"
    if (pTar.contentDocument && pTar.contentDocument.body.offsetHeight){
      //ns6 syntax
      pTar.height = pTar.contentDocument.body.offsetHeight +20;
      pTar.width = pTar.contentDocument.body.scrollWidth+20;
    }
    else if (pTar.Document && pTar.Document.body.scrollHeight){
      //ie5+ syntax
      pTar.height = pTar.Document.body.scrollHeight;
      pTar.width = pTar.Document.body.scrollWidth;
    }
  }
}
</script>
<body>
<iframe src="Div_css.html" id="iframe1" name="iframe" width="80%" scrolling="no"
frameborder="0" onload="javascript:dyniframesize('iframe1');" ></iframe>
</body>
```

3.5 任务10 布局技术之五——模板和库

技能目标

(1) 能够运用模板技术快速生成风格统一的网站。

(2) 在同一个网站熟练创建、编辑、修改多种风格的模板文件。

知识目标

(1) 理解模板、库和资源在网页制作中的作用。

(2) 快速掌握将已有网页生成模板的操作方法。

(3) 掌握如何编辑模板以及利用模板生成新网页的操作方法。

(4) 掌握库项目的生成与应用方法。

工作任务

在使用模板创建页面布局时,运用模板控制页面布局中的指定区域,而重复使用的个别设计元素可以创建库项目，如站点的版权信息或 Logo。通过该任务的实施，能够为站点设立多个不同模板，从而实现站点版面的快速切换。

(1) 在站点中新建一个页面并保存。

(2) 在网页中插入一张表格。

(3) 运用表格控制和限制网页元素的位置。

(4) 在表格里插入图片和文字。

(5) 单击“插入”|“模板对象”|“可编辑区域”在正文位置插入一个可随时变换内容的指定区域。

(6) 单击菜单“文件”|“另存为”模板命令，另存为模板。

(7) 运用模板批量生成格式相似，而内容不尽相同的网页文件。

(8) 网页预览效果(见图 3-74)。

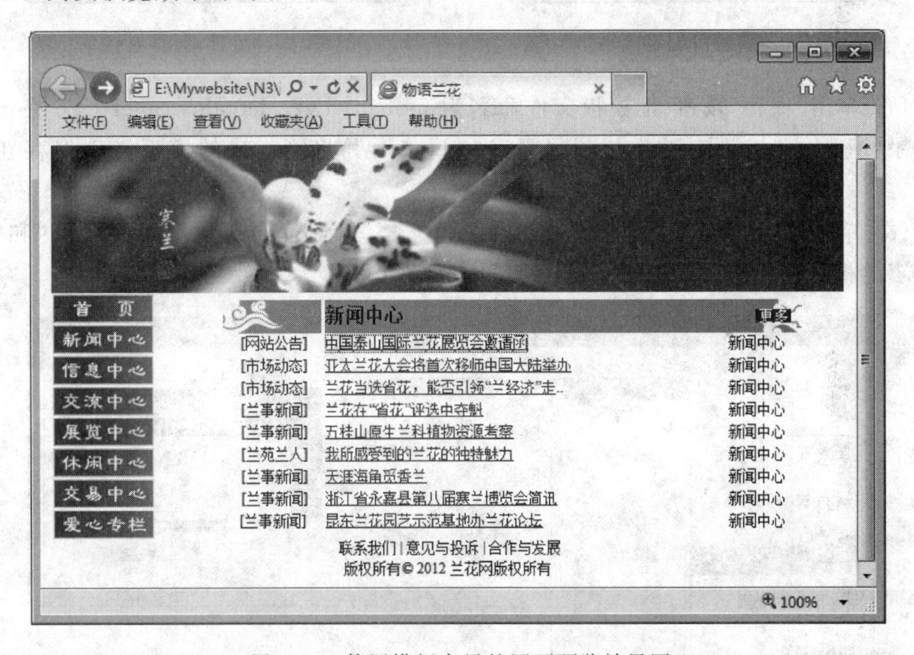

图 3-74　使用模板布局的网页预览效果图

3.5.1　使用模板搭建页面

(1) 在站点中新建一张空白页面，在页面中插入一张 3 行、2 列的表格。

(2) 把第 1 行单元格合并，插入图片 title_bg.jpg。

(3) 在表格第 2 行、第 1 列位置处插入一个 8 行、1 列的嵌套表格，分别将 title_index.gif、title_news.gif、title_info.gif、title_bbs.gif、title_exh.gif、title_free.gif、title_shop.gif、title_love.gif 8 张图片插入嵌套表格内。

(4) 合并表格第 3 行的单元格，插入相应版权信息后，在属性面板设置字体类型、大小，并使其居中。

(5) 将光标置于第2行、第2列处，单击"插入"|"模板对象"|"可编辑区域"命令，弹出一个消息窗，勾选其中的复选框，使此消息窗在下次插入可编辑区域时将不出现。单击"确定"按钮，弹出"新建可编辑区域"对话框，如图3-75所示。

(6) 单击"确定"按钮，可编辑区域EditRegion1插入到指定位置。单击"文件"|"另存为模板"命令，弹出"另存模板"对话框，如图3-76所示。

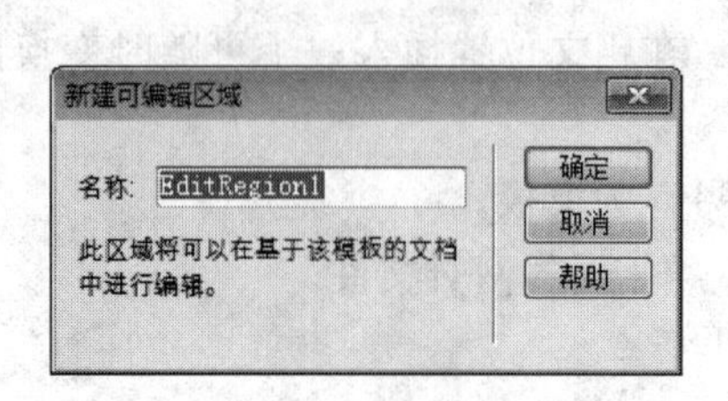

图3-75 "新建可编辑区域"对话框

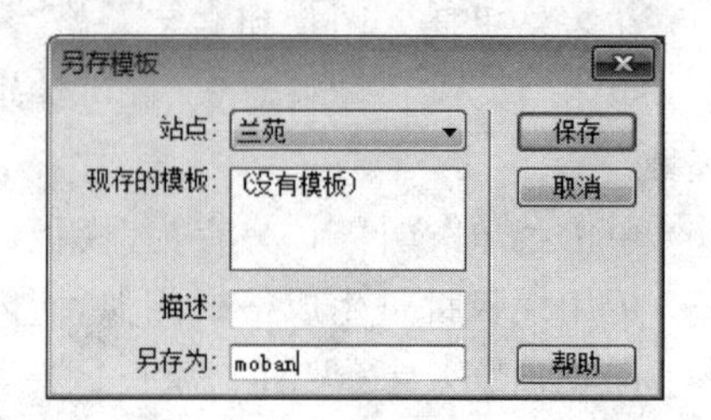

图3-76 "另存模板"对话框

(7) 单击"保存"按钮，把模板文件命名为moban.dwt。Dreamweaver CS6在该站点根目录\Mywebsite下自动生成子目录Templates，并将刚生成的模板文件保存在该目录下。

(8) 单击"文件"|"新建"命令，弹出"新建文档"对话框，选择"模板中的页"和"站点'兰苑'的模板"列表下的模板moban，如图3-77所示。

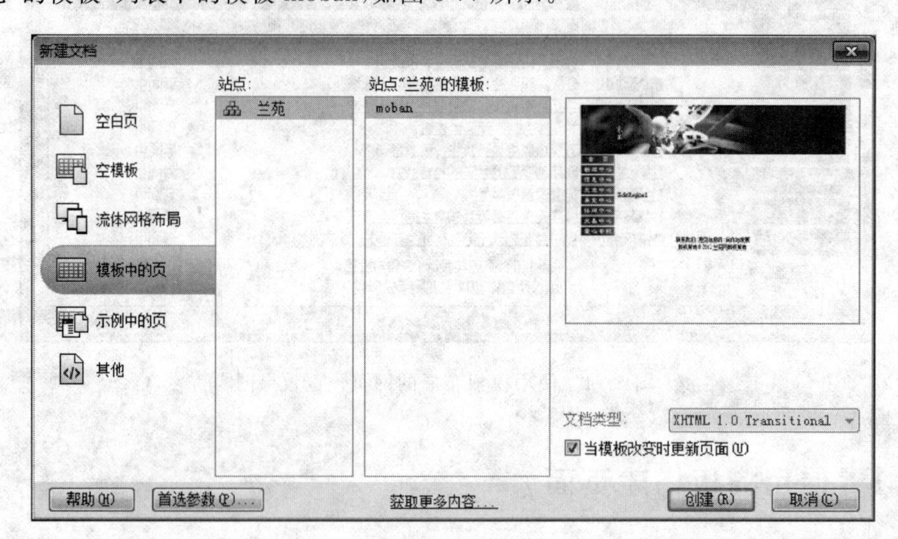

图3-77 "新建文档"对话框

(9) 单击"创建"按钮，一个由模板生成的网页出现在设计视图中，页面边框由黄色边框包围，右上角有模板moban文字组成的锁定区域，表明该网页由模板文件生成，如图3-78所示。当鼠标移到文档窗口，会出现一个禁止图标⊘，表明该区域不可操作；只有移动到可编辑区域时，光标变成 I 图标，可在该区域内执行编辑操作。

(10) 将设计内容插入可编辑区域EditRegion1中，如图3-79所示。按Ctrl+S键将该页面保存至\Mywebsite\N3下，文件名为indexmoban.html。

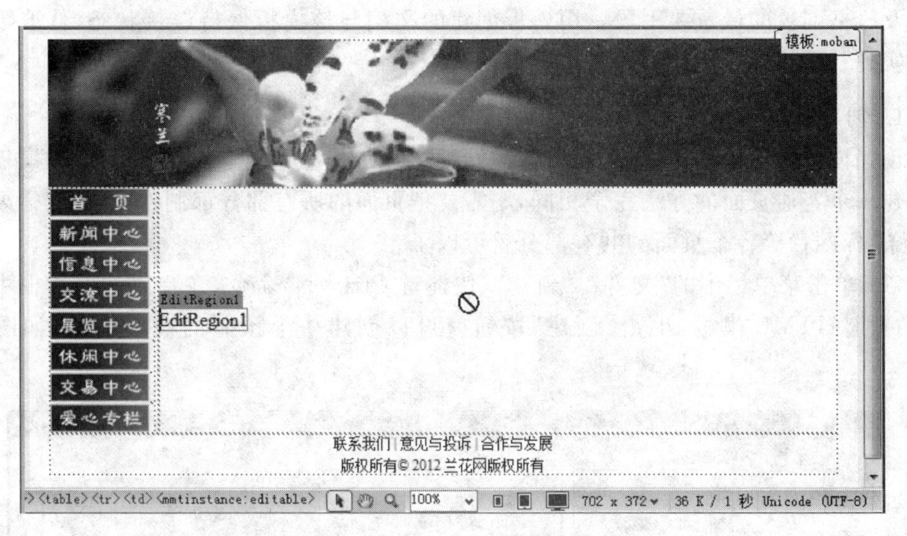

图 3-78　由模板快速生成的页面 1

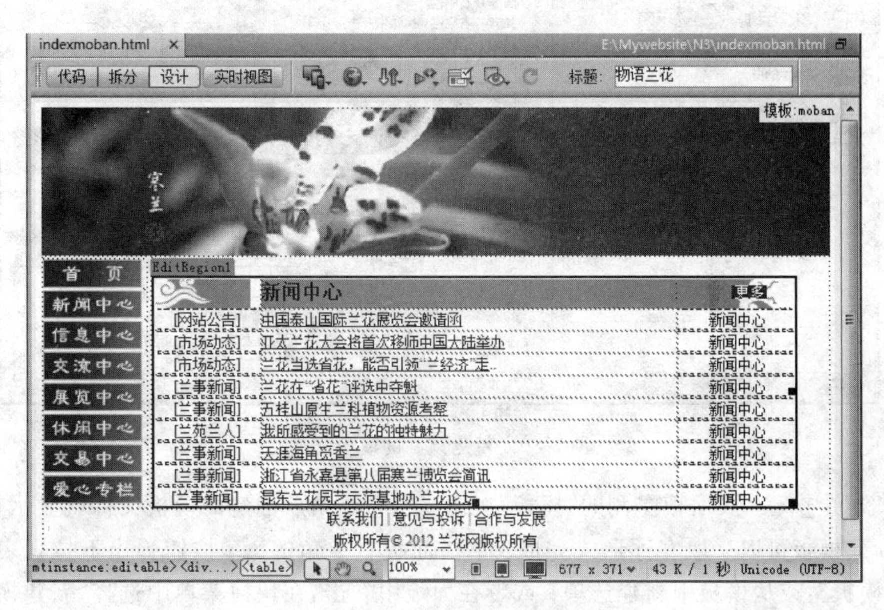

图 3-79　由模板快速生成的页面 2

(11) 按 F12 键预览效果时，图中的黄色边框和"模板：moban"不会出现。模板创建后，就可以利用它快速生成格式相似而内容不尽相同的网页文件。

3.5.2　问题探究——模板

模板是一种特殊类型的网页文档，只是被加入了特殊的模板信息，一般用来设计固定的页面布局并定义可编辑区域。只需从模板创建网页，并在可编辑区域中进行编辑，就可完成新页面的设计，大大提高了工作效率。简单地说，模板是一种用来批量创建具有相同结构及风格网页的最重要手段。用模板创建的文档与该模板保持链接状态,修改模板就可以实现基于该模板设计的网页批量更新。

1. 创建模板

创建模板有直接创建模板,和将普通网页另存为模板两种创建方法。创建模板文件和创建一个普通页面的方法完全相同,不需要把页面的所有部分都制作完成,仅需要制作导航条、标题栏等各个页面的共有部分就可以了。

(1) 单击菜单栏中的"文件"|"新建"(快捷键 Ctrl+N)命令,在弹出的对话框中选择"空白页"|HTML 模板,单击"创建"按钮就可以创建一个预制的模板文件,如图 3-80 所示。

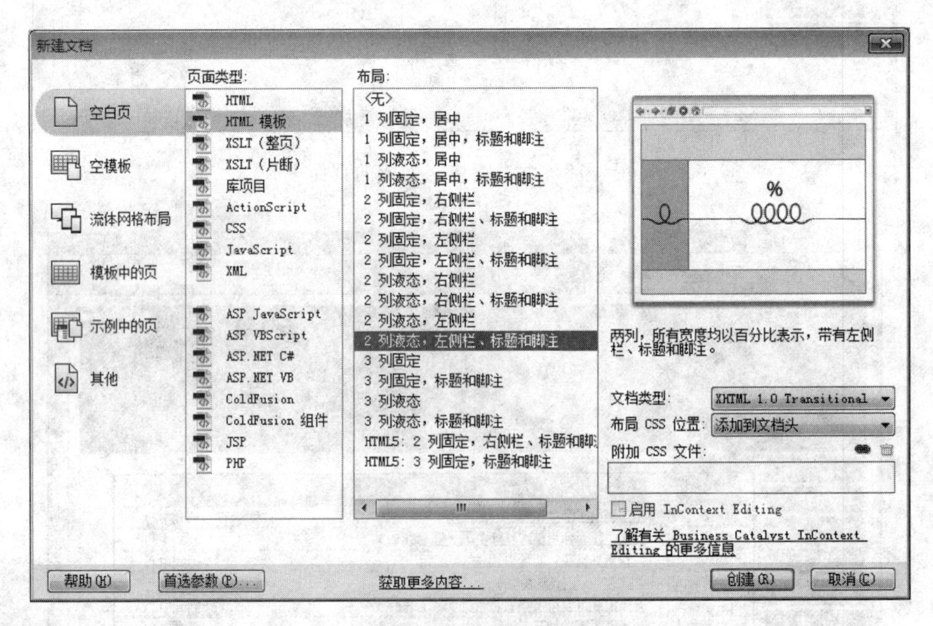

图 3-80　新建预制的模板文件

(2) 单击"资源"面板左侧的"模板"按钮,整个站点创建的模板文件就显示在面板中。新建模板可以采取多种形式完成:单击面板右上角的按钮弹出下拉列表,选择"新建模板",或从模板中新建选项;或者在面板中右击,在快捷菜单中选择"新建模板"或从模板中新建选项;单击面板右下角的"新建模板"按钮,也可快速创建一个空模板文件 Untitled.dwt。

(3) 还可以修改现有文档的方式创建模板。把现有文档修改好后,选择"文件"|"另存为模板"命令,弹出"另存模板"对话框,如图 3-81 所示。选择好模板存放的站点,在"另存为"文本框中输入模板名称,单击"保存"按钮,弹出如图 3-82 所示的对话框,更新完链接过程后,新的模板文件就保存到资源的模板集中。

2. 模板区域的类型

将文档另存为模板后,文档的大部分区域就被锁定。模板创作者在模板中插入可编辑区域或可编辑参数,从而指定在基于模板的文档中哪些区域可以编辑。模板在制作时,

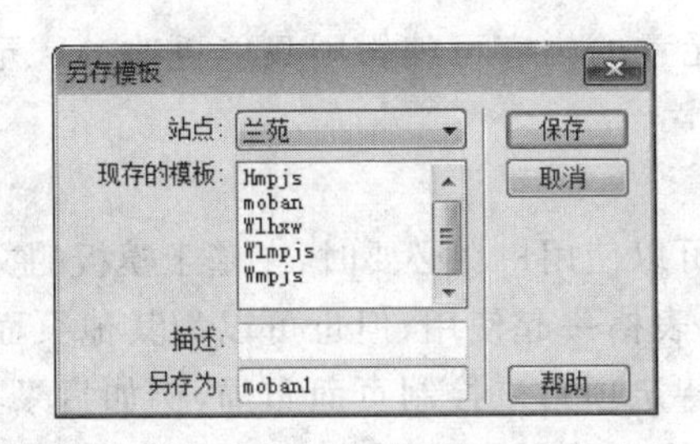

图 3-81　“另存模板”对话框

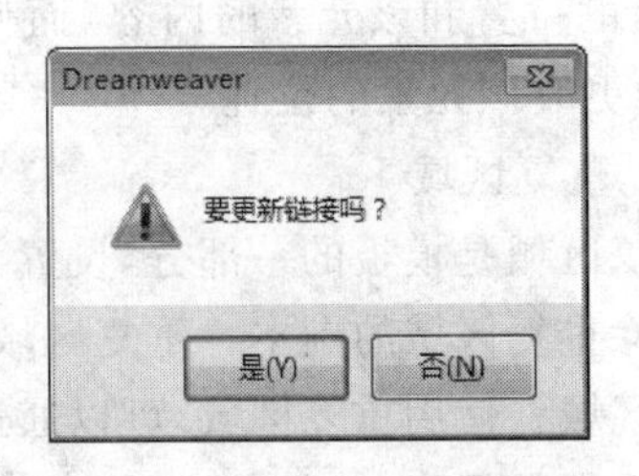

图 3-82　更新链接对话框

可编辑区域和锁定区域都可以更改，而在基于模板的文档中，读者只能在可编辑区域中进行操作。

Dreamweaver CS6 中，共有 4 种类型的模板区域：可编辑区域、重复区域、可选区域、可编辑的可选区域。

(1) 可编辑区域

可编辑区域就是基于模板的文档中未锁定的区域，就是读者可以编辑的区域。为了避免编辑时因误操作而导致模板中的元素发生变化，模板中的内容默认为不可编辑。模板创作者可以在模板的任何区域指定为可编辑的。要使模板生效，至少包含一个可编辑区域，否则该模板没有任何实质意义。创建可编辑区域的步骤如下。

① 将光标置于要创建可编辑区域的位置，选择菜单栏中的“插入”|“模板对象”|“可编辑区域”命令，或单击“插入”|“常用”选项卡中的模板图标右边的小三角，在下拉菜单中选择“可编辑区域”按钮，就会弹出“新建可编辑区域”对话框，可以在“名称”文本框内为可编辑区域定义一个名称，默认为 EditRegion1。单击“确定”按钮，在页面中插入一个以蓝绿色方框标识的可编辑区域。方框中有颜色部分是可编辑区域的名称，白色部分是可编辑区域。可以插入不同的对象，如图 3-83 所示。

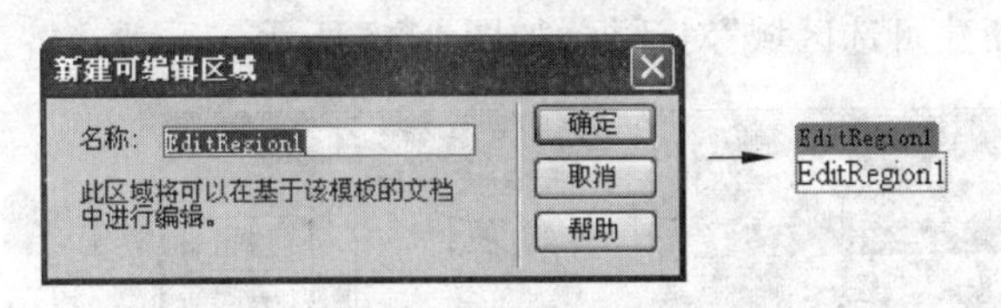

图 3-83　“新建可编辑区域”对话框

② 如果已经将模板文件的一个区域标记为可编辑，而现在想要再次锁定它(使其在基于模板的文档中不可编辑)，可将光标置于可编辑区域之内，选择修改菜单下“模板”|“删除模板标记”命令，光标所在的可编辑区域即被删除。

可编辑区域可以置于页面中的任意位置，但如果要使表格或绝对 AP 元素可编辑，则需要考虑以下两点。

① 可以将整个表格或单独的表格单元格标记为可编辑的，但不能将多个表格单元格标记为单个可编辑区域。如果选定<td>标记，则可编辑区域中包括单元格周围的区域；如果未选定，则可编辑区域将只影响单元格中的内容。

② AP 元素和 AP 元素内容是不同的元素。将 AP 元素设置为可编辑便可以更改

AP 元素的位置和该元素的内容，而使 AP 元素的内容可编辑则只能更改 AP 元素的内容，不能更改该元素的位置。

(2) 重复区域

重复区域是模板的一部分，设置该部分可以使用户在必要时，在基于模板的文档中添加或删除重复区域的副本。重复区域通常与表格一起使用，但也可以为其他页面元素定义重复区域。使用重复区域，可以通过重复特定项目来控制页面布局，例如目录项、说明布局或重复数据行。可以插入的重复区域的模板对象有两种：重复区域和重复表格。

用户可以使用重复区域在模板中重制任意次数的指定区域。要将重复区域中的内容设置为可编辑(如允许读者在基于模板的文档表格单元格中输入文本)，必须在重复区域中插入可编辑区域。将光标置于拟创建重复区域的单元格，选择菜单栏中的"插入"|"模板对象"|"重复区域"命令，则弹出"新建重复区域"对话框，如图 3-84 所示。单击"确定"按钮，可编辑区域 RepeatRegion1 即插入页面的指定位置。

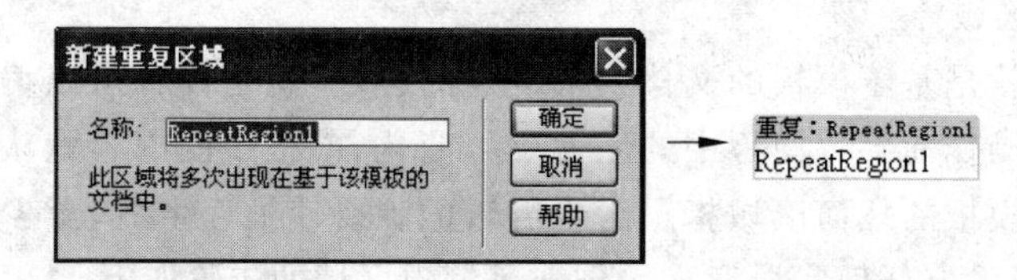

图 3-84 "新建重复区域"对话框

(3) 可选区域

可选区域是在基于模板的页面上，可以显示或隐藏的特别标记区域，在该区域中无法编辑内容。模板根据可选区域中设置的条件，可以定义该区域在文档中是否显示。创建可选区域的步骤如下。

① 选择要创建的可选区域的单元格，单击菜单栏中的"插入"|"模板对象"|"可选区域"命令，则弹出"新建可选区域"对话框，如图 3-85 所示。

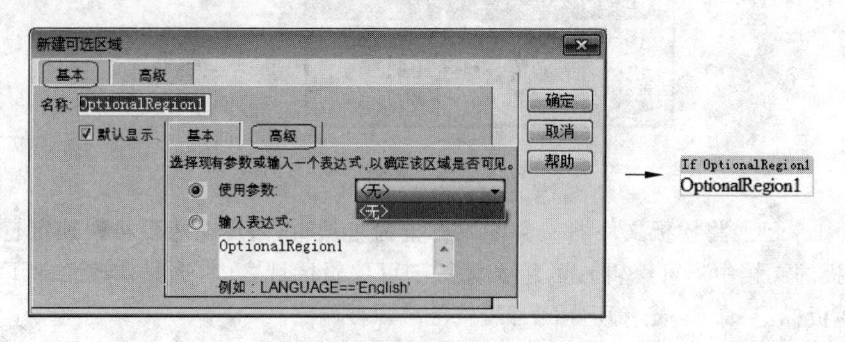

图 3-85 "新建可选区域"对话框

② 单击"确定"按钮在页面中插入可选区域 OptionalRegion1 后，既可使用参数来确定为模板的可选区域是否可见，也可输入表达式(如条件语句 if...else)来确定。

(4) 可编辑的可选区域

可编辑的可选区域不仅可以设置是否显示或隐藏，还可以根据定义的条件对这个可选区域进行编辑修改。在基于模板的文档中，可以将多个可选区域与一个已命名的参数链接起来，两个区域将作为一个整体显示或隐藏。

(5) 模板参数及链接

模板参数用来控制基于模板的页面中内容的值，可用于可选区域或可编辑标记属性，也可用于设置要传递给附加的文档的值。模板参数作为实例参数传递到文档中，大多数情况下，读者可以编辑参数的默认值，能够自定义出现在基于模板的文档中的内容。

① 如果模板文件是通过将现有页面另存为模板创建的，则新模板保存在文件夹中，并且模板文件中的所有链接都将更新，以保证相应的文档相对路径是正确的。以后基于该模板创建的文档保存时，则所有文档相对链接将再次更新，从而保证页面链接正确。

② 向模板文件中添加新的相对链接时，如果在"属性"面板的"链接"文本框中输入文档，不一定能保证绝对正确。模板文件中正确的路径是从 Templates 文件夹到链接文档的路径，而不是从基于模板的文档的文件夹到链接文档的路径。所以，在创建链接时，最好使用文件夹图标或属性面板中的"指向文件"图标，以确保存在正确的链接路径。

3. 保存模板

(1) Dreamweaver CS6 将模板文件以文件扩展名.dwt 保存在站点本地根文件夹的 Templates 文件夹中。如果该文件夹在站点中不存在，Dreamweaver 将在保存新建模板时自动创建该文件夹。

(2) 选择"文件"|"保存"命令，此时将出现提示信息，告诉文档还未建立可编辑区域，是否继续。单击"确定"按钮，则打开"另存模板"对话框。在"另存为"文本框中输入 Template1，这时在"模板"面板中出现新建的模板。

(3) 将文档另存为模板后，文档的大部分区域就被锁定。模板创作者在模板中插入可编辑区域或可编辑参数，从而指定在基于模板的文档中哪些区域可以编辑。模板创建时，可编辑区域和锁定区域都可以更改，而基于模板创建的文档，只能在可编辑区域中进行更改，不能更改锁定区域。

4. 应用模板

设置了模板之后，就可以在空白文档或已包含内容的文档中应用模板了，也可以基于模板创建新的文档。基于模板创建新的文档有两种方法：使用"资源"面板和在站点模板创建。

(1) 从站点模板新建页面

该方法已在前面的示例中详细描述，在此不再重复。

(2) 使用"资源"面板创建模板文件

① 新建一个空白文档，在界面左边的"资源"面板单击"模板"图标，"模板"面板显示。若没有资源浮动面板，可选择"窗口"|"资源"命令显示该面板。

② 打开要应用模板的页面，在"模板"面板中选择要应用的模板，单击面板左下角的"应用"按钮，模板就会应用到当前的页面文档上，再在可编辑区域添加页面的内容就可以了。

（3）将模板应用到有内容的文档

对一个已包含有内容的页面，在应用模板时，可以将现有内容移动到模板的某个可编辑区域内。

① 新建一个网页文件，插入一段文字内容。在“资源”面板选中模板 moban，然后单击“模板”面板左下角的“应用”按钮，弹出“不一致的区域名称”对话框，如图 3-86 所示。

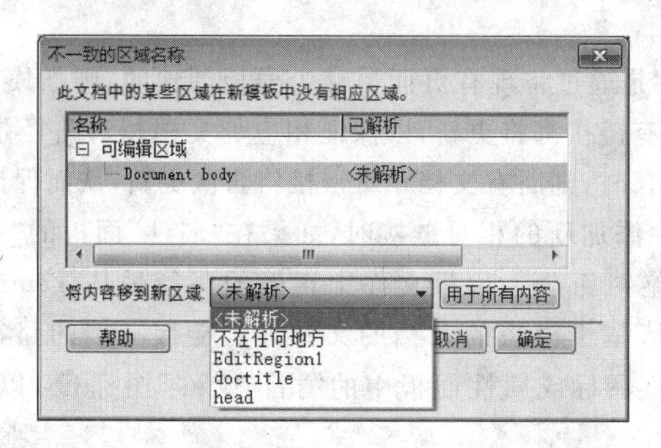

图 3-86 “不一致的区域名称”对话框

② 在把模板应用到包含有内容的文档时，Dreamweaver CS6 会尝试把现有内容与模板中的区域进行匹配。在主窗口中选择 Document body 选项，在“将内容移到新区域”右侧的下拉列表中，选择文本在模板中要放置的区域，例如 EditRegion1。单击“确定”按钮，当前文档内的所有文字都被移动到模板文件的指定区域内，如图 3-87 所示。

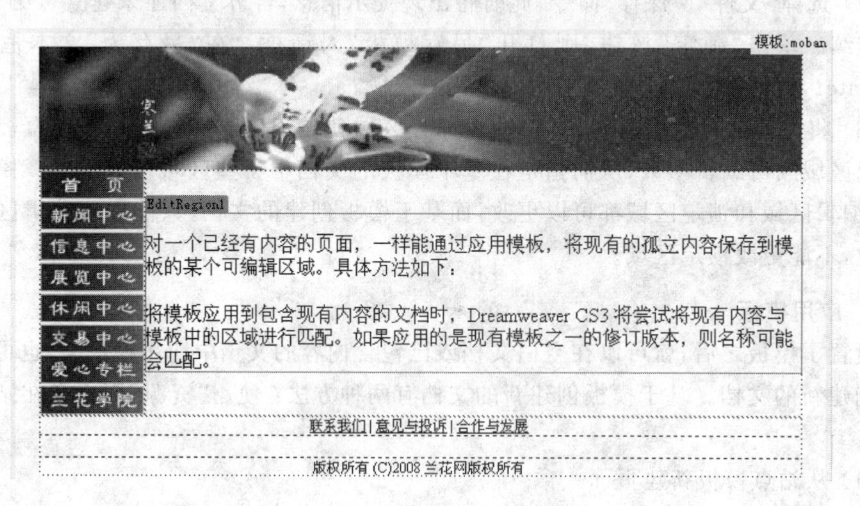

图 3-87 应用了模板的文档

由模板创建的文档，也可应用新的模板。如果文档的旧模板与新模板含有相同的可编辑区，那么这些可编辑区的内容不变；如果旧模板含有新模板没有的可编辑区，就要在弹出的“不一致的区域名称”对话框中，指定一个可编辑区域来接收不匹配可编辑区内容；如果新模板含有旧模板没有的可编辑区域，那么这些可编辑区将会直接应用到文档中。

(4) 脱离模板

如果在网站建设过程中，期望某个由模板生成的页面不受主模板的控制，此时可以把当前页面与模板脱离。在菜单栏中选择“修改”|“模板”|“从模板中分离”命令，此时页面中的不可编辑区域转换为可编辑区域，脱离了模板的页面没有锁定区域，页面内的所有元素都可以自由编辑了。

(5) 更新基于模板的页面

在通过模板创建了若干个页面之后，如果需要更改页面内容或者增加栏目，保存模板时 Dreamweaver 就能自动更新所有使用该模板制作的页面，而不需要逐个修改页面了。

① 选择模板 moban 文件进行修改之后，选择“文件”|“保存”命令保存模板，这时候会弹出“更新模板文件”对话框，把站点内基于该模板生成的所有网页列出显示清单，询问是否更新所有使用了该模板的页面，如图 3-88 所示。

② 单击“更新”按钮，弹出“更新页面”对话框，可以对整个站点里应用到该模板的所有网页文件进行更新。单击“开始”按钮，在状态下的文本框内显示出更新的页面总数以及更新的时间等相关信息，如图 3-89 所示。

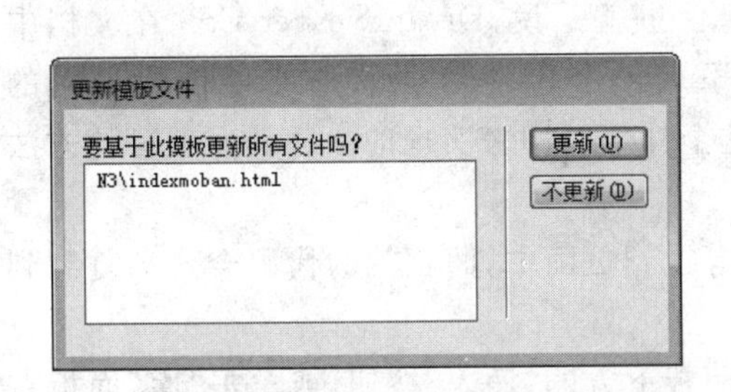

图 3-88　使用模板更新页面

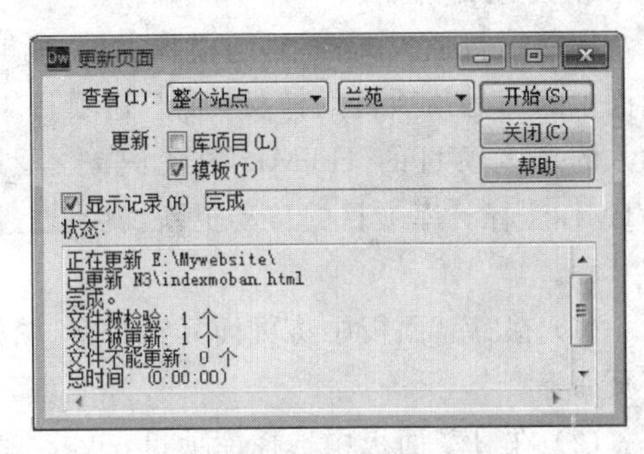

图 3-89　更新完成后显示更新信息

模板的创建、应用、修改和删除都可以在站点窗口中直接进行，只要选中对应的模板，单击模板面板下方的相应图标，就可以执行相关操作。

3.5.3　知识拓展——库项目的应用

库是一种特殊的文件，其中包含可以放置到页面中的一组单个资源或资源副本。库中的这些资源称为库项目，它与模板的本质区别在于：模板本质是一个独立的页面文件，它可以控制大的设计区域以及重复使用完整的布局，而库项目则只是页面中的某一段 HTML 代码。每当编辑某个库项目时，可以自动更新所有使用该项目的页面。

当创建的库项目包含了附加 Dreamweaver CS6 行为的元素时，该元素及事件处理程序同时也复制到库项目文件中。如果是手工编写的 JavaScript 代码，则需要使用调用 JavaScript 行为执行代码才可以将该段代码包含到库项目中，否则不会保留在库项目中。

1. 库项目的创建

库项目是整个网站范围内重新使用或经常更新的元素，每个库项目作为一个单独的文件(扩展名为.lbi)保存在站点本地根文件夹下的 Library 文件夹中,创建方法简单多样。

(1) 只要把页面中需要生成库的元素,如表格、图像等,直接拖到“库”面板,即可自动生成一个库项目 Untitled,然后重命名库项目的名称。

(2) 在页面文档内,选择要保存为库项目的文档部分。选择菜单栏中的“修改”|“库”|“增加对象到库”命令;或单击“库”面板下方的“新建库项目”按钮;或单击“库”面板右上角的菜单按钮,在弹出的菜单中选择“新建库项”命令,就可以把指定内容生成库项目,单击“资源”面板上的“库”图标,就可以看到站点内的所有库项目,如 Library,如图 3-90 所示。

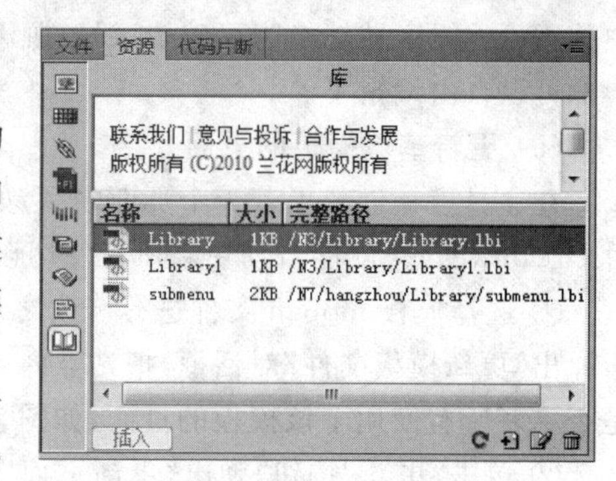

图 3-90 创建库项目

2. 库项目的插入

把库项目插入文档中,与模板类似,能够批量产生风格类似的页面。使用库项目时,页面中的库是该项目的链接,而不是项目本身。也就是说,Dreamweaver CS6 在文档中插入的是该项目的 HTML 源代码副本,并添加一个包含对原始外部项目的引用的 HTML 注释。库项目的自动更新,就是通过这个外部引用来实现的。插入库项目的方法有 2 种。

(1) 在“库”面板中将页面元素文字、图像等拖到页面中,而相关的代码会自动复制到新页面上。

(2) 在“库”面板中选择库项目,单击“库”面板下方的“插入”按钮,或单击“库”面板右上角的“菜单”按钮,在弹出的菜单中选择“插入”命令,则在文档的插入点位置加入了库项目。

3. 脱离库

文档中由库项目创建的元素,会随着库项目的变化而变化。如果修改了某个库项目,那么由这个库项目创建的页面元素也会自动更新。也可以脱离库,让文档对应元素不受库项目的控制,可以自由编辑。脱离库的步骤如下。

(1) 打开要操作的文档,选中由库项目创建的页面元素,则其属性面板显示如图 3-91 所示。

图 3-91 库元素的属性面板

(2) 单击属性面板中的“从源文件中分离”按钮,文档中的元素就和库脱离了。脱离了库的元素,库的修改就不会再反映到该文档中了。

4. 编辑库项目

库项目的编辑方法如下：

(1) 在“库”面板的列表窗口中选择要修改的库项目，如 Library1，双击“编辑”按钮，则打开该库文件。库元素也可以实现网站的批量更新，当改变了库元素并进行保存时，凡是使用了该库元素的页面，都会自动进行同步更新。

(2) 在“库”面板的列表窗口中，双击要修改库项目的文件名，也可以打开该库文件进行修改编辑操作。

(3) 对库文件稍作修改后保存该库项目，会依次弹出“更新库项目”对话框、“更新页面”对话框，单击“关闭”按钮就完成了页面的更新。若只想更新当前文档，可选择“修改”|“库”|“更新当前页”命令；若要更新多个使用了该库的文档，或者整个网站上的所有使用了该库的文档，可选择“修改”|“库”|“更新页面”命令。

3.5.4 知识拓展——资源的应用

在 Dreamweaver CS6 中，可以直接跟踪和预览站点中存储的资源，如图像、视频、色彩、脚本和链接，可以直接拖动某个资源，将其插入当前文档的某一页中。还可以通过各种来源获取资源，如在应用程序(Fireworks 或 Flash)中创建资源。单击菜单栏中的“窗口”|“资源”命令(快捷键 F11)，打开“资源”面板，如图 3-92 所示。

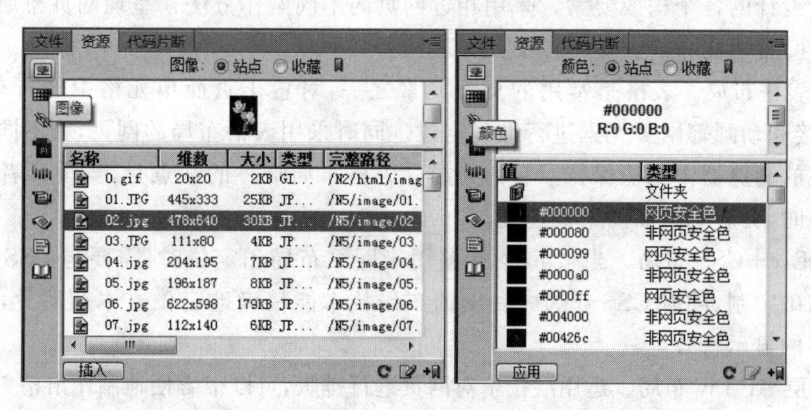

图 3-92 “资源”面板

需要注意的是，必须首先定义一个本地站点后，才能在“资源”面板中查看相关资源。在“资源”面板提供了以下两种查看方式。

(1) 站点列表 站点：显示站点的所有资源，包括在该站点所有文档中使用到的色彩和 URL。

(2) 收藏列表 收藏：仅显示明确选择的资源。

“资源”面板左侧的各按钮意义如下。

(1) 图像按钮：在资源列表框中显示 GIF、JPEG 或 PNG 格式的图像文件。

(2) 颜色按钮：在资源列表框中显示文档和样式表中使用的颜色，包括文本颜色、背景颜色、链接颜色。

(3) URLs按钮：在资源列表框中显示当前文档中使用的外部链接，包括FTP、Gopher、HTTP、HTTPS、JavaScript、电子邮件(mailto)和本地文件(file://)。

(4) Flash按钮：在资源列表框中显示SWF(压缩的Flash文件)。

(5) Shockwave按钮：在资源列表框中显示Adobe Shockwave文件。

(6) 影片按钮：在资源列表框中显示QuickTime文件或MPEG文件。

(7) 脚本按钮：在资源列表框中显示JavaScript文件或VBScript文件。

(8) 模板按钮：在资源列表框中显示多个页面上使用的主页面布局，修改模板时会自动修改附加到该模板的所有页面。

(9) 库按钮：在资源列表框中显示站点中创建的库元素。当修改一个库项目时，所有包含该项目的页面都将得到更新。

3.6 项目小结

网页设计的布局，是把插入网页的各种构成要素(文字、图像、图表、菜单等)在页面上有效地排列。在设计时，不仅要从整体上把握好各页面的布局，考虑读者的方便程度并能明确地传达信息，加入网页设计人员富有创意的构思，而且要兼顾到页面的视觉和审美，凸显网页设计的各个构成要素。采用相近网页的不同制作方法来呈现网页布局技术的灵活、多样性，常用的布局方法有以下几种。

(1) 表格布局。表格是常用的页面元素之一，对置于页面单元格中的所有文字、图像、超链接和动画等网页元素进行准确定位。同时采用表格布局的网页，在不同平台和不同分辨率的浏览器中都能保持原有的布局。表格布局唯一的缺点是，当设计者使用了过多的表格时，会影响页面的下载速度。

(2) Div+CSS布局。当<div>标签用于网页布局和定位时，需要与CSS配合实现页面的精确定制，同时CSS作为一种新的布局技术能精确地定位文本和图片，并且能够实现更多的显示特效。

(3) 层AP Div布局。运用层技术对网页进行排版，可以很方便地制作出精美的网页。

(4) 框架布局。运用框架技术进行网页的布局，可以很方便地把已制作好的网页调用到指定位置，极大地丰富了页面内容。虽然框架技术存在兼容性问题，但从布局上考虑，框架结构不失为一种好的布局方法。

(5) 模板布局。网页制作时不仅要追求视觉效果，还要提高制作效率。运用模板和库文件是提高网页制作效率的有效途径。

3.7 上机操作练习

(1) 分别运用本项目布局技术：表格、Div+CSS、层AP Div、框架、模板，制作如图3-93所示的页面效果。

操作要点：图片资源已保存在 N3\Ex\image 子目录下，根据图示的网页效果，使用以上介绍的 5 种布局方式分别制作，以尝试了解各布局技术的制作便利性。

图 3-93　网页布局的效果图

（2）三列 Div 是网页设计的常用布局方式。设置 Div 的 height 为 auto 时，Div 会随着内容的多少自动调整自身的高度。运用纯 CSS 书写样式，把左边使用常规做法生成的三列 Div 设置成三列 Div 等高格式，如图 3-94 所示。

操作要点：采用“隐藏容器溢出”（overflow：hidden）、“正内补丁”和“负外补丁”相结合的方法实现效果。

使用“margin-bottom：－10000px；（底部边距－10000px）；padding-bottom：10000px；（底部填充 10000px）”产生 10000px 的填充，然后用负的边距进行抵消，最终实现等高效果。只要最长的列和最短的列相差不超过 10000px，等高的视觉效果就不会被破坏。

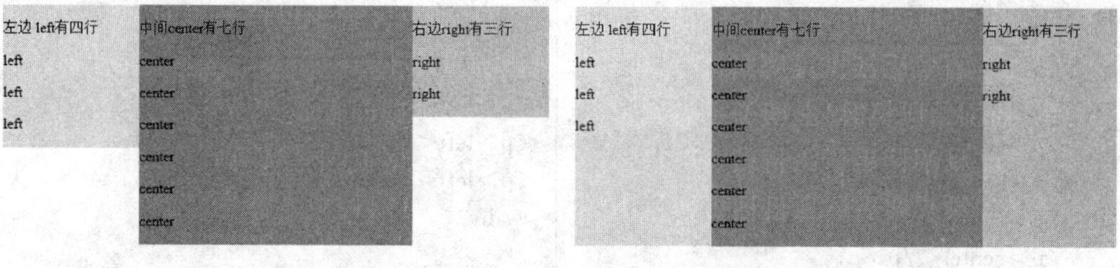

图 3-94　纯 CSS 实现三列 Div 等高布局效果图

代码前后对照如下：

```
<title>原 DIV 样式</title>
<style type="text/css">
#wrap{
  width:600px;
  margin:0 auto;
}

#left{
float:left;
  width:150px;
  background:#00FFFF;
}

#center{
  float:left;
  width:300px;
  background:#FF0000;
}

#right{
  float:right;
  width:150px;
  background:#00FF00;
}
</style>

</head>

<body>
<div id="wrap">
<div id="left">
<p>左边 left 有四行</p>
<p>left</p>
<p>left</p>
<p>left</p>
</div>

<div id="center">
<p>中间 center 有七行</p>
<p>center</p>
<p>center</p>
<p>center</p>
<p>center</p>
<p>center</p>
<p>center</p>
```

```
<title>纯 CSS 实现三列 DIV 等高布局</title>
<style type="text/css">
#wrap{
  overflow:hidden;
  width:600px;
  margin:0 auto;
}

#left,#center,#right{
  margin-bottom:-10000px;
  padding-bottom:10000px;
}

#left{
  float:left;
  width:150px;
  background:#00FFFF;
}

#center{
  float:left;
  width:300px;
  background:#FF0000;
}

#right{
  float:right;
  width:150px;
  background:#00FF00;
}

</style>

</head>

<body>
<div id="wrap">
<div id="left">
<p>左边 left 有四行</p>
<p>left</p>
<p>left</p>
<p>left</p>
</div>

<div id="center">
```

```
</div>

<div id="right">
<p>右边 right 有三行</p>
<p>right</p>
<p>right</p>
</div>

</div>
```

```
<p>中间 center 有七行</p>
<p>center</p>
<p>center</p>
<p>center</p>
<p>center</p>
<p>center</p>
<p>center</p>
</div>

<div id="right">
<p>右边 right 有三行</p>
<p>right</p>
<p>right</p>
</div>

</div>
```

3.8 习题

1. 选择题

(1) 在表格的最后一个单元格中按(　　)键,会自动在表格中添加一行。

A. Tab　　B. Ctrl+Tab　　C. Shift+Tab　　D. Alt+Tab

(2) 在 Dreamweaver CS6 中,下面关于层的说法错误的是(　　)。

A. 层可以被准确地定位在网页的任何地方

B. 可以设置层的大小

C. 层和层可以重叠,但不可以改变重叠的次序

D. 可以设置层的可见与否

(3) 在 Dreamweaver CS6 中,保持层处于选中状态,用键盘进行微调时,要使层做一个像素的移动,下面操作正确的是(　　)。

A. 按下 Shift 键加四个方向键

B. 按下 Ctrl 键加四个方向键

C. 按下 Shift+Ctrl 键加四个方向键

D. 直接使用四个方向键

(4) 在 Dreamweaver CS6 中,关于层与表格的转换的说法正确的是(　　)。

A. 可以将层转换为表格,但是表格不能转换为层

B. 可以将表格转换为层,但是层不能转换为表格

C. 表格和层可以互相转换

D. 以上说法都不对

(5) 要选中某个单元格,可以执行的操作是(　　)。

A. 将光标定位于目标单元格中,然后按 Ctrl+A 键

B. 将光标定位于目标单元格中,然后按 Ctrl+C 键

C. 将光标定位于目标单元格中，然后按 Ctrl+U 键

D. 将光标定位于目标单元格中，然后连续按两次 Ctrl+A 键

(6) 在创建模板时，下面关于可编辑区域的说法，正确的是(　　)。

A. 只有定义了可编辑区，才能把它应用到页面上

B. 在编辑模板时，可编辑区是可以编辑的，锁定区是不可以编辑的

C. 一般把共同特征的标题和标记设置为可编辑区

D. 以上说法都错

(7) 在 Dreamweaver CS6 中，利用模板可以使网站设计保持一致的风格，这句话的叙述是(　　)的。

A. 正确　　B. 不正确　　C. 不能确定

(8) 在 Dreamweaver CS6 中，下面关于模板的使用与修改的说法，错误的是(　　)。

A. 将列表中的模板直接拖动到页面中，模板就可以应用到页面中

B. 可以将不需要使用模板的页面，脱离模板，脱离后就变成了普通页面了

C. 锁定区域在任何情况下都是不可以编辑的

D. 可编辑和不可编辑是对页面而言的

(9) 使用(　　)CSS 样式选择器可以定义链接文本鼠标悬停状态的颜色。

A. a:link　　B. a:href　　C. a:hover　　D. a:visited

(10) CSS 样式的全称是(　　)。

A. Cascading Style System　　B. Cascading System Sheet

C. Cascading Sheet Style　　D. Cascading Style Sheet

(11) 使用(　　)CSS 样式选择器可以定义链接文本已访问状态的颜色。

A. a:link　　B. a:href　　C. a:hover　　D. a:visited

(12) 使用(　　)CSS 样式选择器可以定义链接文本活动状态的颜色。

A. a:link　　B. a:active　　C. a:hover　　D. a:normal

(13) 如果只需要把库元素中的内容加到页面中，而不需要和库进行关联时，可以在拖动库元素到页面的同时按住(　　)键。

A. Ctrl　　B. Alt　　C. Shift　　D. Alt+Shift

(14) 下面有关库的说法中，(　　)错误是的。

A. 库项目存放的是一个页面的局部部件

B. 库项目和模板都可以在资源面板中进行操作和设置

C. 文档中由库项目创建的元素，会随着库项目的变化而变化

D. 模板和库项目的本质都是一个页面，也就是一个独立的文件

(15) 在 Dreamweaver CS6 中，设置分框架属性时，选择设置 Scroll 的下拉参数为 Auto，它表示(　　)。

A. 在内容完全显示时不出现滚动条，在内容不能被完全显示时自动出现滚动条

B. 无论内容如何，都不出现滚动条

C. 无论内容如何，都出现滚动条

D. 由浏览器自行处理

(16) 在 Dreamweaver CS6 中,除了预设的框架类型以外,还可以用重复插入或分割的方法,创建各种形式的框架。这种说法是(　　)的。

A. 正确　　B. 错误

(17) 在 Dreamweaver CS6 中,在设置各分框架的属性时,参数 Scroll 是用来设置(　　)属性的。

A. 是否进行颜色设置　　B. 是否出现滚动条

C. 是否设置边框宽度　　D. 是否使用默认边框宽度

(18) 一个有 3 个框架的网页,实际上有(　　)个独立的 HTML 文件。

A. 2　　B. 3　　C. 4　　D. 5

2. 填空题

(1) 在 Dreamweaver CS6 中,默认情况下按住________键可以建立一个嵌套层。

(2) AP 元素又称________元素,在 Dreamweaver CS6 以下版本中,AP Div 又称为________。

(3) 要一次绘制多个层,需要按住键盘上的________键,再单击描绘层按钮。

(4) 选中多个层时,需要按住键盘上的________键。

(5) CSS 规则由两个主要的部分构成,即________和________。

(6) 在 AP 元素面板中,修改________的数值,可以调整 AP 元素的堆叠顺序。

(7) 设置超链接属性时,目标框架设置为_blank,表示的是________。

(8) 按下________组合键,可以打开"CSS 样式"面板。

(9) 在 Dreamweaver CS6 中,保持层处于选中状态,用键盘进行微调时,要使层做一个像素的移动,按下________键加四个方向键,可以对层做以 10 像素为单位的大小改变。

(10) 在由模板创建的文档中,________是可以被编辑和修改的;________是被锁定的,不能被编辑的。

(11) 在 Dreamweaver CS6 中,模板的扩展名是________。

(12) 在 AP Div 的属性面板中,________用于设置 AP Div 距离浏览器边界的距离。

(13) 在新建 CSS 样式对话框中的定义的选项是用来指定样式的作用范围的。若选择新建样式表文件将建立一个________,新建的样式以________的形式保存在当前文档之外,这种样式表文件可以被应用到本站点的任何文件。

(14) 库和模板有异曲同工之妙,模板可以用来制作________的重复部分,而库是用来制作________重复部分的。

(15) 如果修改了某个库项目,那么由这个库项目创建的页面元素会________。

(16) 框架页面是由多个文档组成的,由于各文档都是________的,所以保存时需要对所有文档逐一进行保存。

(17) 如果链接的页面需要在框架页之外的窗口打开,就要在________的目标框选择_top 或_blank。

(18) 使用________可以控制大的设计区域,以及重复使用完整的布局。如果要重复使用个别设计元素,如站点的版权信息或徽标,可以创建________。

3. 问答题

(1) 块元素与内联元素之间有何区别？

(2) 在 Dreamweaver CS6 中，设计页面主要有哪些方法？各有什么特点？

(3) 如何改变图层的可视性与堆叠次序？

(4) 如何将图层转换为表格？

(5) CS5 可以定义页面的哪些属性？

4. 上机练习

(1) 根据如图 3-95 所示的"扩展表格模式"显示状态，请在 Dreamweaver 中设计对应的表格。

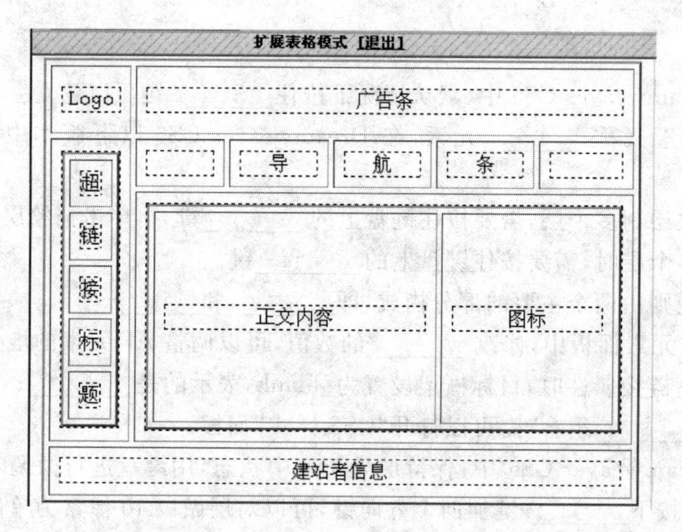

图 3-95 "扩展表格模式"显示表格

(2) 新建一个 CSS 样式规则，然后将该规则移动到一个指定的 CSS 样式表文件中。

(3) 在 CSS 属性对话框中设置边框属性。

(4) 选择一个运用模板创建的页面，将模板与页面脱离。

(5) 请创建一个模板，并将模板应用到页面。

(6) 请将页面中经常要用到的元素(如网站标志图片)添加到库，然后在不同的页面中插入库。

(7) 试着自己创建一个 CSS 样式表文件，并美化一个简单的页面。

(8) 改变网站中的某个库项目，并更新所有应用了该库项目的页面。

(9) 请制作一个有左右两个框架的页面，左框架为导航栏，右框架为主页面。

项目4

表　单

4.1　任务11　表单和Spry表单构件

技能目标

(1) 掌握快速制作表单页面的方法。

(2) 能够创建不同形式的表单页面来满足读者间的交互。

知识目标

(1) 熟练掌握如何在表单网页中插入表单域。

(2) 掌握如何在表单域中插入文本字段和文本区域。

(3) 掌握单选按钮、单选按钮组和复选框的应用。

(4) 掌握如何在表单域中插入列表/菜单、按钮和图像域。

(5) 检查表单行为的运用。

(6) 理解Spry验证文本域、Spry验证文本区域构件。

(7) 理解Spry验证复选框、Spry验证选择构件。

(8) 使用Spry框架构件制作具有验证功能的表单。

工作任务

该任务拟通过一个简单的用户调查表的制作,将不同表单对象置于该表单域中。通过该用户调查表单的创建来掌握表单对象的运用,起到举一反三的目的。

(1) 在站点中新建一个页面并保存。

(2) 在网页中插入表单域。

(3) 为了更好地定位各表单元素,在表单域中插入一张空白表格进行布局控制。

(4) 在表单域中根据网页设计要求,分别插入不同的表单元素。

(5) 插入相应表单控件,并分别设置相关属性。

(6) 然后对表单添加简单的校验功能。

(7) 为表单设置提交动作。

(8) 表单修饰。

(9) 网页预览效果(见图4-1)。

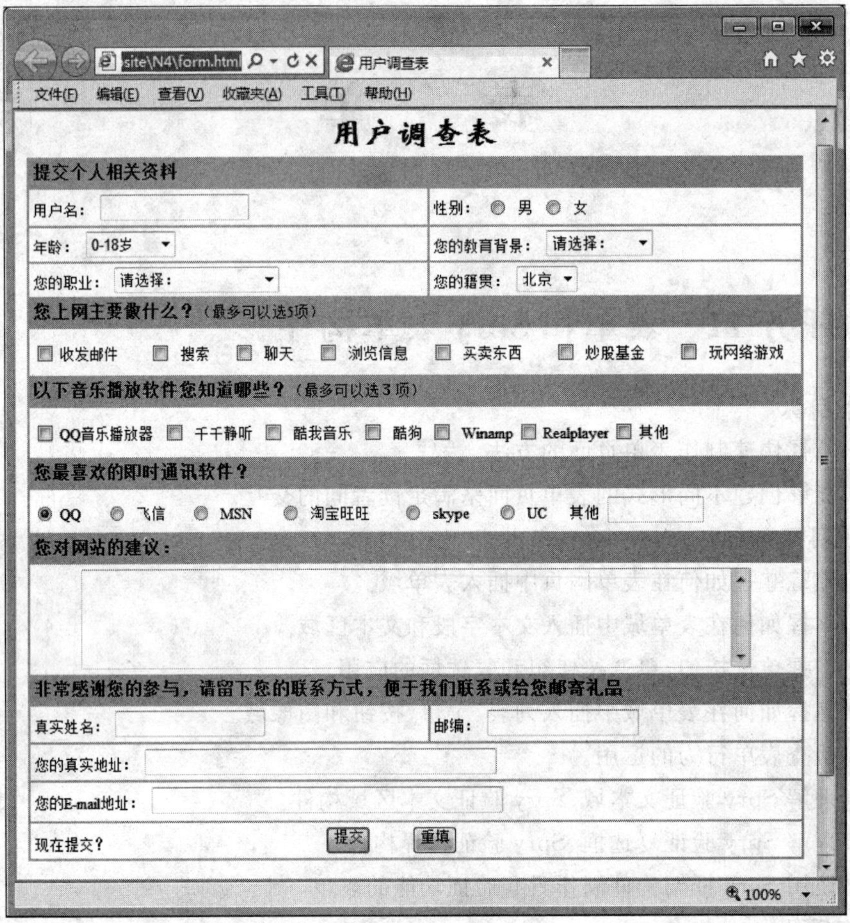

图 4-1 表单预览效果图

4.1.1 创建表单

1. 创建表单

(1) 新建 HTML 页面并保存到站点目录\Mywebsite\N4 下，文件名为 form. html，在文档工具栏“标题”下输入标题文字“用户调查表”。

(2) 单击快捷栏中的“表单”对象组中的“表单”按钮 ，添加一个空白表单，如图 4-2 所示。

2. 在表单中添加布局表格

将光标置于红色虚线框的表单域中，在菜单栏中选择“插入”|“表格”命令，在文档窗口下的表单区域内插入表格，在弹出的“表格”对话框中做如下设置：“行数”为 17，“列数”为 1；“表格宽度”为 680 像素，“边框粗细”为 1 像素，“单元格边距”为 3，“单元格间距”为 0，“标题”为“用户调查表”，如图 4-3 所示。在表格属性面板中设置：对齐方式为居中对齐，边框颜色为＃AFCDFF。

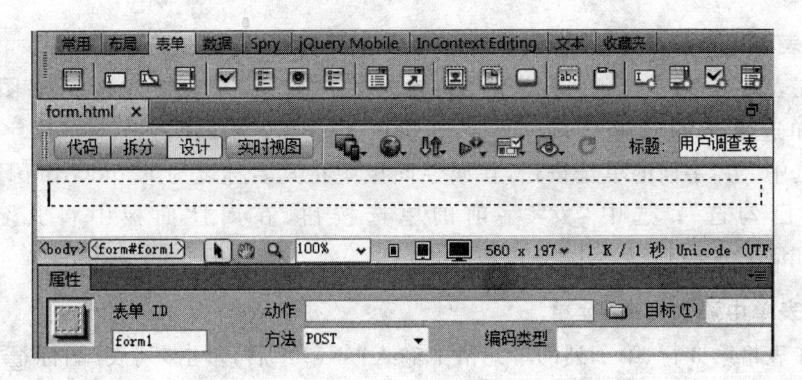

图 4-2　创建表单

3. 在表格中添加文本字段

(1) 将光标置于表格第 1 行，输入文字"提交个人相关资料"，再分别选中第 2、3、4 行，单击属性面板中的"拆分"图标 拆分成 2 列。

(2) 将光标置于第 2 行、第 1 列，输入文字"用户名："，然后单击"文本字段"按钮 ，插入单行文本字段。单击插入的"文本字段"按钮，在属性面板中的"类型"选择"单行"选项，在"字符宽度"输入框内输入 16，设置效果如图 4-4 所示。

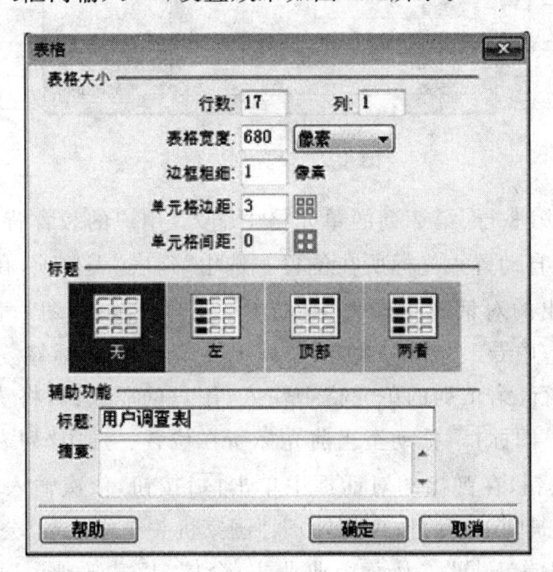

图 4-3　"表格"对话框

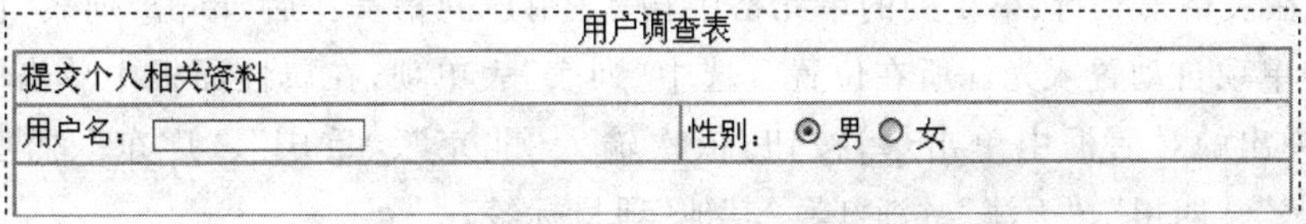

用户调查表

提交个人相关资料	
用户名：	性别：⊙男 ○女

图 4-4　设置文本字段的属性

4. 在表单中添加单选按钮

(1) 在表格第2行、第2列的单元格内输入文字“性别:”,单击“单选按钮”图标,以插入一个单选按钮,继续输入文字“男”。再次插入一个单选按钮,然后输入文字“女”。

(2) 选中“男”字前的单选按钮,在属性面板中将其名称设为RadioGroup1,“初始状态”设为“已勾选”;选中“女”字前的单选按钮,在属性面板中将其名称设为RadioGroup1。

5. 在表单中添加列表/菜单

(1) 在表格第3行、第1列的单元格中输入“年龄:”后,单击“列表”图标,“列表”图标自动置入光标所在位置。

(2) 单击“列表”按钮,在属性面板中单击“列表值”按钮,在弹出的对话框中输入第一个年龄段“0～18岁”,单击按钮后,依次输入其他年龄段“18～20岁”、“25～30岁”、“30～40岁”、“40～50岁”、“50岁以上”,如图4-5所示。单击“确定”按钮后回到页面状态。

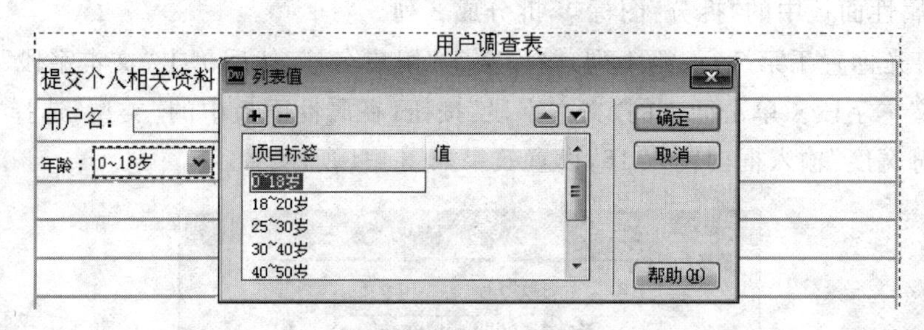

图4-5　设置列表值

(3) 依次在表格第3行、第2列的单元格中输入“用户的教育背景:”,单击“列表”图标,“列表”表单项自动置入光标所在位置。选中“列表”表单项,在“属性”面板中单击“列表值”按钮,在弹出的对话框中输入“请选择:”,单击按钮后依次输入其他选项:“初中及以下”、“高中/中专”、“本科/大专”、“硕士及以上”项目标签。

(4) 在表格第4行、第1列的单元格中输入“用户的职业:”,将快捷栏中的“表单”对象组中的“列表/菜单”图标拖动至当前光标所在位置。选中“列表”表单项,在属性面板中单击“列表值”按钮,在弹出的对话框中单击按钮,依次输入“请选择:”、“专业人士(如注册会计师/建筑师/律师/监理师等)”、“国家机关工作人员/公务员”、“企业单位工作人员”、“事业单位工作人员”、“私营企业业主/个体户”、“教师”、“现役军人”、“学生”、“家庭主妇”、“自由职业”、“待业”、“其他”项目标签。

(5) 在表格第5行、第1列的单元格中输入“用户的籍贯:”后,单击“列表”图标,“列表”表单项自动置入光标所在位置。选中“列表”表单项,在属性面板中单击“列表值”按钮,在弹出的对话框中单击按钮,依次输入“北京”、“重庆”、“广东”、“湖北”、“湖南”、“上海”、“四川”、“天津”、“浙江”、“其他”项目标签。

6. 添加复选按钮

(1) 在第6行,输入“用户上网主要做什么?(最多可以选5项)”。

（2）在第 7 行，单击表单中的“复选框”按钮，以插入复选框表单项，输入“收发邮件”。再依次插入“复选框”按钮和其他文字信息“搜索”、“聊天”、“浏览信息”、“买卖东西”、“炒股基金”、“玩网络游戏”。复选框设置的内容可以进行多项选择。

（3）在第 8 行，输入“以下音乐播放软件用户知道哪些？（最多可以选 3 项）”。在第 9 行，单击表单中的“复选框按钮组”按钮，则弹出如图 4-6 所示的对话框。单击按钮，在标签选项依次输入“QQ 音乐播放器”、“千千静听”、“酷我音乐”、“酷狗”、“Winamp”、“Realplayer”、“其他”，单击“确定”按钮，插入复选框组表单项。

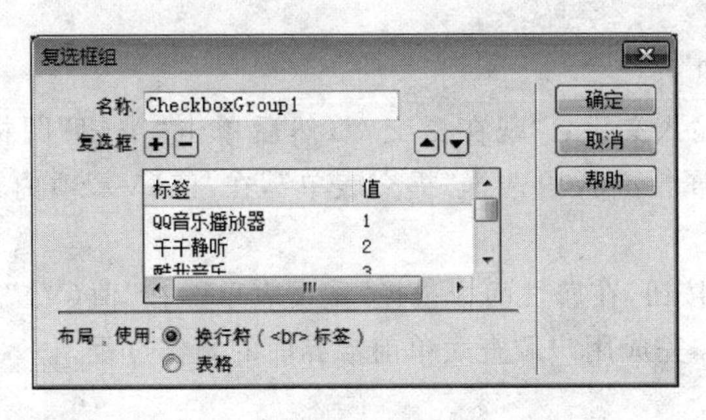

图 4-6　添加复选按钮

（4）在第 10 行，输入“用户最喜欢的即时通讯软件？”。在第 11 行，单击表单中的“单选按钮组”按钮，弹出如图 4-7 所示的“单选按钮组”对话框。单击按钮，在“标签”选项依次输入“QQ”、“飞信”、“MSN”、“淘宝旺旺”、“skype”、“UC”；单击“确定”按钮，在插入单选按钮组表单项后，将其中的换行符删除。再输入文本“其他”，随后插入文本框并选中，在属性面板的初始值内输入文字“请注明：”。

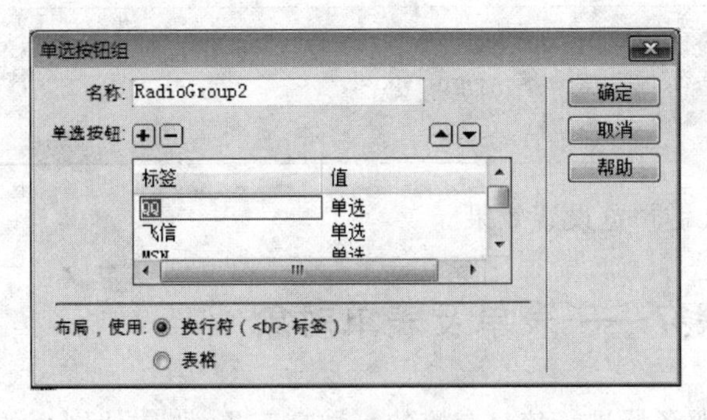

图 4-7　添加单选按钮组

7. 添加文本区域

（1）在第 12 行输入“网站的建议：”，然后将光标置于第 13 行，单击“文本区域”按钮，选中该文本区域，并在属性面板中将“字符宽度”设置为 70，“行数”设置为 5，如图 4-8 所示。

（2）选中第 14 行，单击属性面板中的“拆分”图标拆分成两列。在第 1 列输入“真实姓名：”，在其后插入文本框；然后在第 2 列输入“邮编：”，在其后插入文本框；在第 15 行输入“用户的真实地址：”，在其后插入文本框；在第 16 行输入“用户的 E-mail 地址：”，在其后

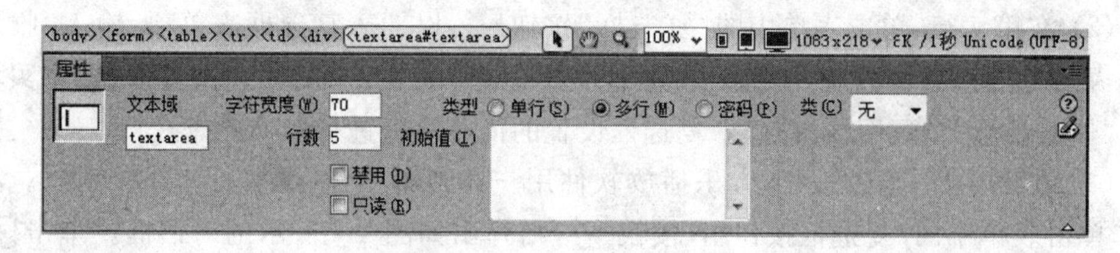

图 4-8 设置多行文本区域

插入文本框。

8. 添加提交按钮

(1) 在第 16 行输入文字："现在提交?"，然后单击"按钮"图标插入两个按钮。选中第一个按钮，在属性面板内选择"提交表单"，在"值(V)"项内输入按钮上显示的字样"提交"。

(2) 选择第二个按钮，在属性面板选择"重设表单"，在"值(V)"项内输入按钮上显示的字样"重填"。至此，完成用户调查表单前端界面的制作过程。

9. 发送表单信息

选中网页状态栏上的＜form＞标记，在属性面板动作后的文本框内输入："mailto:wycszjsjy@sina.com"，表单传送方法选择 POST。

10. 调整修饰表单

(1) 将表格第 1、5、7、9、11、13 行单元格的背景色设置为＃AFCDFF。

(2) 分别调整整个调查表单内容的位置和文字样式，文字共 3 种样式：

```
.STYLE1 {font-size: 28px;font-weight: bold; font-family: "华文新魏";}
.STYLE2 {font-size: 15px;font-weight: bold;}
.STYLE3 {font-size: 13px}
```

保存后，按 F12 键预览设置效果。

4.1.2 问题探究——表单及表单对象

表单是用户与服务器进行信息交流的一种交互界面，它使网页的单向浏览变成了双向交互，在网站设计中得到了广泛的应用，如会员登录系统、会员注册系统、留言板、搜索引擎、聊天室等。一个完整的表单，包括表单对象和应用程序两部分：一是在网页中起描述作用的表单对象；二是应用程序，它可以是服务器端，也可以是客户端，通过它实现对用户信息的处理。

1. 表单

表单是用标签＜form＞...＜/form＞来标记的容器对象，用来存放表单对象，并负责将表单对象的值提交给服务器端的某个程序处理，所以在添加文本域、按钮等表单对象之前，要先插入表单。在 Dreamweaver CS6 中，可以创建包含文本字段、文本区域、单选按钮、复选框、下拉列表框、跳转菜单、按钮以及其他表单对象的表单；还可以编写用于验证访问者所提供信息的代码，如检查用户输入的电子邮件地址是否包含“@”符号，或者检验某个文本字段填写内容的有效性或是否为必填项。

2. 表单对象

一个表单上会包含多个对象，这些对象也称控件或表单元素。表单对象是与动态网页建立直接联系的标志，它可以从客户端收集信息，然后再传递给服务器端的程序进行处理。在 Dreamweaver CS6 中，可以通过选择“插入”|“表单”命令或使用快捷栏上的“表单”对象组加入表单体和表单元素，如图 4-9 所示。

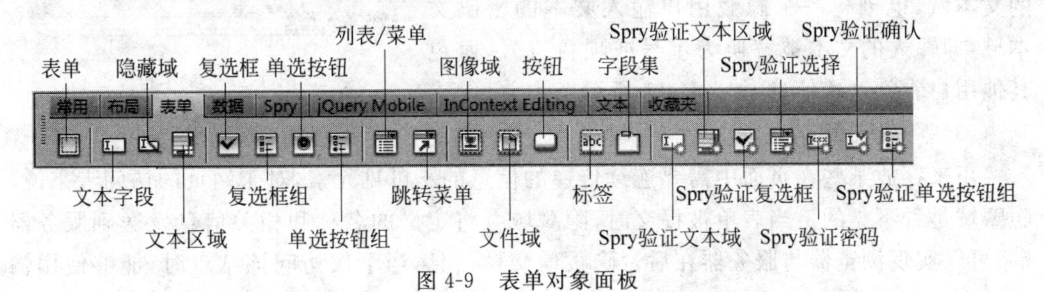

图 4-9 表单对象面板

(1) 表单(体)

在文档中定义一个表单区域，可以在这个表单域中添加各种表单对象。插入表单对象之前，应先定义表单体，否则 Dreamweaver CS6 会提示是否添加表单标签。创建表单体后，会在文档中出现一个红色的虚线框，如图 4-10 所示。如果在页面中没有看到此红色虚线框，请检查“查看”|“可视化助理”|“不可见元素”命令是否为选中状态。

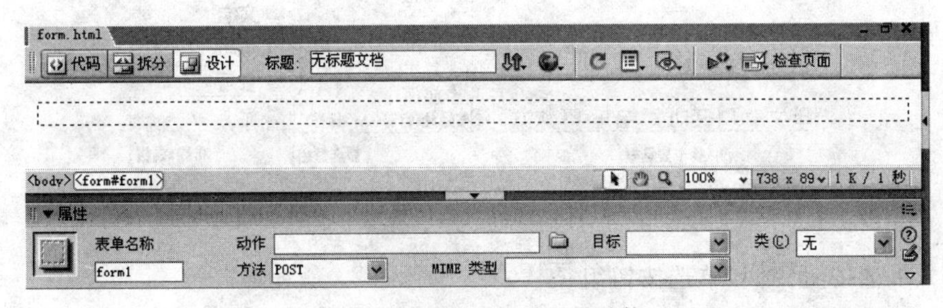

图 4-10 在文档中插入表单体

表单属性面板的各选项作用如下。

① 表单名称：是＜form＞标签的 name 属性，用于标志表单的名称。命名后，用户就可以使用 JavaScript 或 VBScript 等脚本语言引用或控制该表单。

② 动作选项：是＜form＞标签的 action 属性，用于设置处理该表单数据的动态网页路径。用户可以直接输入动态网页的完整路径，也可以单击右侧的“浏览文件”按钮，选择处理该表单数据的处理页面。

③ 方法选项：是＜form＞标签的 method 属性，用于设置将表单数据传输到服务器的方法。POST 方法是在 HTTP 请求中嵌入表单数据，并将其传输到服务器，适合于向服务器提交大量数据的情况，是密码传送；GET 方法是将值附加到请求的 URL 中，并将

其传输到服务器，是明码传送，且 URL 的长度被限制在 8192 个字符以内，适合于向服务器提交少量数据的情况。如果 GET 方法改善的数据量太大，数据将被截断，从而导致意外丢失或处理失败。通常默认为 POST 方法。

④ MIME 类型选项：是＜form＞标签的 enctype 属性，用于设置对提交给服务器处理的数据使用的 MIME 编码类型。默认设置为 application/x-www-form-urlencoded，通常与 POST 方法协同使用，如果要创建文件上传域，则指定为 multipart/form-data。

(2) 文本字段

用来接受任何类型的字母、数字文本输入内容。用户可以创建一个包含单行或多行的文本域，也创建一个隐藏用户输入文本的密码文本域，即输入的文本被替换为星号或项目符号，避免其他用户看到这些信息，如图 4-11 所示。

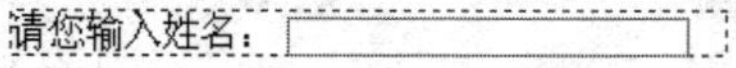

请您输入姓名：

图 4-11　文本框

(3) 隐藏域

用来存放某些在页面中需要连续传递的信息的不可见元素，对于网页的访问者来说，隐藏域是看不见的。当表单被提交时，隐藏域会将定义的名称和相关信息发送到服务器端，可以实现浏览器与服务器在后台隐藏地交换信息，当下次访问该站点时，能够使用输入的这些信息。隐藏域插入页面后，Dreamweaver 会在表单中创建标记。

(4) 复选框和复选框组

允许用户在一组选项中同时选择任意多个适用选项。复选框一次只能创建一个按钮；复选框组一次成批插入 N 个复选框，不仅使用同一名称以方便程序识别与管理，还给定了换行符和表格两种布局方式供用户选择。插入效果如图 4-12 所示。

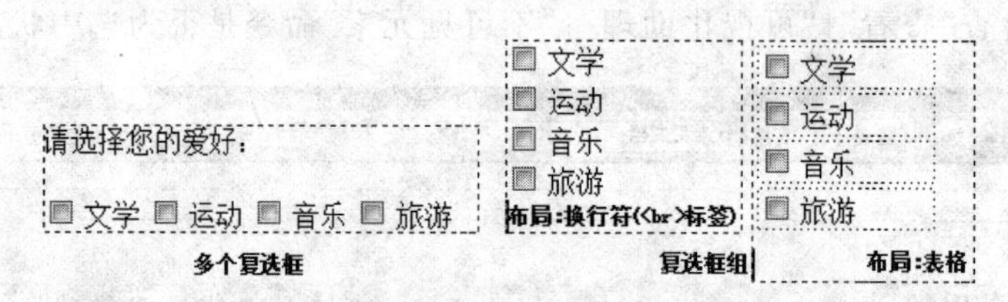

图 4-12　复选框和复选框组插入效果对比图

(5) 单选按钮和单选按钮组

代表互相排斥的选择，在一组"单选按钮"选项中只能选中其中一项，多个单选按钮使用同一名称，以方便程序识别与管理。单选按钮一次只能创建一个按钮；单选按钮组一次成批插入 N 个单选按钮，并给定了换行符(＜br＞标签)和表格两种布局方式供用户选择。插入效果如图 4-13 所示。

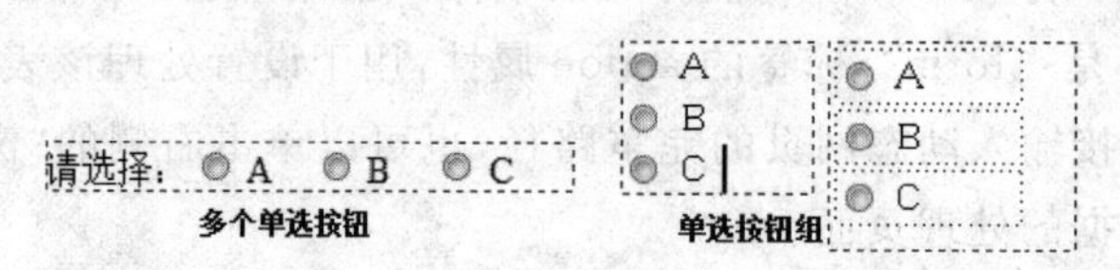

图 4-13　单选按钮和单选按钮组插入效果对比图

(6) 列表/菜单

列表/菜单在一个下拉列表中显示选项值,用户可从该下拉列表中选择多个选项值。"列表"选项在一个菜单中显示选项值,用户只能从中选择单个选项,如图 4-14 所示。而"菜单"选项只有在空间有限,但必须显示多个内容项,或者要控制返回给服务器的值时才使用。

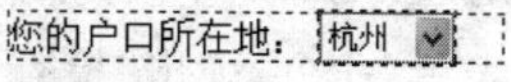

您的户口所在地: 杭州

图 4-14　下拉列表框

(7) 跳转菜单

一种可导航的列表或弹出菜单,允许插入一个菜单列表框,并将菜单中的每一项链接到某个指定的文档或文件。当用户选择某项后,浏览器即打开该项链接的页面。

(8) 图像域

图像域最常见的功能是使用图片生成图形化按钮,以代替提交按钮,使文档的总体效果更加美观。

(9) 文件域

用户可以通过该文件域选择本地计算机上的某个文件,并将该文件作为表单数据上传到服务器。文件域要求使用 POST 方法将文件从浏览器传送到服务器,其外观与其他文本域类似,只是它包含一个"浏览"按钮。用户可以手动输入要上传的文件的路径,也可以使用"浏览"按钮选择文件。

(10) 按钮

按钮是表单中最重要的对象之一。通常表单中的默认按钮有两种:一种是"提交"按钮,用来把用户输入的数据送往 Web 服务器;另一种是"重设"按钮,则用来清除表单中所有的内容,并把该表单还原为默认状态或初始状态。用户还可以为按钮添加自定义名称或标签。

(11) 标签

标签可以把表单文字设置为标签,并使用 for 属性使其与表单组件相关联,增加表单组件的可访问性。单击文本标签时,光标直接定位在相对应的表单组件内。标签<label>属于内联元素,一般在表单内使用,还可以直接用 label 嵌套整个表单组件和文本标签。

(12) 字符集

字段集是提供一个区域放置表单元件。在表单中插入字段集表单元件,代码<fieldset><legend>...</legend></fieldset>将完整插入 form 中。fieldset 对表单进行分组,一个表单可以有多个 fieldset;legend 说明每组的内容描述,一般默认显示在左上角。

4.1.3　知识拓展——表单验证

在网上浏览时,经常会填写一些表单并提交,大多数时候都会有程序自动校验表单填写的内容,对用户输入信息加以适当限制。"检查表单"行为可验证检查指定文本域的内容,以确保用户输入的数据类型正确。此行为配合 onBlur 事件,将此行为附加到单独的文本字段,以便在用户填写表单时验证这些字段;配合 onSubmit 事件将此行为附加到整个表单,当用户单击"提交"按钮后,一次校验所有填写内容的合法性。具体操作步骤如下。

(1) 打开已制作好的表单文件 biaodan.html，分别选中表单内的文本字段。

(2) 若要在用户提交表单时验证多个域，选中状态栏上的<form>标签(该行为主要针对<form>标签添加)，在"行为"面板中单击 + 按钮添加行为，从弹出菜单中选择"检查表单"命令，弹出"检查表单"对话框，如图 4-15 所示。

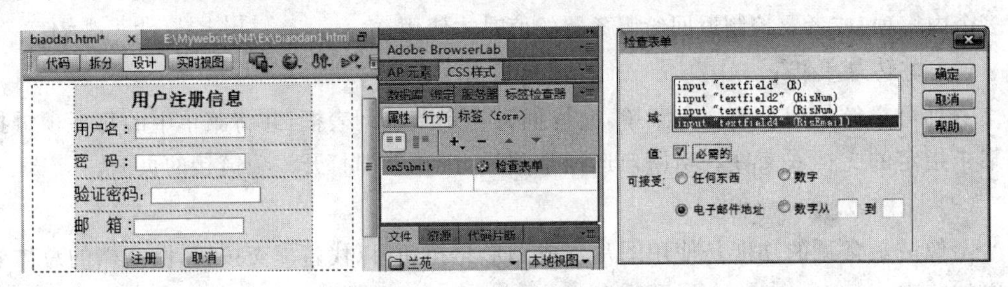

图 4-15 表单制作及检查表单行为的添加

对话框中各参数的说明如下。

① "域"：该列表框中列出了表单中需要检查的文本字段。

② "值"：是否要求用户必须填写此项，选中该复选框，则此项为必填项目。

③ "可接受"：该选项组设置表单填写内容的要求。"任何东西"对用户的填写内容不做限制；"数字"要求用户填写的内容只能是数字；"电子邮件地址"浏览器会自动检查用户填写内容是否有邮件的"@"符号；"数字从……到……"将对用户填写的数字范围作出规定。

(3) 单击"确定"按钮后，该行为激活事件，onSubmit 事件自动出现在"事件"菜单中。当用户单击"提交"按钮时，行为一次性校验表单的有效性，如图 4-16 所示。在用户填写了不符合规范的信息后，浏览器会根据用户填写的情况给出警告，如图 4-17 所示。

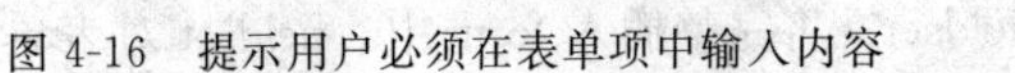

图 4-16 提示用户必须在表单项中输入内容

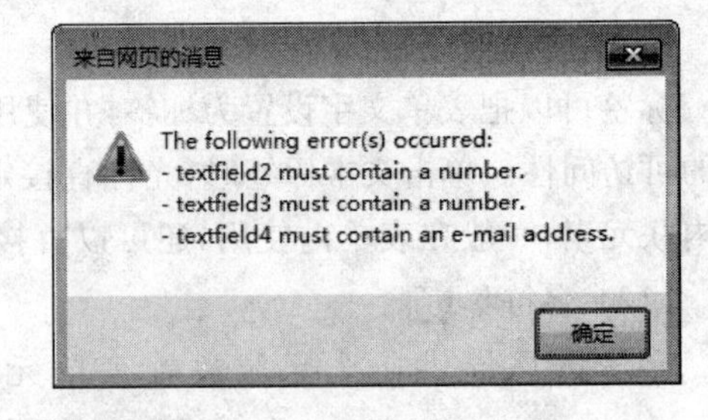

图 4-17 提示用户输入内容格式不正确

(4) 若要在用户填写表单时分别验证各个域，则分别检查默认事件是否为 onBlur 事件或 onChange 事件。如果不是，请将事件修改为其中一个事件。当用户从该域移开焦点时，这两个事件都会触发"检查表单"行为。如果需要该域，最好使用 onBlur 事件。

4.1.4 知识拓展——Spry 表单构件

Spry 表单构件主要用于验证用户在对象域中所输入内容是否有效，并在这些对象域中内建了 CSS 样式和 JavaScript 特效，CSS 文件中包含设置构件样式所需的全部信息，而 JavaScript 文件则赋予构件功能。插入构件时，Dreamweaver CS6 会自动将这些文件链接到页面，以便构件中包含该页面的功能和样式。Spry 表单构件由 3 部分组成。

① 构件结构：用来定义构件结构的 HTML 代码块。

② 构件行为：用来控制构件响应用户启动事件的 JavaScript。

③ 构件样式：用来指定构件外观的 CSS。

1. Spry 验证文本域

Spry 验证文本域(Spry 文本域)与普通文本域的区别在于：它可以直接对用户输入的信息进行实时验证，并根据判断条件向用户发出相应的提示信息，通过＜span＞标签内设置 id="sprytextfield1"来识别。该构件具有多状态，如有效、无效和必需值等，用户可以根据所需的验证结果，使用“属性”面板来修改这些状态的属性。

在表单区域将光标定位于插入点，单击快捷栏中的按钮或选择“插入”|“表单”|“Spry 验证文本域”命令，“设计”视图窗口和相应属性面板内容如图 4-18 所示。勾选“必需的”复选框时，会自动在代码区域嵌套代码“＜span class="textfieldRequiredMsg"＞需要提供一个值。＜/span＞”，当提交表单时，不输入任何内容都会给出提示信息。

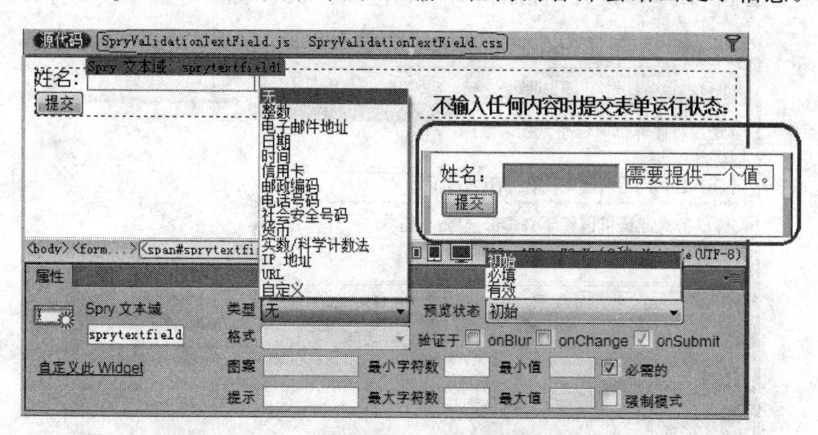

图 4-18 Spry 验证文本域的属性面板

尽管使用“属性”检查器可以对组件进行简单的编辑，但是“属性”检查器并不支持自定义的样式设置任务。可以通过修改 Widget 的 CSS 来完成满意的样式。

2. Spry 验证文本区域

Spry 验证文本区域其实就是多行的 Spry 文本框。该区域在用户输入几个文本句子时显示文本的状态(有效或无效)。如果文本区域是必填域，而用户没有输入任何文本，该构件将返回一条消息，声明用户必须输入值。

在表单区域将光标定位于插入点，单击快捷栏中的按钮，或选择“插入”|“表单”|“Spry 验证文本区域”命令，“设计”视图窗口和相应属性面板的内容如图 4-19 所示。

3. Spry 验证复选框

与传统复选框相比，Spry 验证复选框的最大特点是，当用户选中(或没有选中)复选

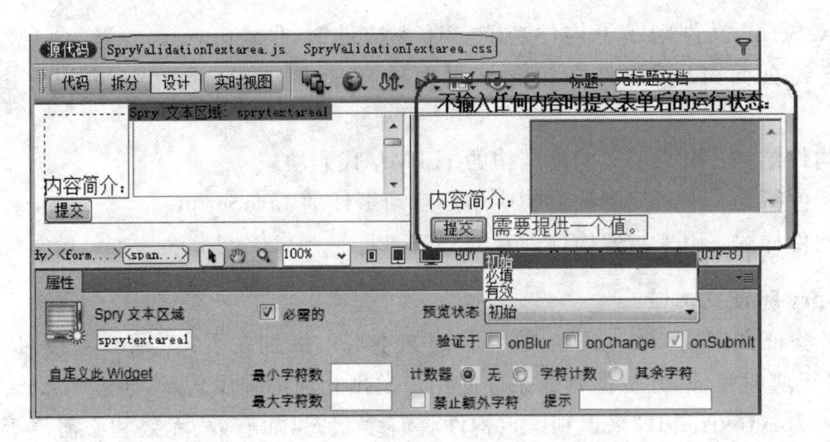

图 4-19　Spry 验证文本区域的属性面板

框时会进行相应的操作提示,比如"至少要求选择一项"或"最多只能同时选择 2 项"等相关提示信息。

在表单区域将光标定位于插入点,单击快捷栏中的 按钮,或选择"插入"|"表单"|"Spry 验证复选框"命令,"设计"视图窗口和相应属性面板的内容如图 4-20 所示。

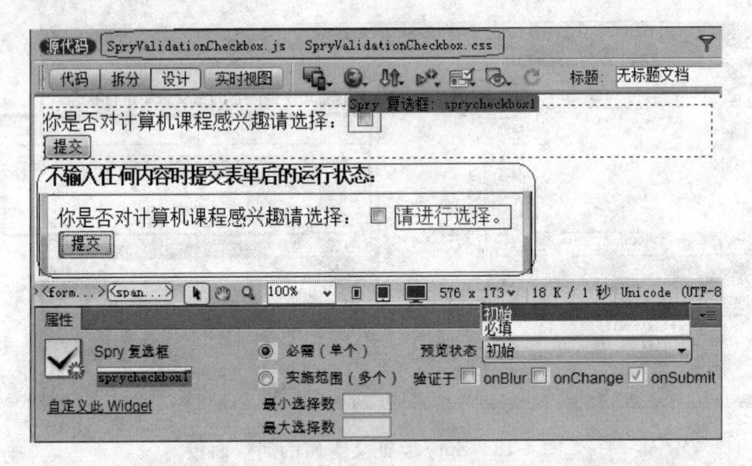

图 4-20　Spry 验证复选框的属性面板

该属性面板与其他 Spry 表单对象的属性面板不同,其"必需(单个)"和"实施范围(多个复选框)"两项为一对互斥的单选项。如果选择单个,则要求用户至少要选中其中一个复选框才能通过验证;如果选择多个,则"最小选择数"和"最大选择数"文本框被激活,可设置用户必须达到的最小选择项数以及不能超过的最大选择项数。

4. Spry 验证选择

Spry 验证选择,其实就是在列表/菜单的基础上增加 Spry 验证功能。它可以对下拉菜单所选值实施验证,当用户在下拉菜单中进行选择,或者选择的值无效时进行提示。

在表单区域将光标定位于插入点,单击快捷栏中的 按钮或选择"插入"|"表单"|"Spry 验证选择"命令,"设计"视图窗口和相应属性面板的内容如图 4-21 所示。

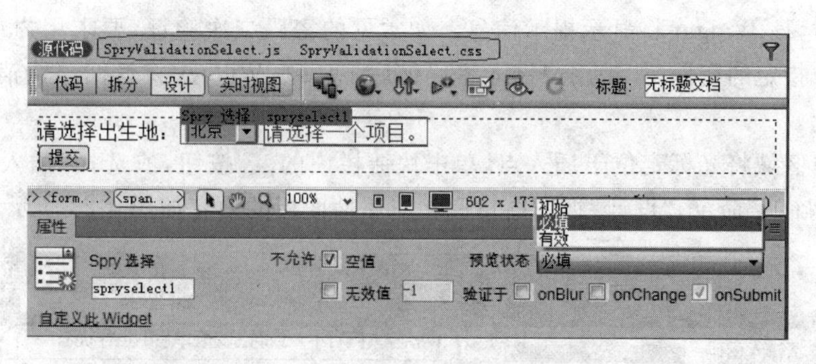

图 4-21　Spry 验证选择的属性面板

该属性面板的设置相对其他 Spry 表单对象要简单些，其主要区别在于增加了“不允许”复选框组，其中包括“空值”及“无效值”复选框。如果选中“空值”复选框，则用户如果未选择该下拉菜单中的项目就会产生出错提示；如果选择“无效值”复选框，则后面的“无效值”文本框将被激活，可将菜单中某项目的值设为无效值，当用户选择该项时就将出现对应的出错提示。

5. Spry 验证密码

Spry 验证密码为一个密码文本区域，可用于强制执行密码规则(例如，字符的数目和类型)。该 Widget 根据用户的输入提供警告或出错消息。当用户在密码类型的文本域中输入不符合规则的内容时，显示所设置的文本提示信息。

在表单区域将光标定位于插入点，单击快捷栏中的按钮，或选择“插入”|“表单”|“Spry 验证密码”命令，“设计”视图窗口和相应属性面板的内容如图 4-22 所示。

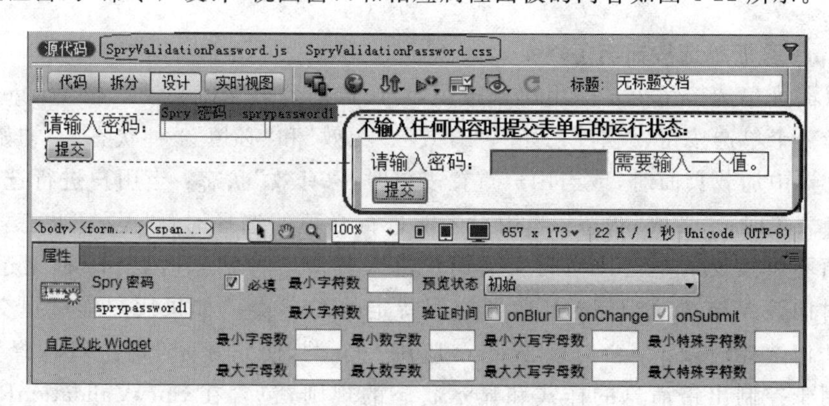

图 4-22　Spry 验证密码的属性面板

验证密码具有许多状态(如有效、必填和最小字符数等)，用户可以根据所需的验证结果编辑相应的 CSS 文件(SpryValidationPassword.css)，以修改组件外观，可以在不同的时间点进行验证，如当站点访问者在文本域外部单击时、键入内容时或尝试提交表单时。

6. Spry 验证确认

Spry 验证确认是一个文本域或密码表单域，当用户输入的值与同一表单中类似域的值不匹配时，该 Widget 将显示提示信息。如常见的密码二次验证，要求用户重新键入在上一个域中指定的密码，如果用户键入密码前后不一致，Widget 将返回出错消息，提示两个值不匹配。

在表单区域将光标定位于插入点，单击快捷栏中的按钮，或选择“插入”|“表单”|“Spry 验证确认”命令，“设计”视图窗口和相应属性面板的内容如图 4-23 所示。

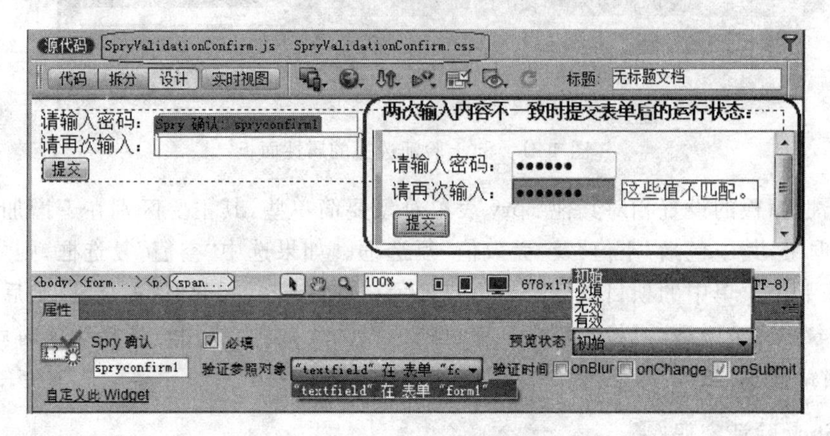

图 4-23　Spry 验证确认的属性面板

验证确认 Widget 具有许多状态（如有效、无效、必填等），用户可以根据所需的验证结果编辑相应的 CSS 文件（SpryValidationConfirm. css），以修改组件外观，可以在不同的时间点进行验证，如当站点访问者在文本域外部单击时、键入内容时或尝试提交表单时。

7. Spry 验证单选按钮组

Spry 验证单选按钮组是一组单选按钮，对所选内容可支持验证。该 Widget 强制从组中选择一个单选按钮，设有“初始”、“有效”、“无效”和“必填”4 种状态。“初始”状态：当在浏览器中加载页面时，或当用户重置表单时；“有效”状态：当用户进行选择，并且可以提交表单时；“必填”状态：当用户未能进行必填的选择时；“无效”状态：当用户选择其值不可接受的单选按钮时。当用户进入其中一种状态时，Spry 框架逻辑都会在运行时向该 Widget 的 HTML 容器应用特定的 CSS 类。如果用户尝试提交表单而未进行任何选择时，Spry 会向该 Widget 应用一个类，使它显示“请进行选择”的出错消息。用于控制出错消息的样式和显示状态的规则，包含在 SpryValidationRadio. css 文件中。

验证单选按钮组 Widget 的默认 HTML 代码（通常位于表单中），包含一个环绕单选按钮组的 inputtype="radio"标签的 span 容器标签、位于文档标头中和此 WidgetHTML 代码后的 script 标签。

在表单区域将光标定位于插入点，单击快捷栏中的按钮，或选择“插入”|“表单”|“Spry 验证单选按钮组”命令，“设计”视图窗口和相应属性面板的内容如图 4-24 所示。

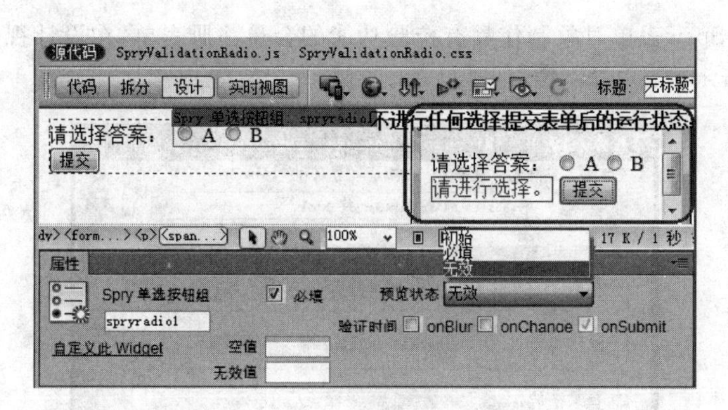

图 4-24　Spry 验证单选按钮组的属性面板

4.2　项目小结

通过本项目的实践与拓展知识的介绍，能够灵活运用表单、Spry 表单构件快速熟练地制作功能不同的表单页面。表单网页是设计与功能的结合，设计时一方面要与后台程序有效结合；另一方面还要考虑到美观与实用性，所以掌握好表单元素的正确使用与设置技巧，对制作的表单功能具有一定的影响。

4.3　上机操作练习

(1) 请制作一个如图 4-25 所示的留言簿页面。

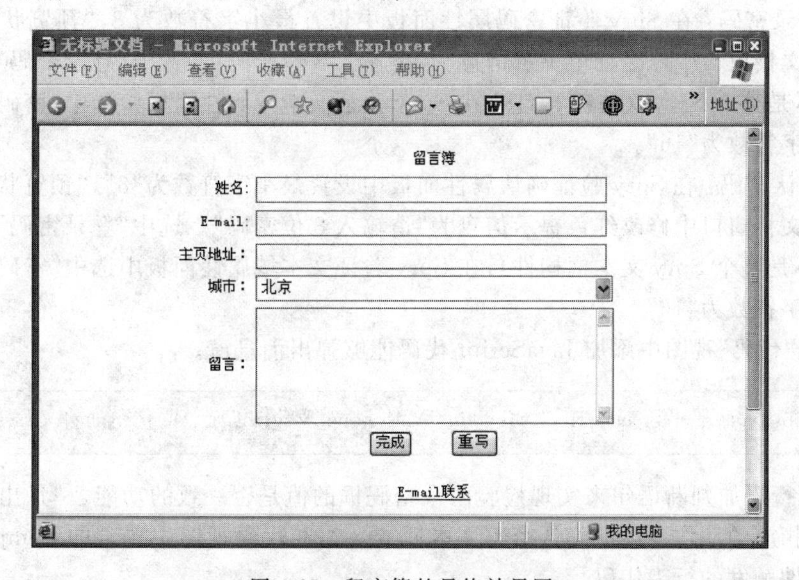

图 4-25　留言簿的最终效果图

操作要点：使用文本字段、列表/菜单、文本区域和按钮 4 种表单对象完成表单设计。

(2) 使用 Spry 表单对象制作具有校验功能的会员注册表单,在设计视图制作完成效果如图 4-26 所示。

图 4-26 具备完整校验功能的会员注册表单

操作要点:

① 具有验证功能的 Spry Widget 必须在表单中完成。

② 登录账号:在 Spry 验证密码属性面板的"预览状态"下拉列表中选择"必填"选项,在文档窗口中修改文本框之后的红色提示信息为"请输入一个登录账号"。

③ 登录密码:在 Spry 验证密码属性面板中设置最小字符数为 8,"预览状态"为"未达到",在文档窗口中修改红色提示信息为"请输入 8 位密码"。选中"登录密码"文本后的文本框(不是整个 Spry 文本框构件),在 Spry 验证文本域属性面板中选中"密码"单选项,设置最多字符数为"16"。

④ 确认密码:在 Spry 验证确认属性面板中设置最小字符数为"8","预览状态"为"未达到",在文档窗口中修改红色提示信息为"请输入 8 位密码"。选中"登录密码"文本后的文本框(不是整个 Spry 文本框构件),在 Spry 验证文本域属性面板中选中"密码"单选项,设置最多字符数为"16"。

⑤ 在"代码"视图中添加 JavaScript 代码能够弹出消息窗。

```
<script type="text/javascript">function MM_popupMsg(msg) {alert(msg);}</script>
```

⑥ 强行添加判断语句来实现检验两个密码框的值是否一致的功能,一旦出现不一致时就执行相应的动作。选中确认密码文本框 pass2,在代码视图中选定的<imput>标签内添加事件触发的行为代码。

```
onblur="if (this.value!=document.form1.pass1.value) MM_popupMsg('两次输入的密码必须一致!')"
```

⑦ 还可以将(5)和(6)合并使程序更加简洁明了。直接选中确认密码文本框 pass2，在代码视图中的<imput>标签内输入行为代码。

```
onblur="if (pass1.value!=pass2.value) alert('两次输入的密码必须一致!')"
```

4.4　习题

1. 选择题

(1) 下面关于设置文本字段的属性的说法，错误的是(　　)。

A. 单行文本字段只能输入单行的文本

B. 通过设置可以控制单行文本字段的高度

C. 通过设置可以控制输入单行域的最大字符数

D. 密码域的主要特点是不在表单中显示具体输入内容，而是用 * 来替代显示

(2) 要插入单选按钮组，需使用的按钮是(　　)。

A.　　　B.　　　C.　　　D.

(3) 下面有关跳转菜单的说法，错误的是(　　)。

A. 它是一个菜单对象与行为的结合产物

B. 可以创建有按钮的跳转菜单

C. 跳转菜单用到了表单的处理

D. 使用跳转菜单可以制作页面的导航条

(4) 以下功能不属于文本框可以实现的是(　　)。

A. 只能输入 E-mail 地址的地址框

B. 密码框

C. 单击“浏览”按钮在硬盘上寻找相应文件

D. 可输入大量文字的多行文本框

(5) 表单在传送信息时，使用的两种方法是(　　)。

A. Get　　　B. Action　　　C. Post　　　D. method

(6) 下面(　　)构件可以实现用户将鼠标指针悬停在网页中的特定元素上时，将会显示其他信息的效果。

A. Spry 菜单栏　　　B. Spry 选项式面板

C. Spry 折叠式　　　D. Spry 工具提示

2. 填空题

(1) 表单是网站管理者与浏览者之间沟通的桥梁，表单的作用主要是________。

(2) 在 HTML 中表单域是由标签________来实现的。

(3) 在表单对象中也有一个插入图像的按钮，它与普通的插入图像不同，可用来替代按钮而使按钮看上去更美观，这个表单对象是________。

(4) 若要设置文本框的宽度，应在________进行设置。

(5) ◙图标的名称是________。

(6) Spry 表单构件都与唯一的________和________文件相关联。CSS 文件中包含设置构件样式所需的全部信息,而 JavaScript 文件则赋予构件功能。

3. 简述题

(1) 简述表单各构件的特点及功能。

(2) 简述各 Spry 表单构件的特点及功能。

(3) 为何将表单放在<form></form>标签之间?

(4) Spry 菜单栏允许插入哪两种菜单栏构件?

项目5

美化网页

5.1 任务12 使用CSS美化网页

技能目标

(1) 能够灵活利用CSS样式控制页面元素变换不同的视觉效果。

(2) 掌握CSS过滤器属性的定义。

知识目标

(1) 理解CSS样式表的标签样式、高级样式、类样式的定义方法。

(2) 熟练运用CSS过滤器属性的添加与修改。

(3) 掌握CSS样式表的滤镜效果的应用。

工作任务

通过该任务的实施，用户能够熟练、灵活地将针对不同对象创建的各种CSS规则样式，运用到不同的页面元素来改变页面的显示效果。作为CSS的一个新的扩展，CSS过滤器属性可以根据元素的属性及属性值来选择元素，通过扩展选项将变形和转换效果添加到一个标准的HTML元素上，然后再通过导入和导出CSS样式，体验并理解CSS的内容与格式相分离的内涵和精髓。

(1) 打开站点中已设计好的原始页面。

(2) 定义页面标题文本的样式。

(3) 建立自定义的链接样式。

(4) 定义CSS样式并应用到网页对应元素。

(5) 制作图片的特殊边框效果。

(6) 设计页面图片CSS滤镜效果。

(7) 导出CSS样式。

(8) 新建网页文件，导入刚导出的CSS文件，体验CSS的“一次创建，多次使用”。

(9) 预览网页效果(见图5-1)。

5.1.1 使用CSS美化网页

(1) 启动Dreamweaver CS6，在站点目录\Mywebsite\N5\html下打开原始文件index0.html，选择“文件”|“另存为”命令，将源文件另存到站点目录

图 5-1 使用 CSS 美化的网页预览效果图

\Mywebsite\N5 下，文件名为 index. html。针对该页面的文本、图片、链接等对象，分别设置不同的 CSS 样式。

（2）选择“窗口”|“CSS 样式”命令或直接打开右侧的 CSS 面板，单击下方的“新建 CSS 规则”按钮，弹出如图 5-2 所示的对话框。在“选择器类型”选中“标签（重新定义 HTML 元素）”选项；“选择器名称”下拉列表框中默认选择“body”选项；“规则定义”选择“仅限该文档”。

（3）单击“确定”按钮，打开“body 的 CSS 规则定义”对话框，在“类型”选项下详细设置页面默认的字体 Font-family（宋体）、大小 Font-size（12px）、颜色 Color（#333333）等内容，如图 5-3 所示。

（4）在“方框”选项中详细设置填充“Padding”为“全部相同”（0px）、边界“Margin”为“全部相同”（0px）；在“边框”选项中，详细设置宽度“Width”为“全部相同”（0px），如图 5-4 所示。

（5）继续单击“CSS 样式”面板下方的“新建 CSS 规则”按钮，以创建文字规则，弹

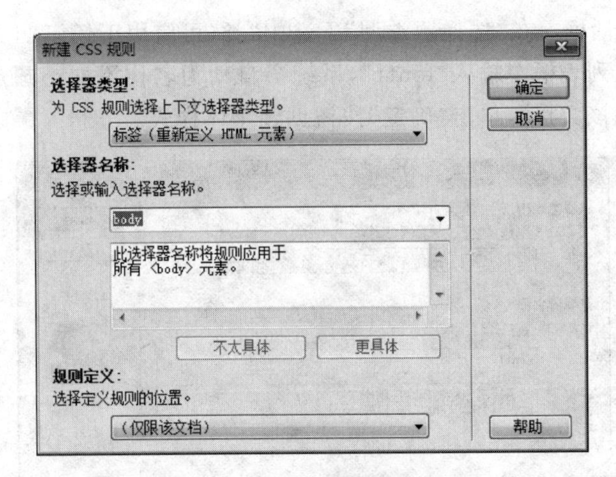

图 5-2　“新建 CSS 规则”对话框

图 5-3　定义 body 的 CSS 规则 1

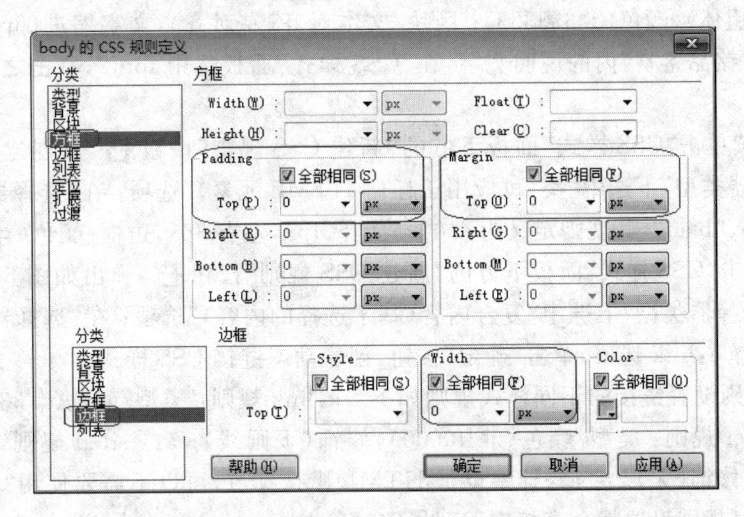

图 5-4　定义 body 的 CSS 规则 2

出图 5-5 所示的对话框。在“选择器类型”下选中“类(可应用于任何 HTML 元素)”选项；“选择器名称”下拉列表框中输入“font1”，系统会自动为名称添加小圆点．作为前缀；“规则定义”选择“仅限该文档”，单击“确定”按钮创建字体样式。

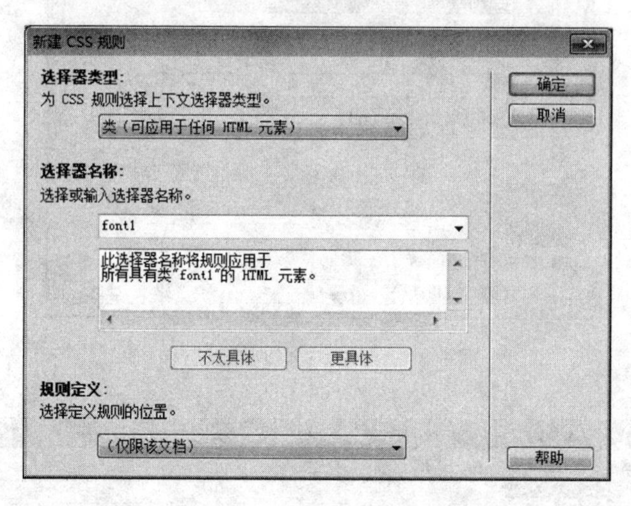

图 5-5　在“新建 CSS 规则”对话框中创建字体样式

(6) 在弹出的“. font1 的 CSS 规则定义”对话框中，定义第一种字体样式 font1 规则：类型/颜色(＃FFFFFF)；区块/文本对齐(居中)。选定页脚文字对象，在“CSS 样式”面板中选中 font1，右击，之后选择“应用”命令。

(7) 继续按照第(5)步的操作方法，定义第二种字体样式 font2 规则：类型/大小 12px，行高 16px，粗细(正常)，颜色(＃027c0d)；区块/垂直对齐(中线对齐)，文字缩进 24px。分别选定页面中部文字“千岛之花”和“江南新极品”，在“CSS 样式”面板中选中 font2，右击，之后选择“应用”命令。

(8) 继续按照第(5)步的操作方法，定义第三种字体样式 font3 规则：类型/大小 14px，粗细(粗体)，颜色(＃333333)；区块/文本对齐(左对齐)，文字缩进(5px)。分别选定页面中部“铭品鉴赏”内的说明文字，在“CSS 样式”面板选中 font2，右击之后，选择“应用”命令。

(9) 继续单击“CSS 样式”面板下方的“新建 CSS 规则”按钮，以创建图片边框样式，在“选择器类型”下选中“类(可应用于任何 HTML 元素)”选项；在“选择器名称”下拉列表框中输入“bian”，其规则定义为：方框/上下 4px，左右 3px，边框/颜色(＃1E6B03)。

(10) 单击“CSS 样式”面板下方的“新建 CSS 规则”按钮，弹出如图 5-6 所示的对话框。在“选择器类型”下选中“复合内容(基于选择的内容)”选项；在“选择器名称”下拉列表框中选择 a:link 选项，单击“确定”按钮，创建动态链接 CSS 样式。

(11) 分别设置链接的不同样式规则如下。a:link 规则：类型/颜色(＃333333)，修饰(无)；a:hover 规则：类型/颜色(＃ff0000)，修饰(下画线)；a:visited 规则：类型/颜色(＃333333)，修饰(无)。<a>标签也是 HTML 默认标签，可以不需要使用“应用”方式，在网页打开时规则设置就会直接应用到指定对象上。

(12) 继续设置导航栏文字的动态链接 CSS 样式。a.a1:link 规则：类型/颜色

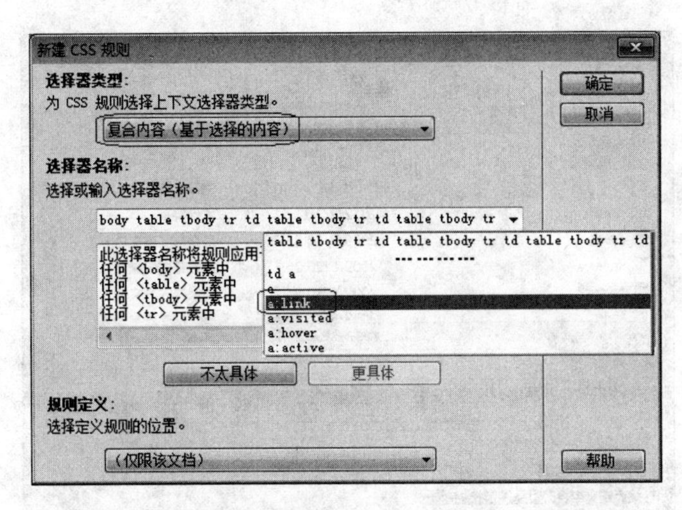

图 5-6　在“新建 CSS 规则”对话框中创建动态链接样式

(＃FFFFFF)，粗细（粗体），修饰（无）；a.a1:hover 规则：类型/颜色（＃FFFFFF），粗细（粗体），修饰（下画线）；a.a1:visited 规则：类型/颜色（＃FFFFFF），修饰（无）。

(13) 继续单击“CSS 样式”面板下方的“新建 CSS 规则”按钮，在“选择器类型”下选中“类（可应用于任何 HTML 元素）”选项，在“选择器名称”下拉列表框中输入“tupian”，单击“确定”按钮，为图片设定 CSS 水波纹滤镜效果。在弹出的“.tupian 的 CSS 规则定义”对话框中，选择“扩展”分类，在过滤器 Filter 文本框内选择水波纹效果：Wave(Add=?,Freq=?,LightStrength=?,Phase=?,Strength=?)，然后在该文本框内直接将属性值修改为 Wave(Add=true,Freq=10,LightStrength=50,Phase=50,Strength=4)。

(14) 选中页面右侧的第一张图片，在 CSS 样式面板下选中滤镜效果.tupian，右击，在弹出的列表中选择“应用”命令。

(15) 使用 Shift 键选中“CSS 样式”面板中 style 下创建的所有样式，然后右击，在弹出的 CSS 样式下拉列表中，选择“移动 CSS 规则”命令，弹出如图 5-7 所示对话框。

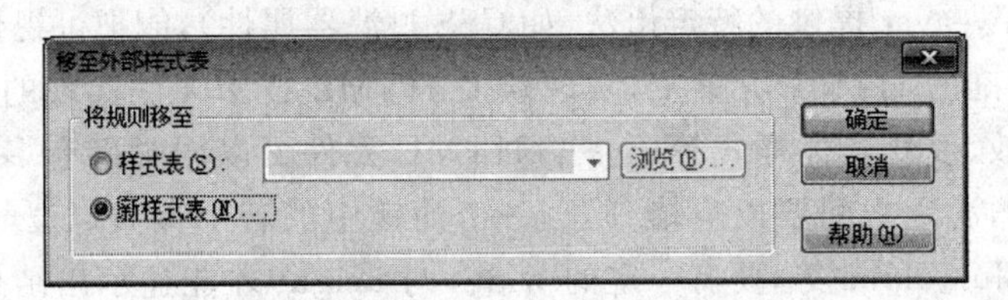

图 5-7　“移至外部样式表”对话框

(16) 单击“确定”按钮，在弹出的“将样式表文件另存为”对话框中，把刚创建的 CSS 样式命名为 index.css，并保存到指定路径\N5\CSS 下，如图 5-8 所示。

(17) 重新将原始文件 index0.html 复制为新文件 indexcs.html，然后打开该文件，单击“CSS 样式”面板下方的“附加样式表”按钮，弹出如图 5-9 所示的对话框。

(18) 选定刚导出的 CSS 样式文件，采用链接或导入方式将 CSS 文件置于当前网页中，从而实现了 CSS 文件的“一次创建，多次使用”，真正达到了整个网站的协调统一目的。

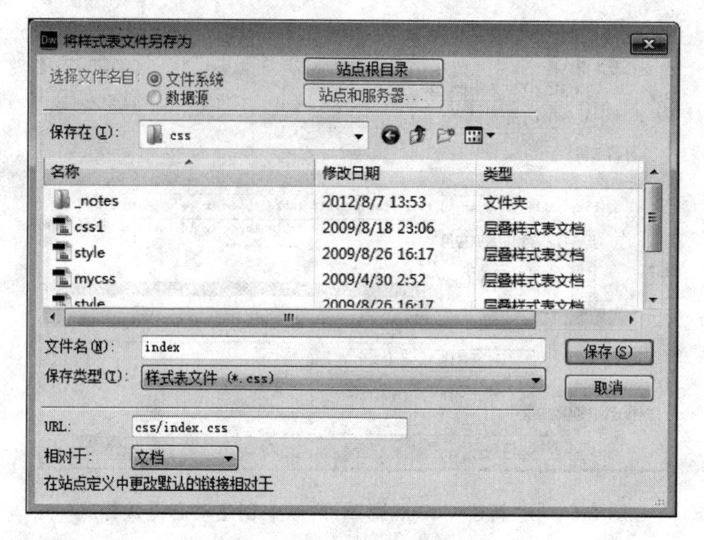

图 5-8 保存样式表文件

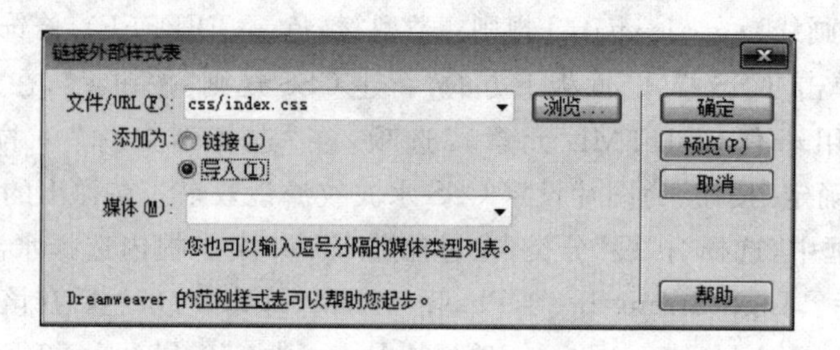

图 5-9 导入外部样式表

5.1.2 问题探究——CSS 滤镜

利用 Dreamweaver 提供的特定语法(如 CSS 过滤器属性),能把可视化的过滤器和效果添加到一个标准的 HTML 元素上,实现众多 HTML 技术无法实现的网页特效,如文字特效、滤镜特效、改变光标样式等。一个 HTML 元件可以同时拥有多个滤镜效果,如果使用多个滤镜,滤镜之间要以空格分开,一个滤镜中的若干参数以逗号分隔。有的滤镜,如 shadow、blur、alpha 等,要有一定的 width 与 height 才能显示出结果;有的滤镜不能直接应用在图片或文字上,仅对有区域限制的对象(如表格、单元格、层等元素)才有效,所以在对文字设置滤镜效果时要将文字置于表格或层中。

CSS 滤镜并不是浏览器的插件,也不符合 CSS 标准,而是微软公司为增强浏览器功能而特意开发的,并整合了 IE 浏览器中的某类专有功能。Filter 是 CSS 滤镜选择符,执行滤镜操作就必须先定义 Filter。在“CSS 规则定义”对话框中选定“分类/扩展”选项,单击“Filter 滤镜”后的下拉列表,就可以看到系统提供的所有滤镜列表,如图 5-10 所示。CSS 滤镜分为静态滤镜和动态滤镜两种。

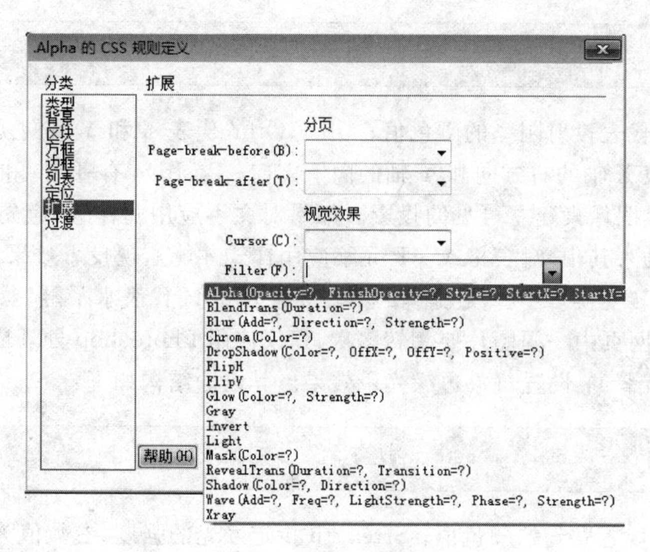

图 5-10　Filter 过滤器

1. CSS 静态滤镜

CSS 静态滤镜共有 12 种，能使被施加的对象产生各种静态的特殊效果。

(1) Alpha：设置透明度的层次效果。其语法结构如下：

```
Filter: Alpha (Opacity＝起始透明度, FinishOpacity＝结束透明度, Style＝形状, StartX＝?,
StartY＝?, FinishX＝?, FinishY＝?)
```

其中，Opacity 代表透明度等级，值为 0～100，0 是完全透明，100 是完全不透明；FinishOpacity 是一个可选参数，如果设置渐变的透明效果，它指定结束时的透明度；Style 指定透明区域的形状特征，0 为统一形状，1 为线形，2 为放射形，3 为矩形；StartX、StartY 代表起始坐标；FinishX、FinishY 代表结束坐标。

(2) Blur(模糊)：设置快速移动的模糊效果。其语法结构如下：

```
Filter:Blur(Add＝True(False),Direction＝方向,Strength＝强度)
```

其中，Add 有 True 和 False 两个参数值，指定图片是否被改变成模糊效果；Direction 设置模糊的方向(顺时针方向)，0 度是垂直向上，每 45 度为一个单位，默认值是向左的 270 度；Strength 代表有多个像素的宽度将受到模糊影响，默认值是 5 像素。

(3) Chroma(透明色)：设置特定颜色的透明效果。其语法结构如下：

```
Filter:Chroma(Color＝color)
```

其中，Color 待设置成透明的颜色。

(4) DropShadow(下落的阴影)：设置对象的阴影效果(文字和图片)。其语法结构如下：

```
Filter:DropShadow(Color=color,OffX=?,OffY=?,Positive=?)
```

其中,Color代表投射阴影的颜色值；OffX、OffY代表X和Y方向阴影的偏移量,如果为正整数,代表X轴的右方向和Y轴的向下方向；Positive有True和False两个参数值,指定任何非透明像素建立可见的投影。如果对文字应用此样式,应先插入表格或AP元素,再把文字插入其中,对表格或AP元素应用样式才能实现投影效果。

(5) Flip(翻转变换)：Flip是滤镜的翻转属性,FlipH代表水平翻转、FlipV代表垂直翻转。如果一张网页中一幅图片要翻转多次,建议使用Photoshop处理成多个独立图片。

(6) Glow(光晕)：设置对象边缘光晕效果。其语法结构如下：

```
Filter:Glow(Color=color,Strength=强度)
```

其中,Color设置发光的颜色值；Strength指定发光的强度,参数值为1～255。

(7) Mask(遮罩)：设置遮罩效果。其语法结构如下：

```
Filter:Mask(Color=color)
```

其中,Color指定遮罩的颜色。

(8) Shadow(阴影)：设置对象边缘的光晕效果。其语法结构如下：

```
Filter:Shadow(Color=color,Direction=方向)
```

其中,Color指定投影的颜色；Direction指定投影的方向。

(9) Wave(波浪)：把对象按照垂直的波纹样式打乱,产生竖直方向的波浪变形效果。其语法结构如下：

```
Filter:Wave(Add=true(false),Freq=频率,LightStrength=增强光效,Phase=偏移量,Strength=强度)
```

其中,Add参数把对象按照波纹样式打乱或不打乱；Freq是指生成波纹的频率,即共需产生多少个完整的波纹；LightStrength是为了给生成的波纹增强光的效果,参数值为0～100；Phase设置正弦波开始的偏移量,如该值为30,代表正弦波从108°(360×30％)方向开始。

(10) Gray(灰度)：设置图片的灰度效果。

(11) Invert(反色)：将对象的可视化属性(如色彩、饱和度和亮度值)完全翻转,相当于底片效果。

(12) Xray(X射线)：使对象产生一种X射线效果。

2. 动态滤镜

CSS动态滤镜也叫转换过滤器,可以为页面添加动人的淡入淡出、图像转化效果。

有两种转换效果：混合转换滤镜和显示转换滤镜。

(1) BlendTrans(混合转换)：处理图像之间的淡入和淡出效果。其语法结构如下：

```
Filter:BlendTrans(Duration=淡入和淡出的时间)
```

其中,Duration 指定了淡入和淡出的时间,以秒为单位。

(2) RevealTrans(显示转换)：提供更为多变的转换效果,如图片转换。其语法结构如下：

```
Filter: RevealTrans(Duration=转换的秒数,Transition=转换类型)
```

其中,Duration 指定转换的时间,以秒为单位；Transition 提供了 24 种滤镜转换类型与对应代号,如表 5-1 所示。

表 5-1　显示滤镜的转换类型与对应代号

显示滤镜的转换类型	对应代号	显示滤镜的转换类型	对应代号	显示滤镜的转换类型	对应代号
矩形从大至小	0	垂直形百叶窗	8	水平向外裂开	16
矩形从小至大	1	水平形百叶窗	9	向左下剥开	17
圆形从大至小	2	水平棋盘	10	向左上剥开	18
圆形从小至大	3	垂直棋盘	11	向右下剥开	19
向上推开	4	随机溶解	12	向右下剥开	20
向下推开	5	垂直向内裂开	13	随机水平细纹	21
向右推开	6	垂直向外裂开	14	随机垂直细纹	22
向左推开	7	水平向内裂开	15	随机选取一种特效	23

3. 设置光标效果

在"扩展"选项中应用扩展样式,视觉效果用来设置页面的特效。其中,"光标"下拉列表框设置了 14 种静态鼠标的显示状态,包括 crosshair 为十字形、text 为 I 形、wait 为沙漏形、default 为默认、help 为帮助、e-resize 东箭头、ne-resize 东北箭头、n-resize 北箭头、nw-resize 西北箭头、w-resize 西箭头、sw-resize 西南箭头、s-resize 南箭头、se-resize 东南箭头、auto 为自动,如图 5-11 所示。

Windows 系统文件定制了许多光标效果及扩展名为. ani 的动态光标效果,并保存在\Windows\Cursor 子目录下。如果想在网页中运用某些动画光标,可将其复制到站点的指定目录下,然后打开网页文件,对特定标签<body>重定义并"仅限该文档",在扩展分类的 cursor 文本框内中输入链接方式"url('horse. ani')"。

在网页的头部添加如下样式：

```
body {cursor: url('horse.ani');
```

保存并在浏览器下运行网页文件,发现常见的鼠标变成了一只可爱的小马。

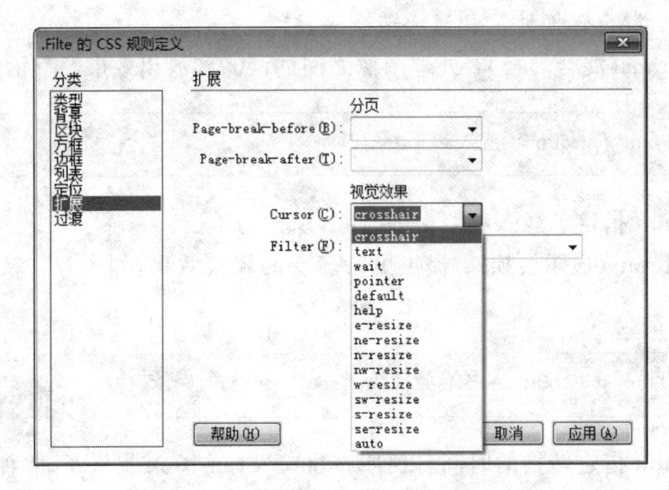

图 5-11　.Filte 的 CSS 规则定义

注意：动画光标如果置于二级目录下，则需要写出完整的路径名称。

5.1.3　知识拓展——动态链接 CSS 样式

Dreamweaver CS6 默认的文字链接是蓝色加下画线的宋体字，但浏览页面时，经常看到的链接形式不全是这种样式，而是与页面风格十分协调的链接效果。动态链接 CSS 样式是一种特殊的类选择符，它只有应用于锚元素<a>才会对超链接的文本起作用。动态链接 CSS 样式有以下 4 种状态。

(1) a:link(未访问的链接)：用于定义链接的常规状态，也是 Dreamweaver CS6 默认的文字链接状态。

(2) a:visited(已访问的链接)：a:visited 链接状态的颜色，要和普通文本链接的其他状态颜色不同，这样用户就能清楚地判断哪些是已经访问过的链接、哪些是没有访问过的链接。

(3) a:hover(鼠标经过链接)：用于定义鼠标放在链接上时产生的视觉效果。鼠标放到一个链接上，链接就会产生变化，当鼠标离开这个链接时，这种状态的链接就消失。

(4) a:active(激活链接)：用于表现单击时的链接状态。在实际应用中，并不十分强调这种链接状态，如果没有特别的需要，可以定义成与 a:link 状态或者 a:hover 状态是一样的。

注意：有时链接访问前指向链接有效果，而链接访问后再次指向链接时却无效果。这是因为，在 CSS 样式中把 a:hover 放在了 a:visited 的前面，由于后者的优先级高，当访问链接后就忽略了前者的效果。一定要按照 a:link、a:visited、a:hover、a:active 的层叠顺序书写。有时将 CSS 伪类和类组合起来用，就可以在同一个页面中做几组不同的链接效果。例如，定义一组链接为红色，访问后为蓝色；另一组为蓝色，访问后为黄色。

```
a.red:link {color: #FF0000;}
a.red:visited {color: #0000FF;}
```

```
a.blue:link {color: #00FF00;}
a.blue:visited {color: #FF9900;}
```

将其应用在不同的链接上，代码如下：

```
<a class="red" href="#" >这是第一组链接</a>
<a class="blue" href="#">这是第二组链接</a>
```

出去旅游拍照看人间美景，是乐事一桩。将这些瞬间美景制作成电子相册(幻灯片和详细信息两种排版模式，CSS 规则代码见 cssppt.css 和 CSS catalog.css)，并上传到网站上与朋友分享，是个不错的主意，源文件见 E:\Mywebsite\N5\html\cssphoto.html。限于版面，此处不再赘述设计过程，两种模式的预览效果如图 5-12 所示。

图 5-12　CSS 两种排版模式(左为 PPT，右为详细模式)

版面设计思路是：在搭建版面时，主要考虑页面相册的具体结构和形式，如排列方式、用户的浏览状态、相片是否随浏览器窗口的大小自动调整等。幻灯片模式和详细信息模式要考虑到实际运用，对每一幅相片及相关信息都采用了<div>块标签进行分离，然后根据相片的横、竖，设置相应的 CSS 规则。<ul>标签的 display 值设为 none，考虑到超链接的效果，使用了鼠标经过 a:hover 状态。而在幻灯片模式下，使用 float 属性使块浮动，并扩大成一个正方形做底衬，再给相片加上边框，使相片在不同的宽、高下能够统一排列。将超链接设置为块元素，利用 Padding 值将作用范围扩大到整个 Div 块，再利用 4 个 Padding 值实现相片居中的效果。

5.2　任务 13　动感页面——多媒体

技能目标

(1) 能够运用声音、动画等多媒体效果为网页制作动感效果。

(2) 能够灵活运用 Dreamweaver CS6 新增加的功能增加网页的炫感。

知识目标

(1) 掌握多媒体内容的插入。

(2) 掌握多媒体内容的编辑。

(3) 掌握富有动感的 Spry 构件的用法。

工作任务

在 Dreamweaver CS6 操作环境下,可以为网页添加声音、FLV 影片视频等多媒体内容,还可以插入和编辑更多的媒体文件和对象,如 Flash 动画、Shockwave、Applets、ActiveX 控件等。

(1) 在站点中新建一个页面并保存。

(2) 在页面中插入动画文件。

(3) 在页面中添加背景音乐。

(4) 在页面中根据布局要求灵活运用 Spry 构件。

(5) 网页的预览效果(见图 5-13)。

图 5-13 动感网页预览的效果图

5.2.1　运用多媒体装饰页面

(1) 启动 Dreamweaver CS6，在站点目录\N5\html 下打开原始文件“mpjs 源.html”。将此文件另存到\N5 目录下，并命名为 mpjs.html。

(2) 在文档“设计”窗口，将光标置于左侧的“兰花欣赏”单元格内，选择“插入”|“多媒体”|Flash 命令，插入多媒体 Flash 动画文件\image\imag.swf，此时在单元格内看到的是一个 Flash 占位符。

(3) 可以向网页添加不同类型的声音文件，如.wav、.midi 和.mp3。添加背景音乐有两种方法：①使用<bgsound>标签添加没有任何播放控件也无法控制音频播放的背景音乐；②使用<embed>标签插入任意类型的音频文件。

(4) 单击“常用”工具栏最右侧的“标签选择器”图标，在弹出的如图 5-14 所示的“标签选择器”对话框中选择“HTML 标签”，并在右侧的列表框中找到 bgsound 选项。单击“插入”按钮，弹出“标签编辑器-bgsound”对话框，选择音乐源为 image/lan.wma，循环选择“无限(−1)”。执行完整个插入过程后，在设计视图并没有看到什么变化，打开代码视图，刚插入的代码如下：

```
<bgsound src="image/lan.wma" loop="-1" />
```

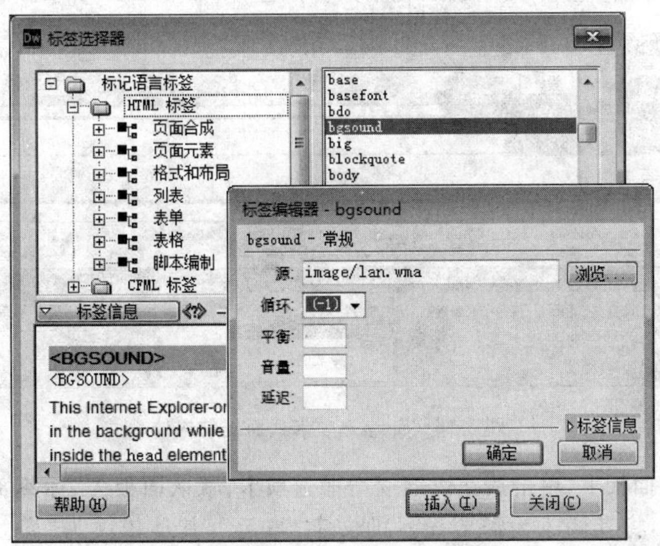

图 5-14　“标签选择器”对话框

(5) 第二种方法是将光标置于任意位置，单击“插入”|“媒体”|“插件”命令，或者单击“常用”选项卡中的“插件”按钮，在弹出的“选择文件”对话框中选择准备好的音频文件 image/lan.wma，然后单击“确定”按钮完成音频插入过程。选中页面上部刚插入的音频占位符，在属性面板中单击“参数”按钮，弹出如图 5-15 所示的对话框。将参数 LOOP

和 autostart 的值设为 true,打开页面的同时能自动循环播放音乐;参数 hidden 的值设为 true,即隐藏该插件图标。打开代码视图,刚插入的代码如下:

```
<embed src="image/lan.wma" width="32" height="32" hidden="true" loop="true"
autostart="true"></embed>
```

与<bgsound>不同,用<embed></embed>插入的媒体,既可以是音频,也可以是视频文件。如果是视频文件,则参数 ShowTracker="false"为隐藏控制器上的时间滑尺;ShowAudioControls="false" 为隐藏音量控制器;ShowStatusBar="true"为显示正在播放媒体的信息;EnableContexMenu="false"为隐藏在播放器上的右键菜单。

图 5-15　设置背景音乐的参数

(6) 在页面的"铭品档案"下方的单元格内,选择"插入"|Spry|"Spry 选项卡式面板"命令,一个动画"Spry 选项卡式面板"即插入指定位置,如图 5-16 所示。

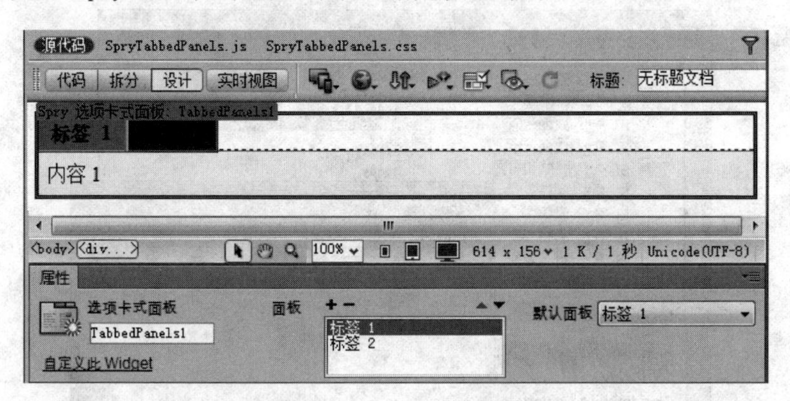

图 5-16　Spry 选项卡式面板的构件

(7) 在属性面板上,单击按钮以继续增加选项卡,默认面板为"标签 1"。分别选中面板框中的 Tabel,将其修改为需要显示的文字"惠兰",其他依次为"春兰"、"寒兰"、"墨兰"、"建兰"、"春剑"、"其他",并在各选项卡下插入相应的图片组,如图 5-17 所示。

(8) 保存该文件,此时弹出消息框,提示将该构件生成的外部 CSS 和 JS 文件已复制到本地站点,如图 5-18 所示。

(9) 如果对当前设置不满足,可继续修改 SpryTabbedPanels.css 的某些属性,使页面的预览效果更统一、协调。保存该文件,即可预览页面的整体效果。

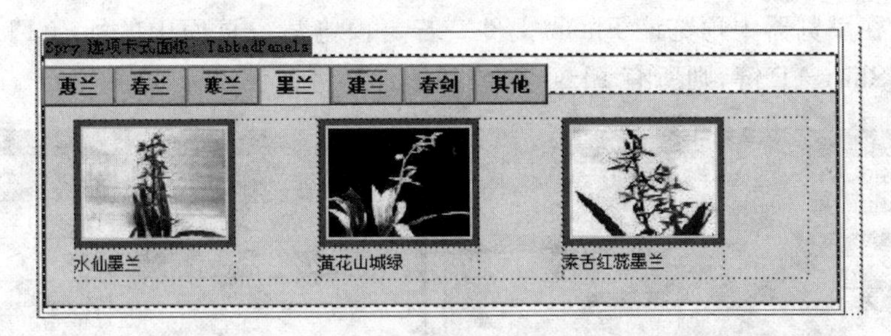

图 5-17　Spry 选项卡式面板构件设置完后的效果

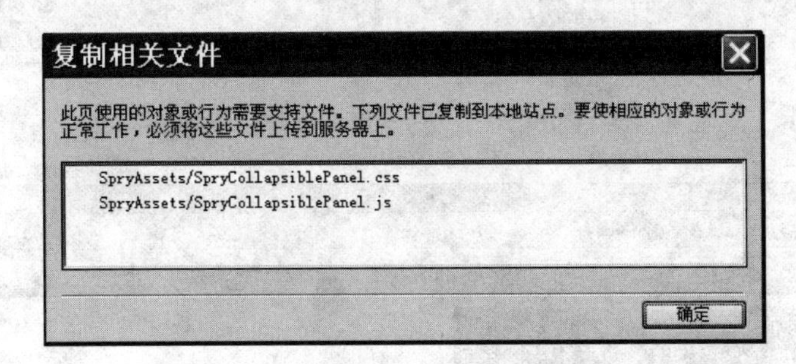

图 5-18　复制相关文件的消息框

5.2.2　问题探究——动感元素多媒体

随着网络速度与品质的提升，越来越多的网站开始使用 Flash 来表达网站的内容，以 Flash 强大的动画与矢量画效果来弥补一般动画与 HTML 指令的不足。Adobe 公司的 Flash 技术，是当前网络上传输矢量和动画的主要解决方案，通过自定义对象技术，将复杂的图像、音频、演示文稿等媒体快速插入网页中，从而使网页展现出丰富多彩的动画效果。Flash 文件类型有.fla、.swf、.swt、.swc、.flv，这些文件可以用 Adobe Flash Player 打开，浏览器必须安装 Adobe Flash Player 插件。

1. 插入 Flash 动画

Flash 动画是现在因特网上非常流行的动画格式，它以体积小、效果强大、制作相对简单的优点，大量应用于网站的页面中。无论是作为视频信息的传输，还是作为网页广告的传播，其与众不同的炫目效果，是其他文件无法替代的。Flash 动画文件的扩展名为.swf，插入 Flash 动画文件后，可以直接播放该动画文件。

(1) 在站点\N5\html 目录下，新建网页文件 Flash.html，选择菜单栏中的"插入"|"媒体"|Flash 命令(快捷键 Ctrl＋Alt＋F)，或单击"插入"快捷栏中的"常用"选项卡的"媒体"按钮组中的按钮，都可以把 Flash 文件插入文档中，如图 5-19 所示。

(2) 在弹出的"选择文件"对话框中，选中一个 Flash 文件(\flash\ss.swf)，将一个 Flash 占位符插入"设计"视图中，选中此 Flash 占位符可像图像一样改变大小。选中该占位符，在属性面板中可以显示并设置该 Flash 文件的相关属性，如图 5-20 所示。单击"播放"按钮，就可以在文档窗口预览 Flash 影片；单击"停止"按钮可以结束预览；也可以直接按 F12 键在浏览器中预览该 Flash 文件。若要预览某一页面中的所有 Flash 内容，按 Ctrl＋Alt＋Shift＋P 键，则所有 Flash 对象和影片都将被设置为“播放”。

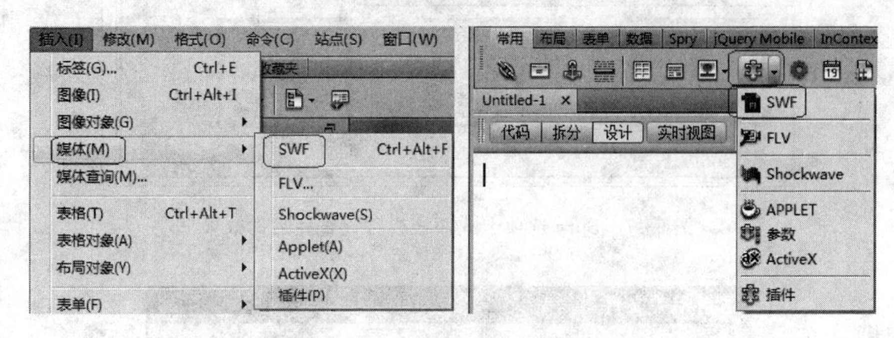

图 5-19　插入 Flash 动画

图 5-20　Flash 属性面板

其中，“循环”使 Flash 动画连续播放，如果没有选中该复选框，该动画播放一次后即停止；“自动播放”在加载页面时自动播放 Flash 动画；“品质”在 Flash 动画播放期间控制抗失真，设置越高，动画的观看效果就越好，但这要求处理器速度更快，以便动画能在屏幕上正常显示，低品质意味着更看重显示速度而非外观；“参数”可在其中输入传递给 Flash 动画的附加参数。

2. 插入 Flash 视频

Flash 视频(Flash Video)是目前因特网上较为流行的视频传送格式，扩展名为.flv。由于它的视频采用 Sorenson Spark 视频编码器、音频采用 MP3 编辑，形成的文件小、加载速度快，可以使用 HTTP 服务器或专门的流服务器进行流式传送，使得网络在线观看视频文件成为可能。它的出现，有效地克服了视频文件导入 Flash 后，再导出的 SWF 文件体积庞大、不能在网络上很好地使用等缺点。目前各在线视频网站均采用此种视频格式。

(1) 新建网页文件 Flashflv. html,选择菜单栏中的“插入”|“媒体”|FLV 命令,或单击“常用”选项卡中的“媒体”按钮组中的按钮,弹出“插入 FLV”对话框。设置各参数:“视频类型”选项选择“累进式下载视频”选项,视频文件选择自己想选的文件,“外观”下拉列表框中选择任一种选项(共有 9 种样式可供选择),单击“检测大小”按钮可根据当前视频文件自动调整宽、高比例,如图 5-21 所示。

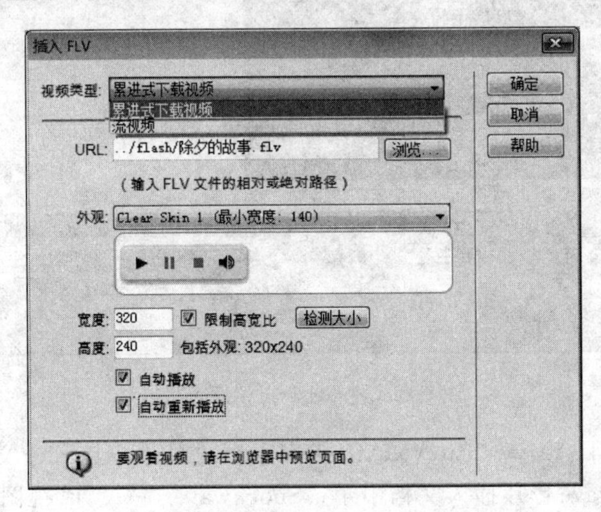

图 5-21　“插入 FLV”对话框

其中,Dreamweaver CS6 提供了以下 2 种方式将 Flash 视频传送给站点访问者。

① “累进式下载视频”:将 Flash 视频(FLV)文件下载到站点访问者的硬盘上,然后播放。它允许在下载完成之前就开始播放视频文件。

② “流视频”:对 Flash 视频内容进行流式处理,能在很短的缓冲时间内在 Web 页面播放该视频。若要在网络上启用流视频,必须具有访问 Adobe Flash Media Server 的权限。

(2) 单击“确定”按钮,就可以把 Flash 视频插入文档中,如图 5-22 所示。按 F12 键就可以在网页状态下播放视频了。

3. 插入 Shockwave

Shockwave 是由 Macromedia(2005 年 12 月被 Adobe 公司收购)开发的多媒体播放器系列。Shockwave 影片是基于网络的、处理交互式多媒体的一种播放标准,使得在 Director、Authorware、Freehand 中创建的压缩格式多媒体文件(扩展名为. dcr、. dir、. dxr),可以在大多数主流浏览器中进行播放,且能够被快速下载。它提供了强大的、可扩展的脚本引擎,能通过浏览器观看交互性的网页,例如游戏、商业展示、娱乐及广告等。如果希望在浏览器中访问更多类型的媒体对象(如 Shockwave 影片和 MIDI 音乐等),就必须借助插件(Shockwave 也是一个插件)。

(1) 打开网页文件 Shockwave. html,选择菜单栏中的“插入”|“媒体”|Shockwave 命令,或单击“常用”选项卡中的“媒体”按钮组中的按钮,弹出“选择文件”对话框。

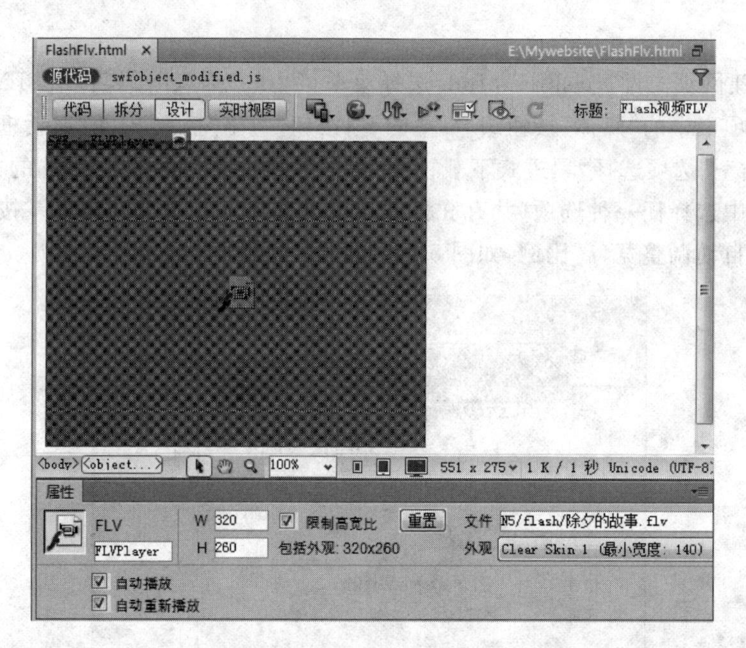

图 5-22 把 Flash 视频插入文档

（2）选择站点 D:\Mywebsite\N5\flash 目录下的 CoffeKID.dcr 文件后，单击“确定”按钮，就把 Shockwave 影片插入文档中了。Shockwave 在“设计”视图中并不显示内容，而是以图标的形式显示出来，如图 5-23 所示。

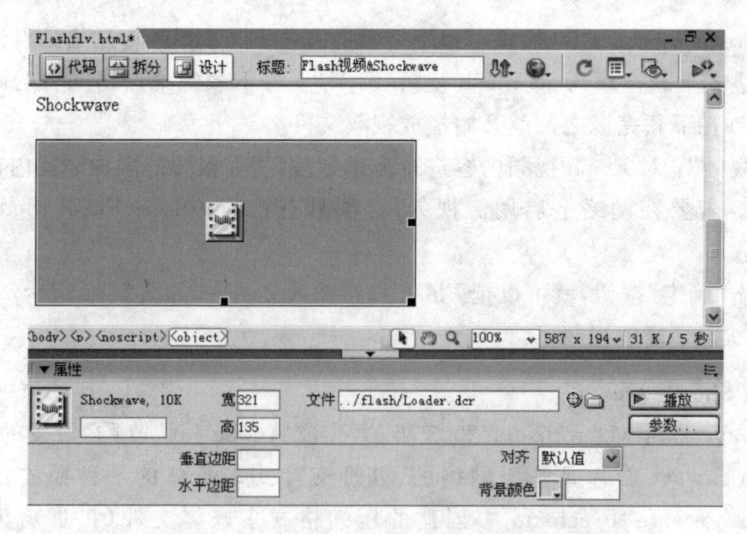

图 5-23 把 Shockwave 影片插入文档

（3）当插入 Shockwave 影片时，Dreamweaver 会同时使用＜object＞和＜embed＞标签来实现浏览器中的正确播放，以确保在 IE 和 Netscape 浏览器中都能获得最好的效果。播放 Shockwave 影片需要 Adobe Shockwave Player 播放器支持。在第一次运行时，如果没有安装播放器，浏览器会提示并下载该软件。首先会弹出一个对话框询问是否安装该软件，单击“安装”按钮后，则弹出下载对话框并显示下载进度和状态。安装完后，就可以在浏览器中观看Shockwave影片了。

4. 插入Applet和ActiveX

Applet是美国SUN公司开发的、面向对象程序设计语言Java中的一个小型应用程序(扩展名为class),它本身并不能单独运行,需要嵌入一个HTML文件中借助浏览器或Appletviewer来解释执行。利用Java编写的Applet,可以用来执行互动的效果动画(如下雨、涟漪等)、实时计算或其他任何不需要服务器参与的简单任务,以实现动态、安全和跨平台的网络应用。当网页嵌入Applet小程序时,客户端需要安装Java虚拟机,既可以使用子目录中提供的"SUN_java_setup插件"直接安装,也可以到网络上下载Java Virtual Machine(JVM),它是专门为了让Java可以在Windows环境下不需要重新编译就可以直接调用的Java虚拟机。

注意:由于Java存在多个版本,而不同浏览器使用的Java解释程序(虚拟机)有所不同,有时在不同浏览器中显示的效果不尽相同,所以在网站建设过程中,Java小程序一定要慎用。

ActiveX是Microsoft对浏览器的能力扩展,是可以充当浏览器插件的可重复使用的组件,为开发人员、用户和Web生产商提供了一个在Internet和Intranet快速而简便地创建程序集成和内容的方法。使用ActiveX,可轻松方便地在Web页中插入多媒体效果、交互式对象以及复杂程序,创建用户能够体验相当高的多媒体效果。加载页面时,浏览器通过CLASSID来确定与该页面关联的ActiveX的位置。Shockwave、Applet和ActiveX插入HTML的图标状态如图5-24所示。

图5-24　Shockwave、Applet和ActiveX插入HTML的图标状态

ActiveX控件可以脱离浏览器运行,而Applet由Java虚拟机解释执行,与客户机平台无关。ActiveX控件的作用与插件基本相同,但在网页载入时,如果浏览器不支持ActiveX控件,浏览器会自动安装所需软件;如果是插件,则需用户手动安装相关软件。

5.2.3　知识拓展——Spry框架

Spry框架是一个JavaScript库,Web设计人员使用它可以构建能够向站点访问者提供更丰富体验的网页。有了Spry,就可以使用HTML、CSS和极少量的JavaScript将XML数据合并到HTML文档中,可视化地创建Widget(如折叠Widget和菜单栏),向各种页面元素中添加更为出彩的网页互动效果。在设计上,Spry框架的标记非常简单,且便于那些具有HTML、CSS和JavaScript基础知识的用户使用。WebWidget可视作是小型的可下载应用程序,通常需要依赖一些公开的Web API(Application Programming

Interface,应用程序编程接口),这些 API 可能是由浏览器公开,或者是由一些 Widget 引擎公开。

每个 Spry 构件都与唯一的 CSS 和 JavaScript 文件相关联。CSS 文件中包含设置构件样式所需的全部信息,而 JavaScript 文件则赋予构件功能。当插入构件时,Dreamweaver 会自动生成以该构件命名的、包含该页面的功能和样式文件(如与折叠构件关联的文件保存为 SpryAccordion.css 和 SpryAccordion.js),并链接到当前页面,还会保存到 Dreamweaver 在站点根目录中自动创建的 SpryAssets 目录中。

1. Spry 菜单栏构件

Spry 菜单栏是一组可导航的菜单按钮,把鼠标指向其中的某个按钮时,将显示相应的子菜单。使用菜单栏在紧凑的空间中显示大量可导航信息,访问者可以随时了解站点上提供的内容。

(1) 在站点目录 D:\Mywebsite\N5\html 下新建网页文件 Spry1.html,将光标置于当前页面,选择菜单栏中的"插入"|Spry|"Spry 菜单栏"命令,或单击"插入"面板 Spry 选项卡组中的"Spry 菜单栏"按钮,则弹出如图 5-25 所示的对话框。在该对话框中,根据页面布局的需要来决定是使用水平 Spry 菜单栏还是垂直 Spry 菜单栏。

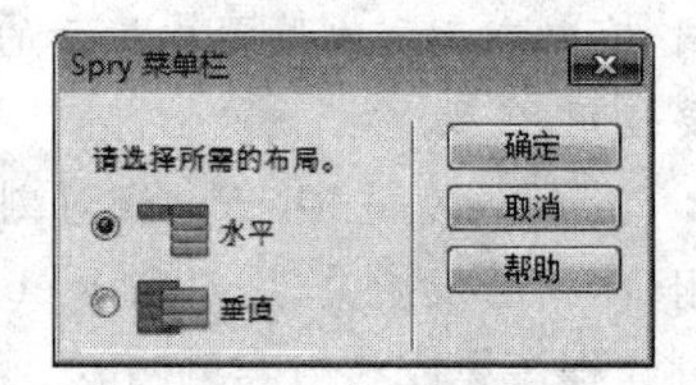

图 5-25 "Spry 菜单栏"对话框

(2) 单击"确定"按钮,垂直 Spry 菜单栏(或水平 Spry 菜单栏)插入指定位置。把鼠标移至刚插入的面板上,单击上方弹出的蓝底字"Spry 菜单栏",选中该面板,并可以在属性面板中修改其状态值,效果如图 5-26 所示。

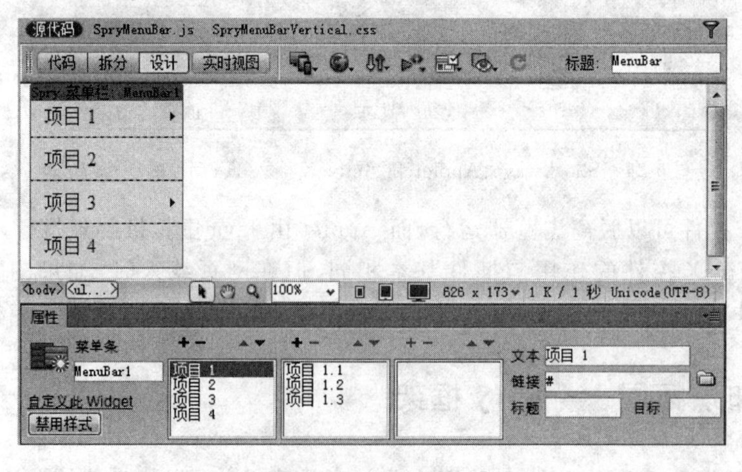

图 5-26 "Spry 菜单栏"属性设置

(3) 选中主菜单项,依次在"文本"文本框中输入菜单项名称;再选中二级子菜单项,依次在"文本"文本框中输入子菜单项名称;如有三级菜单项,可以继续选择进行相应设置,如图 5-27 所示。

(4) 如果想继续增加菜单项,可单击属性面板最左侧列表框上方的 ✚ 按钮,以增加菜单项,单击 ━ 按钮,以删除相应菜单项;单击属性面板中间列表框上方的 ✚ 按钮,以增

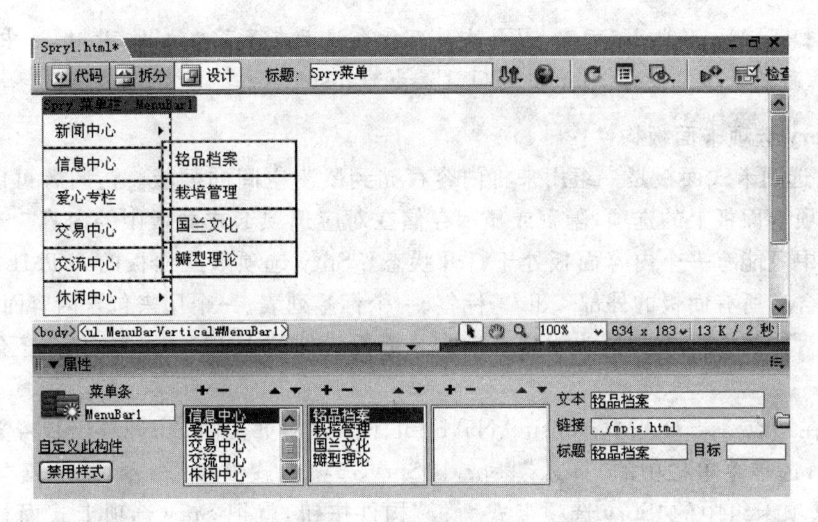

图 5-27　修改菜单项名

加子菜单项(单击按钮删除)；还可以继续单击属性面板最右侧列表框上方的按钮，以增加二级子菜单项。通过单击、按钮调整相应菜单项的显示位置。在“链接”文本框中，输入子菜单要链接的网页路径和名称；在“标题”文本框中，输入子菜单项的提示文本；在“目标”文本框中，输入要在何处打开所链接的页面。还可以打开右侧的 CSS 浮动面板，以改变默认的样式规则。

(5) 菜单栏构件由<ul>、<li>和<a>标签组成，其 HTML 中包含一个外部<ul>标签(项目列表)，该标签中对于每个顶级菜单项都包含一个<li>标签(列表项)，而顶级菜单项(<li>标签)又包含用来为每个菜单项定义子菜单的<ul>和<li>标签，子菜单中同样可以包含子菜单。顶级菜单和子菜单可以包含任意多个子菜单项。

(6) 按 F12 键预览网页，就可以看到制作的垂直 Spry 菜单效果，如图 5-28 所示。

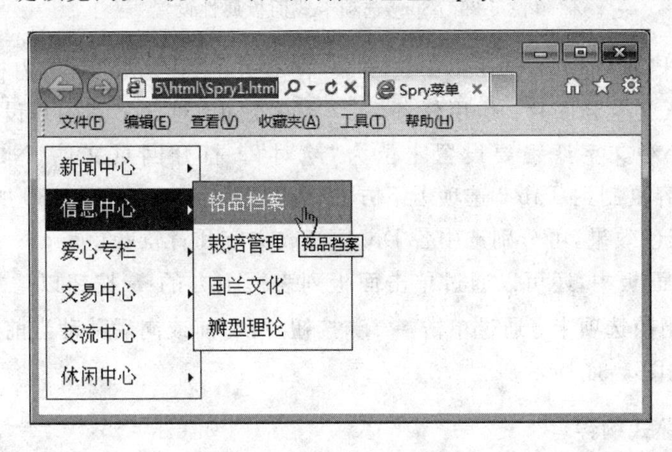

图 5-28　垂直 Spry 菜单

注意：Spry 菜单栏使用 DHTML 层将 HTML 部分显示在其他部分的上方。如果页面中包含使用 Adobe Flash 创建的元素，则可能会出现问题，因为 SWF 文件总是显示在所有其他DHTML层之上，所以SWF文件可能会显示在子菜单之上，此时，选中SWF文件，在属性面板修改参数将wmode选项设置为transparent。

2. Spry选项卡面板构件

Spry选项卡式面板是一组用来将内容存储到紧凑空间的面板。访问者可以单击要访问的选项卡面板上的选项，隐藏或显示存储在对应选项卡式面板中的内容。选项卡式面板构件中只能有一个内容面板处于打开状态。Spry选项卡式面板的HTML代码中，包含一个含有所有面板的外部<div>标签、一个标签列表、一个用来包含内容面板的Div和各面板对应的Div，在文档头中和选项卡式面板构件的HTML标签之后，还包括脚本标签。

(1) 在站点目录D:\Mywebsite\N5\html下新建网页文件Spry2. html，将光标置于当前页面，选择菜单栏中的"插入"|Spry|"Spry选项卡式面板"命令，或单击"插入"面板Spry选项卡组中的"Spry选项卡式面板"构件按钮，就把Spry选项卡式面板插入文档中了。

(2) 把鼠标移至刚插入的面板上，单击上方弹出的蓝底字"Spry选项卡式面板"，选中该面板，就可以在属性面板修改其状态值，如图5-29所示。

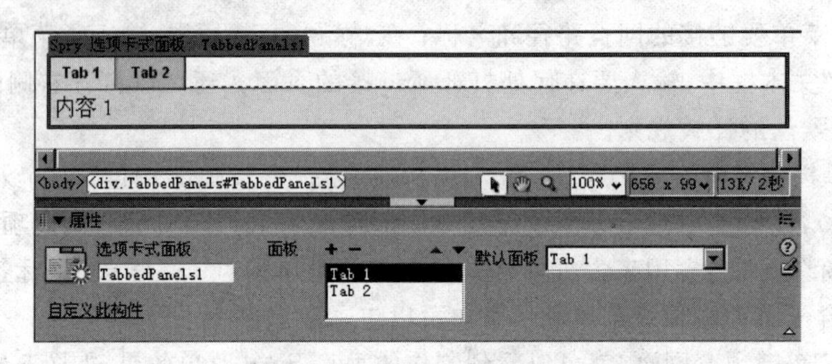

图5-29 Spry选项卡式面板属性设置

(3) 在"设计"视图中选中Tab 1选项卡，在下方的"内容1"面板内插入一个2行、2列的表格，输入文字和图片；运用任务11学习的知识，对文字和图片设置CSS滤镜模糊效果，注意，针对文字滤镜要设置定位为"绝对"。打开网页文件\N4\Ex\biaodan.html，将网页内容复制到Tab 2选项卡下方的"内容1"面板内，如图5-30所示。如果不喜欢面板默认的灰色效果，可分别选中各Div块修改文字和背景颜色。

(4) 在属性面板中，还可以通过单击面板列表框上方的➕按钮以增加选项卡，单击➖按钮以删除当前选项卡；通过单击▲、▼按钮，可向前或向后移动当前选项卡的位置。网页预览效果如图5-31所示。

3. Spry折叠式构件

Spry折叠式面板是指将一组大量内容存储在一个紧凑空间的可折叠式面板。访问者可以通过单击网页上的选项卡来隐藏或显示存储在折叠构件中的内容。折叠构件由任意数量的面板组成，当访问者单击不同的选项卡时，折叠构件的面板会相应地展开或收缩。每次只能有一个内容面板处于打开且可见状态。各面板标签由一个标题Div和内容

图 5-30 修改选项卡名并输入内容

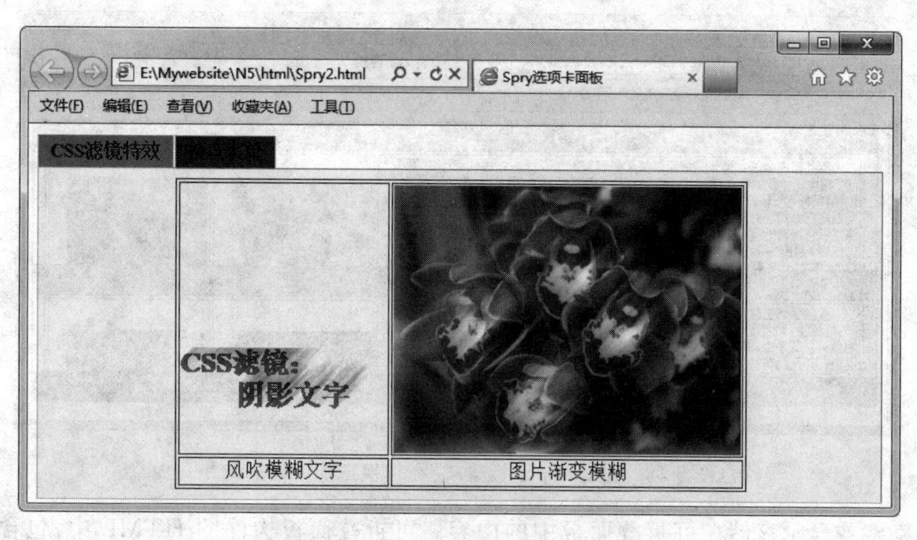

图 5-31 Spry 选项卡面板的浏览效果

Div 组成,并约束于折叠构件这个外部<div>标签之中。

(1) 在站点目录 D:\Mywebsite\N5\html 下,新建网页文件 Spry3.html,将光标置于当前页面,选择菜单栏中的"插入"|Spry|"Spry 折叠式"命令,或单击"插入"面板 Spry 选项卡组的"Spry 折叠式"按钮,把 Spry 折叠式构件插入当前文档中。

(2) 把鼠标移至刚插入的面板上,单击上方弹出的蓝底字"Spry 折叠式",选中该面板,即可在属性面板修改其状态值,如图 5-32 所示。

(3) Spry 折叠式构件的增加、删除、上下位置移动及标签修改、内容添加方法,同 Spry 选项卡式面板,此处不再赘述。按 F12 键预览网页设置效果,如图 5-33 所示。单击不同的选项卡标签,就可以看到不同的折叠式效果。如果要修改选项卡的高度,在 CSS 面板中修改 AccordionPanelContent 规则的方框高度即可。

4. Spry 可折叠面板构件

Spry 可折叠面板是一个可将内容存储到紧凑空间的面板。用户单击构件的选项卡,

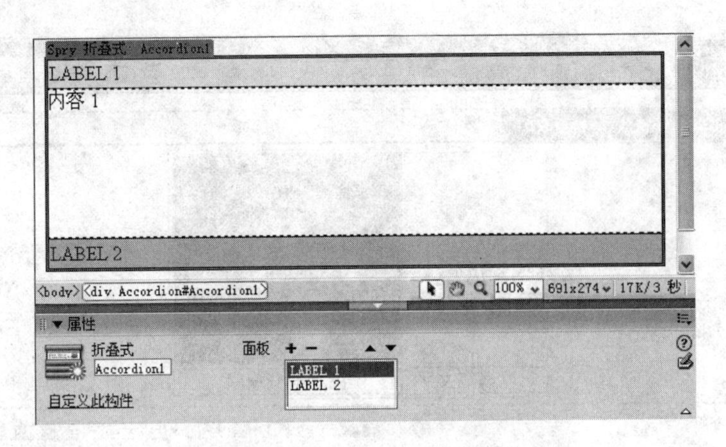

图 5-32 “Spry 折叠式”的属性设置

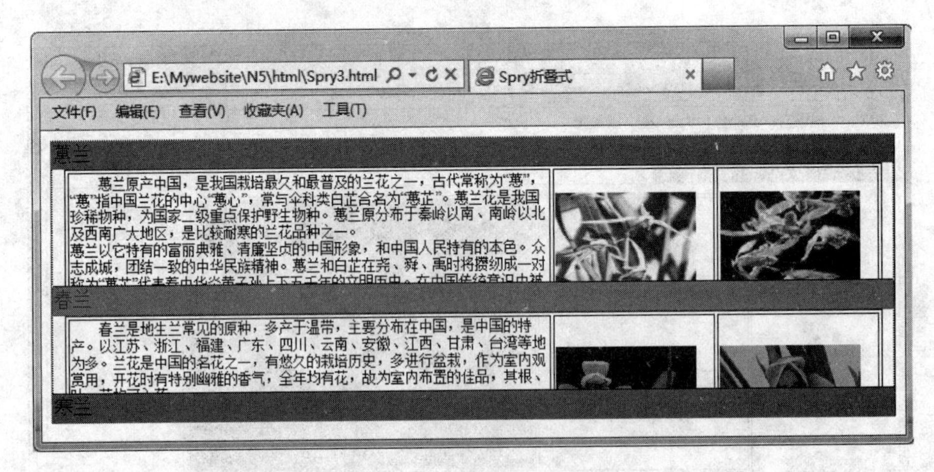

图 5-33 浏览“Spry 折叠式”在切换选项卡时的效果

即可隐藏或显示存储在可折叠面板中的内容。可折叠面板构件的 HTML 中，包含一个外部<div>标签，其中包含内容<div>标签和选项卡容器<div>标签；在文档头中和可折叠面板的 HTML 标签之后，还包括脚本标签。为了区分 Spry 折叠式构件和 Spry 可折叠面板的不同效果，在此例中采用相同的面板内容。

(1) 在站点目录 D:\Mywebsite\N5\html 下，新建网页文件 Spry4. html，将光标置于当前页面，选择菜单栏中的“插入”|Spry|“Spry 可折叠面板”命令，或单击“插入”面板 Spry 选项卡组中的“Spry 可折叠面板”按钮，把 Spry 可折叠面板插入文档中。

(2) 把鼠标移至刚插入的面板上，单击上方弹出的蓝底字“Spry 可折叠面板”，选中该面板，即可在属性面板修改其状态值，如图 5-34 所示。将其显示状态设置为“打开”，“默认状态”设置为“已关闭”，选中“启用动画”复选框使面板产生缓慢滑动的效果。

(3) 从“属性”面板上提供的功能选项可以看出，Spry 可折叠面板只有单一面板项，没有在构件本体增加面板项的功能。如果期望页面产生与“Spry 折叠式”类似效果，可以采用 3 个 Spry 可折叠面板的组合方式进行，也可以将 Spry3. html 网页的所有内容全部加到这个单一的 Spry 可折叠面板构件中。

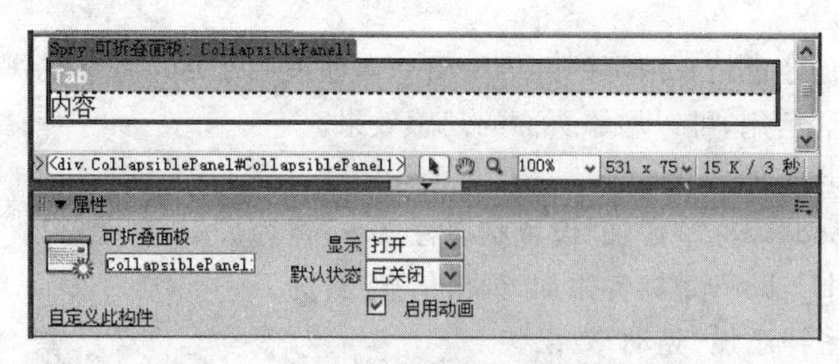

图 5-34　“Spry 可折叠面板”的属性设置

(4) 按 F12 键预览网页效果，网页打开时各选项卡面板全部折叠(已设置默认状态为关闭)，只有单击选项卡标签后，面板才缓慢展开，再次单击则缓慢折叠，可以看到可折叠面板的浏览效果，如图 5-35 所示。

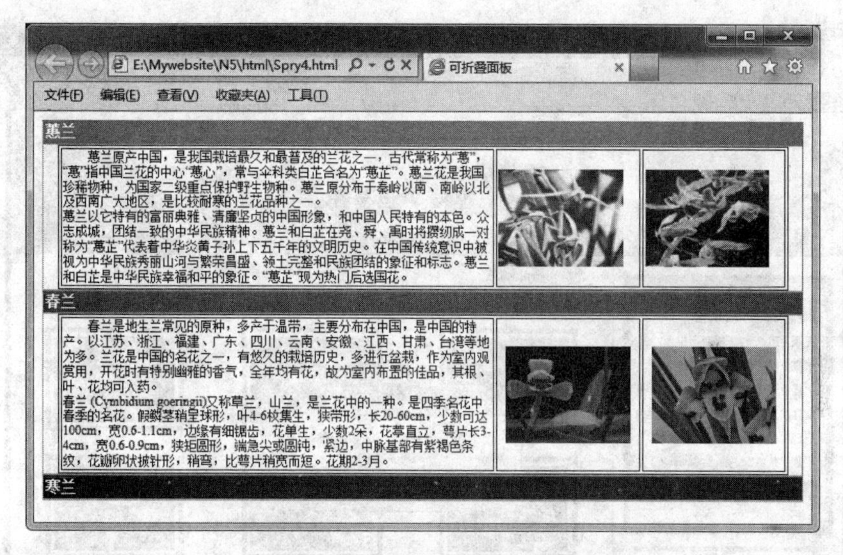

图 5-35　可折叠面板的浏览效果

5.3　任务 14　网页特效——行为

技能目标

(1) 能够灵活利用 CSS 样式对页面元素变换不同的视觉效果。

(2) 能够利用行为创设与众不同的网页效果。

知识目标

(1) 理解行为、事件的含义。

(2) 熟练掌握行为的添加与删除操作。

(3) 掌握触发事件的更换方法。

(4) 理解 JavaScript 脚本的运用。

(5) 熟练掌握 Dreamweaver CS6 新增加的 Spry 炫目效果。

工作任务

使用行为可以使访问者与网页之间产生一种交互，改变页面或触发任务。Dreamweaver CS6

中所有的动作都是经过精心编写的JavaScript,以便适用于尽可能多的浏览器。通过任务中内置行为的灵活运用,可以增添页面的动感效果。

(1) 打开指定页面。

(2) 选中＜body＞标签添加“设置状态栏文本”行为。

(3) 继续选中＜body＞标签添加“弹出信息”行为。

(4) 给指定图片添加“晃动”效果。

(5) 继续给指定图片添加“交换图像/恢复交换图像”行为。

(6) 选定图片添加“显示/渐隐”效果。

(7) 选定图片添加“增大/收缩”效果。

(8) 网页预览效果(见图 5-36)。

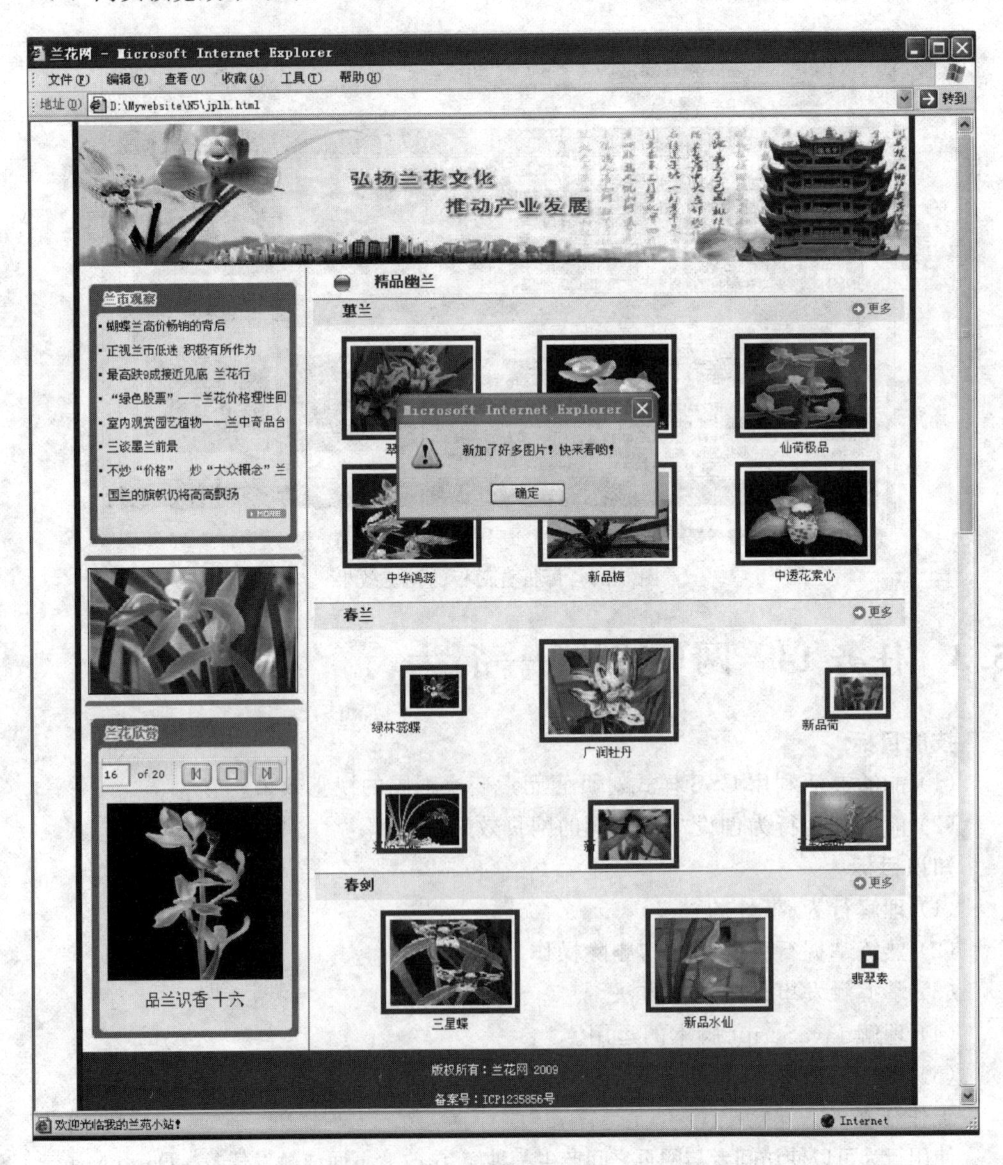

图 5-36　添加行为特效的网页预览效果图

5.3.1　使用行为制作特效

(1) 启动 Dreamweaver CS6,在站点目录\N5\html 下打开原始文件“jplh 源. html”。将此文件复制到\N5 目录下,重新命名为 jplh. html。

(2) 选择“窗口”|“行为”命令,弹出“行为”面板,选中＜body＞标签,单击 + 按钮并选择“设置文本”|“设置状态栏文本”命令,在弹出的消息框内输入“欢迎光临我的兰苑小站!”,如图 5-37 所示。单击“确定”按钮,“设置状态栏文本”行为已添加到“行为”面板,默认事件为 onLoad。

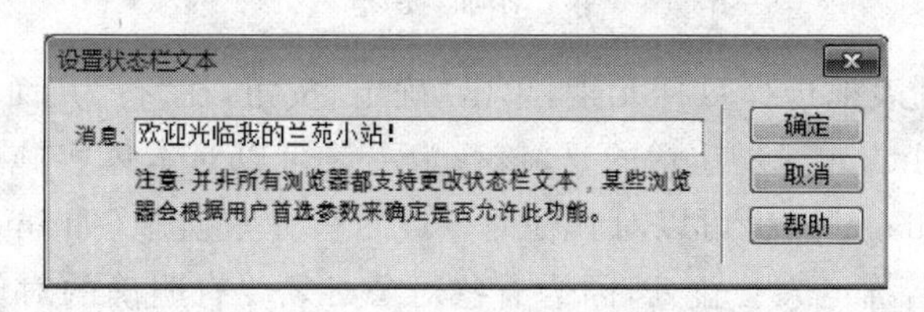

图 5-37　添加“设置状态栏文本”行为

(3) 继续对＜body＞标签添加行为,单击 + 按钮并选择“弹出信息”命令,在弹出的消息框内输入“新加了好多图片! 快来看噢!”,如图 5-38 所示。单击“确定”按钮,“弹出信息”行为已添加到“行为”面板,默认事件为 onLoad。

图 5-38　添加“弹出信息”行为

(4) 选中页面左侧的图片 index_r13_c3. jpg,在属性面板的图像框内指定图片名称 image,单击 + 按钮并选择“交换图像”命令,弹出如图 5-39 所示的对话框。

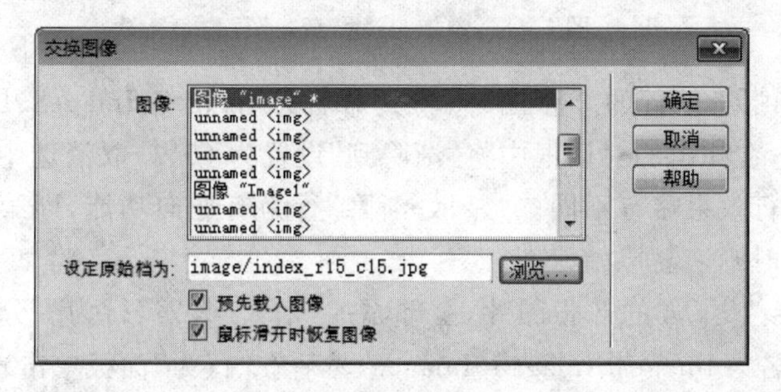

图 5-39　添加“交换图像”行为

(5) 单击“浏览”按钮选择替换图片,指定图片将显示在设定原始文档的文本框内,并将下面的两个复选框选中后,单击“确定”按钮,即在“行为”面板自动添加了一对“交换图像/恢复交换图像”行为。默认事件为 onMouseOver 和 onMouseOut。“预先载入图像”复选框是针对＜body＞标签自动添加的，触发事件为 onLoad.

（6）还可以针对同一对象继续添加其他行为，单击 ✚ 按钮并选择“效果”|“晃动”命令，弹出如图 5-40 所示的对话框。

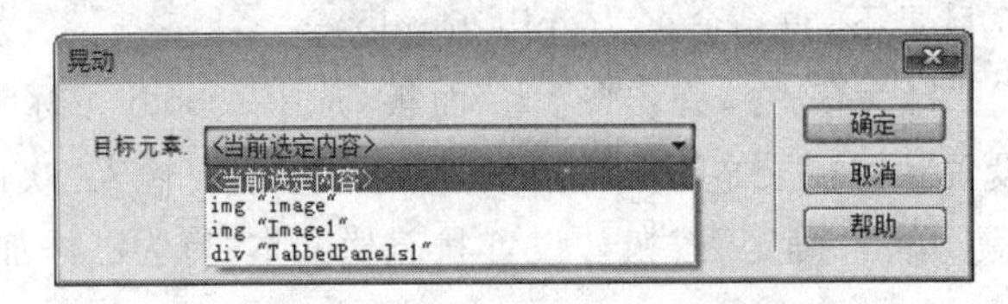

图 5-40　添加“晃动”行为

（7）通过下拉列表框选择目标元素，单击“确定”按钮，在“行为”面板添加了“晃动”效果，默认事件为 onClick。需要注意的是，该行为不仅可以对本体实施（默认的“＜当前选定内容＞”或 img"image"），也可以对其他对象或目标元素实施（如 img"Image1"）。同时给图片定义明确的名称也大有益处，因为有些对象必须要有明确的对象名才能添加行为。另外，没有给图片对象命名，则会如图 5-39 所示那样，图片名称全部为 unnamed＜img＞，无法准确明白该对哪个对象实施动作。

（8）在主窗口针对“蕙兰”下方的 6 张图片全部添加“显示/渐隐”行为，分别选择第一行的 3 张图片，将其命名为 Image1、Image2、Image3，然后在“行为”面板单击 ✚ 按钮并选择“显示”|“渐隐”命令，在弹出的对话框内进行参数设置，效果如图 5-41 所示。默认事件为 onClick，通过单击右侧的下拉列表框，修改为 onMouseOver 事件。

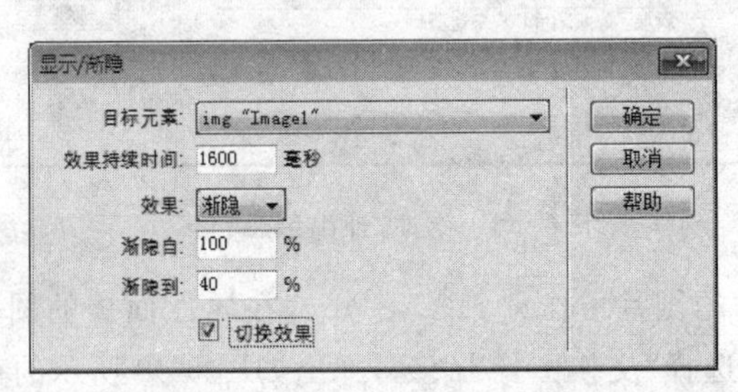

图 5-41　添加“显示/渐隐”行为

（9）再分别选择第二行的 3 张图片，将其命名为 Image7、Image8、Image9，继续添加“显示/渐隐”行为，在弹出的对话框中将“渐隐到”设置为 65%，取消选中“切换效果”复选框，使图片上下两行效果略有不同。“显示/渐隐”行为有逆向功能，即第一次指向该图片时渐隐，再次指向时则恢复原始状态。

（10）针对“春兰”下方的 6 张图片，全部添加“增大/收缩”行为。分别选择第一行的 3 张图片，将其命名为 Image4、Image5、Image6，然后在“行为”面板单击 ✚ 按钮并选择“效果”|“增大/收缩”命令，在弹出的对话框内进行参数设置，效果如图 5-42 所示。默认事件为 onClick，通过右侧的下拉列表框将事件修改为 onMouseOver 事件。

（11）对第二行的 3 张图片并不添加名称，再分别选择这 3 张图片，继续添加“增大/收缩”行为，在弹出的对话框中对上一行的设置略作调整。

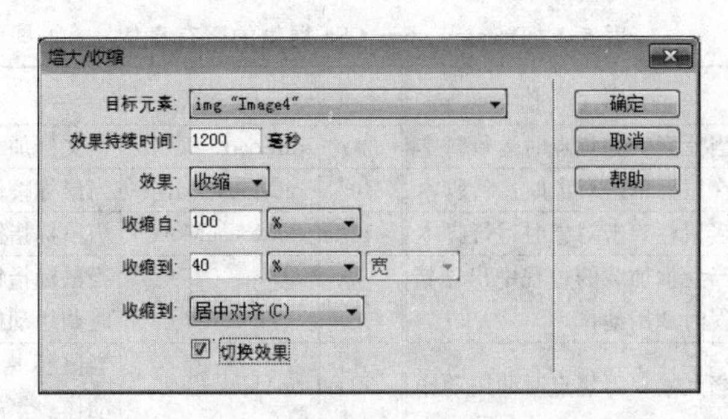

图5-42　添加“增大/收缩”行为

(12) 针对“春剑”下方的3张图片全部添加“效果/挤压”行为。分别选择这3张图片,将其命名为Image10、Image11、Image12,然后在“行为”面板单击 ✚ 按钮并选择“效果/挤压”命令,在弹出的对话框内进行参数设置,效果如图5-43所示。默认事件为onClick,通过右方的下拉列表框修改为onMouseOver事件。

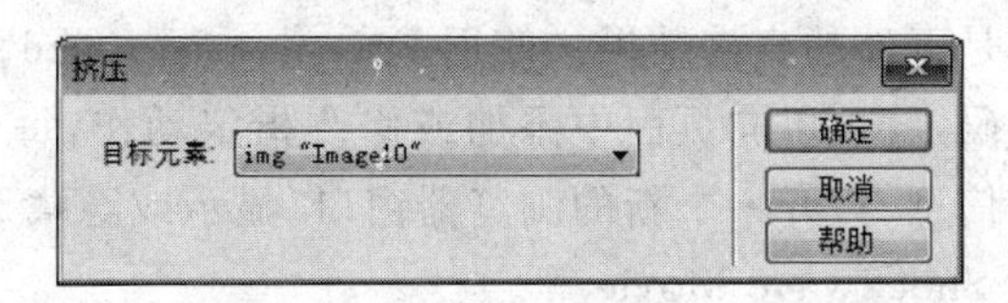

图5-43　添加“挤压”行为

(13) 按F12键,预览已设置了多种行为的页面效果。

5.3.2　问题探究——认识行为

Dreamweaver内置了许多行为,这些行为是由JavaScript程序精心编写的网页特效,可适用于尽可能多的新型浏览器,但在低版本的浏览器可能无效,也不会产生任何有害后果。行为有三个重要组成部分:对象(Object)、事件(Event)、动作(Action)。对象是产生行为的主体,许多页面元素或标记(如图片、文字、多媒体等)都可以成为对象;事件是触发动态效果的条件,它可以被附加到各种页面元素上,也可以被附加到HTML标记中;动作是经过精心编写的JavaScript程序,任何一个动作都需要一个事件激活,两者相辅相成。

1. 事件和动作

(1) 事件

事件是指示访问者执行了何种操作,是触发动作的原因。事件可以与“行为”面板的“动作(+)”弹出菜单中的动作相关联。例如,当访问者将鼠标指针移到某个链接上时,将为该链接生成一个onMouseOver事件,调用JavaScript代码并进行响应。不同的页元素定制了不同的事件,onMouseOver和onClick是与链接关联的事件,而onLoad是与图像和文档的body部分关联的事件。事件针对不同对象,分为鼠标事件、键盘事件、表单事件、页面事件4大类,Dreamweaver CS6内提供的所有事件见表5-2。

表 5-2　Dreamweaver CS6 提供的所有事件

序号	属　性	描　　述	序号	属　性	描　　述
1	onBlur	当元素失去焦点时运行脚本	9	onLoad	当文档加载时调用动作
2	onClick	在鼠标单击对象时运行脚本	10	onMouseDown	当鼠标按钮按下时调用动作
3	onDblClick	当鼠标双击对象时运行脚本	11	onMouseMove	当鼠标指针移动时调用动作
4	onError	当元素加载的过程中出现错误时调用动作	12	onMouseOver	当鼠标指针移动到一个元素上时调用动作
5	onFocus	当元素获得焦点时调用动作	13	onMouseOut	当鼠标指针移出元素时调用动作
6	onKeyDown	当按钮按下时调用动作	14	onMouseUp	当鼠标按钮松开时调用动作
7	onKeyPress	当按键被按下时调用动作	15	onUnload	当文档卸载时运行脚本
8	onKeyUp	当按钮松开时调用动作			

(2) 动作

动作是一段预先编写的 JavaScript 代码，这些代码执行特定的任务，并提供了最大限度的跨浏览器兼容性，是事件的直接结果。使用 Dreamweaver CS6 提供的"行为"控制面板，不需要书写任何代码，就可以向页面中添加或修改指定动作，每个动作可以实现特定的任务，如弹出一条新信息、打开一个新的浏览器窗口、显示或隐藏 AP 元素、播放一段音乐、停止或者播放一段 Shockwave Movie 等。

在把行为附加到某个对象之后，每当该元素的某个事件触发时，就会调用与该事件关联的动作(JavaScript 代码)。例如，将"弹出消息"动作附加到某个链接，并指定它将由 onMouseOver 事件触发，只要在浏览器中用鼠标指向该链接时，就会弹出显示消息。单个事件可以触发多个不同的动作，可以指定这些动作发生的顺序，并在不同的时间执行这些动作。

2. "行为"面板

Dreamweaver CS6 提供了一个专门管理和编辑行为的工具——"行为"面板，它为用户提供了丰富的行为动作，涉及网页制作各个方面。利用它可以为对象添加行为，还可以修改以前添加的行为参数。

(1) 在 Dreamweaver CS6 窗口中，选择"窗口"|"行为"命令(快捷键 Shift＋F4)，就可以打开"行为"面板。

① 显示设置事件：单击此按钮，仅显示附加到当前文档的事件。

② 显示所有事件：单击此按钮，按字母降序显示给定类别的所有事件。

③ 添加行为：单击此按钮弹出一个快捷菜单，其中包含可以附加到当前所选元素的动作。从中选择一个动作选项创建某一对象的行为，如图 5-44 所示。

④ 删除事件：单击此按钮可以删除所选的事件和动作。

⑤ 增加事件值：单击此按钮可以向上移动所选的事件和动作。

⑥ 降低事件值：单击此按钮可以向下移动所选的事件和动作。

(2) 选择一个行为项后，可以通过单击事件右边的下拉按钮，打开一个菜单，为这个行为动作选择不同的事件，如图 5-45 所示。

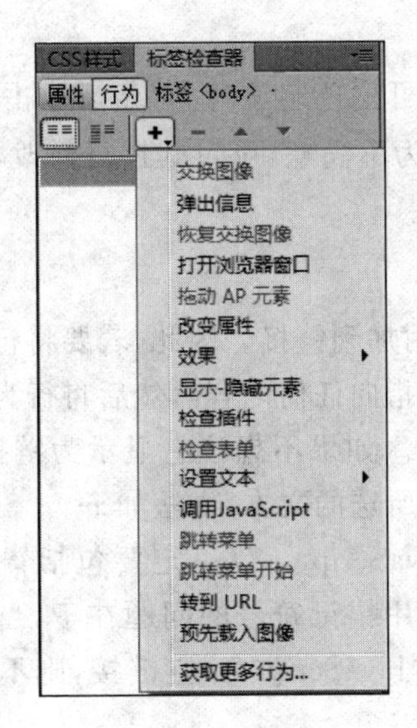

图 5-44　菜单

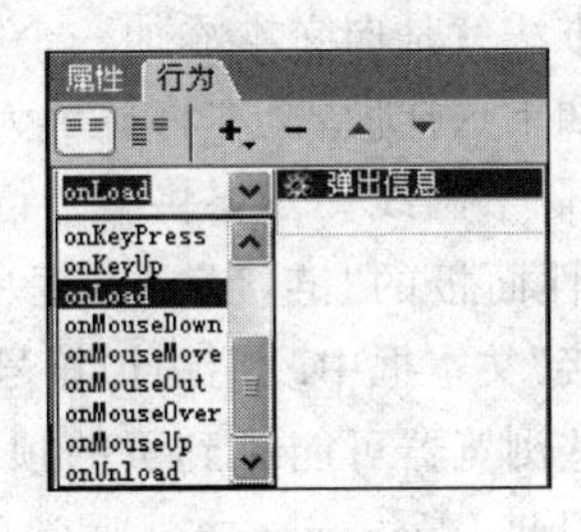

图 5-45　事件菜单

5.3.3　知识拓展——行为的应用

1. 添加“行为”

行为可以附加到整个文档(即附加到<body>标签),还可以附加到超链接、图像、表单元素以及其他任何 HTML 元素。每个事件可以指定多个动作,动作将按其在行为动作列表中的顺序依次发生。给一个页面添加行为的步骤如下。

(1) 在页面上选择一个元素(如文字链接或图片),行为将被加到此特定的元素上。若要将行为附加到整个页面,单击文档窗口左下角的<body>标签。

(2) 选择“窗口”|“行为”命令,弹出“行为”面板,单击 ✚ 按钮,并从菜单中选择一个希望执行的动作(如交换图像、拖动 AP 元素,或弹出信息)。菜单中灰色显示的动作表示,对象动作不可操作,该动作需要特定对象(如 AP 元素、表单等)。

(3) 当选择某个动作后,将会弹出相应对话框以设置该动作的参数和说明,单击“确定”按钮为该动作添加刚设置具体的参数。触发该动作的默认事件显示在“事件”栏中。如果这不是需要的触发事件,请单击当前事件,并打开右侧的下拉列表框选择需要的事件。

2. 修改“行为”

在附加了行为之后,如果对添加的行为不满意,可对其进行修改,以更改触发动作的事件,添加或删除动作,以及更改动作参数。

(1) 选定一个附加了行为的对象,选择“窗口”|“行为”命令,打开“行为”面板。

(2) 根据需要进行如下操作。

① 若要删除某个行为,先将其选中,然后单击按钮。

② 若要编辑、修改某个动作的参数,可双击此行为,在弹出的对话框中修改各参数

项，修改完毕后，单击“确定”按钮。

③ 若要修改给定事件多个动作的先后顺序，可先选定该行为，然后单击面板中的▲或▼按钮。在附加了行为之后，如果对添加的行为不满意，可对其进行修改，以更改触发动作的事件，添加或删除动作以及更改动作参数。

3. 将“行为”附加到文本

不能将行为附加到纯文本上，但可以将行为附加到链接。因此，若要将行为附加到文本，最简单的方法就是向文本添加一个空链接(不指向任何内容)，然后将行为附加到该链接上。注意，如果这样做，文本将显示为链接状态。如果不想让它显示为链接，可以更改链接颜色并删除下画线。若要将某个行为附加到所选的文本，方法如下。

(1) 在属性面板的“链接”文本框中输入“JavaScript:;”(一定要包括冒号和分号)。也可以在“链接”文本框中改用锚记符号(#)。使用锚记符号的问题在于，当访问者单击该链接时，某些浏览器可能跳到页的顶部。单击“JavaScript:;”空链接，则不会在页上产生任何效果，因此 JavaScript 方法通常更可取。

(2) 在文本仍处于选中状态时，打开“行为”面板(选择“窗口”|“行为”命令)。

(3) 从“动作”弹出菜单中选择一个动作，输入该动作的参数，然后选择一个触发该动作的事件。

4. JavaScript 技术

JavaScript 是一种基于对象和事件驱动并具有安全性能的脚本语言，它可以直接嵌套在 HTML 页面中，运行时不需要单独编译。由于它具有跨平台性、与操作环境无关、只依赖于浏览器本身等特性，因此，只要是支持 JavaScript 的浏览器都能正确执行。

(1) JavaScript 代码可以嵌入 HTML 中，并与 HTML 标识符、CSS 样式表相结合，成为 HTML 文档的一部分，以实现网页的动态效果或交互功能。嵌入形式有以下几种。

① 在 Head 部分添加 JavaScript 脚本：将 JavaScript 脚本置于网页 Head 部分，使之在其余代码之前加载，快速实现其功能，并且容易维护。

② 直接在 Body 部分添加 JavaScript 脚本：由于某些脚本在网页中特定部分显示其效果，此时脚本就会位于 Body 中的特定位置；HTML 表单需要直接在<input>标签内添加脚本，以响应输入元素的事件，如实现全屏显示。

```
onclick="windows.open(document.location, 'big', 'fullscreen=yes')"
```

③ 链接 JavaScript 脚本文件：引用外部脚本文件，使用<script>标签的 src 属性来指定外部脚本文件的 URL，文件扩展名为.js。这种方法使脚本文件得到重复使用，从而降低维护的工作量。例如：

```
<script type="text/javaScript" src="moveimage.js"></script>
```

(2) JavaScript 是基于对象的语言，它把复杂的对象统一起来，形成一个非常强大的对象系统。这些对象主要包括以下几种。

① Navigator对象：管理着当前浏览器的版本号、运行的平台及浏览器使用的语言等信息。常用属性：AppName提供字符串形式的浏览器名称；AppVersion反映浏览器的版本号；AppCodeName反映用字符串表示的当前浏览器的代码名称。

② Windows对象：处于整个从属表的顶级位置，窗口对象包含许多有用的属性、方法和事件驱动程序，用来控制浏览器窗口的显示。常用方法：open()方法创建一个新的浏览器窗口open(URL，windowsName，parameterList)；close()方法关闭浏览器窗口；alert()方法弹出一个消息框；confirm()方法弹出一个确认框；prompt()方法弹出一个提示框。

③ Location对象：含有当前网页的URL地址，使用Location对象打开某网页。

④ History对象：含有以前访问过的网页的URL地址，使用这个对象来制作页面中的"前进"和"后退"按钮。

⑤ Document对象：含有当前网页的各种特性，如标题、背景等。在Document对象中有3个最重要的对象：锚anchor对象<a name=…></a>标签在HTML代码中存在时产生的对象；链接link对象用<a herf=…></a>标签连接一个超文本或超媒体的元素作为一个特定的URL；窗体form对象是文档对象的一个元素，它含有多种格式的对象储存信息，使用它可以在JavaScript脚本中编写程序进行文字输入，并可以用来动态改变文档的行为。

如果从Dreamweaver CS6动作中手动删除代码，或用自己的代码将其替换，则可能会失去跨浏览器兼容性。虽然Dreamweaver CS3动作经过编写已获得最大限度的跨浏览器兼容性，但是一些浏览器根本不支持JavaScript，而且许多浏览Web的人员会在他们的浏览器中关闭JavaScript。为了获得最佳的跨平台效果，可提供包括在<noscript>标签中的替换界面，以使没有JavaScript的访问者依然能够访问站点。

5.3.4　知识拓展——内置行为

Dreamweaver CS6提供了16个行为动作，如果想扩充更多的动作，可以到http://adobe-dreamweaver.cn/extension.html及第三方开发人员站点下载更多的动作，也可以自己编写行为动作。在Dreamweaver CS6中，许多行为是组合使用的，如"交换图像"与"恢复交换图像"等。

1. 交换图像和恢复交换图像

"交换图像"行为通过更改<img>标签的src属性，以一张图像替代当前的图像。使用将"交换图像"行为附加到某个对象时，系统都会自动添加"恢复交换图像"行为；如果在附加"交换图像"行为时选择了"恢复"选项，则不需要再次手动选择"恢复交换图像"行为。需要注意的是，不管原始图像和交换图像的大小是否一致，交换的图像大小都与原始图像保持一致。考虑到图片的质量，最好预制作两幅尺寸一致的图像素材。

(1) 打开站点目录下的\N5\index.html文件，选中左侧的图片index_r13_c3.jpg，在属性面板中为该图像输入一个名称"image"。如果未为图像命名，"交换图像"行为仍将起作用；当将该行为附加到某个对象时，它将为未命名的图像自动命名。但是如果给图像预先命名，则在“交换图像”对话框中更容易区分它们。

(2) 单击“行为”面板中的 + 按钮，从弹出的菜单中选择“交换图像”命令，弹出“交换图像”对话框，如图 5-46 所示。在“设定原始档为”文本框中，输入交换图像的文件名 image/lanh02.jpg，并选中下方的两个复选框。

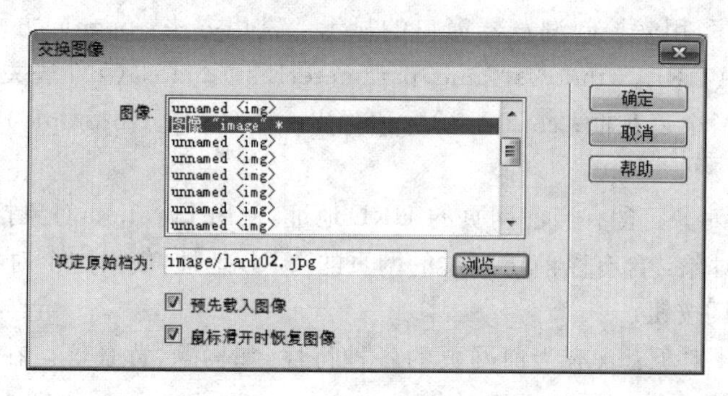

图 5-46 “交换图像”对话框

(3) 单击“确定”按钮，网页就自动添加了 3 个行为。首先，在“行为”面板自动添加了“交换图像”和“恢复交换图像”行为(该行为是在“交换图像”对话框中默认选中“鼠标滑开时恢复图像”复选框时被定义的)，默认事件为 onMouseOver 和 onMouseOut 也是成对出现。其次，为网页主体<body>标签加载“预先载入图像”行为，默认事件 onLoad(防止图像显示时由于下载导致的延迟暂放到浏览器缓存中，使显示效果较为平滑，同时也便于脱机浏览)，如图 5-47 所示。

图 5-47 添加行为后的“行为”面板

(4) 按 F12 键预览页面效果，如图 5-48 所示。当鼠标指针移到图像上时，就会替换成另一张图像；鼠标离开图像后，又恢复最初显示的图像。

图 5-48 “鼠标经过图像”行为的预览效果

2. 弹出信息行为

“弹出信息”行为显示一个带有指定信息的 JavaScript 警告。因为 JavaScript 警告只有一个“确定”按钮，所以使用此动作可以提供信息，但不能为用户提供选择操作。

(1) 新建一个页面,选择菜单栏中的“窗口”|“行为”命令,打开“行为”面板。

(2) 选中＜body＞标签,或将鼠标放在页面空白处(其实也是针对＜body＞标签),单击“行为”面板中的按钮,从弹出的选项中选择“弹出信息”命令,在弹出的对话框文本框内输入相关文字“欢迎光临我的小站!”提示信息,如图 5-49 所示的对话框。

(3) 单击“确定”按钮,该行为被加载。检查事件是否是期望值,例如,onLoad 事件是在打开页面的同时弹出消息框、onClick 事件是在单击鼠标之后出现消息框。按 F12 键预览显示效果,如图 5-50 所示。只有单击“确定”按钮后,才能正常浏览网页。

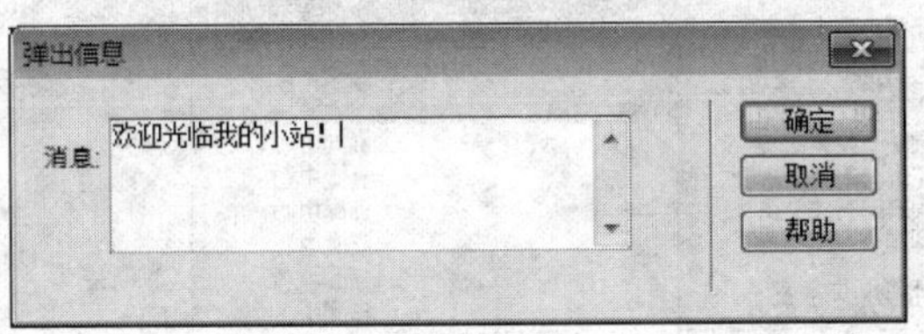

图 5-49　“弹出信息”对话框

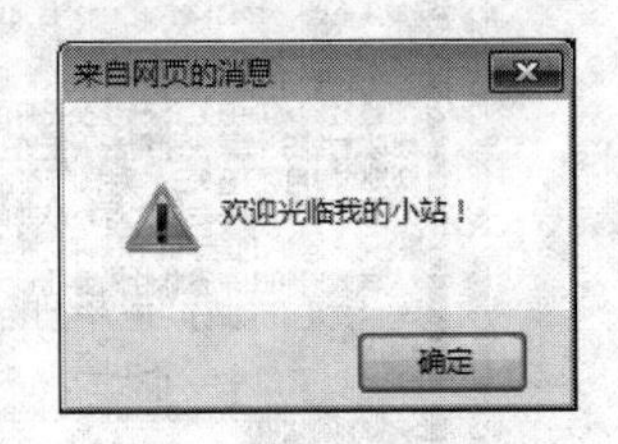

图 5-50　“弹出信息”行为的预览状态

(4) “弹出信息”行为建议针对某个对象比较合适,因为针对＜body＞标签时,每次打开、返回或刷新页面,都会弹出该消息框(onLoad 载入事件或 onClick 单击事件)。只有单击了消息框中的“确定”按钮后,才能继续正常浏览网页。特别当此行为针对主页实施时,每次返回主页都会弹出该消息框会让人厌烦。

3. 打开浏览器窗口

“打开浏览器窗口”行为可在一个新的窗口打开指定页面。此行为可以指定新窗口的属性(包括其大小)、特性(是否允许调整窗口大小、是否显示菜单栏等)和名称等参数,从而制作出符合自己需求的窗口效果。如果不指定该窗口的任何属性,在打开时它的大小与打开它的窗口相同。

(1) 在站点目录\N5\html 下,新建页面 gonggao. html,在页面中插入正文文字,设置其页面属性:左、上边距为 0,在标题处输入标题名称“公告-中国泰山国际兰花展览会邀请函”。

(2) 打开站点目录下的\N5\index0. html 文件,在标签选择器中选择＜body＞标签(默认事件 onLoad),在“行为”面板中单击 + 按钮添加行为,从弹出的菜单中选择“打开浏览器窗口”命令,弹出“打开浏览器窗口”对话框,如图 5-51 所示。

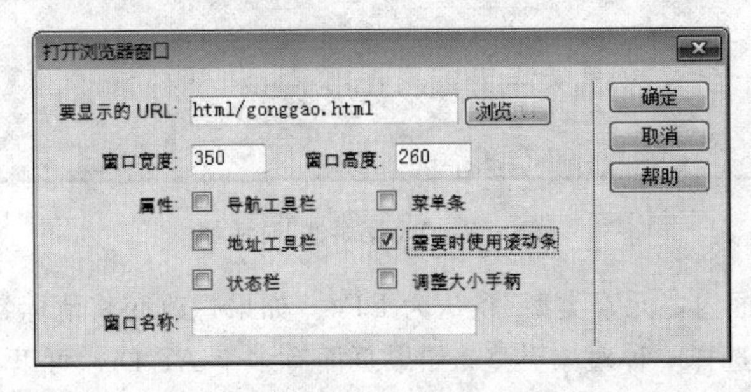

图 5-51　“打开浏览器窗口”对话框

(3) 在对话框设置好,弹出浏览器窗口的相关属性后,按 F12 键预览网页效果,在打开主页面的同时,也打开了一个小浏览器窗口,如图 5-52 所示。

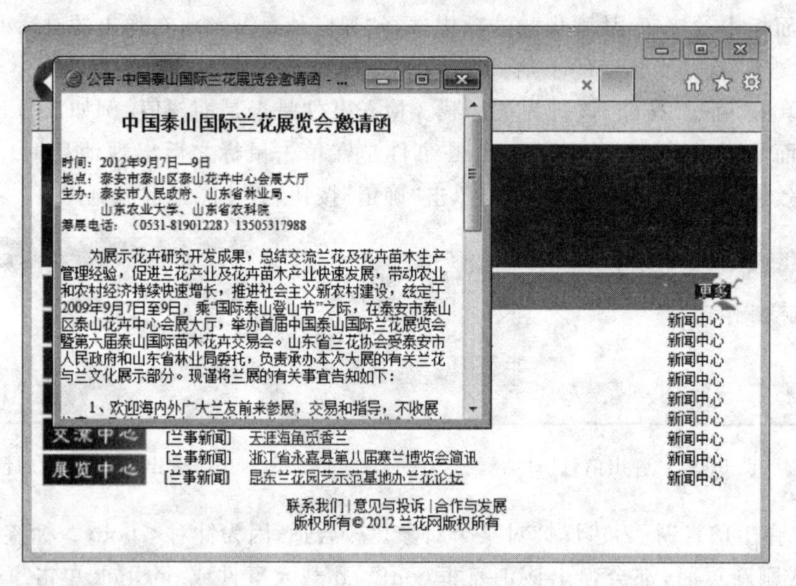

图 5-52 网页预览效果

4. 改变属性

使用该行为可通过设置的"动作触发"行为,动态改变对象某个属性,包括对象的颜色、尺寸和背景等。

(1) 新建网页文件 xingwei.html 文件,并保存在站点目录\N5\html 下,在页面上插入一个 AP Div,将其背景色设置为＃9999FF。

(2) 选择要增加行为的对象(可以是页面上的指定对象,也可以是 AP Div 本体)。在"行为"面板中单击 **+** 按钮添加"改变属性"行为,弹出"改变属性"对话框,如图 5-53 所示。

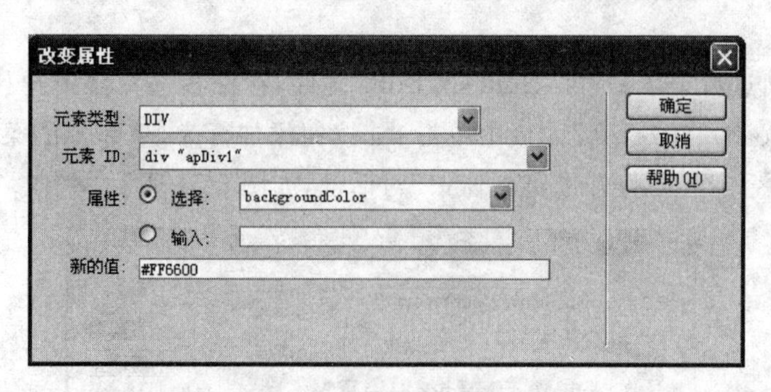

图 5-53 "改变属性"对话框

(3) 在该对话框内,"元素类型"默认为 DIV。如果想改变其他标签和元素类型,从右侧的下拉列表框中选择一种对象类型; 如果页面有多个 AP Div,可以在"元素 ID"下拉列表框中选择要改变的对象。在"属性"选项组中,如果对属性对象值不太熟悉,可选中"选择”单选按钮，再从其右侧的下拉列表框中选择属性值，如 backgroundColor；如果非常熟悉 HTML，可以直接在“输入”文本框中输入属性名称；在“新的值”后面的文本框内输入新的属性值，如 #FF6600。检查事件是否为期望值，默认事件为 onFocus，将其改为 onClick。

(4) 按 F12 键预览行为设置效果，如图 5-54 所示。

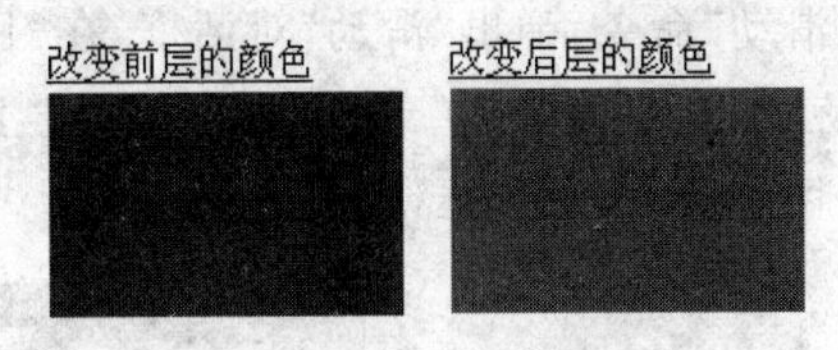

图 5-54　“改变属性”行为的预览效果

5. 效果(Spry 动画)

Dreamweaver CS6 中的 Spry 动画效果主要用来增强视觉效果，以创建动画过渡，或者以可视方式修改页面元素，其效果行为可应用于使用 JavaScript 的 HTML 页面上的几乎所有元素。要对某个元素应用效果，必须使该元素处于选定状态，或该元素已指定一个 ID。当使用效果时，系统会在“代码”视图中将不同的代码行添加到文件中。其中，<script src="../../SpryAssets/SpryEffects.js" type="text/javascript">用来标识 SpryEffects.js 文件，该文件包含所有 Spry 效果所必需的 JavaScript 脚本库。请不要从代码中删除该行，否则这些效果将不起作用。

Spry 效果包括显示/渐隐、高亮颜色、遮帘、滑动、增大/收缩、晃动、挤压等动画效果，它可以设置元素的不透明、缩放比例、位置和样式属性(如背景颜色)，还可以组合两个或多个属性来创建有趣的视觉效果。由于这些效果都基于 Spry，因此当单击应用了效果的对象时，只有对象会进行动态更新，不会刷新整个 HTML 页面。其中，显示/渐隐、增大/收缩、晃动、挤压等动画效果已经在任务中介绍了操作方法，就不再继续介绍。

(1) 增大/收缩效果

利用该 Spry 效果，可以使元素产生变大或变小动画效果。此效果适用于下列 HTML 对象：address、dd、div、dl、dt、form、p、ol、ul、applet、center、dir、menu 或 pre。

(2) 挤压效果

利用该 Spry 效果，可以使元素产生从页面左上角消失的动画效果。

(3) 显示/渐隐效果

利用该 Spry 效果，可以使元素产生淡淡显示或隐藏的动画效果。此效果适用于除 applet、body、iframe、object、tr、tbody 或 th 以外的所有 HTML 对象。

(4) 晃动效果

利用该 Spry 效果，可以模拟从左向右晃动元素的动画效果。

(5) 滑动效果

利用该 Spry 效果，可以产生上、下移动元素的动画效果。此效果适用于下列 HTML 对象：blockquote、dd、div、form 或 center。滑动效果要求被滑动的内容置于一个<div>标签内。

① 新建一个页面文档 xingweiSpry.html，保存到站点目录\N5\html 下。在页面中插入一个<div>标签，并在属性面板中将其 ID 设置为 Div1，在<div>标签中插入图像 lanh01.jpg，以替换掉标签内的说明性文字。

② 选中<div>标签，单击“行为”面板中的 +. 按钮，从弹出的菜单中选择“效果”|“滑动”命令，弹出“滑动”对话框，在“目标元素”下拉列表框中选择 div "Div1"选项；“效果持续时间”为 2000 毫秒；“效果”为“上滑”；“上滑自”为 100%；“上滑到”为 20%；选中“切换效果”复选框，如图 5-55 所示。

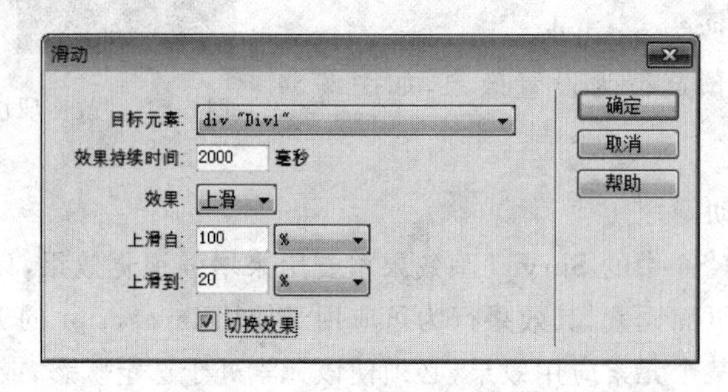

图 5-55 “滑动”对话框

③ 单击“确定”按钮，行为即被添加到页面，默认事件为 onClick。按 F12 键预览行为设置效果。单击图像，就可以看到图像整体向上滑动的效果，再次单击图像整体向下滑动恢复至原来大小。而取消选中“切换效果”复选框后再次单击图像，该图像则又从下向上缓慢滑动，如图 5-56 所示。

图 5-56 “滑动”行为的预览效果

(6) 遮帘效果

该 Spry 可以模拟百叶窗效果，产生向上或向下滚动百叶窗，以隐藏或显示元素的动画效果。遮帘效果要求被滚动的内容置于一个<div>标签内。

① 在站点目录\N5\html 下，打开页面文档 xingweiSpry. html。在页面中插入一个<div>标签，并在属性面板中将其 ID 设置为 Div2，在<div>标签中插入图像 lanh02. jpg，以替换掉标签内的说明性文字。

② 选中<div>标签中的图像，单击“行为”面板中的 +. 按钮，从弹出的菜单中选择“效果”|“遮帘”命令，弹出“遮帘”对话框，在“目标元素”下拉列表框中选择 div "Div2"选项；“效果持续时间”为 2200 毫秒；“效果”为“向下遮帘”；“向下遮帘自”为 20%；“向下遮帘到”为 100%；取消选中“切换效果”复选框，如图 5-57 所示。

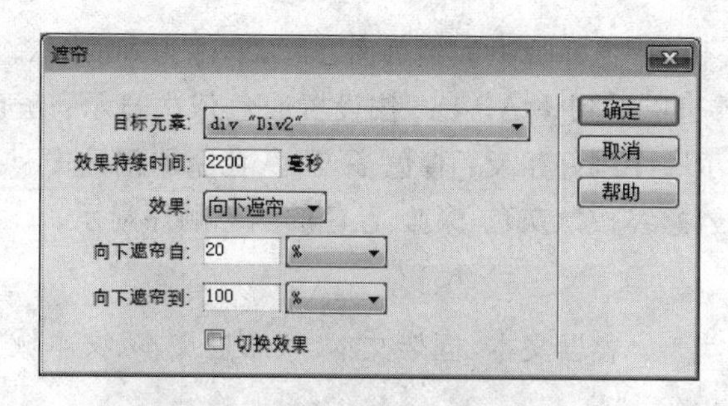

图5-57 “遮帘”对话框

③ 单击“确定”按钮，行为即被添加到页面，默认事件为onClick。按F12键预览行为设置效果，单击图像就可以看到遮帘效果从图像的20%处向下缓慢拉开至全图。选中“切换效果”复选框后，单击图像就可以看到遮帘效果从图像20%处向下缓慢拉开，再次单击遮帘自图像底部向上卷起，如图5-58所示。

图5-58 “滚动”行为的预览效果

(7) 高亮颜色效果

利用该Spry效果，可以使元素产生颜色渐变的动画效果。

① 在站点目录\N5\html下，打开页面文档xingweiSpry.html，在页面绘制一个AP Div，设置其背景色为#CCCCCC。

② 选中该AP Div，单击“行为”面板中的+.按钮，从弹出的菜单中选择“效果”|“高亮颜色”命令，弹出“高亮颜色”对话框，在“目标元素”下拉列表框中选择div "apDiv1"选项；“效果持续时间”为3000毫秒；起始颜色为“#CCCCCC”，如图5-59所示。

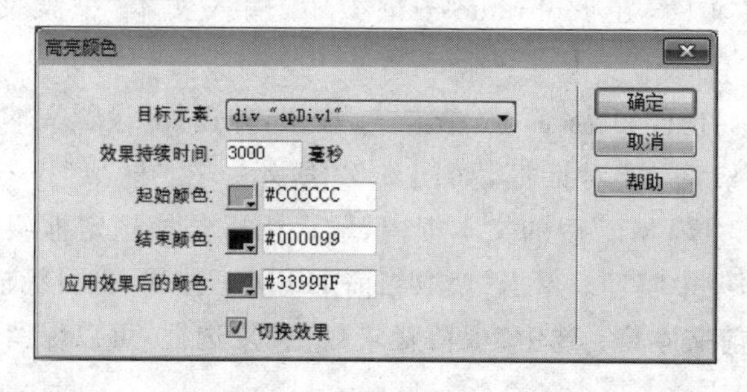

图5-59 “高亮颜色”对话框

③ 单击“确定”按钮，行为即被添加到页面，默认事件为 onClick。按 F12 键浏览网页设置效果，单击图像就可以看到该 AP Div 按设置颜色依次显示：灰色-深蓝-青色。再次单击 AP Div，颜色显示顺序刚好相反：青色-深蓝-灰色。取消选中“切换效果”复选框后，无论如何单击 AP Div，始终按照灰色-深蓝-青色的颜色顺序显示。

6. 设置文本

该行为包括 4 种类型：容器文本、框架文本、状态栏文本、文本域文本。

(1) 设置容器的文本

设置 AP 元素文本动作，可以用指定的内容(包括任何有效的 HTML 源代码)来替换页面上现有容器(即包含文本或其他元素的任何元素)的内容和格式。在调用该动作前，先要在页面中插入一个 AP 元素。

① 在网页文件 xingwei.html 文件中，选定要链接行为的对象，如图像和文本(文本作为行为对象时，需要为其设置空链接)，然后打开“行为”面板，单击 + 按钮并选择“设置文本”|“设置容器的文本”命令。

② 在弹出的“设置容器的文本”对话框中，使用“容器”菜单选择目标元素，在“新建 HTML”文本框内，输入新的文本或 JavaScript 代码，如图 5-60 所示。

③ 单击“确定”按钮后，验证默认事件是否为预期值。如果不是，请选择其他触发事件。按下 F12 键预览行为设置效果，如图 5-61 所示。

图 5-60 “设置容器的文本”对话框

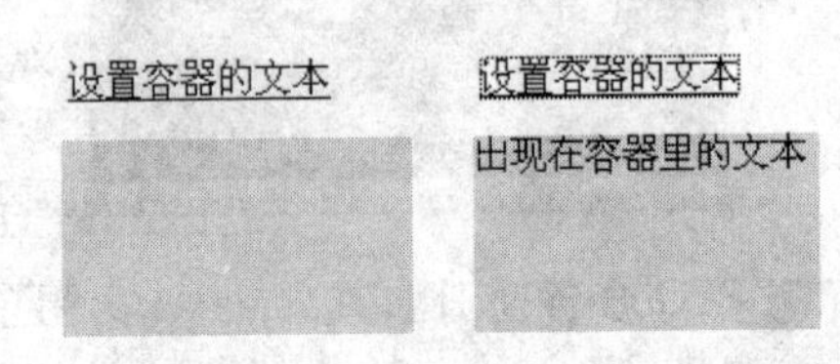

图 5-61 “设置容器的文本”行为预览效果

(2) 设置框架文本

该行为只有在框架集文件存在时才能设置。“设置框架文本”行为，可以动态地改变框架文本，用特定的内容(包含任何有效的 HTML 代码)替换框架的格式和内容，操作可动态显示信息。调用该动作前，先要创建框架集。

① 在网页文件 xingwei.html 文件中，选择菜单栏的“插入”|HTML|“框架”选项，以创建任意框架集文件，在 topFrame 子框架中，输入文本“框架文本”并设置为“空链接”。

② 选定该链接，打开“行为”面板，单击 + 按钮，并选择“设置文本”|“设置框架文本”命令，弹出“设置框架文本”对话框，如图 5-62 所示。在“框架”下拉列表内选中框架 mainFrame，在“新建 HTML”后的文本框内，输入用于替换选定框架中内容的文本内容“是想把我放在主框架中吗?”。单击“获取当前 HTML”按钮，把目标框架的 HTML 的内容和形式复制到当前文本框；选中“保留背景颜色”复选框，可以保留原来框架中的背景颜色。

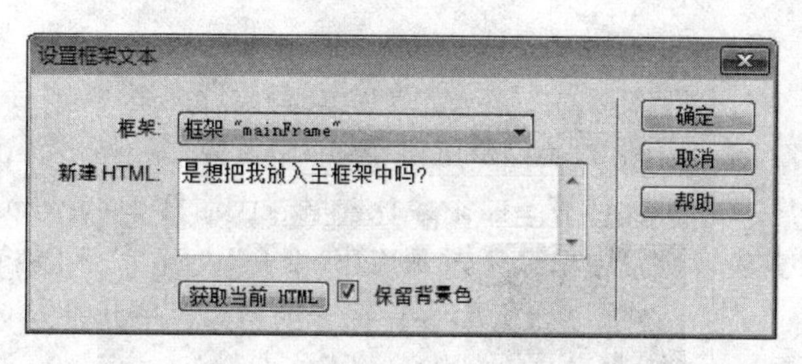

图 5-62 "设置框架文本"对话框

③ 单击"确定"按钮后,行为即被添加,默认事件为 onMouseOver。如果不是预期值,请选择其他触发事件。按 F12 键预览行为的设置效果,如图 5-63 所示。当鼠标经过文字"框架文本"时,主框架的内容马上被替换成目标内容。该行为只有在框架集文件存在时才能设置。设置框架文本动作可以动态地改变框架文本,用特定的内容(包含任何有效的 HTML 代码)替换框架的格式和内容,此操作可动态显示信息。

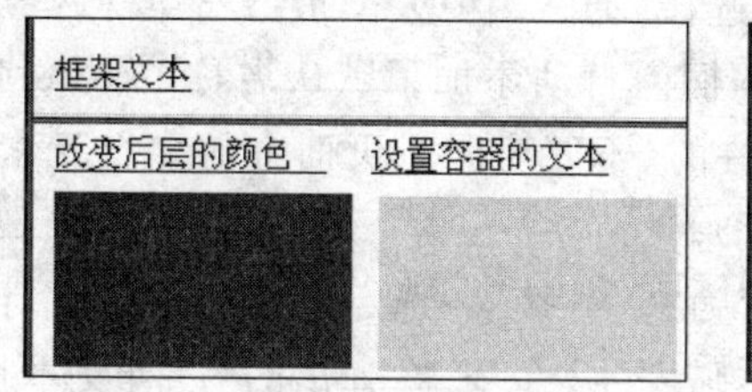

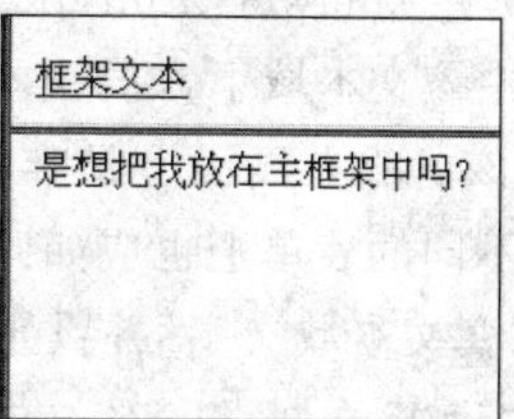

图 5-63 "设置框架文本"行为的预览效果

(3) 设置状态栏文本

"设置状态栏文本"行为可以在浏览器窗口底部左侧的状态栏中显示文本消息。访问者常常会忽略或注意不到状态栏中的消息。如果消息比较重要,可考虑将其显示为弹出式消息或层文本。

① 在网页文件 xingwei.html 文件中,选定<body>标签,然后打开"行为"面板,单击 + 按钮并选择"设置文本"|"设置状态栏文本"命令。

② 弹出"设置状态栏文本"对话框,在"消息"文本框中输入需要显示的消息文本"欢迎每一位光临我的小站的朋友!",如图 5-64 所示。输入的消息应简明扼要,如果消息不能完全放在状态栏中,浏览器将截断消息。

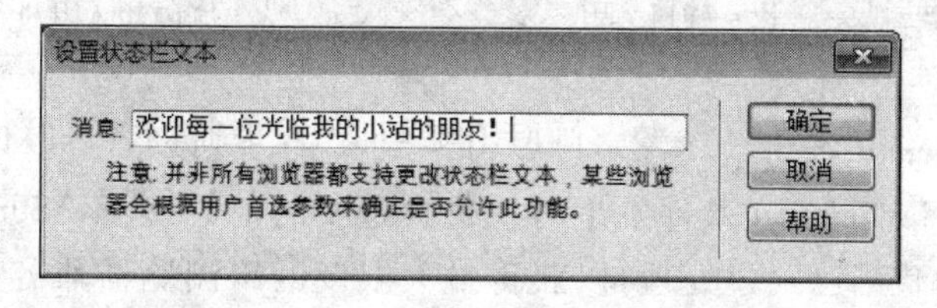

图 5-64 "设置状态栏文本"对话框

③ 按 F12 键预览,就可以在网页的底部状态栏中看到刚设置的消息文本,如图 5-65 所示。

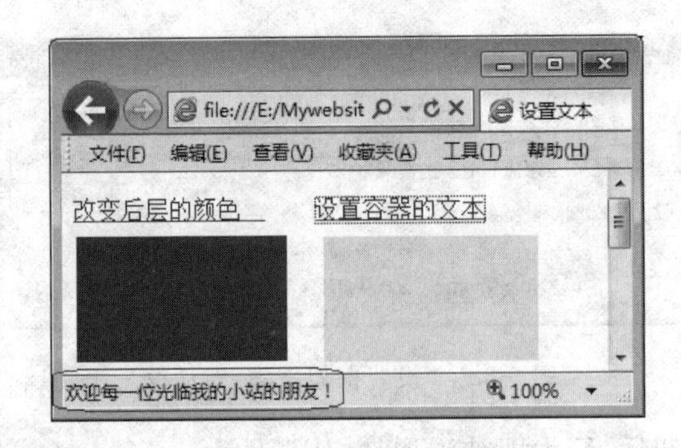

图 5-65 “设置状态栏文本”行为的预览效果

(4) 设置文本域文字

“设置文本域文字”行为可以用指定的内容替换表单文本域的内容，结合一些具有特殊功能的网页脚本，可以实现更加丰富的功能。

① 在网页文件 xingwei. html 中，选择“插入”|“表单”|“文本域”命令插入一个文本域，在属性面板中该文本域下方的文本框内自动添加了默认名称 textfield。如果想修改此名称，须确保该名称在页面上是唯一的(不要对同一页面上的多个元素使用相同的名称，即使它们在不同的表单上也应如此)。

② 输入“改变文本域文字”并设置为“空链接”。选定该链接，打开“行为”面板，单击 + 按钮并选择“设置文本”|“设置文本域文字”命令，在弹出的“设置文本域文字”对话框中，从“文本域”下拉列表框中选择目标文本域，在“新建文本”文本框中输入“请把我放在文本域中!”(会将输入的文本内容替换掉指定文本域中的内容)，如图 5-66 所示。

③ 单击“确定”按钮后，行为即被添加，默认事件为 onClick，如果不是预期值，请选择其他触发事件。按 F12 键预览行为设置效果，单击文字链接，文本域中的文字被替换成设置文字，如图 5-67 所示。

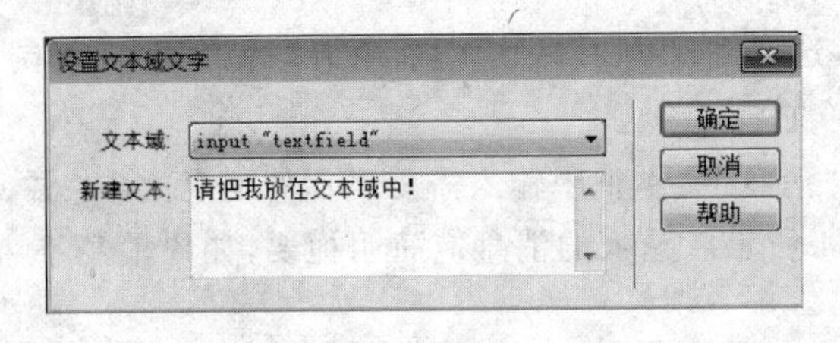

图 5-66 “设置文本域文字”对话框

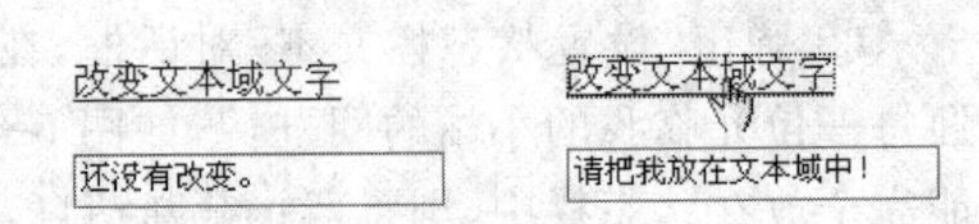

图 5-67 “设置文本域文字”行为的预览效果

7. 调用 JavaScript 行为

“调用 JavaScript”行为在事件发生时执行自定义的函数或 JavaScript 代码行。虽然 Dreamweaver 动作代码已经过处理，以获得最大限度的跨浏览器兼容性，但一些浏览器根本就不支持或关闭 JavaScript。为了获得最佳的跨平台效果，可提供具有<noscript>标签的替换界面，以使用户也能访问站点。

(1) 在网页文件 xingwei. html 文件中，在页面上输入“刷新”和“关闭”，并分别设置为空链接。

(2) 选中"刷新"文本，在"行为"面板中单击 ✚ 按钮，从弹出的动作菜单中选择"调用 JavaScript"命令。在弹出的"调用 JavaScript"对话框中，输入需执行的 JavaScript 代码 window.location.reload()，系统默认事件为 onClick，如图 5-68 所示。

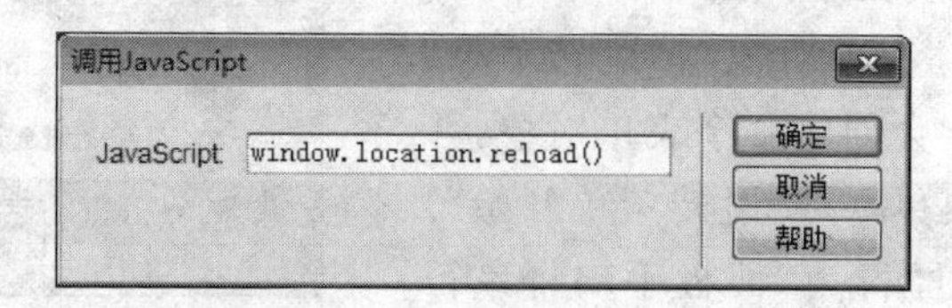

图 5-68 "调用 JavaScript"对话框

(3) 第(2)步的实例采用手动方式刷新页面，如果想在页面实现自动定时刷新页面功能，只需要在 HTML 的＜head＞…＜/head＞之间加入代码＜meta http-equiv＝"refresh" content＝"10"/＞，浏览页面每 10 秒钟会自动刷新一次，10 为刷新的延迟时间，以秒为单位。

(4) 选中"关闭"文本，在"行为"面板中单击 ✚ 按钮，从弹出的动作菜单中选择"调用 JavaScript"命令，在弹出的对话框中输入需执行的 JavaScript 代码 window.close()，系统默认事件为 onClick。输入"alert("嘿嘿！找我干什么?")"，则创建一个提示窗口。

(5) 如果不希望他人使用本页面内容，可在网页中屏蔽鼠标左、右键的禁止选取。在＜body＞标签内添加代码＜body onselectstart＝"window.event.returnValue＝false;"＞，则在当前页面无法选取任何文字；在＜body＞标签内添加代码"＜body oncontextmenu＝"window.event.returnValue＝false; alert('您无法使用右键菜单进行复制!');"＞"，则鼠标右键功能完全禁止。不希望弹出消息窗可将 alert()删除。

(6) 第(5)步的方法仍然可以从菜单栏使用"全选"选择网页内容，在＜body＞标签内添加代码＜body onselectstart＝"return false" onselect＝"document.selection.empty()" onondragstart＝"return false"＞，此时"全选"功能不起作用。即使右键菜单弹出，但"全选"功能失效，无法选取页面内容，也就不能使用 Ctrl＋C 键、"编辑"菜单下的"复制"命令或快捷菜单等方式进行复制操作，用户也就无法复制网页内容了。

(7) 按 F12 键预览行为的设置效果，先将前面测试过的行为都操作一遍，单击"刷新"文字链接，则页面返回到网页在浏览器中的初始状态，如图 5-69 所示。

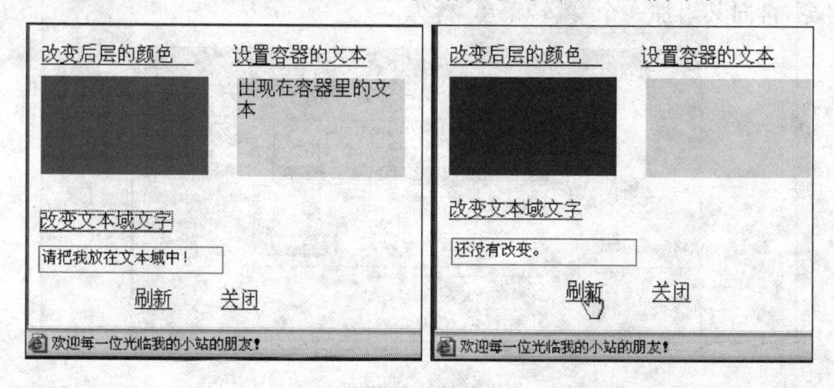

图 5-69 "调用 JavaScript"行为——刷新页面

(8) 单击“关闭”文字链接，则弹出消息框询问是否关闭浏览器窗口，单击“是”按钮，则整个浏览器窗口被关闭，如图 5-70 所示。

8. 跳转菜单与跳转菜单开始

(1) 选择“插入”|“表单对象”|“跳转菜单”命令时，Dreamweaver 会创建一个表单对象，并向其附加一个“跳转菜单”(或“跳转菜单开始”)行为，通常不需要通过“行为”面板手动将该行为附加到对象。如果要修改现有的跳转菜单，则可以在“行为”面板双击已加载的“跳转菜单”行为，重新编辑排列菜单项、更改跳转的文件及打开窗口。选择该菜单项并在“属性”检查器中单击“列表值”按钮，在弹出的对话框中重新编辑排列菜单项。菜单中“跳转菜单”和“跳转菜单开始”行为的效果对照，如图 5-71 所示。

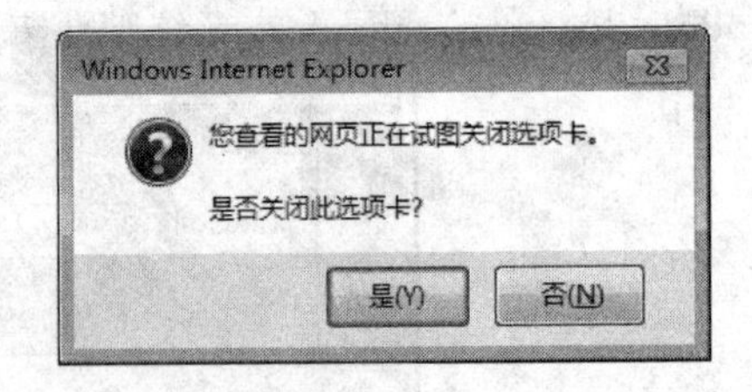

图 5-70 “调用 JavaScript”行为——关闭窗口

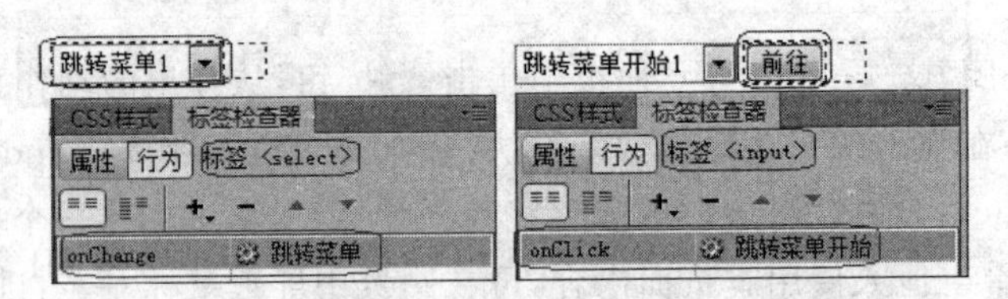

图 5-71 “跳转菜单”和“跳转菜单开始”行为的效果对照

(2) 由于行为需要针对一个对象添加，在使用“跳转菜单”时，可以先创建一个菜单对象，再向其附加一个“跳转菜单”行为。

① 打开\N5\html\xingwei.html 文件，在菜单栏中选择“插入”|“表单”|“选择(列表/菜单)”命令，创建一个菜单对象。在属性面板单击“列表值”，以增加项目标签“页数一、页数二、页数三、页数四”。

② 选中该菜单对象，在“行为”面板中单击 ✚ 按钮，从弹出的“动作”菜单中选择“跳转菜单”命令，弹出“跳转菜单”对话框，如图 5-72 所示。在“菜单项”列表框中选定“页数一”选项，单击“浏览”按钮，增加跳转页面 Hmpjs01.html(\N5\html\目录下)，选中最下面的复选框。由于行为需要针对一个对象添加，所以在使用“跳转菜单”时，可以先创建一个菜单对象，再向其附加一个“跳转菜单”行为。

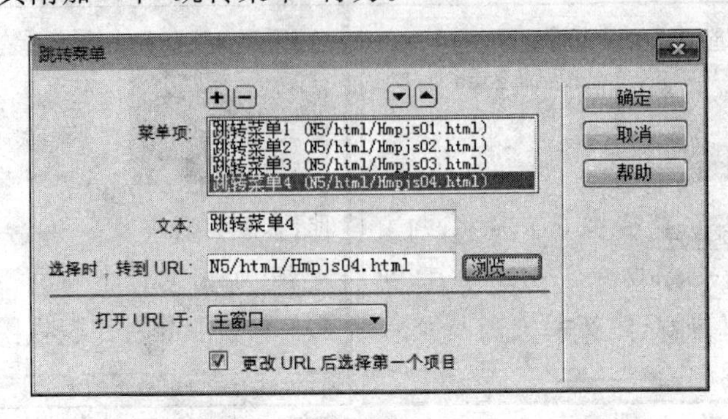

图 5-72 向菜单对象添加“跳转菜单”行为

③ 单击“确定”按钮，行为即被添加。实际上是为表单对象附加了一个 onChange 事件，触发菜单项标签后，浏览器转到指定的页面。

(3) “跳转菜单开始”与“跳转菜单”行为密切关联，它为现有跳转菜单插入一个“前往”按钮。单击“前往”按钮，就会打开在该跳转菜单中选择的链接。通常跳转菜单不需要一个“转到”按钮，从跳转菜单中选择一项直接转入 URL 的载入。但是如果跳转菜单出现在一个框架中，而跳转菜单项链接到其他框架中的页，则需要使用“转到”按钮，以允许访问者重新选择已在跳转菜单中选择的项。

① 在 xingwei.html 文件中的页面最底部，继续选择“插入”|“表单”|“选择(列表/菜单)”命令，创建一个菜单对象。在属性面板单击“列表值”，增加项目标签“页数一、页数二、页数三、页数四”。在该菜单对象后页插入一个按钮，在属性面板将其值设置为“前往”，动作设为“无”。

② 选中“前往”按钮，在“行为”面板中单击 ✚ 按钮，从弹出的动作菜单中选择“跳转菜单开始”命令，则弹出“跳转菜单开始”对话框，如图 5-73 所示。

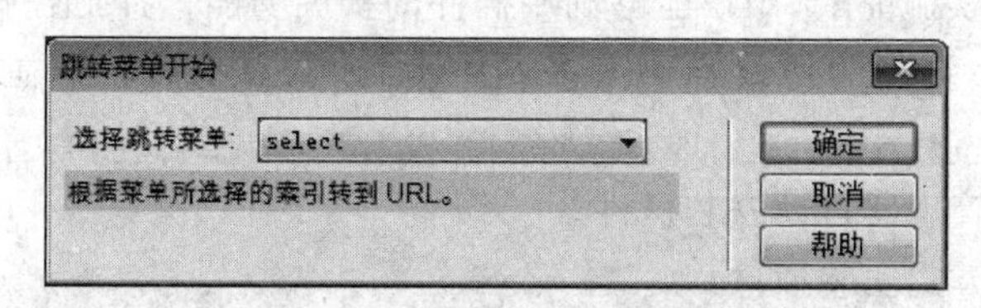

图 5-73 向按钮对象添加“跳转菜单开始”行为

③ 单击“确定”按钮，行为即被添加。对按钮对象附加了一个 onClick 事件，触发事件后浏览器转到指定的页面。

9. 转到 URL 行为

“转到 URL”行为可在当前窗口或指定的框架中打开一个新页。此行为适用于通过一次单击更改两个或多个框架的内容。

(1) 在页面中选择一个对象，在“行为”面板中单击 ✚ 按钮，从弹出的动作菜单中选择“转到 URL”命令，则弹出“转到 URL”对话框，如图 5-74 所示。

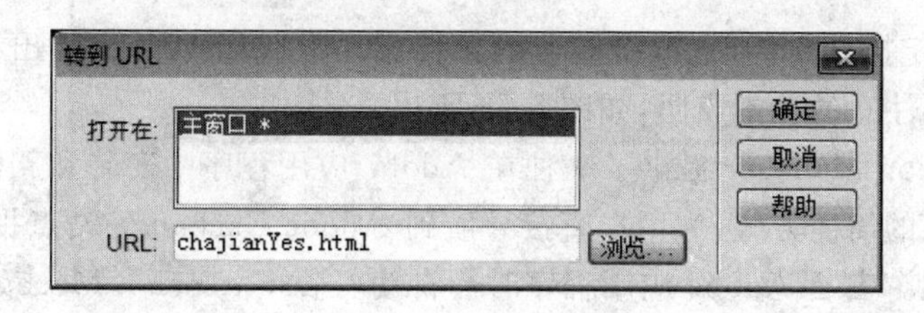

图 5-74 “转到 URL”对话框

(2) “打开在”列表中，自动列出了主窗口或当前框架集中所有框架的名称。如果没有任何框架，则主窗口是唯一的选项。框架名尽量不要使用 top、blank、self 或 parent 等保留的框架名称，否则此行为可能产生意想不到的结果。

(3) 单击“浏览”选择要打开的文档，或在 URL 框中输入该文档的路径和文件名。重复(1)、(2)步继续添加该行为,在其他框架中打开其他文档。

(4) 单击"确定"按钮,以验证默认事件是否正确。

5.4 任务15 网页特效——插件

技能目标

(1) 在网页设计中能够灵活利用插件制作不同的网页特效。

(2) 如果对插件兴趣浓厚,也可以自己制作插件(拓展学习)。

知识目标

(1) 熟练掌握插件的两种安装方法。

(2) 了解插件的安装路径。

(3) 掌握插件的应用。

工作任务

通过该任务的实施完成,用户能够利用插件的扩展功能,为网页制作设计出特效。需要注意的是,同一个页面的特效不要太多,避免给人眼花缭乱的感觉,同时也影响下载速度。

(1) 使用扩展管理器自动安装插件。

(2) 使用手动方式安装插件。

(3) 检查插件在 Dreamweaver CS3 界面中加载的位置。

(4) 把插件应用到指定的页面上。

(5) 预览网页特效。

(6) 网页预览效果(见图 5-75)。

5.4.1 运用插件制作页面特效

(1) 打开插件管理器 Adobe Extension Manager CS6,在菜单栏选择"文件"|"安装扩展"选项,或单击扩展管理器窗口右上方的"安装"图标 安装 ,在弹出"选取要安装的扩展"对话框中指定插件文件,选取拟安装的插件文件 floating. mxp,弹出该扩展插件安装使用过程中需要注意的免责声明,如图 5-76 所示。

(2) Extension Manager 提供了一种在 Adobe 应用程序中安装和删除扩展以及查找已安装扩展信息的简捷方式,为用户直接导航到 Adobe Exchange 站点提供了便利,还可以获取更多扩展。安装 Adobe 应用程序时会自动安装 Extension Manager。需要注意的是：Extension Manager 仅显示随 Extension Manager 应用程序安装的扩展,或从命令行使用 Extension Manager 命令安装的扩展。使用第三方安装程序安装的扩展或对配置文件所做的本地更改,不会显示在 Extension Manager 中。

(3) 单击"接受"按钮,弹出用户安装选择对话框,根据自己的实际情况选择对应项,如图 5-77 所示。

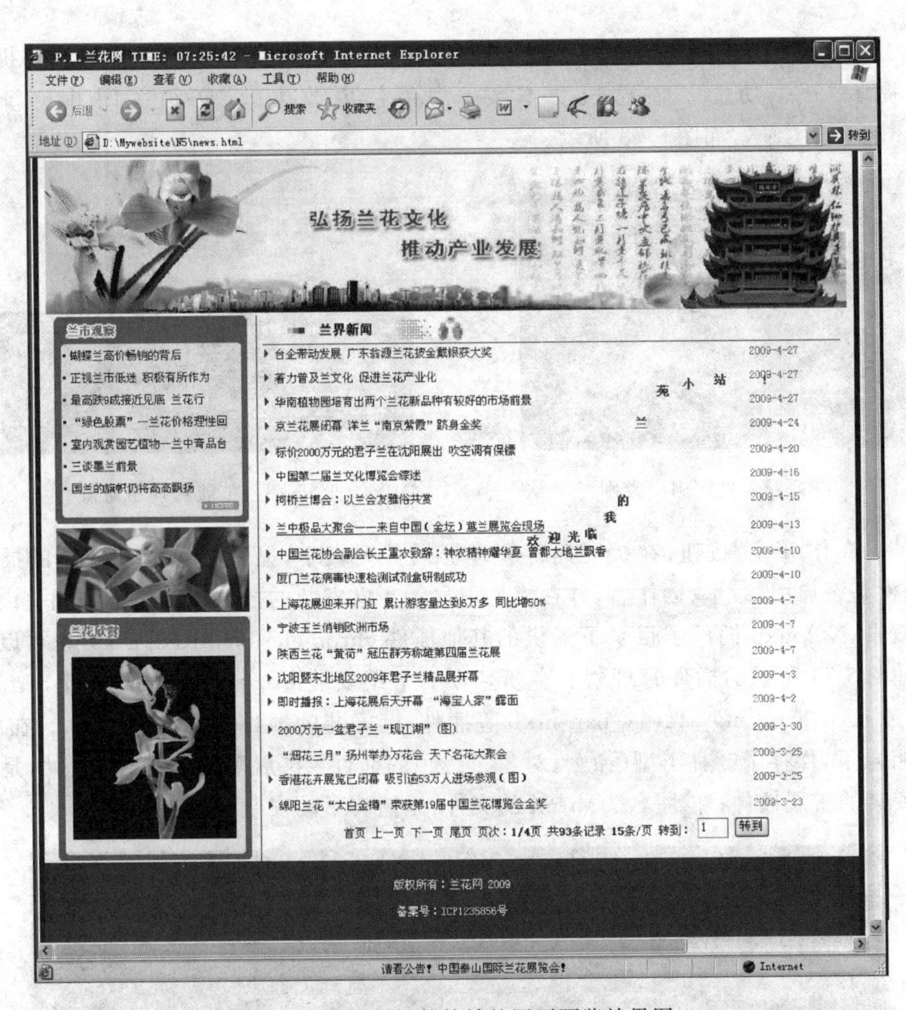

图 5-75　添加插件特效的网页预览效果图

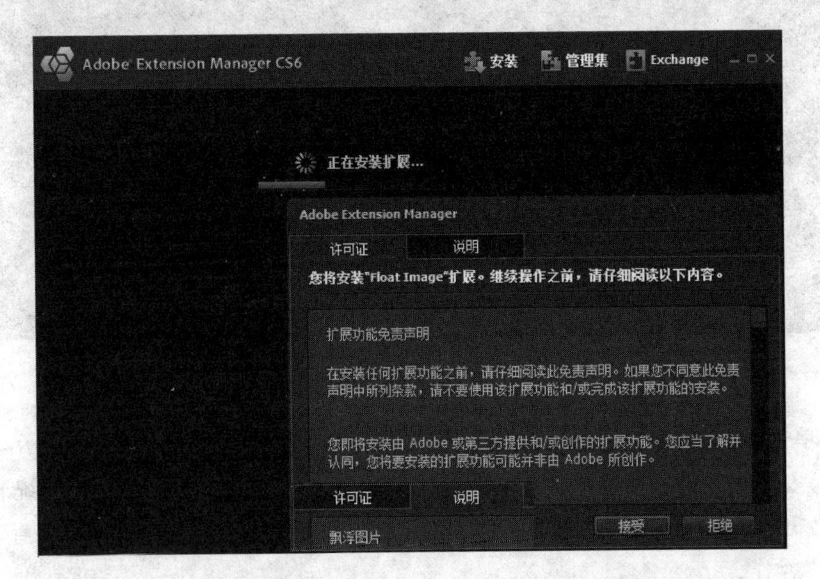

图 5-76　扩展功能的免责声明

(4) 然后单击"安装"按钮,即完成了插件安装过程。如果是行为插件,则弹出提示消息框提示"…… 功能扩展已成功安装。为了使更改生效,必须关闭并重新启动 Dreamweaver CS6",如图 5-78 所示。

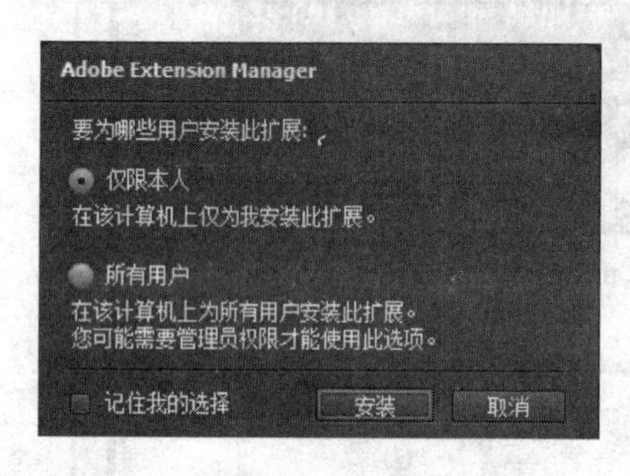

图 5-77 确定用户类别

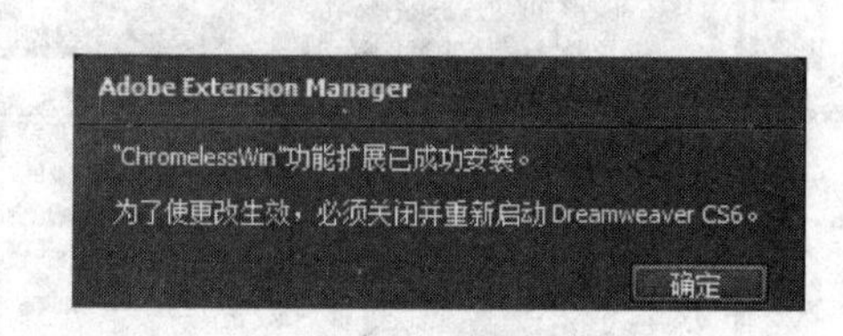

图 5-78 扩展管理器窗口

(5) 单击"确定"按钮,在扩展插件管理器插件列表中,显示了已成功安装的插件名称、插件是否启用、版本、创作者,并在类型下显示了已安装的插件所属类别和相关说明信息。双击\N5\mxp 插件子目录下提供的其他插件 chromelessWinRed. mxp,也可以直接打开如图 5-76 所示的插件管理器和免责声明。继续安装 Compare Fields. mxp、Scrolling_TitleIE. mxp、scrolling_status_bar. mxp 等插件,已安装的插件如图 5-79 所示。在\N5\mxp 目录下,保存了 3 种类型(命令、对象、行为)的插件: 扩展名为. mxp 的文件,是可以自动安装的扩展插件; 扩展名为. html 的文件,是需要手动安装的扩展插件。

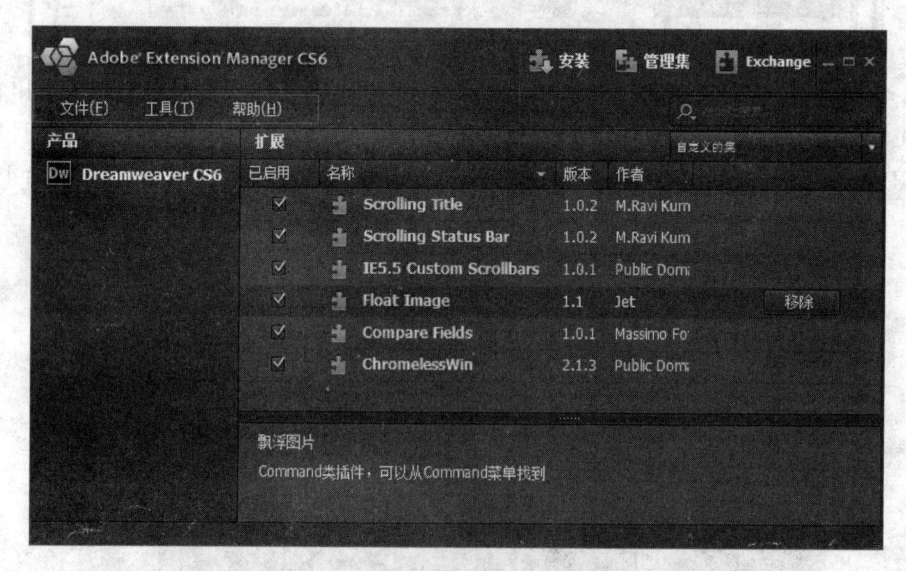

图 5-79 已安装的插件类型

(6) 单击扩展管理器窗口右上方的"管理集"图标 管理集 ,如图 5-80 所示,在该界面下可显示安装的插件的当前状态,如启用、禁止、是否是第三方插件、系统自带插件 Adobe、必需、可选等复选框供选择,还可以对已安装插件进行复制、删除、保存、重命名、导入、导出操作。

图 5-80 管理扩展集

(7) 单击扩展管理器窗口右上方的 Exchange 图标 Exchange，可以继续从 http://www.adobe.com/cn/exchange/站点下载扩展程序、动作文件、脚本、模板，以及其他可扩展 Adobe 应用程序功能的项目。这些项目由 Adobe 及社区成员创作(大多数免费提供)，也会找到由个别开发人员提供的商业版本动作文件以及扩展程序的试用版，用户还可以在社区分享创建上传自己的文件。

(8) 手动安装\N5\mxp 目录下给出的 *.htm 扩展插件素材。将状态栏滚动消息.htm 拷贝到\Adobe Dreamweaver CS6\configuration\Behaviors\Actions 目录下，将 Mouse Trails Fever!.htm 跟随鼠标文字效果复制到\Adobe Dreamweaver CS6\configuration\Commands 目录下。

(9) 启动 Dreamweaver CS3，在站点目录\N5\html 打开网页文件 news 源.html，另存为\N5\news.html。单击菜单栏的“命令”菜单列中，会发现多出了两项：Floating Image 和 Mouse Trails Fever，由于这两项用在同一个界面会有冲突，所以此次只使用后者。

(10) 单击 Mouse Trails Fever 选项，弹出如图 5-81 所示的对话框。按图中所示在 Trailing text(跟随文字)处文本框内输入文字：“欢迎光临我的兰苑小站!”。Speed(速度)设置为 80。设置完之后，单击右上角的 Cheese Please(请选择)按钮预览页面，实现鼠

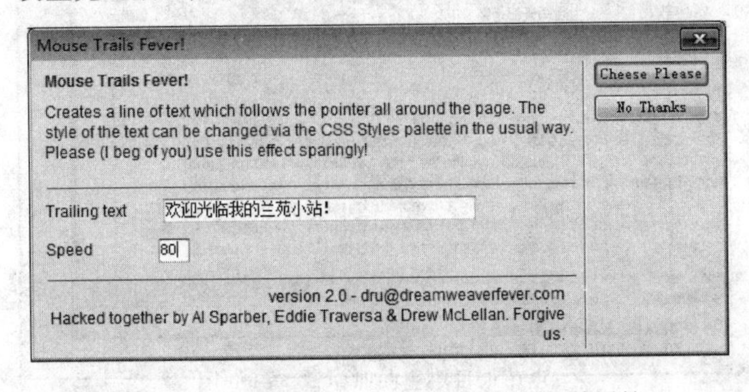

图 5-81 设置“Mouse Trails Fever!”的相关属性

标跟随文字功能。如果对跟随文字的色彩不满意，可打开“代码视图”，在添加的JavaScript代码上方找到已添加的样式，修改color属性，设为其他颜色即可。

(11) 打开右侧的“行为”面板，发现在原来的行为效果基础上又增加了3个行为，如图5-82所示。

(12) 选中＜body＞标签，单击“行为”面板中的 按钮，从弹出的菜单中选择behavior "Scroll Message"(滚动消息)命令，弹出如图5-83所示的对话框。在对话框的“消息”文本框内输入“请看公告！中国泰山国际兰花展览会!”，“滚动区域”选项设置为150字符宽度。单击“确定”按钮，行为即被添加。

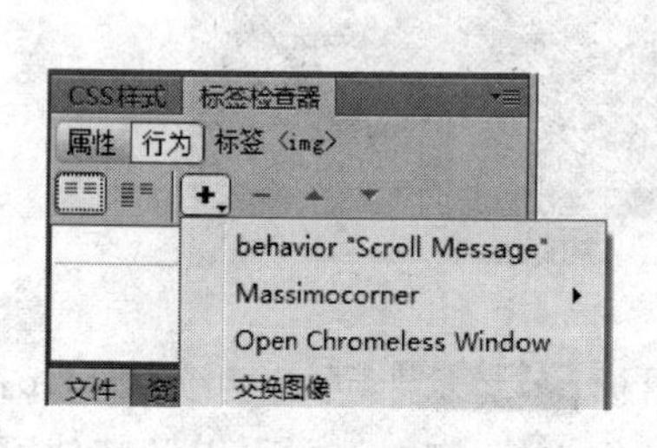

图5-82 新增行为

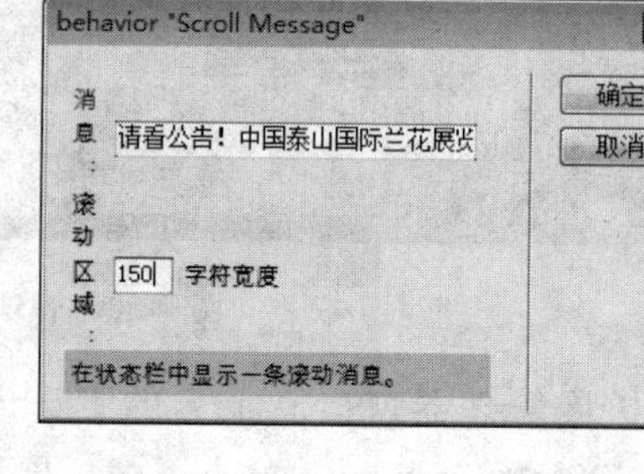

图5-83 设置behavior "Scroll Message"相关属性

(13) 在快捷栏增加了Scrolling_Title选项，在该选项下方排列了 (“滚动状态面板”)和 (“滚动标题”)两个对象图标，如图5-84所示。

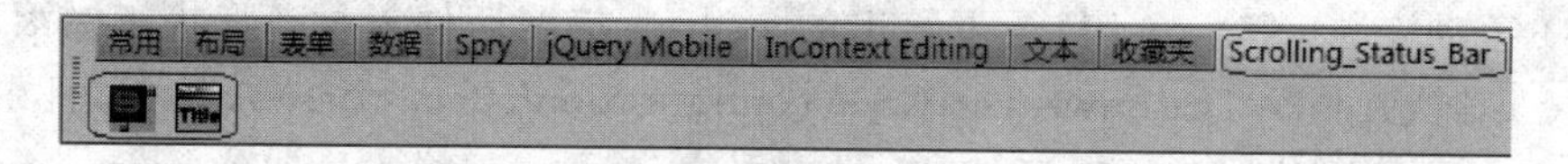

图5-84 新增插件——对象

(14) 双击 图标，弹出如图5-85所示的对话框。单击“确定”按钮后，在网页底部的状态栏左侧会添加一组不停切换的轮播文字消息(最多5条)，一次只显示一条。

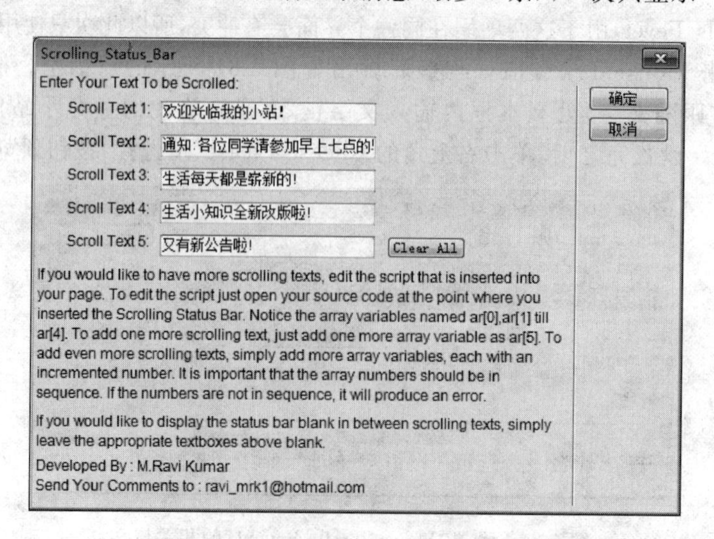

图5-85 新增插件“滚动状态面板”对象

(15) 双击 图标，弹出如图5-86所示的对话框。将网页标题的滚动速度设置为500(值越高，滚动速度越慢)，选中Yes单选按钮，在标题后添加当前时间。

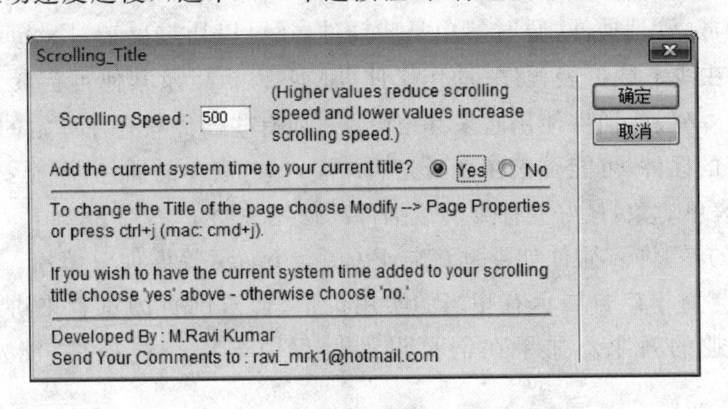

图5-86　新增插件“滚动标题”对象

(16) 按下F12键，预览网页设置效果。

5.4.2　问题探究——插件

插件也称扩展(Extension)，是用来扩展Adobe产品功能并遵循一定规范的应用程序接口编写出来的程序文件。Dreamweaver CS6作为所见即所得的网页编辑器，它通过添加第三方开发的插件，扩展Dreamweaver CS6的功能来实现更多的特效；也为精通JavaScript的用户提供了编写JavaScript代码，扩展Dreamweaver CS6功能的机会，它的使用将使网页制作更轻松、网页功能更强大、网页效果更绚丽。Dreamweaver CS6最新扩展功能，可以到Adobe Exchange Web官方网站提供的插件交流中心www.adobe.com/go/dreamweaver_exchange_cn/下载(有免费和付费两种)，还可以加入讨论组、查看用户的评论，以及安装和使用功能扩展管理器。

从网上下载的插件是扩展名为.mxp的文件。MXP(Macromedia Extension Package)文件是用来封装插件的包，也可理解为一个压缩文件，除了封装扩展文件以外，还可以把与插件相关的文档和一系列演示文件都装到里面。而扩展管理器(Extension Manager)是Adobe公司为了方便用户安装和管理众多的插件(扩展功能)而提供的独立应用程序，专门用来解压插件包的软件，解压时它会根据MXP里的信息(插件的说明、安装的目的地、作者相关信息)自动安装到相应的软件和目录中。重新启动Dreamweaver CS6时，本地计算机已安装的插件都会在界面的相应位置显示。

1. 自动安装扩展插件

扩展插件的自动安装主要针对扩展名为.mxp的文件，双击该文件则直接启动安装过程。也可以通过Dreamweaver CS6提供的“命令”|“扩展管理器”命令，或从“开始”|“程序”|“扩展管理器”命令中，单击 按钮启动插件管理器，再单击“安装”按钮 安装(快捷键Ctrl+O)来安装新的插件，在弹出的对话框中选取需要安装的扩展MXP文件，然后单击“安装”按钮后，接受“扩展功能免责声明”开始安装插件，插件安装到指定目录，如

图 5-80 所示。

扩展管理器中显示出已安装插件的名称、版本信息、插件类型、创作者及相关说明，可以执行安装、卸载、管理插件，暂时禁用某些插件，还可以通过单击“Exchange 交流中心”按钮 Exchange 在线下载扩展程序、动作文件、脚本、模板以及其他可扩展 Adobe 应用程序功能的项目。一般的插件使用起来都很简单；而有些插件只有在一定的前提下才能使用，比如针对层的插件，可能要求在页面先插入层，针对表单的插件，可能要求在页面里必须存在表单和表单对象，最好先仔细阅读插件的使用说明。

需要注意的是，许多插件如浮动广告 Floating Image 等插件要慎用。尽管这种在页面上浮动的效果对于广告展示有相当的实用价值，但对网页浏览者来讲，既妨碍阅读，又影响阅读兴趣的效果。如果在网页设计过程中善用一些插件，能发挥其出色的作用。

2. 手动安装扩展插件

而手动安装则需要把扩展名为. html 的插件文件复制到指定目录下。Dreamweaver CS6 共提供了 3 种类型的插件：对象 Object、命令 Command、行为 Behavior。例如，插件包括：可被添加到快捷栏和“插入”菜单的 HTML 代码；可以添加到“命令”菜单的 JavaScript 命令；还包括新的行为、属性面板和浮动面板，以及增强编写程序功能的服务器行为插件。

(1) 扩展对象：用于在网页编辑的时候实现一定的功能，例如，设置表格的样式，存放在\Adobe Dreamweaver CS6\configuration\Objects 目录下，与对象面板显示的图标一一对应。在 Objects 目录下还有许多子目录，每一个子目录就是 Objects 面板下的一个类。每个类包含的 HTML 文件，就是在 Objects 面板中用户可以选择插入的插件。

(2) 扩展命令：用于在网页中插入元素，例如，在网页中插入图片或者 QuickTime 电影，存放在\Adobe Dreamweaver CS6\configuration\Commands 目录下，与 Dreamweaver CS6 中的“命令”菜单下新增加的内容一一对应。

(3) 扩展行为：用于在网页上实现动态的交互功能，例如，单击图片后弹出窗口，存放在\Adobe Dreamweaver CS6\configuration\Behaviors\Actions 目录下，安装后与 Dreamweaver CS6 中“行为”面板中的各种 JavaScript 特效一一对应。需要注意的是，不要放错了 Adobe Dreamweaver CS6 自带的 Actions 的位置，否则无法找到或显示该行为，而且从网上下载来的 Actions，作者一般都说明了该存放的目录。Behaviors 目录下有\Actions 和\Events 两个目录。其中，Events 目录下存放着不同版本的浏览器信息，信息保存的方式非常简单，打开这些 HTML 文件的源代码就清楚了。

5.4.3 知识拓展——检查插件行为

利用 Flash、Shockwave 和 QuickTime 等技术制作页面时，如果访问者的计算机中没有安装相应的插件，就无法看到预期的效果。使用“检查插件”行为，可自动检测当前浏览器是否已经安装了相应的软件，然后转到不同的页面。例如，可能想让安装有 Shockwave

的访问者转到某一页，而让未安装该软件的访问者转到另一页。

(1) 新建两个页面文件 chajianYes. html、chajianNo. html，插入 2 行、1 列的表格，第一行中插入\N5\flash\index_log. swf，第二行中分别插入“您的系统已安装了 Flash 插件”、“对不起，亲爱的用户您还没有安装 Flash 插件”，并保存到\N5\html\子目录下。

(2) 打开目录\N5\html\子目录下的文件 xingwei. html，在页面最后一行输入“检查插件”并添加空链接 #。在“行为”面板中，单击 + 按钮添加行为，从弹出的菜单中选择“检查插件”命令，弹出“检查插件”对话框，如图 5-87 所示。

图 5-87　“检查插件”对话框

(3) 在对话框的“插件”选项组中，选中“选择”单选按钮，从下拉列表框列出的类型中，如 Flash、Shockwave、LiveAudio、QuickTime 和 Windows Media Player，选择插件类型。选中“输入”单选按钮，则可以直接在文本框中输入要检查的插件名称。本例选择 Flash，也可以尝试检查其他插件。

(4) 在“如果有，转到 URL”文本框中，直接输入“chajianYes. html”。当检测到浏览器中安装了该插件时，安装了该插件的访问者可以跳转到指定 URL。如果指定的是远程 URL，则必须在地址中包括 http://前缀。如果保留该域为空，则访问者将留在当前页面不跳转。

(5) 在“否则，转到 URL”文本框中，直接输入“chajianNo. html”，当检测到浏览器中未安装该插件时，跳转到指定 URL。如果保留该域为空，则访问者将留在当前页面不跳转。

(6) 选中“如果无法检测，则始终转到第一个 URL”复选框，以指定无法检测到插件时该执行何种操作。选择此选项意味着：除非浏览器明确指示该插件不存在，否则即假定访问者安装了该插件。如果浏览器不支持对该插件的检查特性，则直接跳转到上面设置的第一个 URL 地址上。在大多数情况下，浏览器会提示下载并安装该插件。此选项一般只适用于 Internet Explorer 浏览器，而 Netscape Navigator 浏览器总是可以检测插件。

(7) 保存并按 F12 键预览网页效果，如图 5-88 所示。如果本地计算机已经安装了 Flash 插件，则 IE 浏览器转到 chajianYes. html 网页且 index_log. swf 能正常播放，如图 5-88(a)所示；如果本地计算机已删除或没有安装 Flash 插件，则 IE 浏览器先询问是否安装 Adobe Flash Player Installer，选择“安装”则能够显示图 5-88(a)，选择“不安装”则 IE 浏览器转到 chajianNo. html 网页，且 index_log. swf 不能正常播放(见图 5-88(b))。

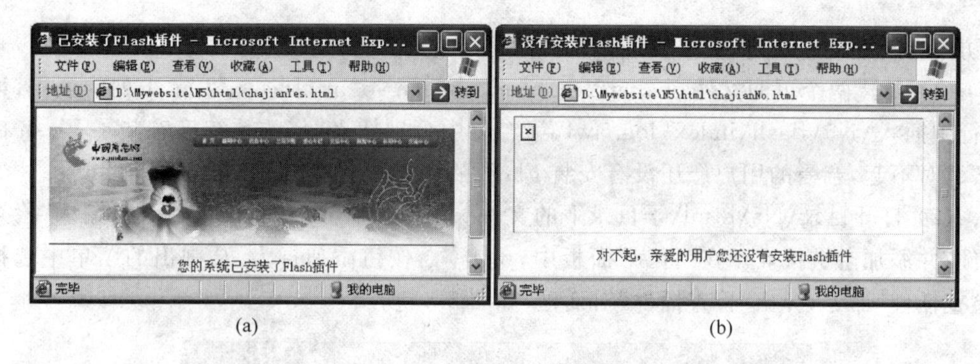

(a) (b)

图 5-88 系统安装与没有安装 Flash 插件的预览效果

5.5 项目小结

使用 CSS 技术，可以更有效地对页面的布局、字体、颜色、背景和其他效果实现更加精确的控制，从而能够真正理解 CSS 的本质——"内容与形式的分离"。

多媒体技术使网页效果更加丰富起来，如 Flash 动画、Flash 按钮、Flash 文本和 Flash 视频，以及网页的背景音乐、视频文件在网页上的应用，为网页的动感效果炫出了色彩，吸引了更多的用户流连于网络。

行为是一系列使用 JavaScript 程序预定义的页面特效，是 Dreamweaver CS6 中运用 JavaScript 编制的内置程序库。它的运用增强了页面的互动效果，由于该方法操作简洁实用，需要重点掌握。

通过运用第三方开发的扩展功能，在不需要用户编写任何烦琐代码的情况下，就能为页面增加更多的特效，从而达到预期效果。越来越多的扩展插件把网页装点得越来越美。

5.6 上机操作练习

(1) 请根据图 5-89 所示的滤镜效果完成相应的设计。

图 5-89 应用. Alpha 前后的 CSS 滤镜效果

操作要点：应用过滤器 Alpha 完成相应的效果。

```
Alpha(Opacity=100, FinishOpacity=0, Style=3, StartX=0, StartY=0, FinishX=200, FinishY=
200)
```

(2) 运用 Div+CSS、JavaScript，创建如图 5-90 所示的幻灯片效果特效。

操作要点：源代码见 filmslide.html，脚本文件置于 Mywebsite\N5\js 子目录下。

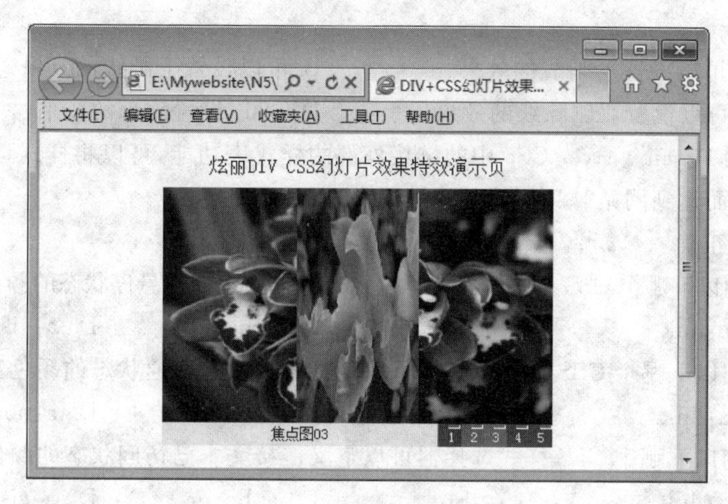

图 5-90　幻灯片效果特效

（3）运用 CSS、JavaScript，创建如图 5-91 所示的放大镜效果，脚本文件置于 Mywebsite\N5\js 子目录下。

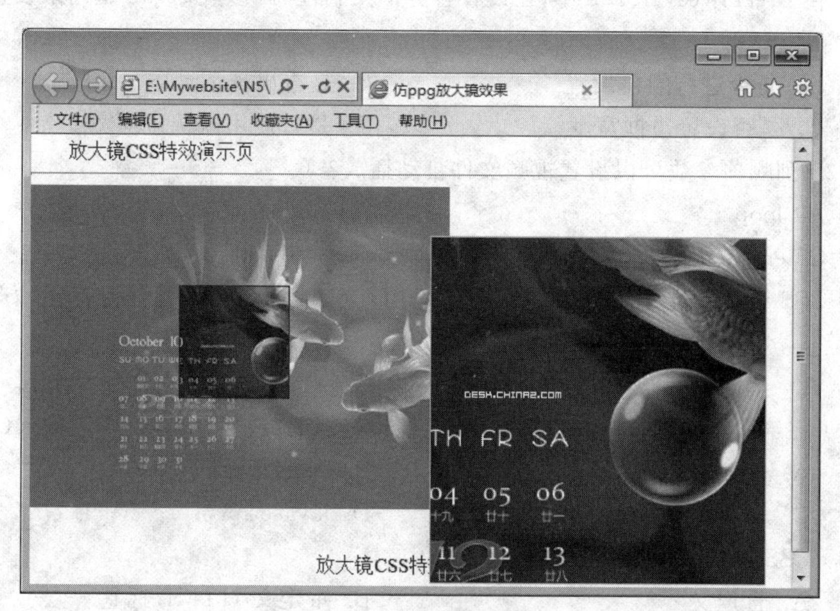

图 5-91　放大镜效果

操作要点：源代码见 magnifier. html，脚本文件置于 Mywebsite\N5\js 子目录下。

（4）新建文档并添加任意图像，为其添加"显示/渐隐"效果，且双击时激活该效果。

5.7　习题

1. 选择题

（1）在 Dreamweaver CS6 中，制作一个链接的动态效果时，下面关于文字修饰的说法错误的是(　　)。

A. 可以设置下画线的效果　　B. 可以设置上画线的效果

C. 可以设置双删除线的效果　　D. 可以设置闪烁的效果

(2) 使用 Dreamweaver CS6 中的链接外部的样式表功能,可以将样式运用到多个页面文件中,从而达到网站"减肥"的目的是(　　)。

A. 正确　　B. 错误

(3) 使用以下哪个 CSS 样式选择器可以定义链接文本鼠标悬停状态的颜色?(　　)

A. a:link　　B. a:href　　C. a:hover　　D. a:visited

(4) 使用以下哪个 CSS 样式选择器可以定义链接文本普通状态的颜色?(　　)

A. a:link　　B. a:href　　C. a:hover　　D. a:normal

(5) 使用以下哪个 CSS 样式选择器可以定义链接文本已访问状态的颜色?(　　)

A. a:link　　B. a:href　　C. a:hover　　D. a:visited

(6) 使用以下哪个 CSS 样式选择器可以定义链接文本活动状态的颜色?(　　)

A. a:link　　B. a:active　　C. a:hover　　D. a:normal

(7) 在 Dreamweaver CS6 中,在设置各分框架属性时,参数 Scroll 是用来设置(　　)属性的。

A. 是否进行颜色设置　　B. 是否出现滚动条

C. 是否设置边框宽度　　D. 是否使用默认边框宽度

(8) 下列哪项参数可以设置视频文件自动播放?(　　)

A. loop　　B. hidden

C. enablejavascript　　D. autostart

(9) CSS 样式表位于文档的(　　)区,作用范围由 class 或其他任何符合 CSS 规范的文本设置。

A. <body>　　B. <meta>　　C. <head>　　D. <table>

(10) 在给文本附加行为时,在"文字"属性检查器的"链接"文本框中应输入(　　)。

A. javascript:;　　B. javascript;

C. javascript:　　D. javascript,;

(11) CSS 样式面板中显示(　　)样式。

A. 自定义　　B. 重定义 HTML 标签

C. 组合标签　　D. 以上三种全是

(12) 检查行为主要是与检查、检测有关的行为,其中不包括(　　)。

A. 检查浏览器　　B. 检查链接

C. 检查表单　　D. 检查插件

(13) 对于默认创建的 Spry 菜单栏构件,每个菜单栏自动命名为(　　)加"数字"。

A. Tab　　B. Label　　C. 项目　　D. 菜单

(14) 下列(　　)不是构成 Spry 构件的组成部分。

A. HTML 代码结构块　　B. 响应用户启动事件的 JavaScript

C. 外观CSS　　　　　　　　　　　D. 列表构件

(15) 下列关于Spry效果的说法，正确的是(　　)。

A. 单击"CSS样式"面板中的 + 按钮可以添加行为效果。

B. Dreamweaver只能为选择的对象添加1种行为效果。

C. 选择"插入"|"行为"命令，可以从该子菜单中选择行为效果。

D. Spry效果几乎可以应用于所有页面元素。

2. 填空题

(1) 在"新建CSS样式"对话框中，"定义在"选项是用来指定样式的作用范围的。若选中"新建样式表文件"单选按钮，将建立一个________，新建的样式以________的形式保存在当前文档之外，这种样式表文件可以被应用到本站点的任何文件。

(2) 链接样式包括________、________、________、________4种状态。

(3) CSS样式是一组格式设置规则，用于控制Web页内容的________。通过使用CSS样式设置页面的格式，可将页面的________和________分离开。

(4) 行为由________和________2个部分组成，通过事件的响应，进而执行对应的动作。

(5) ________用来控制一个网页文档中某文本区域外的一组格式属性，它的使用简化了网页代码，________，减少上传的代码量，尽可能地避免了大量的________操作。

(6) Flash动画的扩展名为________，Flash视频文件的扩展名为________。

(7) 事件针对不同对象分为鼠标事件、________、表单事件、________4大类，由浏览器定义、产生和执行。

(8) 选择网页中的图像，为其添加单击时图像不停摇动的效果，应选择"添加行为"|"效果"子菜单中的________命令。

(9) 按照布局方式的不同，Spry菜单栏构件可分为________和________2类。

(10) 默认创建的Spry选项卡面板构件，只含有2个面板。如果要添加面板，应单击列表框上方的________按钮。

3. 问答题/上机练习

(1) 在Dreamweaver CS6中，设计页面布局主要有哪些方法？各有什么特点？

(2) 新建一个网页文件，创建CSS样式，设置正文内容为宋体、大小为12号，标题为黑体、大小20号、加粗，超链接为15号字体、浅紫色、斜体，并将创建的CSS样式应用到网页文档中。

(3) 简述如何利用时间轴和AP Div制作动画特效。

(4) 如何向Spry文本区域中添加数据？

(5) 如何设置Spry验证复选框构件？

(6) 如何设置Spry可折叠面板构件？

(7) 使用行为创建弹出信息提示效果。

(8) 通过Spry文本域制作简单的即时验证表单。

(9) 在页面中加入背景音乐，并控制音乐的播放次数为2次。

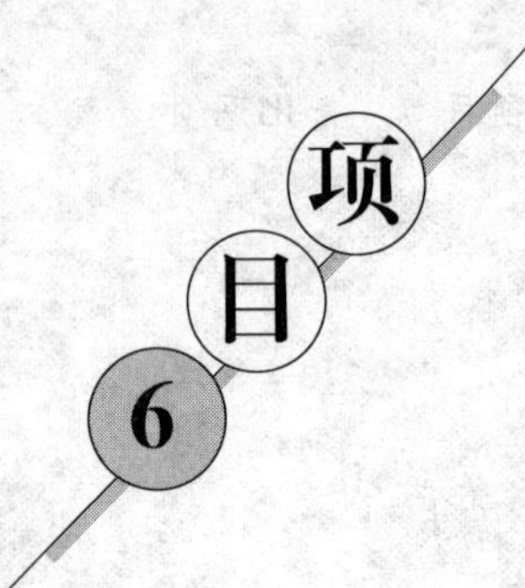

ASP 动态网页技术

6.1 任务 16 搭建服务器平台

技能目标

(1) 能够掌握和理解动态网页技术的原理。

(2) 能够制作简单动态网页并实现网络交互功能。

(3) 掌握动态页面的制作流程。

知识目标

(1) 掌握动态网页服务器平台的搭建。

(2) 理解 IIS、Web 服务器、动态站点的定义。

(3) 掌握 IIS 的创建流程。

(4) 掌握虚拟目录的创建流程。

(5) 创建用于动态页面的数据库。

工作任务

ASP 是动态网页开发技术中最容易学习、最具灵活性的开发工具之一。ASP 的运行,依赖于 Windows Web 服务器 IIS(Internet Information Server,Internet 信息服务)。IIS 的作用之一就是可以解释执行 ASP 网页代码,并将结果显示出来。ASP 脚本语言可以动态地生成普通的 HTML 网页,然后传送到客户端供用户浏览。如果在本地调试 ASP 脚本,就要求本地的计算机具有服务器功能(系统在默认安装的情况下是不安装 IIS 的,需要手动安装该组件)。动态网页以数据库为基础,实现与用户的交互。此处选用 Microsoft Office 配套办公软件 Access 数据库做实例。本任务通过 IIS 的安装和配置,了解 ASP 动态网页制作前需要进行的准备工作。

(1) 逐项配置 IIS。

(2) 创建虚拟目录。

(3) 测试 IIS。

(4) 创建 Access 数据库。

6.1.1 安装与配置 IIS

(1) 随着操作系统版本的不断升级,IIS 在不同版本(选择常用版本 Windows XP

和 Windows 7 为例)的安装过程不尽相同。在 XP 环境下,IIS 的安装需要将系统盘插入光驱,系统安装过程中直接查找组件程序;如果没有系统盘,可以使用\N6 子目录下提供的 windowsIIS_setup.rar,解压后双击 admin.exe 直接安装。选择"开始"|"设置"|"控制面板"命令,或选择"资源管理器"窗口左侧的"控制面板"选项,打开"控制面板"窗口,如图 6-1 所示。

图 6-1 "控制面板"窗口

(2) 在"控制面板"窗口中选择"添加/删除程序"选项,打开"添加或删除程序"窗口,如图 6-2 所示。

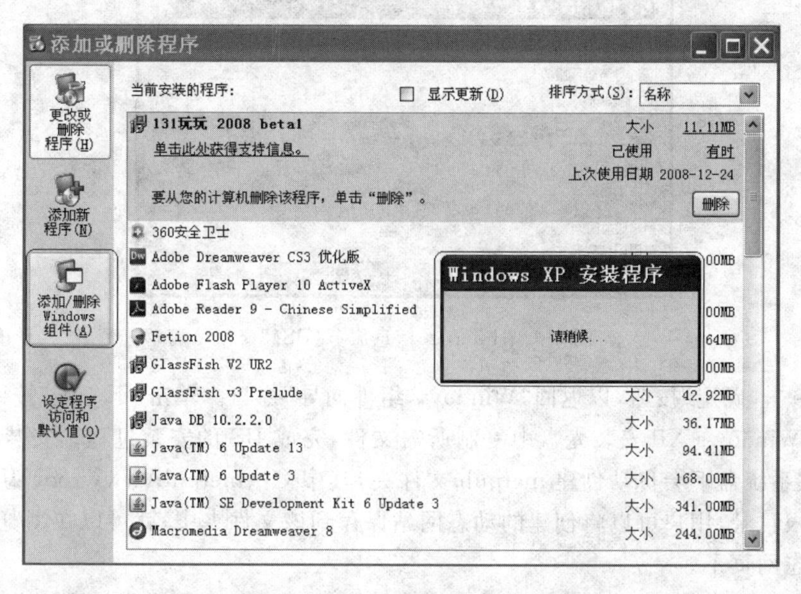

图 6-2 "添加或删除程序"窗口

(3) 选择窗口左侧的"添加/删除 Windows 组件"选项，打开"Windows 组件向导"对话框，选中"Internet 信息服务(IIS)"复选框，如图 6-3 所示。

图 6-3 "Windows 组件向导"对话框

(4) 如需增减 IIS 的子组件，就单击"详细信息"按钮，弹出如图 6-4 所示的对话框。选中左侧的复选框，以进一步增删相应的子组件，如 FTP 服务、SMTP 服务、万维网服务、文件传送协议服务等。

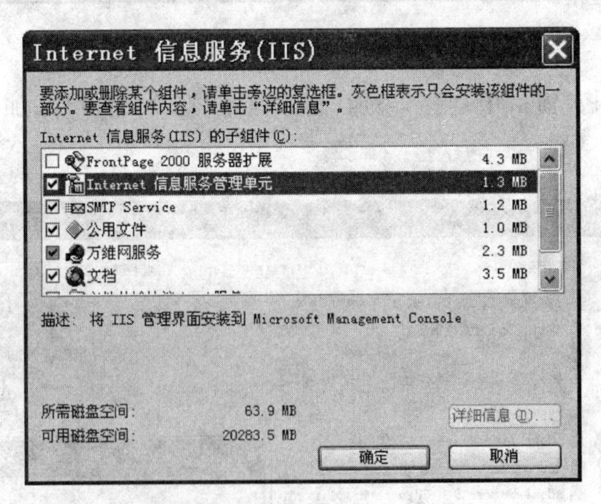

图 6-4 "Internet 信息服务(IIS)"窗口

(5) 单击"确定"按钮，以返回"Windows 组件向导"窗口。单击"下一步"按钮，安装程序自动从 Windows XP 安装光盘中复制所需文件，完成 IIS 的安装过程。安装了网站服务器后，在系统盘下会自动创建 inetpub 文件夹，其中 C:\inetpub\wwwroot 为服务器默认的网站根目录，用户可以将创建的动态网站保存到该文件夹中，就可以在浏览器上测试和运行动态网页了。

(6) 在"控制面板"窗口下，双击"管理工具/Internet 信息服务"选项，打开"Internet

信息服务”窗口，如图6-5所示。

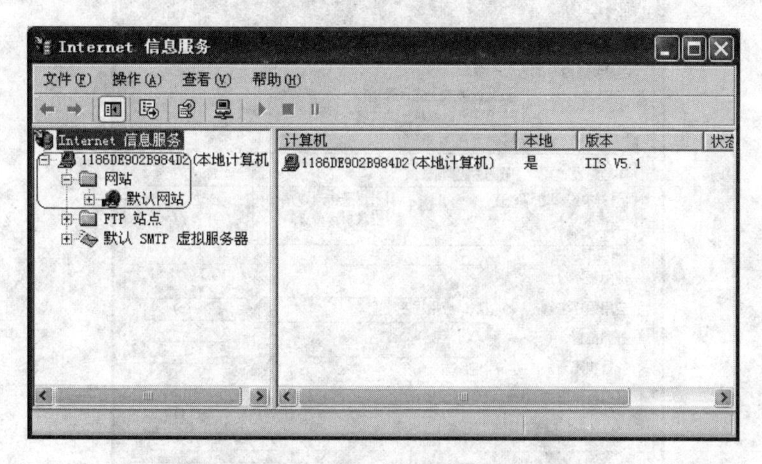

图6-5　“Internet信息服务”窗口

(7) 打开“网站”节点下的“默认网站”，选中并右击，在弹出的菜单中选择“属性”命令，打开“默认网站 属性”对话框。切换到“网站”选项卡，在“IP地址”下拉列表框中选择适当的IP地址，或者直接选择“(全部未分配)”选项，即以http：//localhost作为默认网站的发布地址，如图6-6所示。

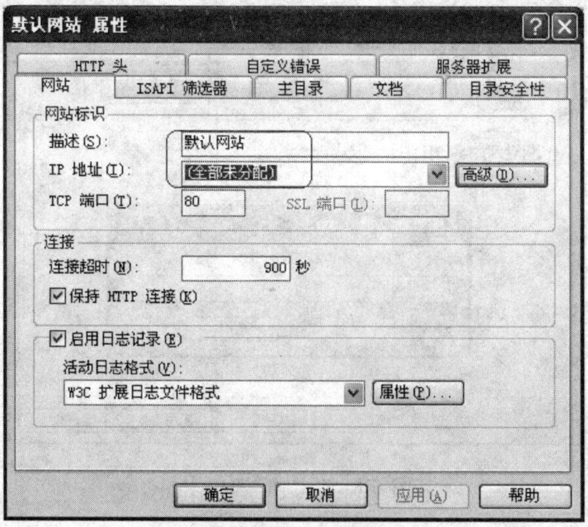

图6-6　“网站”选项卡

(8) 切换到“主目录”选项卡，在“本地路径”文本框中，输入或通过“浏览”按钮选择目录，如图6-7所示。其他选项可根据需要进行设置。

(9) 切换到“文档”选项卡，选中“启用默认文档”复选框，可以继续添加新的默认文档。选中某个网页文件，单击“向上”、“向下”按钮调整浏览顺序，如图6-8所示。

(10) 图6-8中所示的默认主页有Default. asp、Default. htm、index. htm、iisstart. asp。在地址栏输入完整路径“http：//localhost/Default. asp”才能访问到该页面。当直接输入“http：//localhost”浏览网站时，IIS自动在网站的主目录中依次寻找列表框列出的默认

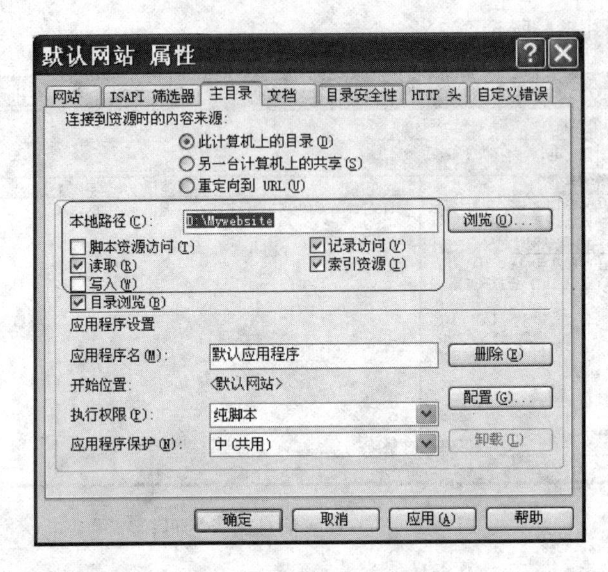

图 6-7 “主目录”选项卡

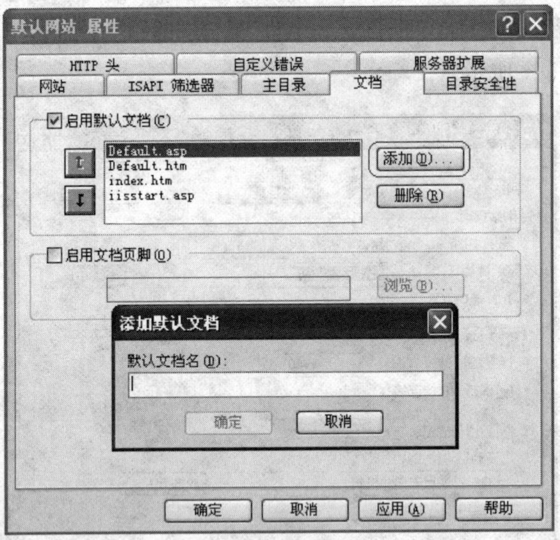

图 6-8 “文档”选项卡

文档。如果找到了,就在浏览器中显示该文档;如果找不到这几个默认文档,再判断是否可以浏览目录;如果可以浏览,则将该目录下所有文件列出来(将 Default.asp 修改为 Default0.asp 检测默认文档功能),如图 6-9 所示。

(11) 切换到“自定义错误”选项卡,表示可以自定义各类错误提示信息。管理员可以使用 IIS 提供的常规 HTTP 1.1 错误或详细自定义错误文件,或创建自己的自定义错误文件。例如 400 错误(400 表示该服务器上无该文件的错误提示信息),单击“编辑属性”按钮,打开“错误映射属性”对话框,单击“浏览”按钮可以获得自定义的 400 错误页面的路径,如图 6-10 所示。

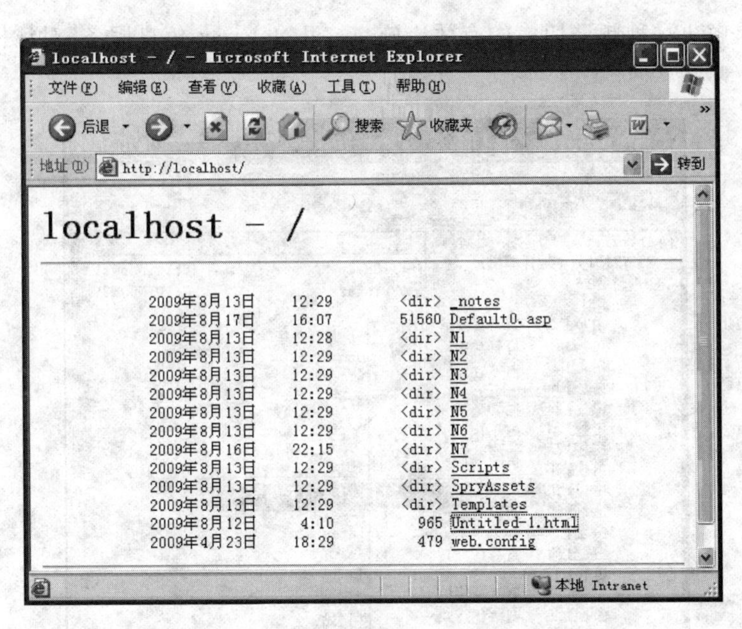

图 6-9　主目录下的文件清单

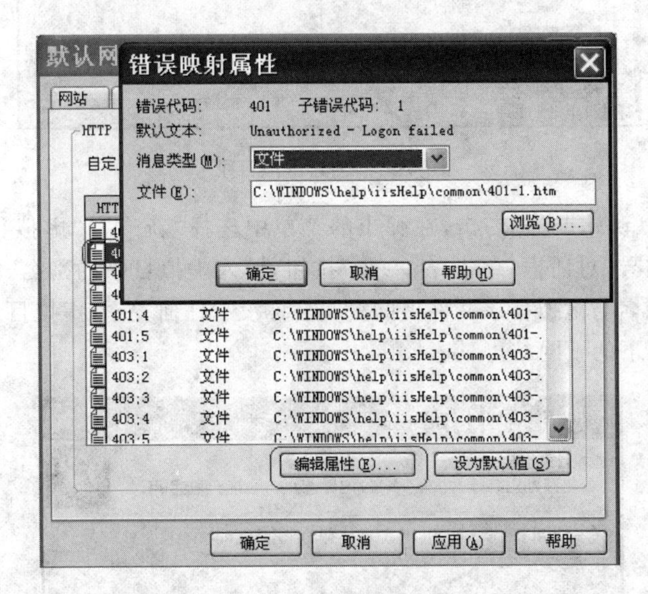

图 6-10　“自定义错误”选项卡

(12) 当事先预定义的错误事件发生时，向客户机的浏览器发送默认出错信息，如“404 File not found...”。事先编辑一些针对各类错误进行提示的信息文件，然后将它们分别映射到相应的 HTTP 错误类型上，发生错误时，给用户更明确的信息提示。使用 Windows XP 安装 IIS 后，会出现启动失败，大多是由于 80 端口被占用，就需要使用专门软件或者在命令窗口中关闭所占用 80 端口的程序(一般是 IE 浏览器)。

(13) 调试动态网页文档时，主目录指向的文件夹是存放网站文件的主要场所。如果需要同时对保存在另一个文件夹的动态网页进行测试，需要重要设置网站主目录。虚拟目录的建立是解决这种频繁切换的有效措施。打开"Internet 信息服务"对话框，如图 6-11 所示。

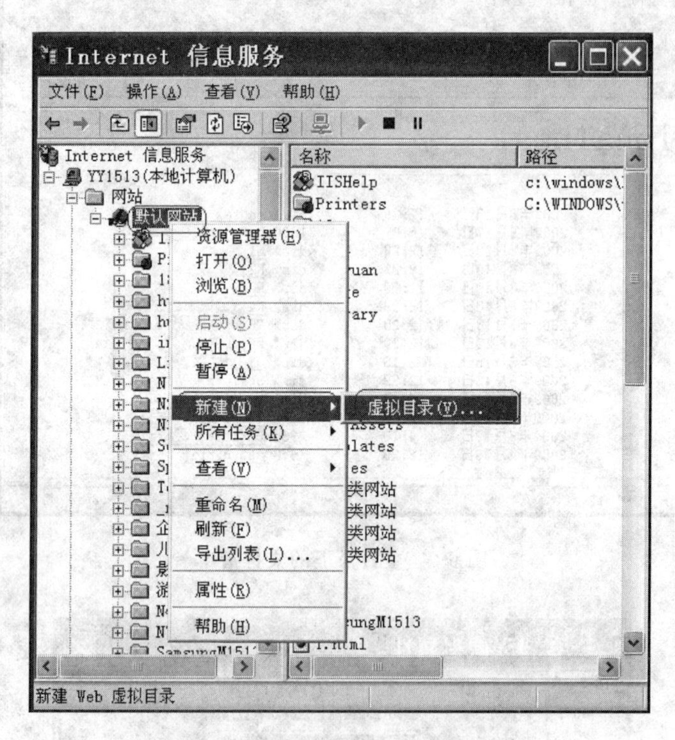

图 6-11　创建虚拟目录

(14) 选中"默认站点"并右击，在弹出的菜单中选择"新建"|"虚拟目录"命令，打开"虚拟目录创建向导"对话框，单击"下一步"按钮，输入虚拟目录的别名，如图 6-12 所示。需要注意的是，别名与虚拟目录文件夹的真实名称没有任何关系，虚拟目录的别名其实就是默认 Web 站点下的子网站。

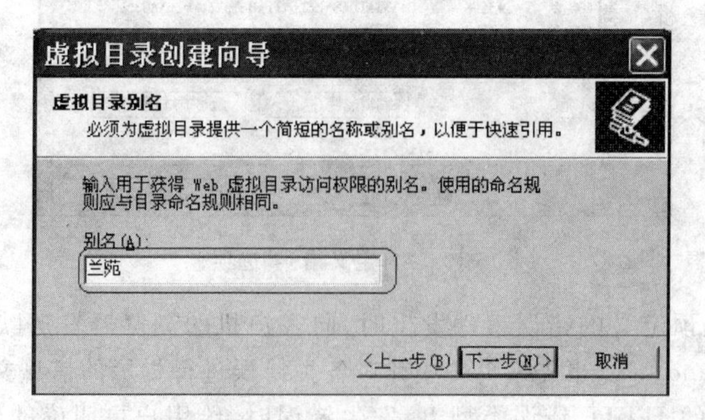

图 6-12　设置虚拟名称

(15) 单击"下一步"按钮，弹出如图 6-13 所示的对话框。在"目录"文本框内输入虚拟目录所对应的文件夹路径，或单击"浏览"按钮选择网站本地站点路径。虽然虚拟目录处于默认 Web 站点之下，但实际上可以任意指定它的物理位置，本地或远程均可。

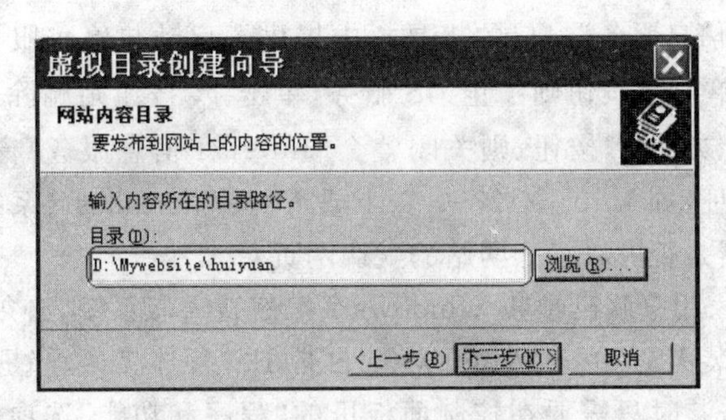

图 6-13　设置虚拟目录的文件夹路径

(16) 单击“下一步”按钮，弹出如图 6-14 所示的对话框，为虚拟目录指定默认的访问权限。

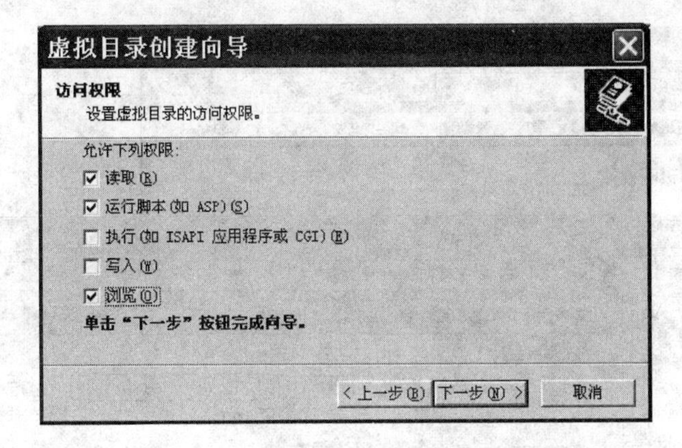

图 6-14　设置访问权限

(17) 单击“下一步”按钮即完成虚拟目录的创建过程。在默认站点下，出现了一个新的虚拟目录节点“兰苑”，如图 6-15 所示。

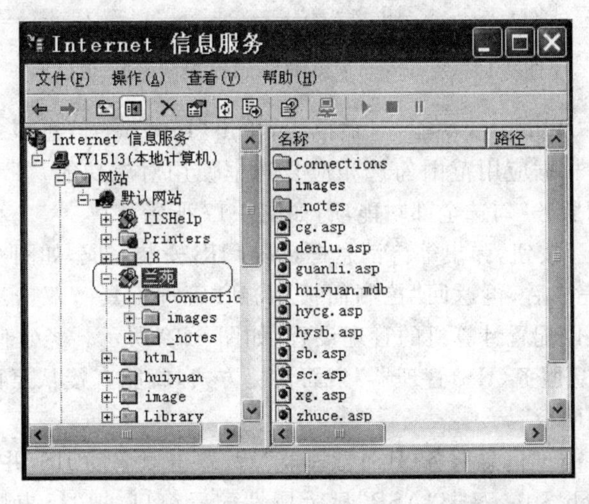

图 6-15　新增加的虚拟目录节点

(18)“Internet 信息服务”窗口的工具栏中提供了启动与停止服务功能。单击▶按钮启动 IIS 服务器,单击■按钮则停止 IIS 服务,单击✕按钮则删除选定的虚拟目录或文件。单击窗口右上方的✕按钮,则关闭整个“Internet 信息服务”窗口。打开 IE 浏览器,在地址栏输入地址,如 http://127.0.0.1 或 http://localhost(系统默认的本地计算机名称),检测浏览器是否可以打开网站的默认网页。

(19)现在很多家用电脑已预装 Windows 7 家庭普通版系统,必须安装其他版本(如旗舰版)才能正确安装 IIS。由于 Windows 7 自带 IIS(版本 7.0,都是已默认安装.NET 和其他应用程序),安装时只需要在控制面板里的“程序和功能”选项中选择所需要的服务,再重启计算机即可,不像 Windows XP,还需要插入系统光盘寻找 i386 里的文件。在“控制面板”窗口找到“程序和功能”,单击下方“打开或关闭 Windows 功能”选项,如图 6-16 所示。

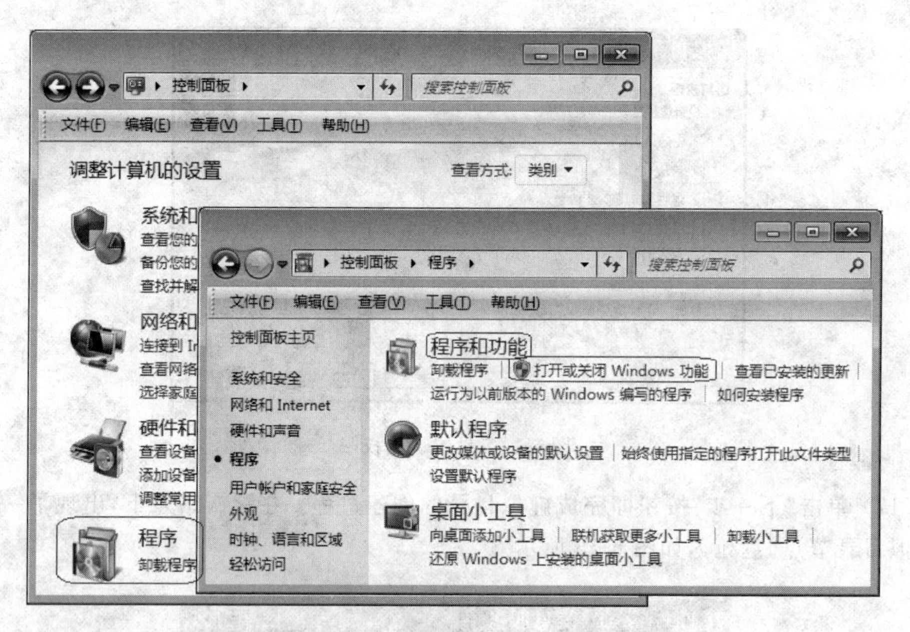

图 6-16 Windows 7 操作系统的“控制面板”窗口

(20)在弹出的“Windows 功能”对话框中,单击“Internet 信息服务”前的⊞按钮展开相应的所有功能,根据应用范围勾选相应复选框使用对应功能,“FTP 服务器”、“Web 管理工具”、“万维网服务”勾选全部功能项,如图 6-17 所示。

(21)单击“确定”按钮,弹出等待消息框,等待 IIS 安装完成,如图 6-18 所示。

(22)IIS 安装完成后,再返回“控制面板”找到“管理工具”,双击进入“管理工具”面板,选择对应的对象以配置计算机的管理设置,如图 6-19 所示。经常使用 IIS 的用户,建议创建“Internet 信息服务(IIS)管理器”桌面快捷方式,就能直接从桌面进入 IIS,而不需要每次都打开“控制面板”。

(23)找到“Internet 信息服务(IIS)管理器”后,双击以启动 IIS,并进入 IIS 管理器状态,选中 Default Web Site,双击“ASP”显示属性配置窗口,把“行为|启用父路径”改为 True,如图 6-20 所示。

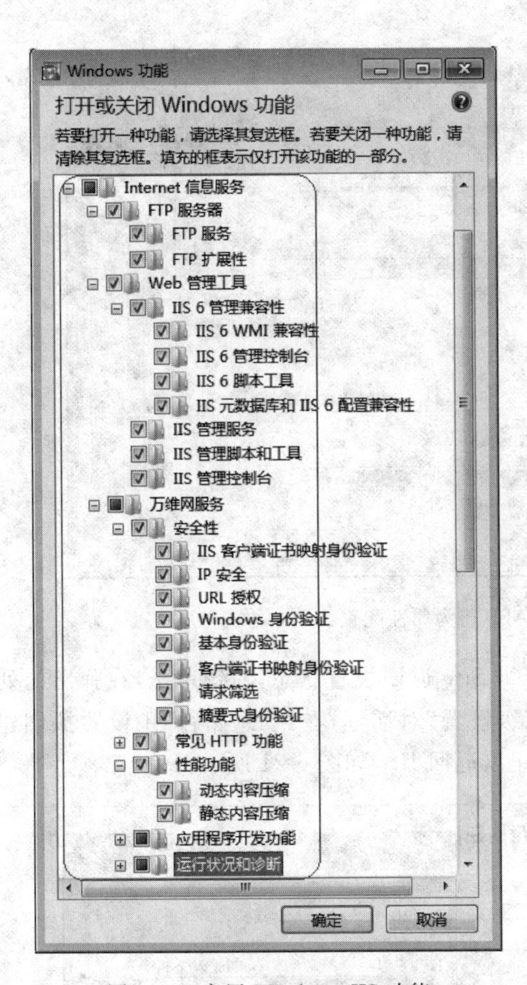

图 6-17　启用 Windows IIS 功能

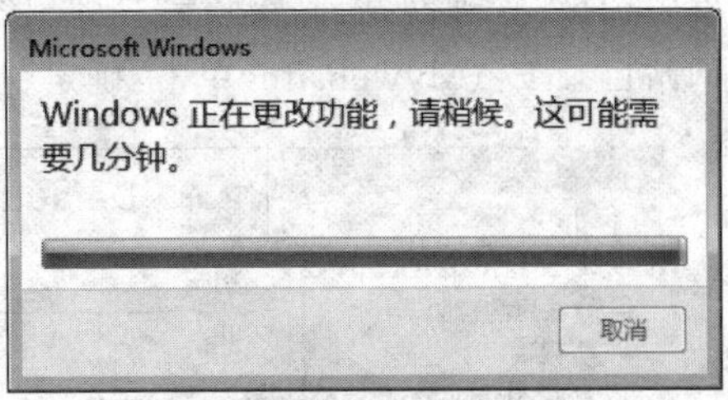

Microsoft Windows

Windows 正在更改功能，请稍候。这可能需要几分钟。

取消

图 6-18　等待消息框

图 6-19　启动 IIS

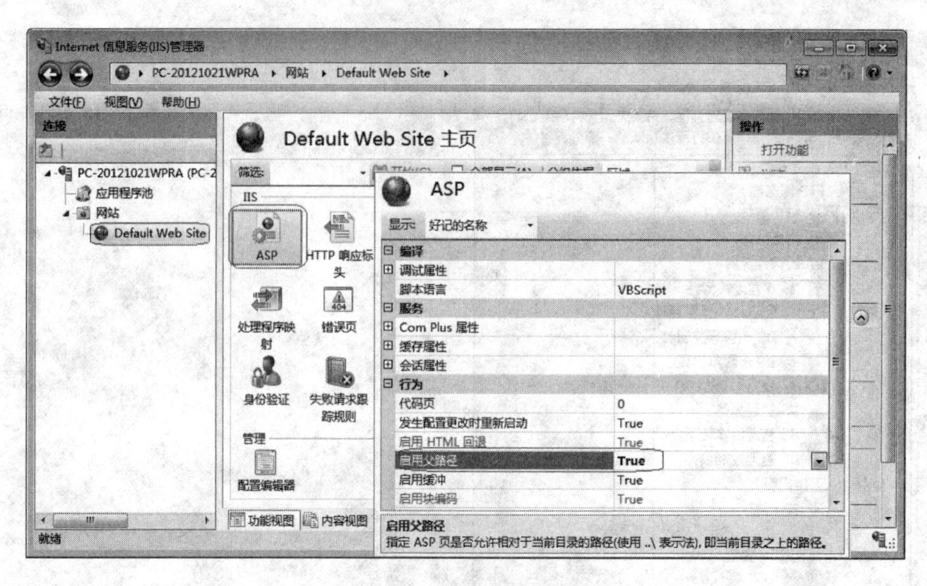

图 6-20　修改 ASP 行为属性配置

(24) 单击“返回”图标 或 Default Web Site 返回设置状态,右键单击,在弹出的列表框中选择“管理网站|高级设置”,弹出“高级设置”对话框,在“物理路径”中设置拟创建的网站目录 E:\Mywebsite,单击“确定”按钮以返回 IIS,如图 6-21 所示。

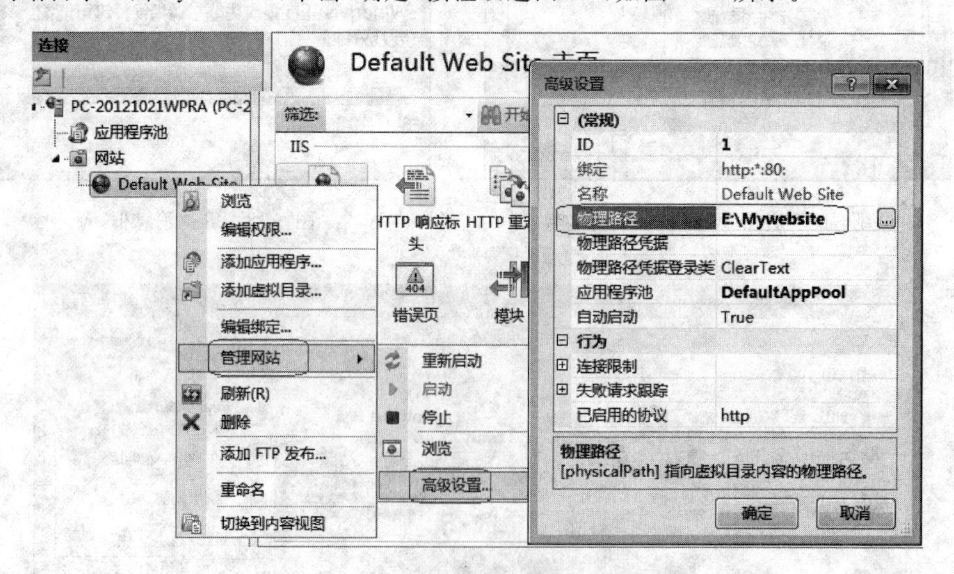

图 6-21　设置拟创建的网站目录

(25) 右击 ASP,在弹出的列表项中选定“绑定”选项。如果是一台电脑,只修改后面的端口号即可,IP 地址采用默认选项,即“全部未分配”;如果是办公室局域网,则单击下拉框,选择自己电脑上的局域网 IP 地址(如 192.168.0.198),单击“确定”按钮以返回 IIS;如果右侧“管理网站”显示为■(停止状态),就单击▶(启动)按钮,如图 6-22 所示。

(26) 在 IE 浏览器的“工具”|“Internet 选项”中取消“显示友好 HTTP 错误信息”,这

图 6-22　绑定站点地址

样便于调试 IIS 的出错信息。设置好各个选项和属性后，在地址栏里面输“http://192.168.0.198”或“http://localhost:80”(全部未分配)，就可以在浏览器中浏览 ASP 页面。如果采用 ASP+Access 数据库制作的页面，还需要设置 C 盘 WINDOWS 目录下 Temp 文件夹的权限(C:\Windows\ServiceProfiles\NetworkService\AppData\Local\Temp)；如果安装的是 64 位的 WIN7，还需要在 IIS 中设置成兼容 32 位系统。

(27) Access 数据库是微软发布的关系型数据库，也是 Microsoft Office 办公软件的重要组成部分。Access 数据库作为微软推出的、以标准 JET 为引擎的桌面型数据库系统，由于具有操作简单、界面友好等特点，具有较大的用户群体，适用于数据储存量较少、数据通信不很复杂的小型网站和个人网站。选择“开始”|“程序”|Microsoft Office|Access 2003 命令，启动 Access 2003，如图 6-23 所示。

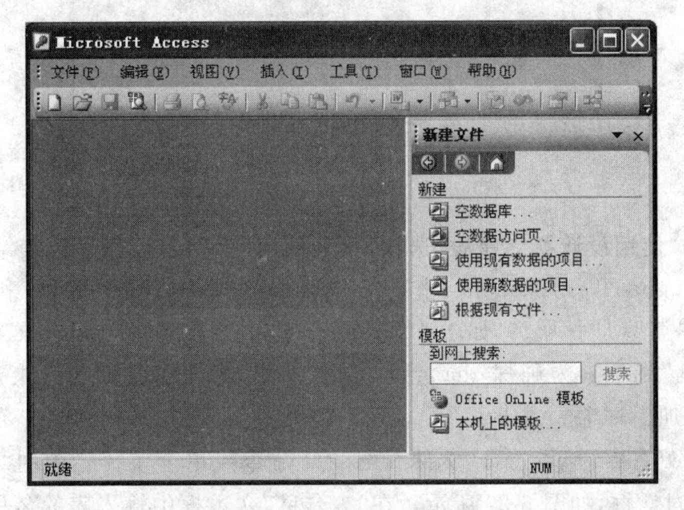

图 6-23　Access 2003 启动界面

(28) 单击右侧的“新建空数据库”按钮 空数据库...，弹出“文件新建数据库”对话框，如图 6-24 所示。

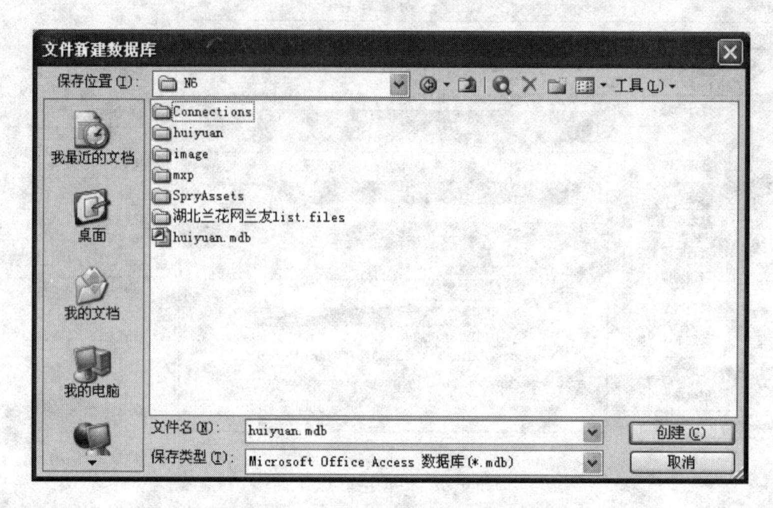

图 6-24 “文件新建数据库”对话框

(29) 在“文件名”文本框中输入数据库名“huiyuan.mdb”，单击“创建”按钮，在指定目录\Mywebsite\N6 的子目录下创建数据库 huiyuan.mdb，弹出如图 6-25 所示的对话框。双击默认项“使用设计器创建表”来创建新的数据表。

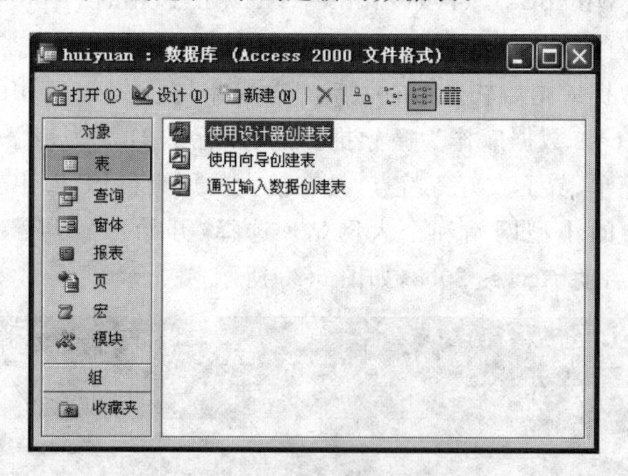

图 6-25 使用设计器创建数据表

(30) 双击“使用设计器创建表”选项，打开创建“表”窗口，先设置表结构中各字段名称，分别为 zhanghao(账号)、mima(密码)、dianhua(电话)、email(邮箱)和字段所对应的数据类型，文本类型大小为 20，如图 6-26 所示。选中字段名 zhanghao 右击，在弹出的菜单中选择“主键”选项。为确保 zhanghao 的唯一性，把该字段设置为主键，此时在字段 zhanghao 前增加了一个图标。

(31) 设置好各字段后，选择“文件”|“保存”命令或单击快捷栏中的“保存”图标，弹出“另存为”对话框，如图 6-27 所示。在“表名称”文本框中输入表的名称“zhuce”，单击“确定”按钮，数据表已创建。

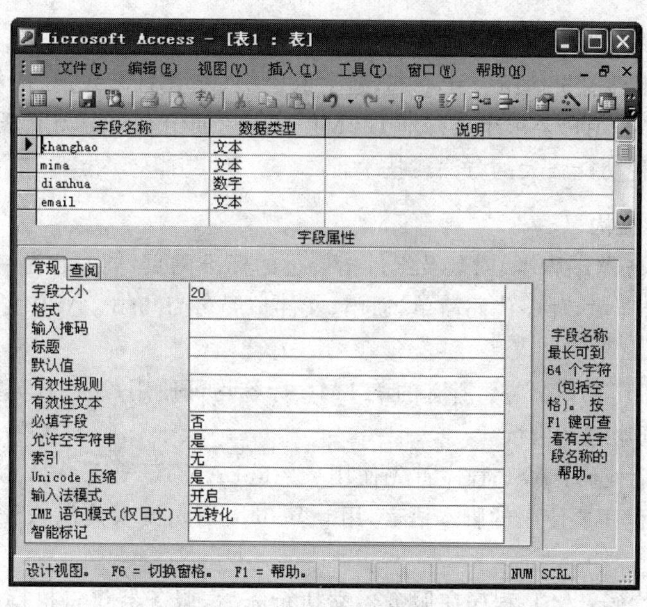

图 6-26　给数据表添加字段

(32) 选择“视图”|“数据表视图”命令或单击快捷栏中的“视图”图标 后的下拉按钮,选择“数据表视图”选项,如图 6-28 所示。

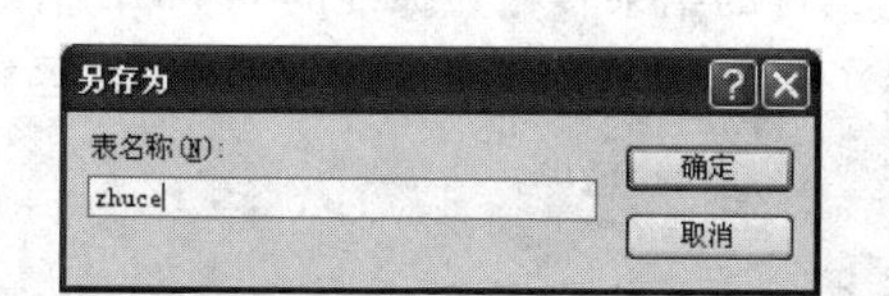

图 6-27　“另存为”对话框

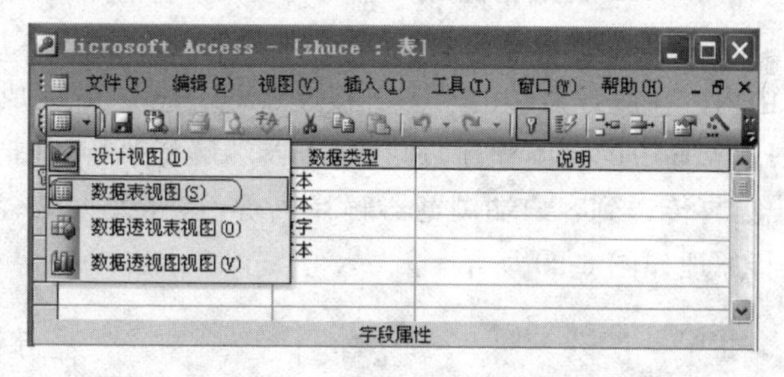

图 6-28　设计视图与数据表视图的切换

(33) 从“设计”视图切换到“数据表”视图后,就可以添加记录了。记录添加完成后,就可以在动态页面建立数据库连接,最终实现动态页面与数据库的交互。关系型数据库设计对数据存取效率有很大的影响,在设计时要考虑到以下规则:①字段唯一性,即表中的每个字段都只能含有唯一类型的数据信息;②记录唯一性,即表中没有完全一样的两条记录,保证唯一性就必须建立主关键字;③功能相关性,即任意一个表都应该有一个主关键字段与表中记录的各实体相对应;④字段无关性,在不影响其他字段的情况下,能够修改任意字段。

6.1.2　问题探究——ASP 概述

ASP(Active Server Pages,活动服务器页)是美国微软公司开发的服务器端脚本环境,而不是一种脚本语言,它是目前最为流行的、无须编译的、开放式 Web 程序应用环境,具有操作简单、易学、易用且功能强大的优点。利用该技术，可把 HTML、普通文本、脚本命令以及 COM 组件有机地组合在一起，建立起动态、交互且高效的、能够在服务器端运行的应用程序，并按用户要求生成标准 HTML 页面返回给客户端浏览器，为 Web 服务器应用程序提供一种功能强大的方法或技术。

1. ASP 文件结构

ASP 是由服务器端脚本、对象及组件拓展过的标准网页，同时也是一种支持 ASP 扩展的 Web 服务器环境，程序代码简单、通用，文件扩展名为.asp。ASP 文件通常由 3 部分构成。

(1) 标准的 HTML 标签：所有的 HTML 标签均可使用，这些代码被传送到客户端浏览器后，由浏览器解释执行。

(2) 服务器端代码：ASP 程序首先使用＜%@LANGUAGE＝"VBSCRIPT"%＞命令在开始处指定程序要使用的脚本语言，用#include 语句调入其他 ASP 代码，增强了编程的灵活性。

(3) 客户端代码：ASP 程序在服务器端执行完后，服务器仅将执行的结果以标准的 HTML 形式返回给客户端浏览器解释执行。这样既减轻了客户端浏览器的负担，大大提高了交互的速度，而且在客户端不会泄露源程序，可以起到较好的保密作用。

2. ASP 的运行原理

ASP 本身的意义，是从服务器端传送信息到客户端时的前置处理过程。该处理功能由内嵌在服务器端的动态链接库(DLL)asp.dll 完成。由于所有的程序(包括内嵌在普通 HTML 中的脚本程序)都在服务器端解释执行，并把执行的结果转化为标准的 HTML 信息，再传送到客户端浏览器解释执行，这样大大减轻了客户端浏览器的负担。ASP 的运行原理如图 6-29 所示。

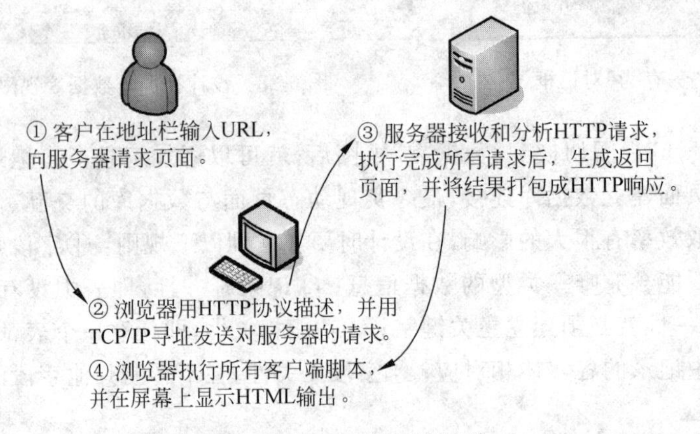

① 客户在地址栏输入URL，
向服务器请求页面。
③ 服务器接收和分析HTTP请求，
执行完成所有请求后，生成返回
页面，并将结果打包成HTTP响应。
② 浏览器用HTTP协议描述，并用
TCP/IP寻址发送对服务器的请求。
④ 浏览器执行所有客户端脚本，
并在屏幕上显示HTML输出。

图 6-29 ASP 的运行原理

(1) 用户向 Web 服务器发送一个.asp 的页面请求。

(2) 服务器在接到请求后，根据扩展名判断要执行的 ASP 文件。

(3) 服务器从内存或硬盘上找到并执行 ASP 文件。

(4) 该程序被传送给服务器上的 asp.dll 并被编译运行，产生标准的 HTML 文件。

(5) HTML文件作为用户请求的响应传回给客户端浏览器,由浏览器解释执行并显示结果。

上述步骤是相对简化的ASP处理运行流程,但在实际的处理过程中,还可能会涉及诸多的问题,如数据库操作、ASP页面的动态产生等。此外,Web服务器也并不是接到一个ASP页面请求就重新编译一次该页面程序,如果某个页面再次接收到和前面完全相同的请求,服务器会直接去缓冲区中读取编译的结果,而不必重新运行。

3. ASP技术概要

动态网页可以简单地理解为是网页、数据库及程序中的变量等概念的结合,通常ASP应用程序具有以下4个特征。

(1) ASP可以包含服务器端脚本,并通过脚本的使用,使网页"动"起来,成为真正和用户交互的网页。

(2) ASP包含内置对象,最常用的有5大对象、一个集合Cookies、一个文件Global.asa。一个对象通常包含方法和属性,其中,对象的方法决定了这个对象做何事,通过函数来体现;对象的属性描述了对象状态或设置对象状态,通过变量来实现。

(3) ASP可以使用标准服务器端ActiveX组件来执行各种各样的复杂任务。例如,存取数据库、发送E-mail或访问文件系统等,还可以使用各种第三方控件来增强网页的功能。

(4) 为了方便网站后台的管理,动态网页都采用数据库管理信息。ASP可以利用ADO组件访问所有符合ODBC标准的数据库,如Oracle、SQL Server、Access等;在ASP中使用SQL语句实现对数据库的操作。

6.1.3 知识拓展——ADO组件

1. ADO模型简介

ADO(ActiveX Data Objects,动态数据对象)是Microsoft数据库应用程序开发的新接口,由微软提供的、使ASP具有访问数据库功能的组件,是建立在OLE DB之上的高层数据库访问技术。安装完IIS后,ASP会自动安装ADO数据库访问组件,并依靠这个ActiveX数据对象访问数据库。

ADO技术不仅可以应用于关系数据库,也可以应用于非关系数据库。它使用统一的方法对不同的文件系统进行访问,大大简化了程序编制,增加了程序的可移植性。另外,ADO的对象模型简化了对象的操作,只要使用正常的ADO编程对象,就能够可视化地处理所有的事情。例如,在OLE DB的操作中,必须先建立数据源和数据实用程序之间的连接,才能打开一个记录对象,而在ADO中可以直接打开一个记录对象,而无须先建立与数据源的连接。

ADO对象模型具有3大对象,即Connection对象、Command对象和RecordSet对象,其关系如图6-30所示。

其中,各对象和集合功能介绍如下。

(1) Connection对象:又称连接对象,用于建立与后台数据库的连接。只有与数据库先建立起连接关系后，才能对数据库进行各种操作。

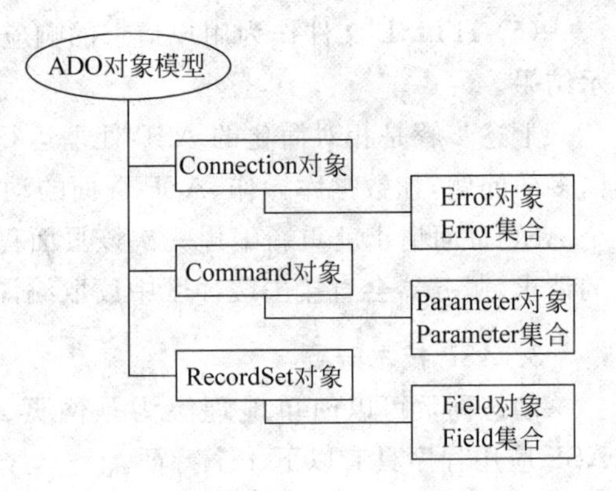

图 6-30 ADO 模型 3 大对象的关系图

(2) Command 对象：又称命令对象，是对数据库执行命令的对象。它通过传递 SQL 指令来操作数据库，如查询、添加、删除、修改等操作。

(3) RecordSet 对象：又称记录对象，当用 Command 对象或 Connection 对象执行查询命令后，就会得到一个记录集对象，该记录集包含了所有满足条件的记录。这个记录集存储在内存中的一张虚拟表中，可以通过命令将这张表上的数据显示在页面上。

(4) Error 对象和 Error 集合：又称错误对象，是 Connection 对象的子对象。数据库程序在运行时，一个错误就是一个 Error 对象，所有的 Error 对象组成 Error 集合，即错误集合。

(5) Parameter 对象和 Parameter 集合：为 Command 对象提供数据和参数。

(6) Field 对象和 Field 集合：又称为字段对象，是 RecordSet 对象的子对象。一个记录集就好像一张表格，由许多行和列组成。每一行是该记录集的一个记录，每一列是该记录集的一个字段即 Field 对象，所有 Field 对象就组成了 Field 集合。

2. ASP 访问数据库方法

动态网页应用程序开发的关键技术，就是动态网页数据库的设计与编程。利用 ADO 对象开发应用程序，可使程序开发者更容易地控制对数据库的访问，从而产生符合用户需求的数据库访问程序。ADO 技术对对象之间的层次和顺序关系的要求不太严格。例如，在程序开发过程中，可以在使用启示的地方直接使用记录对象，在创建记录对象的同时，程序自动建立了与数据源的连接，简化了程序设计，增强了程序的灵活性。

(1) 连接到数据源

数据源是应用程序和数据库之间的桥梁，连接到数据源可以使应用程序访问数据库，程序中使用 Connection 对象实现该操作。

(2) 操作数据

连接到数据库后，使用 Command 命令查询数据库并返回 RecordSet 对象中的记录，以便执行大量操作或处理信息。

(3) 获得数据

通过 Command 对象对数据库执行查询操作，返回的记录集用 RecordSet 对象表示。RecordSet 对象所指的当前记录均为集合内的单个记录。使用 ADO 时，RecordSet 对象可对几乎所有数据进行操作，所有 RecordSet 对象均使用记录和字段(行和列)进行构造。

(4) 使用数据

RecordSet 对象含有由 Field 对象组成的 Field 集合。每个 Field 对象代表了 RecordSet 对象客户的一列。使用 Field 对象的 Value 属性可设置或返回当前记录的数据。

（5）检测错误

任何与数据源有交互连接的ADO，都可能产生一个或多个从数据源返回的错误。每个错误出现时，一个或多个Error对象将被放到Connection对象的Error集合中。当另一个ADO操作产生错误时，Error集合将被清空，Error对象集被放在Error集合中。

注意：每个Error对象都代表特定的提供者错误而不是ADO错误，ADO错误被记载到运行时的例外处理机制中。

6.2 任务17 动态网页

技能目标

（1）在Dreamweaver CS6中能快速创建动态页面。

（2）能熟练掌握实现动态页面与数据库之间的交互方法。

（3）能够在本机测试、调试、发布并浏览动态网页。

知识目标

（1）掌握动态页面的创建。

（2）熟练实现动态页面与数据库之间的关联。

（3）掌握记录集的创建过程。

（4）掌握在动态页面实现插入、显示、修改、删除等服务器行为的操作。

（5）掌握记录的显示与分页技术。

（6）能够快速在IIS中浏览发布动态网页。

工作任务

在本次设计任务中，为了保持与前面知识的连贯性，动态站点的选择与静态站点指定相同路径E:\Mywebsite，这样就可以把前面任务中完成的一些实例综合运用起来。动态网页的制作是一个复杂且有技术含量的操作过程，应用Dreamweaver内嵌的应用程序提供的服务器行为功能，为普通用户提供了模块化快捷创建动态站点的途径。用户只需要先规划好动态页面之间数据的流转，清楚动态网页开发的重点是如何创建数据库与在页面的连接，并取出相关数据显示在页面上。

本任务通过最常见的会员注册、登录动态页面的创建与实现，理顺动态网页实现过程，知晓Dreamweaver CS6中的表单验证、用户注册、用户登录、用户权限等服务器行为的添加，从而实现动态页面间的交互。

（1）在Dreamweaver CS6中构建动态站点。

（2）构思动态站点的流转过程。

（3）分别设计4个静态页面和4个动态页面。

（4）创建动态内容源—数据库。

（5）连接数据库。

（6）绑定数据库—创建记录集。

（7）向不同功能的动态页面添加服务器行为。

① 设置用户身份验证(登录用户、检查新用户名)。
② 添加动态文本。
③ 插入记录。
④ 显示记录。
⑤ 重复区域。
⑥ 记录集分页。

6.2.1 创建动态页面

(1) 在 Dreamweaver CS6 的数据面板,用户可以直接应用系统内嵌的应用程序功能,方便快捷地制作动态网页,通过脚本程序与数据库建立连接,并从数据库提取动态数据显示在网页指定位置。根据应用程序功能,首先规划好此次任务的页面流转方向与思路:在主页面设计了登录界面和会员注册模块,只有注册用户才能使用登录界面与服务器实现交互功能,按照业务流程共设计了 8 个页面:4 个静态页面、4 个动态页面。页面流转过程如图 6-31 所示。

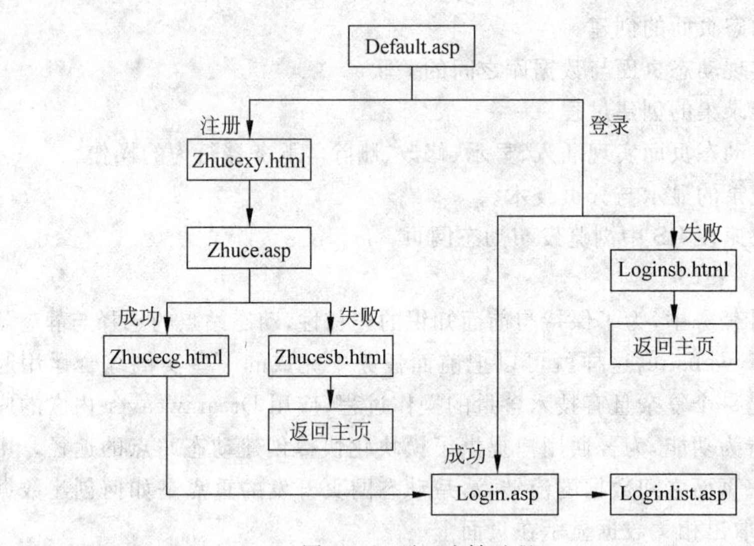

图 6-31 页面流转过程

(2) 启动 Dreamweaver CS6,选择“站点”|“管理站点”命令,弹出“管理站点”对话框。选定站点“兰苑”,并单击下方的“编辑选定的站点”按钮,然后在弹出的“站点设置对象兰苑”对话框中选择“服务器”类别,单击下方的“添加新服务器”按钮,以添加一个新的服务器。在弹出的“基本”选项卡下,做如下设置:“服务器名称”输入“兰苑”,“连接方法”选择“本地/网络”,“服务器文件夹”选择 E:\Mywebsite,在 Web URL 中输入“http://localhost”;在“高级”选项卡下做如下设置:“远程服务器”勾选“维护同步信息”选择项,“测试服务器”下的“服务器模型”选择 ASP VBScript 选项,如图 6-32 所示。

(3) 单击“保存”按钮,即完成了服务器的设置。如果选择一个现有的服务器,单击“编辑现有服务器”按钮可以对现有服务器进行编辑。指定刚添加或编辑的服务器为远程服务、测试服务器，或同时进行两种服务，如图 6-33 所示。

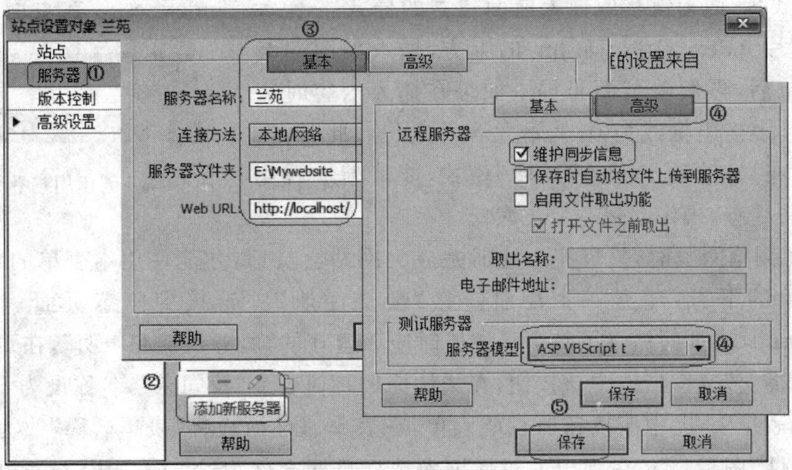

图 6-32　设置站点服务器

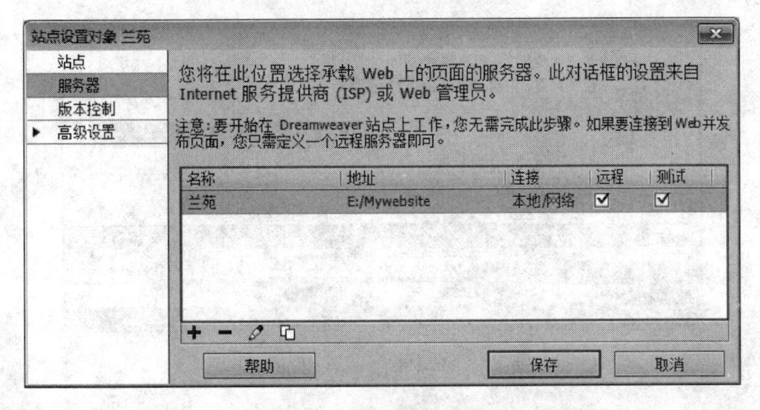

图 6-33　“服务器类别”对话框

（4）单击“保存”按钮，将弹出如图 6-34 所示的消息框，继续单击“确定”按钮，以完成服务器设置过程。如果 IIS 主目录中设置的 IP 地址是 192.168.56.39，那么在图 6-32 中的“Web URL”文本框内，应输入 IP 地址“http：//192.168.56.39”。

（5）动态站点创建完成后，在 Dreamweaver CS6 界面选择“新建”|“空白页”|ASP VBScript|“创建”命令，新建一个动态 ASP 页面，并保存到站点目录\N6 下，文件名为“Default.asp”。打开“代码”视图，其中，首行代码＜%@LANGUAGE＝"VBSCRIPT" CODEPAGE＝"65001"%＞声明了 ASP 当前使用的编程脚本为 VBScript，通过该脚本语言编写的代码来提高网页的交互性，增强了客户端网页的数据处理与运算能力；CodePage 定义在浏览器中显示页内容的代码页（它是字符集的数字值，不同的语言使用不同的代码页）。

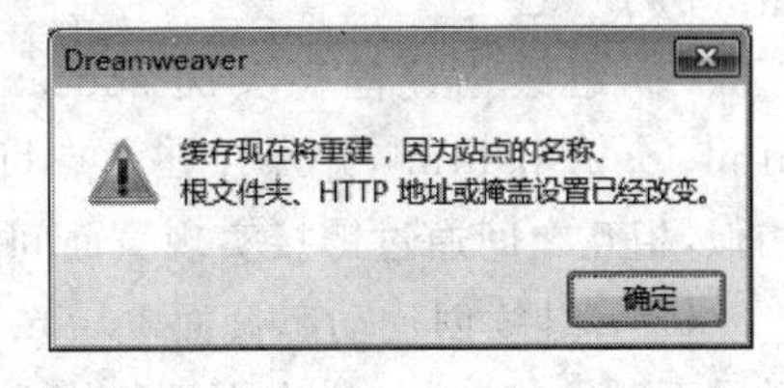

图 6-34　缓存重建消息框

(6) 打开站点目录下的文件\N5\index.html,选定页面所有内容,并复制到当前动态页面中,在CSS面板链接或导入前面建立的样式\N5\css\index.css。在页面LOGO的右下方、图片index_r33_c15.jpg的上方,插入如图6-35所示的表单后,再调整页面布局。如果在插入内容时表格线较多且表格边框线为0,就不太容易定位。此时,选择快捷栏"布局"选项卡下的"扩展"模式,能清晰地看到表格的当前状态,操作起来一目了然。

图6-35 创建用户登录表单1

(7) 在浏览网页时,只有完成注册并成为网站会员后,才能使用本表单的登录界面。所以在表单的下方,建立一个注册链接"会员注册"并链接到静态页面\N6\html\zhucexy.html,该页面提供了新会员注册时应该遵守的"服务条款和声明",在页面下方添加了一个"提交"按钮。选中该按钮,在属性面板将值改为"我同意",名称设为B1,动作设置为"提交表单";选中该按钮所在的表单,在表单属性面板将"表单名称"改为agree,单击"浏览文件"图标,在弹出的对话框内选择目标文件为\N6\Zhuce.asp,提交"方法"置为POST。当用户单击"我同意"按钮时,能够直接链接到动态注册页面Zhuce.asp,如图6-36所示。

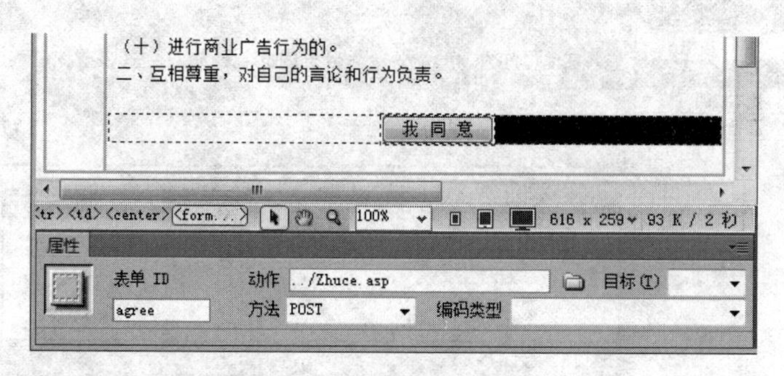

图6-36 创建用户登录表单2

(8) 继续创建动态页面Zhuce.asp,该页面以表单的形式把会员提交的信息提交到数据库中。选中表单form,在"属性"面板将表单名称命名为"zhuce",各表单域字符宽度为30,用户名、密码、E-mail地址、电话的最多字符分别为20、20、30、12,两个按钮的值分别为"我填好了,现在注册!"(动作提交)、"不行,还是重写吧!"(动作重设)。页面布局如图6-37所示。

(9) 继续创建静态页面zhucexy.html(服务条款和声明)、hucecg.html、Zhucesb.html、loginsb.html,并保存在站点目录\Mywebsite\N6\html目录下。这4个页面结构相似,相互之间通过链接实现页面间的跳转,这里不再细述操作过程。

(10) 继续创建动态页面Login.asp(兰友论坛),并保存在站点目录\Mywebsite\N6目录下。Login.asp动态页面使用Div和Table结合,将整个论坛分为"品种鉴赏、兰花种养、交易讨论区、以兰会友、爱心专栏、站务管理"6个板块。限于篇幅,各版块没有继续使用动态服务器行为,仅在页面最顶部把文字"会员列表"链接到页面Loginlist.asp,在"欢迎您:"后显示登录或注册会员的账号。

新用户注册

●必填资料：

用户名： 注册用户名不能超过20个字符（10个汉字）	●	
密码(最多20位)： 请不要使用任何类似 '*'、'' 或 HTML 字符	●	
Email地址： 请输入有效的邮件地址，这将使您能用到论坛中的所有功能	●	
电话(最多12位)：		

我填好了，现在注册！　不行，还是重写吧！

图 6-37　创建用户注册表单

(11) 继续创建动态页面 Loginlist. asp(兰友论坛-已注册会员列表)，保存在站点目录\Mywebsite\N6 目录下。总体布局与静态页面相同，在正文“会员列表”的下方，添加一个 2 行、3 列的表格，只显示数据库 4 个字段的记录值(ID、zhanghao、mail、dianhua)。至此，完成了此次任务所需要的全部页面的创建任务。

(12) 动态页面与数据库之间实现交互的过程为：创建数据库与页面应用程序之间的连接→使用“绑定”面板创建记录集(动态数据源)→向页面添加动态内容→向页面添加服务器行为→测试和调试页面。现把任务 16 中创建的数据库 huiyuan. mdb 作为此次任务的数据源。为了方便后期数据列表的显示，打开数据表 zhuce，添加字段 ID(数据类型为自动编号)并保存。

(13) 打开动态页面 Default. asp，选择“窗口”|“数据库”命令，或直接通过“数据库”面板，在动态站点内创建动态页面与数据库的连接。由于建立动态站点时就已经对服务器进行了测试，所以当前的状态显示 1、2、3 项处于选中状态，只需要再单击上方的按钮，就可以创建数据库连接了，如图 6-38 所示。

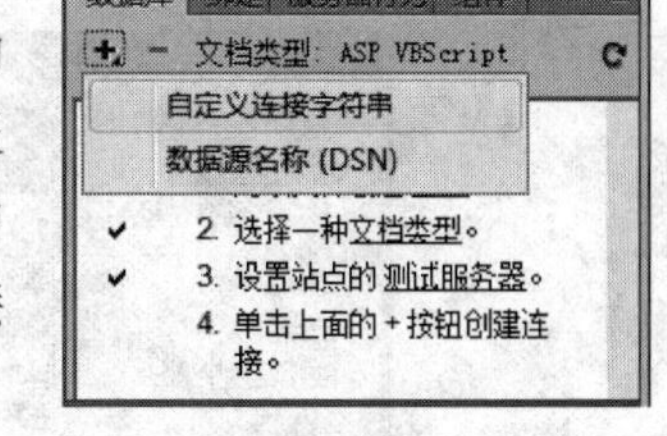

图 6-38　创建数据库连接

(14) 在弹出的“自定义连接字符串”对话框中设置：在“连接名称”文本框中输入“conn”；在“连接字符串”文本框输入“"Driver={Microsoft Access Driver (*.mdb)}; DBQ=E:\Mywebsite\N6\huiyuan. mdb"”；在“Dreamweaver 应连接”选项组选中“使用此计算机上的驱动程序”单选按钮。单击右侧的“测试”按钮，弹出“成功创建连接脚本”消息框，此时，动态页面 Default. asp 和数据库 huiyuan. mdb 之间建立了关联，如图 6-39 所示。

(15) 单击“确定”按钮，在“数据库”面板建立了数据库连接 conn。单击数据表左侧的 ⊞ 按钮，完整显示了数据库表 zhuce 建立的字段，在“文件”面板自动生成子目录\Connections 和连接文件 conn. asp，如图 6-40 所示。

(16) 继续选择右侧的“绑定”选项卡，单击 ⊞ 按钮，选择“记录集(查询)”选项，弹出

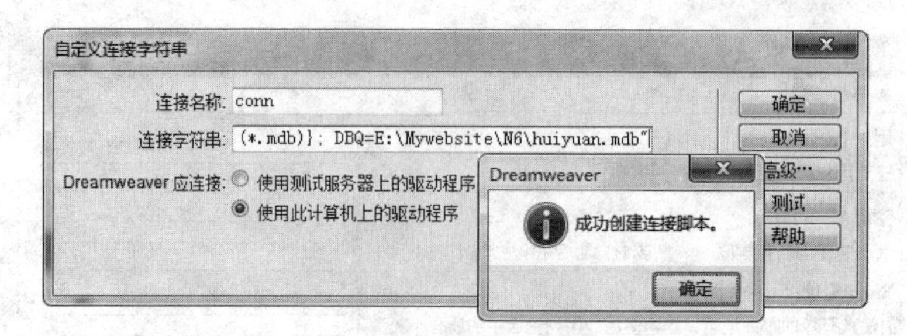

图 6-39 “自定义连接字符串”对话框

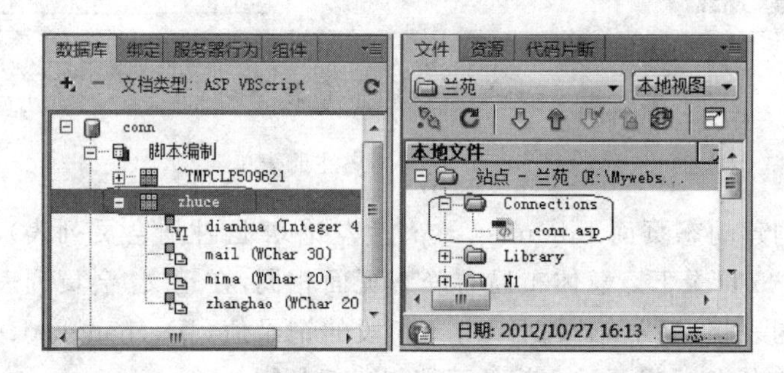

图 6-40 创建的数据库连接

“记录集”对话框，为该动态网页创建记录集。在“连接”下拉列表框中选择 conn 选项，表格选择 zhuce 选项，在“列”列表框中按住 Shift 键单击，选定 zhanghao 和 mima 两个字段，如图 6-41 所示。单击对话框右侧的“测试”按钮，可以直接测试 SQL 指令是否能正常浏览数据库，如果正常，数据表中所有数据将全部显示在弹出的“测试 SQL 指令”对话框里。

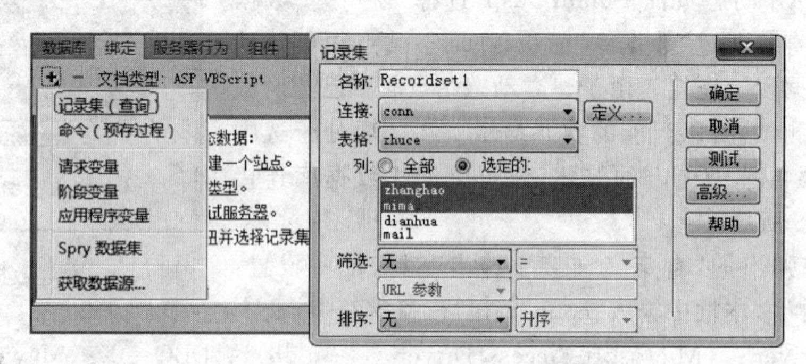

图 6-41 创建记录集

(17) 由于登录界面只需要用户输入账号和密码，提交服务器后即判断应转入页面，所以在此页面只需要添加一个登录用户行为即可。选择“服务器行为”选项卡，单击 按钮，选择“用户身份验证”|“登录用户”选项为页面添加服务器行为，在弹出的对话框中设置：“使用连接验证”选定 conn，“表格”为 zhuce，“用户名列”和“密码列”分别为 zhanghao、mima，“如果登录成功，转到”为 Login.asp，“如果登录失败，转到”为 html/zhucesb.html，设置参数如图 6-42 所示。

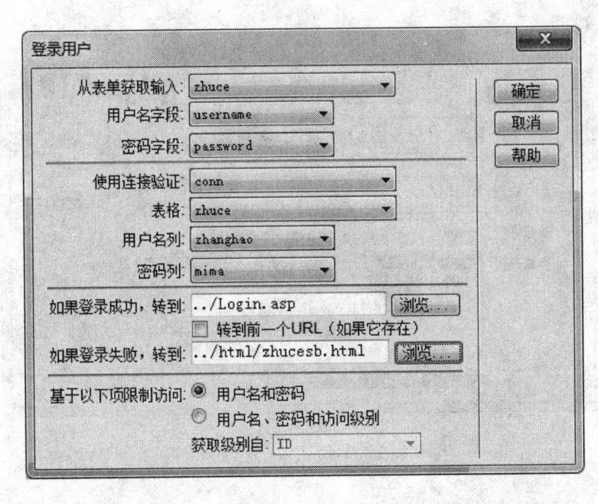

图 6-42　设置登录用户服务器行为

(18) 单击“确定”按钮，此时表单已被浅蓝色盖住，表明行为已添加，如图 6-43 所示。登录界面操作完毕。

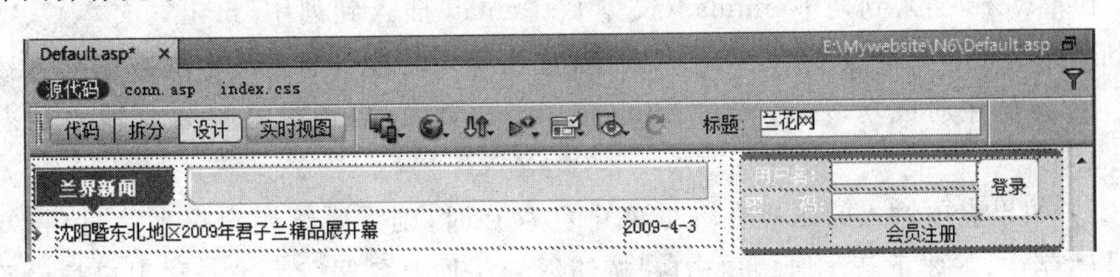

图 6-43　登录界面已添加服务器行为

(19) 打开动态页面 Zhuce.asp，在底部的标签栏上选择＜form＃zhuce＞标签以选中整个表单域。然后，在右侧的行为面板上为表单添加“检查表单”行为，将用户名 username、密码 password、邮箱 email 文本框设为必填，其中，邮箱文本域的输入内容必须是电子邮件地址，电话 phone 文本域的输入内容必须是“数字”，如图 6-44 所示。

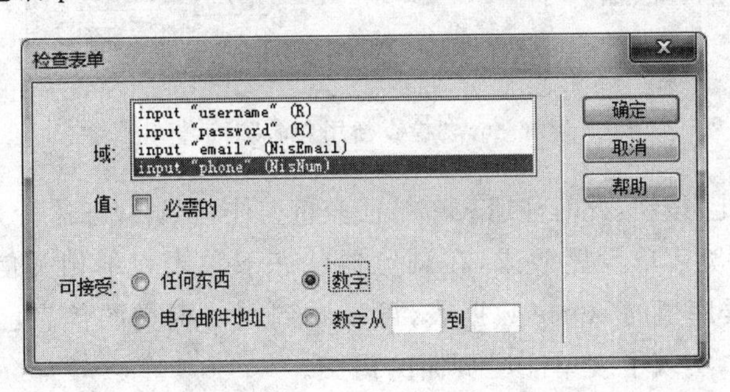

图 6-44　检查表单行为

(20) 由于数据库在站点已建立连接，所以现在只需要从“绑定”选项卡开始操作即可。操作步骤同主页操作一致，在绑定记录集时，将记录集的名称设置为 Recordset2，将“列”设为“全部”。选择“服务器行为”选项卡，然后单击 按钮，选择“插入记录”选项，弹出如图 6-45 所示的对话框。

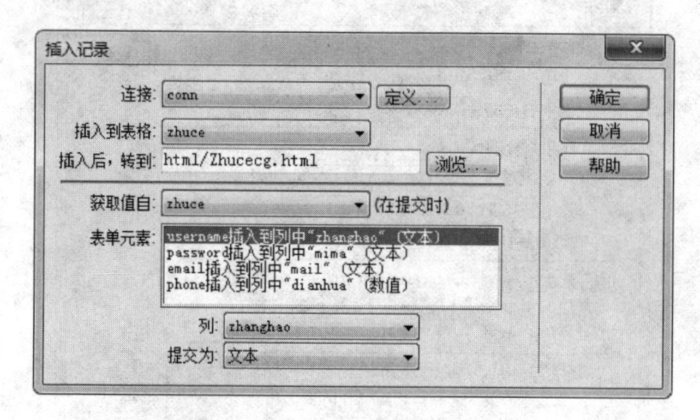

图 6-45 “插入记录”对话框

(21) 在对话框中设置:“连接”选择 conn;“插入到表格”选择 zhuce;“插入后,转到”设为 html/Zhucecg. html;“获取值自”选择 zhuce。依次选中“表单元素”文本框内的项目,在下方的“列”和“提交为”选择不同选项,设置“username 插入到列中"zhanghao"(文本)”、“password 插入到列中"mima"(文本)”、“email 插入到列中"mail"(文本)”、“phone 插入到列中"dianhua"(数字)”。单击“确定”按钮实现功能:把表单中的数据插入数据库 zhuce 中,会员注册成功,然后转入 Zhucecg. html 页面(再通过链接命令转入动态页面 Login. asp)。

(22) 如果表单输入的账号在数据库中已存在时,则需要给用户提示信息,告知用户此账号已存在,需要重新注册。单击 + 按钮继续添加服务器行为,选择“用户身份验证”|“检查新用户名”命令,弹出如图 6-46 所示的对话框。当用户名存在时,则转到 html/zhucesb. html。

图 6-46 “检查新用户名”对话框

(23) 单击“确定”按钮,此时注册表单被浅蓝色盖住,表明服务器行为已添加,如图 6-47 所示。按 F12 键预览表单设置效果,在浏览器状态下输入表单相关信息。表单提交后,再打开 Access 数据库里的 zhuce 数据表,可以看到刚才提交的信息已插入数据表中,服务器行为操作完成,实现了表单注册页面的提交。

(24) 此时,期望把刚注册(或正确登录)的账号作为变量值传送到归属该用户的页面,使用 ASP/ASP. NET 内置的 Session 对象来实现,Session 将对象存储在 Web 服务器的内存中,并在整个用户会话过程中保持状态。打开网页 Default. asp,检查表单注册用户的取值过程。在“拆分”视图中查看网页源代码,在第 20 行和第 46 行分别输入如下代码。

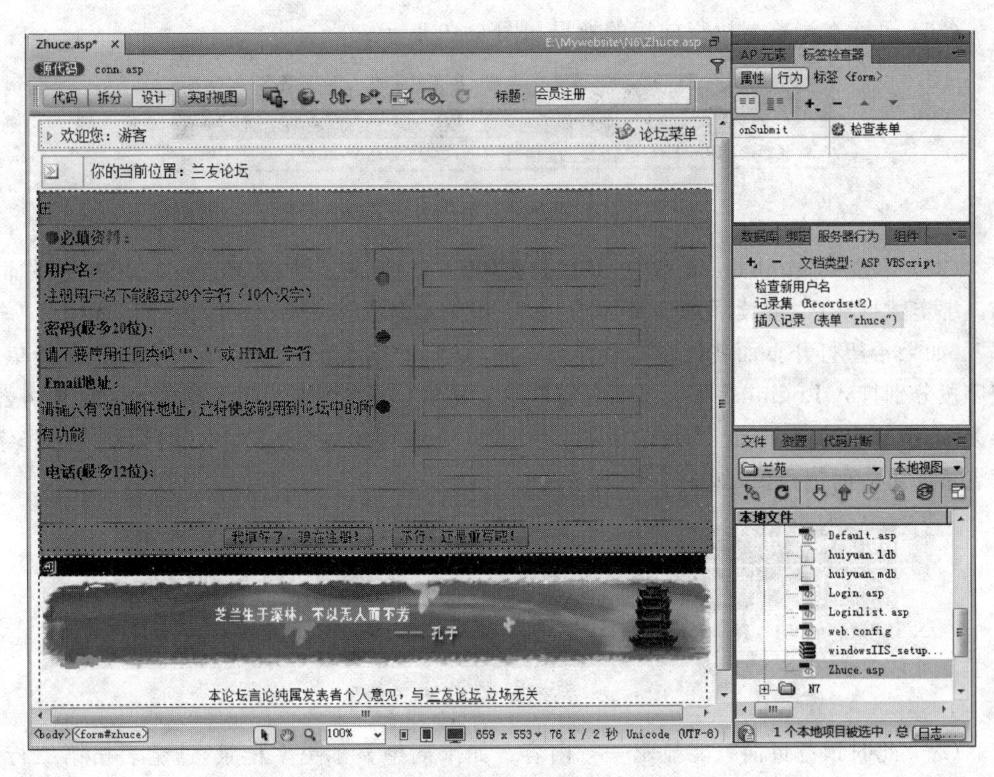

图 6-47　新会员注册界面已添加服务器行为

```
20: MM_valUsername = CStr(Request.Form("username"))
46: Session("MM_Username") = MM_valUsername
```

第 20 行，把表单取出的值赋给变量 MM_valUsername；在第 46 行，使用 Session 这个具有 ASP 解释能力的 WWW 服务器的内建对象，把登录页面中获取的用户名作为数值赋给 Session("MM_Username")。

(25) 打开动态页面 Loginlist.asp，在绑定记录集时，将记录集的名称设置为 Recordset3，将“列”选定为 zhanghao。将光标置于文本“欢迎您:”后，单击 按钮为页面添加“动态文本”服务器行为，在弹出的对话框中的<%=…%>之间加入 Session("MM_Username")，如图 6-48 所示。

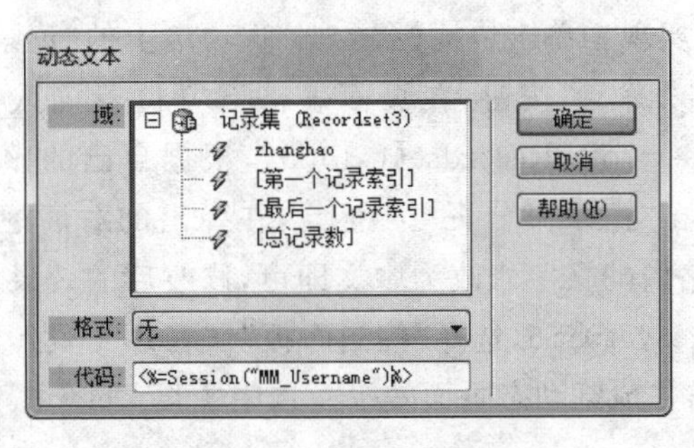

图 6-48　为页面添加动态文本

(26) 页面在浏览器执行前后的效果如图 6-49 所示。

图 6-49　用户登录后账号的界面

(27) 单击 Loginlist. asp 右上方的“会员列表”链接，转入 Loginlist. asp 页面，操作同前。绑定数据库后，继续添加服务器行为，记录集名称为 Recordset4，将“列”选定为“全部”。如果希望打开页面就能及时看到数据库内容，可以在“绑定”选项卡中打开记录集，把字段分别拖入 Loginlist. asp 页面对应的单元格中；或在各对应单元格内，单击“服务器行为”选项卡中的 按钮，为页面添加“动态文本”，在弹出的“动态文本”对话框内选择字段名添加对应的记录值，如图 6-50 所示。

用户列表

序号	用户帐号	E-mail	电话
重复 {Recordset4.ID}	{Recordset4.zhanghao}	{Recordset4.mail}	{Recordset4.dianhua}

图 6-50　系统提示输入相关信息

(28) 此时预览页面只能显示一行内容。如果期望显示更多记录，选定表格第二行，单击“服务器行为”选项卡中的 按钮，在弹出的菜单中选择“重复区域”选项，在弹出的对话框内设置每页显示的记录数为 6，如图 6-51 所示。也可以通过在快捷栏中的“数据”选项卡上选择“重复区域”图标 ，以达到同样的效果。

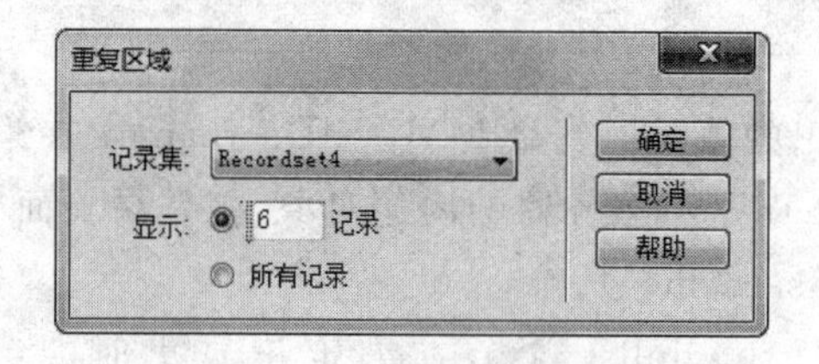

图 6-51　“重复区域”对话框

(29) 当数据的记录数超过设置的显示数量时，如果期望该网页具有分页和自动计数功能、把整个数据库记录按要求分别显示在多个页面上、并且保证各页面之间的链接，可以使用记录导航功能来实现。单击快捷栏“数据”选项卡上的“记录集导航状态”图标 ，在弹出的对话框中单击“确定”按钮，在页面表格下方位置插入 Records {Recordset4_first} to {Recordset4_last} of {Recordset4_total}，根据自己的预期，调整它们的位置并加入文字进行修改。单击“记录集分页”按钮 ，在弹出的对话框中单击“确定”按钮，自动插入分页命令，将表格内的文字修改为中文即可，修改后的效果如图 6-52 所示。

(30) 关闭 Dreamweaver CS6，选择“控制面板”|“管理工具”|“Internet 信息服务”命令，在 IIS 发布整个网站并预览动态页面效果。选中主页 Default. asp，右击选择“浏览”选项，效果如图 6-53 所示。

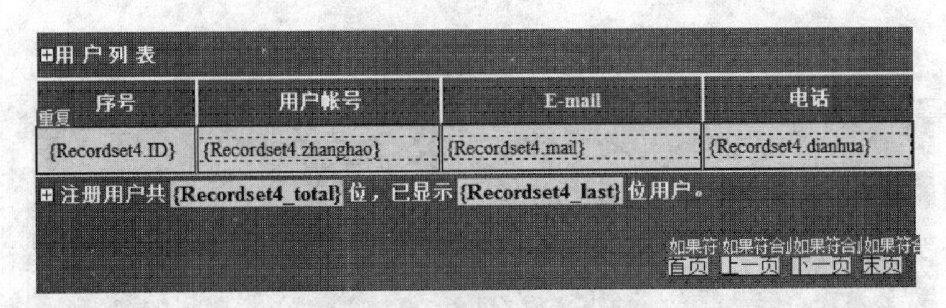

图 6-52 插入“记录集导航状态”和“记录集分页”后的修改效果

图 6-53 主页 Default. asp 的预览效果

(31) 在主页 Default. asp 登录表单，输入用户名和密码，单击“登录”按钮，进入兰友论坛首页 Login. asp，并把用户在主页使用的账号一起传送到指定位置，效果如图 6-54 所示。

(32) 单击 Login. asp 动态页面右上方的链接“会员列表”，转入 Loginlist. asp 会员列表的动态页面，该页面将数据库内容按设置要求显示，效果如图 6-55 所示。

(33) 选中主页 Default. asp 表单中的“会员注册”链接，页面转入 Zhuce. asp 注册页面，首先弹出“服务条款和声明”页面，单击“我同意”按钮进入“新会员注册”页面，在注册表单内填入信息，效果如图 6-56 所示。单击下方的“我填好了，现在注册!”按钮，注册成功即转入兰友论坛首页 Login. asp。

图 6-54　兰友论坛首页 Login.asp 的预览效果

图 6-55　会员列表 Loginlist.asp 的预览效果

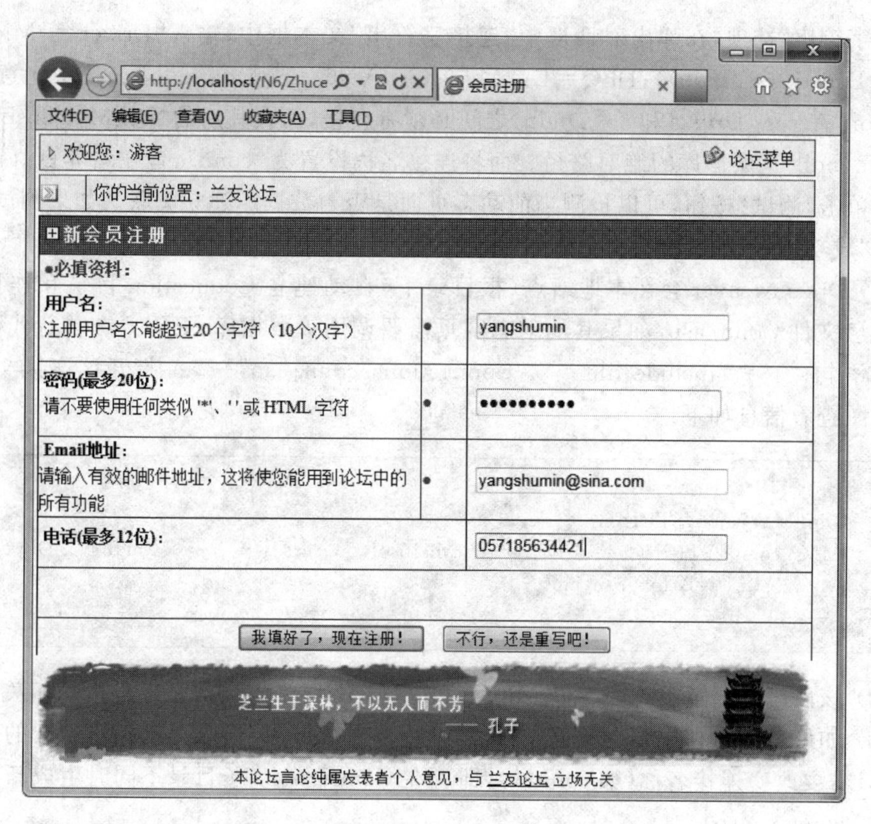

图 6-56　注册页面 Zhuce.asp 的预览效果

6.2.2　问题探究——ASP 与数据库连接

动态网页交互效果的实现，其实就是将数据库表中的记录显示在网页上，再通过页面对象事件去触发查找、添加、删除、修改数据库相应记录的双向过程。数据库连接是创建动态网页的重要环节，首先通过 Access 或 SQL Server 创建一个数据库，然后利用 SQL 语句来操纵数据库实现 ASP 与数据库的连接，最后在网页页面上显示数据信息。

连接后台数据库常用的方法有 2 种：DSN 桥连接和直接编写代码。前者要使用到管理工具下的数据源(ODBC)，当应用程序或数据库每次改变文件或存放路径，或程序调用多个数据库时，都需要返回到 ODBC 重新修改配置，该方法不利于系统移植(此处不建议使用)；后者通过编写代码直接连接数据库。Dreamweaver CS6 为了方便用户的操作，提供了“自定义连接字符串”接口来连接数据库，使不懂代码的新手也能快捷连接数据库，完成查询、添加、修改、更新等操作。

1. 通过 Dreamweaver CS6 提供的“自定义连接字符串”接口来连接数据库

(1) 在 Dreamweaver 菜单栏中单击“文件”|“新建”命令，在弹出的“新建文档”对话框中选择页面类型为 ASP VBScript，再单击“创建”按钮，以创建动态网页 zc.asp，并保存在 \N6\Ex 子目录下。选择界面右侧的“数据库”选项面板，单击下方的 [+] 按钮，选择“自定

义连接字符串"选项，在弹出对话框中"连接字符串"文本框中，输入"Driver={Microsoft Access Driver (*.mdb)};DBQ=E:\Mywebsite\N6\huiyuan.mdb"。需要注意的是，Microsoft Access Driver 和 (*.mdb)之间必须有空格，而在其后的"E:\Mywebsite\N6\huiyuan.mdb"是数据库的绝对路径。而将连接名称设置为"conn"，旨在培养良好的编程习惯。单击"测试"按钮，可以检测当前动态页面是否与数据库建立关联。如果测试成功，则弹出"成功创建连接脚本"信息。

(2) Dreamweaver 会在本地站点(根目录下)自动建立 Connection 目录和连接数据库的信息文件 Conn.asp，如果其他动态网页需要调用该数据库，只需要在首行代码下添加一条语句<!--#include file="../Connections/conn.asp"-->。打开该连接文件，在代码视图查看信息如下：

```
<%
    Dim MM_conn_STRING
    MM_conn_STRING = "Driver={Microsoft Access Driver (*.mdb)}; DBQ=E:\
    Mywebsite\N6\huiyuan.mdb"
%>
```

(3) 该段代码通过字符串变量 MM_conn_STRING 来定义数据库连接的相关信息。

(4) 如果站点名存在多个数据库，可以继续单击数据库下方的按钮，建立新的数据库连接，只需要改变连接名称(如 connex)，即可在 Connections 子目录下同时生成新的连接文件(如 connex.asp)。

2. 编写代码直接连接数据库

对于能够熟练运用代码的用户来说，直接编写程序代码可以缩短程序的格式化命令，也符合现在网络程序的流行趋势。直接编写代码连接 Access 数据库，有相对路径和绝对路径两种实现方式。

采用绝对路径连接数据库的方法如下：

```
Set conn=Server.creatobject(ADODB.Connection)            //创建 Connection 对象
connstr ="Driver={Microsoft Access Driver (*.mdb)}; DBQ=" E:\Mywebsite\N6\
huiyuan.mdb                                               //连接后台数据库
conn.Open connstr
```

采用相对路径连接数据库的方法如下：

```
Set conn = Server.CreateObject("ADODB.Connection")
strDbPathAndName=Server.Mappath("myaccess.mdb")  //取出数据库
connstr ="Driver={Microsoft Access Driver (*.mdb)}; DBQ=" & strDbPathAndName
                                                  //连接后台数据库
conn.Open connstr
```

6.2.3　知识拓展——SQL语言

SQL(Structured Query Language)是结构化查询语言的缩写,是一种数据库查询和程序设计语言,用于存取数据及查询、更新和管理关系数据库系统。

1. Select命令

Select命令是SQL语言的查询命令,其功能是取得满足指定条件的记录集。其命令格式如下:

```
Select [Top (数值)] 字段列表 From 表名 [Where 条件] [Order by 字段] [Group by 字段]
```

命令说明如下。

(1) Top (数值):表示只选取前面多少条记录。如只选取前5条记录,则为Top 5。

(2) 字段列表:表示需要查询的字段,多个字段用逗号分隔开,如果为全部字段则用*表示。

(3) 表名:需要查询的数据表,如果是多个表,中间用逗号分隔。

(4) 条件:指定查询时要满足的条件。如果同时有多个条件并存,则必须用条件连接符分隔。

(5) Order by:按字段名进行排序,ASC表示升序,DESC表示降序。默认为降序。

(6) Group by:表示按字段进行分类合并。

例如:

```
Select * from book where 单价>50
```

2. Insert命令

Insert命令用于向数据表中插入新的记录。其命令格式如下:

```
Insert Into 表名 (字段1,字段2,…) Values (字段1的值, 字段2的值,…)
```

命令说明如下。

(1) 表名:待插入数据的数据表名称。

(2) 字段:数据表中对应的字段名称。如果表中某字段设有主键,则输入值不能重复。

(3) 字段的值:指定字段的数据值,必须与前面的字段名顺序一致。如果值的类型为文本型或备注型,必须使用双引号括住。如果值为日期型,则用双引号或"#"号括住。例如:

```
Insert into book (图书编号,图书名称,单价) values(20060105,"数据结构",50)
```

3. Delete 命令

Delete 命令用于删除数据表中无用的记录。其命令格式如下：

```
Delete From 表名 [Where 条件]
```

命令说明如下。

(1) 表名：需要删除的数据表，如果是多个表，中间用逗号分隔。

(2) 条件：指定删除时要满足的条件。如果同时有多个条件并存，则必须用条件连接符分隔。例如：

```
Delete from book where 单价>30
```

4. Update 命令

Update 命令可以更新表中记录的值。其命令格式如下：

```
Update 表名 Set 字段 1=字段 1 的值，字段 2=字段 2 的值，… [Where 条件]
```

命令说明如下。

条件：指出修改的记录应满足的条件。用法与 Select 命令一致，如果默认，则更新整个数据表。例如：

```
Update book set 单价=36 where 图书编号=200702
```

6.2.4 知识拓展——Session 对象

Session 对象(又称会话对象)用来存取用户浏览器端的数据或特定用户的信息。当用户在应用程序的 Web 页之间跳转时，保存在 Session 对象中的变量将不会消失，直到会话过期或放弃时服务器终止该会话。Session 对象一般在 OnStart 事件中定义，在 OnEnd 事件中销毁实例，也可以调用 Session.abandon()方法直接关闭 Session。系统为每个访问者都设立一个独立的 Session 对象来存储 Session 变量，并且各个访问者的 Session 对象互不干扰。在 Session 有效期内，只要在一个页面内设置 Session，站点间的任何一个页面都可以获取该 Session 信息，Session 默认有效期为 20 分钟(如果该用户在 20 分钟内无任何操作，则 Session 失效)。Session 对象的声明与赋值如下。

(1) Contents 集合用来获取指定 Session 的值。语法规则如下：

```
Session.Contents("key")
```

其中，key 表示要获取的属性名。

(2) 将当前页面数据存储到指定Session。语法规则如下：

```
Session("变量名")=变量值
```

(3) 在其他页中获取指定的Session数据。语法规则如下：

```
变量=Session("变量名")
```

注意：若传送的是对象，在获取之前，先判断是否为空(用IsNull、IsEmpty)和是否为对象(用IsObject)；若传送的是数组，在获取之前，先判断是否为空(用IsNull、IsEmpty)和是否为数组(用IsArray)。Session对象的赋值没有显性的定义(不采用"Dim Session("变量名")"方式)，只能是隐式赋值。严格来说，这不是VBScript语言本身的定义方式，而是ASP内建对象提供的一个集合。

Session与Cookie是紧密相关的，Session数据存储在服务器或虚拟服务器端，Cookie数据则存储在客户端的计算机里。若浏览器不支持使用Cookie，或设置为不接受Cookie，则无法使用Session。当用户启用Session时，ASP自动产生一个SessionID，在新会话开始时，服务器将SessionID当作Cookie存储在用户的浏览器中，每当用户通过链接再次与服务器联机时，浏览器就会把这些Cookie传回Server协助处理，这即是Session的运作原理。由此可知，会话状态Session仅在支持Cookie的浏览器中保留，如果客户端关闭了Cookie选项，Session也就不能发挥作用了。

6.2.5　知识拓展——数据库的应用

记录集(RecordSet)对象可被用来容纳来自数据库表的记录集，使用记录(行)和字段(列)构造，所指向的当前记录均为集合内的单条记录，并通过查询语句获得数据库记录的子集，是动态页面的数据来源。RecordSet对象实际上依附于Connection对象和Command对象，通过Connection对象建立并开启数据库连接，通过Command对象通知数据库执行各种服务器操作行为(如增、删、查、改操作)。RecordSet对象可方便自如地操作Command对象返回的结果。

1. 数据绑定

数据绑定可以把组件和数据自动关联。记录集的创建，主要通过"应用程序"面板上的"绑定"选项卡中的"记录集(查询)"选项来完成。记录集的名称，可根据需要自己定义，也可以使用默认名称RecordSet1。定义记录集后，就可以对数据库进行查询操作，以动态生成记录子集，再利用ASP语句将记录子集的数据显示在页面上。

2. 服务器行为

一张动态页面经过数据库的连接、绑定数据库建立记录集后，要把数据写入页面的表单中，还需要在"应用程序"|"服务器行为"选项卡中为表单添加"插入记录"、"更新记录"、"删除记录"、"用户身份验证"等一系列服务器行为操作。

(1) 插入记录

① 打开站点目录\Mywebsite\N6\Ex 下的 regin.asp。单击数据库下方的[+]按钮，为站点目录建立新的数据库连接，并改变"连接"名称为 connex；单击"绑定"选项卡下方的[+]按钮为页面添加记录集后，就可以继续单击"服务器行为"选项卡下方的[+]按钮，在弹出的快捷菜单中选择"插入记录"命令，弹出的对话框如图 6-57 所示。

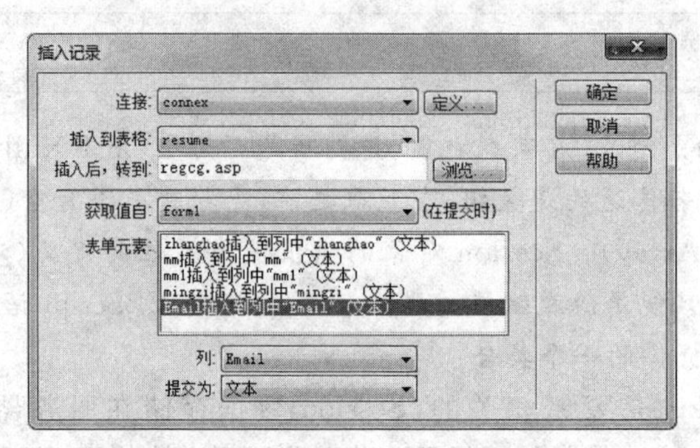

图 6-57 "插入记录"对话框

② 在对话框内，将各表单元素与数据表的字段建立关联，全部设置完成之后，单击"确定"按钮，注册表单自动填充为浅青色，如图 6-58 所示。此时表明，该服务器行为已经添加到表单中，表单提交后可以直接将表单刚输入的信息作为一条新记录插入数据库中。

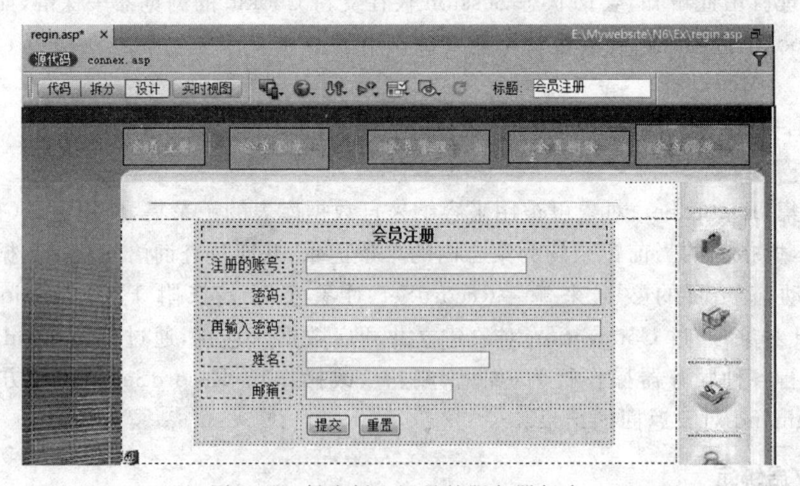

图 6-58 触发插入记录的服务器行为

③ 在提交表单时，如果数据库中已存在相同账号，则需要给用户相应提示，以重新输入新账号。此时可使用"服务器行为"内嵌的功能，继续对此表单添加"检查新用户名"功能，如图 6-59 所示。

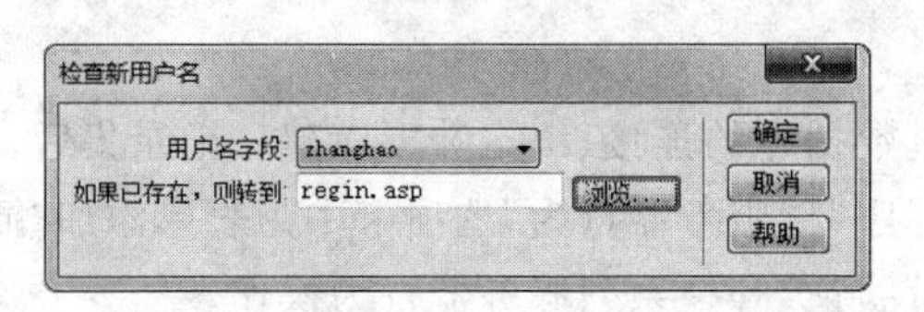

图 6-59 检查新用户的服务器行为

④ 按 F2 预览网页，用户录入相关数据后，单击注册页上的“提交”按钮提交刚录入的注册信息，打开 Access 数据库就会发现刚才提交的信息已插入数据库中。如果数据库中存在相同的注册账号，则给出提示信息，要求用户重新改写注册会员信息。

(2) 更新记录

在查看数据记录时，有时会遇到数据输入错误或者某些地方需要修改变动时，通过“服务器行为”选项卡中的“更新记录”命令可以实现数据的更新。

① 打开站点目录\Mywebsite\N6\Ex 下的 updata. asp。单击“绑定”选项卡下方的 按钮，为该页面添加记录集 rupda，如图 6-60 所示。由于 ID 在数据表中是具有唯一性的自动编号，所以在单击某条数据跳转到详细页面读取其 ID 时，能保证准确性。

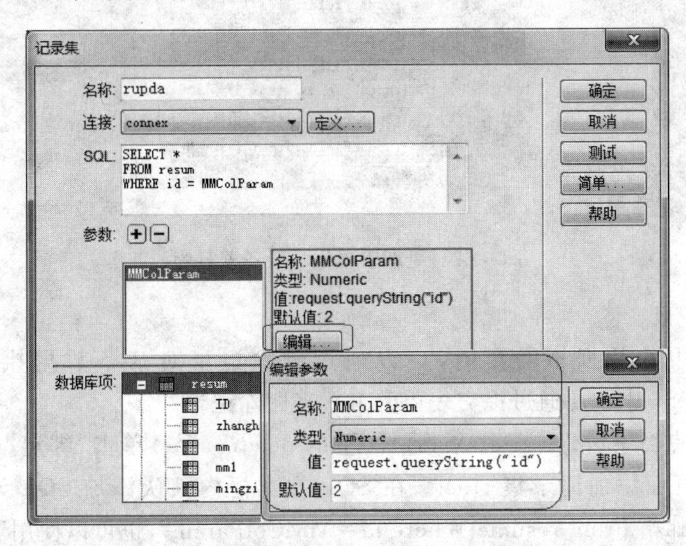

图 6-60　绑定记录集

② 单击“确定”按钮，将记录集中的字段拖动到当前页面的相应位置，单击“服务器行为”选项卡下方的 按钮，在弹出的快捷菜单中选择“更新记录”命令，则弹出“更新记录”对话框，如图 6-61 所示。

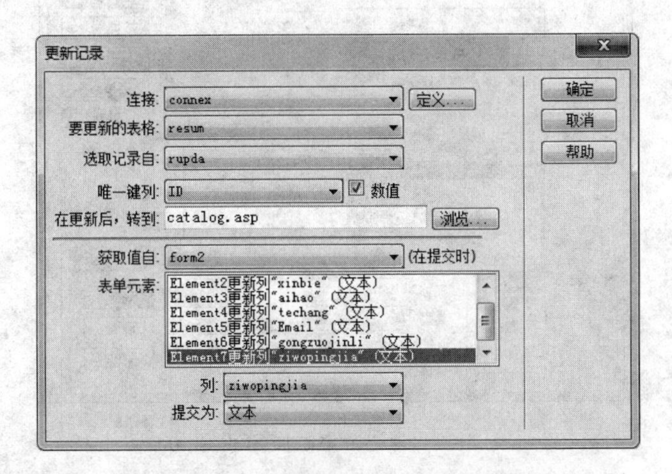

图 6-61　“更新记录”对话框

③ 单击“确定”按钮，该页面已经添加了两个服务器行为：“插入记录”和“更新记录”，并在更新后跳转到 catalog.asp。页面设计效果如图 6-62 所示。

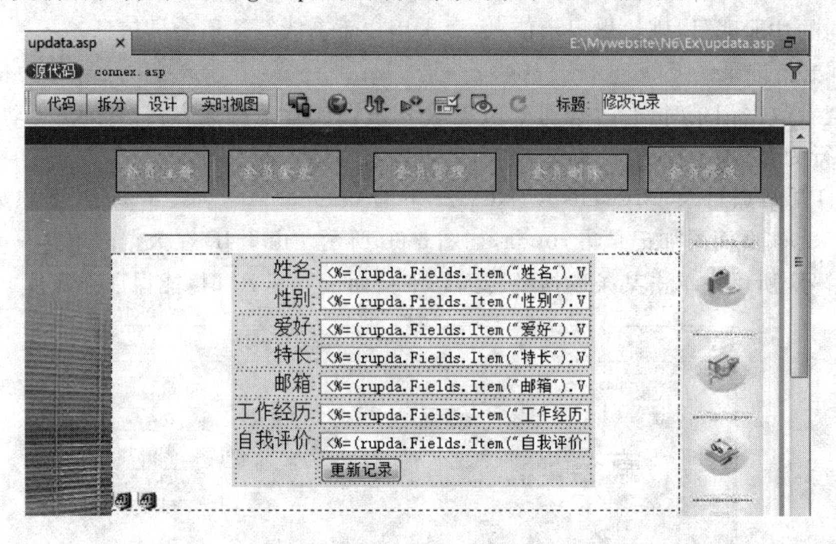

图 6-62　更新表单记录服务器行为

(3) 删除记录

当数据表中的数据不需要时，可以通过删除记录对某条数据执行删除命令。Dreamweaver CS6 中主要通过提交表单的方式来删除记录。

① 打开站点目录\Mywebsite\N6\Ex 下的 delete.asp。单击“绑定”选项卡下方的 [+] 按钮，为该页面添加记录集 rtdel。在 SQL 文本框内默认添加 SQL 语句“SELECT id,姓名,性别,邮箱 From resume Where id=MMColParam”，也可以使用下方的“数据库项”和“添加到 SQL”下的三个选项按钮组合操作 SQL 语句的添加。单击“参数”选项右方的 [+] 按钮，弹出“添加参数”对话框，如图 6-63 所示。

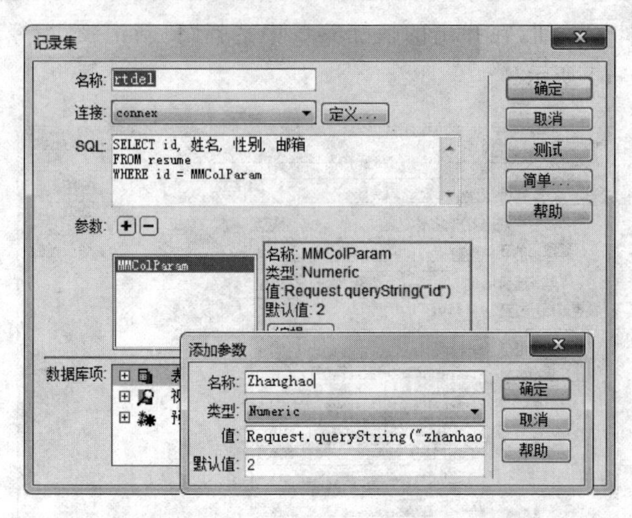

图 6-63　为记录集添加 SQL 语句

② 单击“确定”按钮，将记录集中的字段拖动到当前页面的相应位置，单击“服务器行为”选项卡下方的 + 按钮，在弹出的快捷菜单中选择“删除记录”命令，弹出“删除记录”对话框，如图6-64所示。

图6-64 “删除记录”对话框

③ 还可以继续在该页面中设置相应权限以限制相关操作，如限制用户的访问、注销用户等。

6.3 项目小结

本项目详细介绍了动态ASP页面的创建、发布过程，如何建立数据库连接、记录集的创建与操作，以及记录的更新、查询、删除、修改等操作，综合实现了会员注册、登录、验证等功能。

6.4 上机操作练习

(1) 建立一个数据库info.mdb并创建数据表resume，字段信息如表6-1所示。

表6-1 resume表的字段信息

含 义	字段名称	数据类型	字段大小	必填字段	备 注
编号	ID	自动编号			主索引
账号	account	文本	20	是	
密码	password	文本	20	是	
姓名	Name	文本	30	是	
性别	Sex	文本	2		
爱好	Taste	文本	200		
特长	Speciality	文本	50		
所在城市	City	文本	8	是	
电子邮件	E-mail	文本	30	是	
工作简历	Resume	备注			
留言	Message	备注		是	

(2) 按图6-65所给的效果，建立动态页面，使之能达到如下功能：单击“完成”按钮将此次表单输入信息插入数据库data.mdb中。

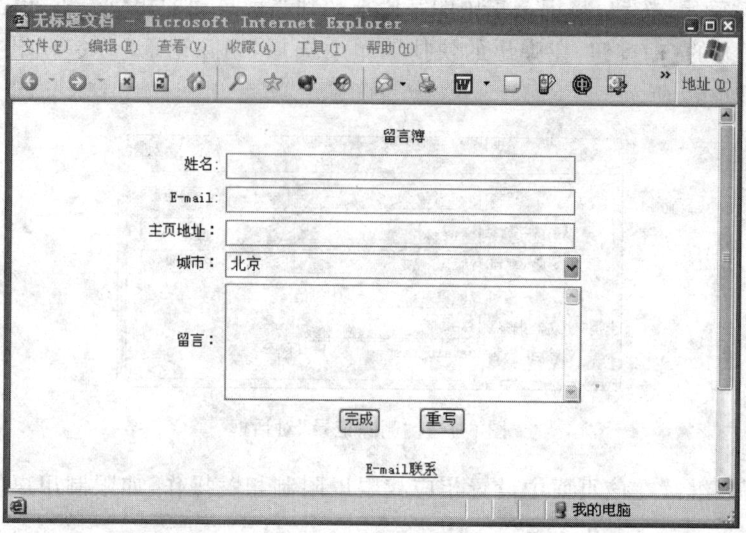

图 6-65　文本与图像页面的效果图

操作要点：使用服务器行为“动态文本”。

(3) 根据站点目录\Mywebsite\N6\Ex 源中给定的资料，为各动态页面添加服务器行为，使该目录的页面形成一个完整站点，实现站点的登录、注册、修改页面等服务器操作。

操作要点：各页面功能如下。

regin.asp(注册)、resume.asp(提交个人资料)、catalog.asp(显示会员信息)、detail.asp(会员管理)、delete.asp(删除会员资料)、updata.asp(修改会员资料)、logon.asp(登录)、hycg.asp(登录成功)、hysb.asp(登录失败)、regcg.asp(注册成功)、regsb.asp(注册失败)。请按照页面的先后顺序添加服务器行为，先注册→提交个人信息资料→显示会员信息→会员管理(删除、修改)。

6.5 习题

1. 选择题

(1) 选择(　　)可以对已添加的数据进行修改。

A. 插入记录　　B. 更新记录　　C. 显示记录　　D. 删除记录

(2) 要在页面中显示多条记录时，可以通过(　　)服务器行为实现。

A. 显示区域　　B. 重复区域　　C. 记录集(查询)　　D. 隐藏区域

(3) 如果在数据库连接中使用“自定义连接字符串”来连接，数据库的路径将使用(　　)。

A. 相对路径　　B. URL　　C. 绝对路径　　D. 不使用路径

2. 填空题

(1) Access 数据库文件的扩展名为________。

(2) SQL 结构化查询语言中的查询命令是________，插入记录命令是________，删除记录命令是________，修改记录命令是________。

(3) 动态数据库的连接可以通过________和________两种方式进行连接。

(4) 静态网页文件通常以________、________、________后缀表示，动态页面文件通常以________、________、________、________后缀表示。

(5) 服务器行为中可以通过________对多条数据实现分页。

3. 问答题/上机练习

(1) 如何设置 IIS？如何检测安装是否成功？

(2) 简述调试 ASP 动态网页的过程。

(3) ASP 有哪些常用对象？

(4) Access 数据库客户的数据源有何意义？该如何进行设置？

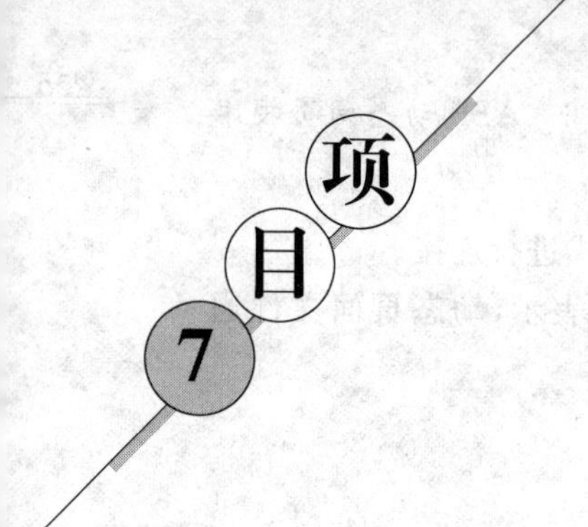

站点测试

7.1 任务18 站点测试与维护

技能目标

(1) 全面掌握本地站点的测试与验证过程。

(2) 熟练掌握网站的发布。

知识目标

(1) 掌握网站测试的方法。

(2) 掌握网站的发布、上传、获取等方法。

(3) 了解网站的维护与更新。

工作任务

一个网站制作完成后,在准备上传到服务器发布之前,建议先对本地站点进行严格的测试,如站点内页面能否在目标浏览器中实现预期效果,检查各个链接有无断链现象、网页脚本是否正确、页面下载时间是否过长等。Dreamweaver 提供的"文件"面板除了用于管理文件外,还可以在本地和远程服务器之间传输文件。如果站点中不存在相应的文件夹,Dreamweaver 将自动创建这些文件夹;用户还可以同步本地和远程站点之间的文件,根据需要在本地或远程复制或删除文件。本任务围绕站点的测试与发布设置任务环节,并对已制作完成的网站进行整体测试与检查,特别要注意网站的可浏览性,尽最大努力找出网站的所有错误,提高整个站点的规范和完整性。

(1) 测试站点网页:检查链接、检查目标浏览器、验证标记。

(2) 测试本地站点:检查链接、检查页面效果、检查网页的容错性。

(3) 创建网站报告:测试并解决整个站点问题,如无标题文档、空标记及冗余的嵌套标记等。

(4) 网站的上传与发布。

(5) 网站的维护与更新。

7.1.1 测试站点

(1) 启动 Dreamweaver CS6,打开已建立的站点"兰苑",并对该站进行测试。一般来说,刚创建的站点一般不会出现太多错误,但如果是旧版本网站升级，则容易出现较多错误提示和警告错误。

(2) 打开站点中任意一个网页文件，选择“文件”|“检查页”|“浏览器兼容性”命令，或单击文档工具栏中的“检查页面”按钮，之后在弹出的菜单中选择“检查浏览器兼容性”选项，或选择“窗口”|“结果”命令，之后在“结果属性”面板中选择“浏览器兼容性检查”选项卡，再单击左侧的按钮，选择“检查浏览器兼容性”选项，都可以检测当前页面或站点对浏览器的兼容性，如图 7-1 所示。

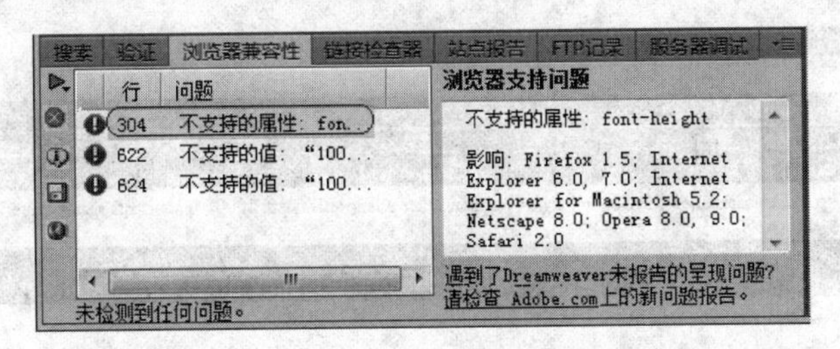

图 7-1　浏览器兼容性错误的显示

(3) “浏览器兼容性检查”提供 3 个级别的潜在问题：错误提示、警告提示和告知性信息。其中错误提示会在特定浏览器中导致严重的、可见的问题，如导致页面的某些内容部分消失；警告提示不会导致严重的显示问题，只有某段代码不能在特定浏览器中正确显示；告知性信息在特定浏览器中不受支持，但无可见的影响，如某些浏览器虽然不支持＜img＞标签的 galleryimg 属性，但会忽略该属性，不会影响正常浏览。此项工作主要测试当前文档中的代码是否存在目标浏览器所不支持的标签、属性、CSS 样式、层、行为(检查对文档不做任何方式的更改)，并将每项检查的结果载入右侧的面板中供用户参考。

(4) Dreamweaver CS6 内置了当前比较流行的浏览器，单击按钮，选择下拉列表框中的“设置”选项，弹出“目标浏览器”对话框，设置各类浏览器的最低版本，如图 7-2 所示。如果浏览器已安装了必需的插件或 ActiveX 控件，与浏览器相关的所有功能(包括 JavaScript 行为、文档相对链接和绝对链接、ActiveX 控件和 Netscape Navigator 插件)都会起作用。

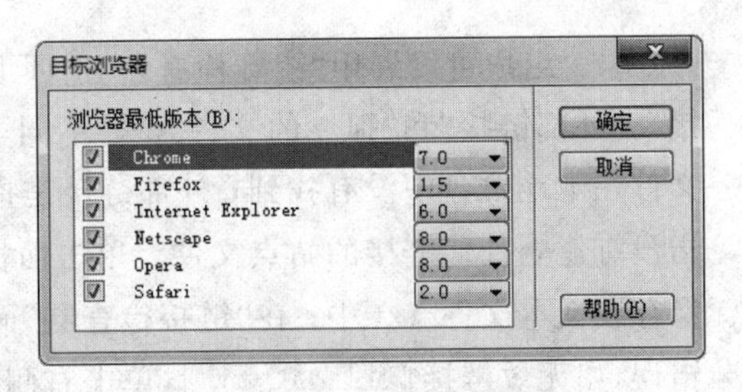

图 7-2　“目标浏览器”对话框

(5) 浏览器兼容性检查报告并不是自动保存的。如果想保留一份副本作为以后的参考，单击面板左侧的“保存报告”按钮，所有兼容性错误都存在 ResultsReport. xml 文件中。单击面板左侧的“浏览报告”按钮，兼容性错误可以网页形式被浏览，如图 7-3 所示。

(6) 网站制作过程中，不可避免地会增加、修改链接文件或素材内容，这样难免会造成链接错误或无效链接的存在。在发布前，检查站内超链接，以确保所有链接准确无误，以保证网站的质量。选择“文件”|“检查页”|“链接”或“窗口”|“结果”|“链接检查器选项卡”命令，单击“检查链接”按钮，在弹出的菜单中选择“检查当前文档中的链接”选项，如图 7-4 所示。

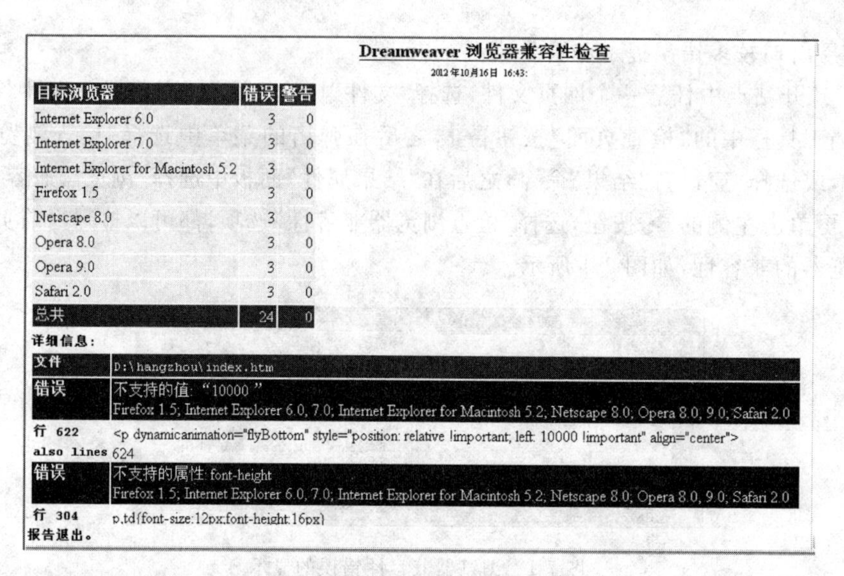

Dreamweaver 浏览器兼容性检查

2012年10月16日 16:43:

目标浏览器	错误	警告
Internet Explorer 6.0	3	0
Internet Explorer 7.0	3	0
Internet Explorer for Macintosh 5.2	3	0
Firefox 1.5	3	0
Netscape 8.0	3	0
Opera 8.0	3	0
Opera 9.0	3	0
Safari 2.0	3	0
总共	24	0

详细信息：

文件	D:\hangzhou\index.htm
错误	不支持的值："10000" Firefox 1.5; Internet Explorer 6.0, 7.0; Internet Explorer for Macintosh 5.2; Netscape 8.0; Opera 8.0, 9.0; Safari 2.0
行 622 also lines	<p dynamicanimation="flyBottom" style="position: relative !important; left: 10000 !important" align="center"> 624
错误	不支持的属性 font-height Firefox 1.5; Internet Explorer 6.0, 7.0; Internet Explorer for Macintosh 5.2; Netscape 8.0; Opera 8.0, 9.0; Safari 2.0
行 304	p,td{font-size:12px;font-height:16px}

报告退出。

图 7-3　浏览兼容性错误的报告

图 7-4　显示当前文档的“链接检查器”面板

(7) 用户可以利用“链接检查器”选项卡，通过“显示”旁的下拉框选择查看“断掉的链接”、“外部链接”和“孤立的文件”3 类不同类型的链接报告。其中，断掉的链接是指链接文件在本地磁盘中没有找到；外部链接是指无法检测到站点外的链接页面；孤立文件是指没有建立任何链接的站点文件。单击面板左侧的“保存报告”按钮，所有链接信息都保存在文本文件.txt 中；在“链接检查器”面板上可以修正检测到的出错信息。选择某项错误，如无效链接 #index.htm/map ，单击右侧出现的“浏览”按钮，可以在本地站点为无效链接重新指定正确的链接文件，该出错信息在该面板内将不再出现。

(8) 单击“检查链接”按钮，选择“检查整个当前本地站点的链接”选项，链接检查器会检查整个站点的链接状态，并将检查的结果显示在“检查链接器”面板中。在最下端的状态栏，则显示检查后的总体信息，告知一共有多少个链接文件、正确链接和无效链接的数量，如图 7-5 所示。

(9) 选择“验证”选项卡，单击“验证”按钮，选择“验证当前文档”选项，实现网络在线 W3C 验证服务，以验证当前文档或选定的标签、代码是否存在标签错误或语法错误，如无标题文档、空标签以及冗余的嵌套标签，并在面板中生成验证报告，如图 7-6 所示。Dreamweaver CS6 可以对多种语言(HTML、XHTML、CFML、JSP、WML 和 XML)的文

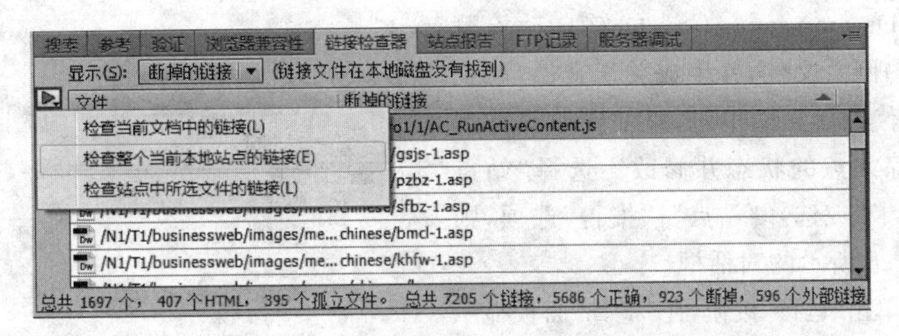

图 7-5　本地站点的"链接检查器"面板

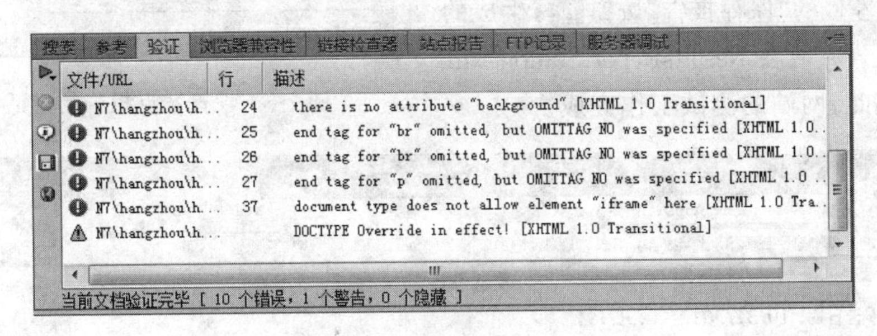

图 7-6　验证报告列表

档进行验证。

(10) 如果想保留一份副本作为以后的参考，单击面板左侧的"保存报告"按钮，则所有站点验证信息存放在 ResultsReport. xml 文件中；单击面板左侧的"浏览报告"按钮，站点验证信息以网页形式被浏览，如图 7-7 所示。

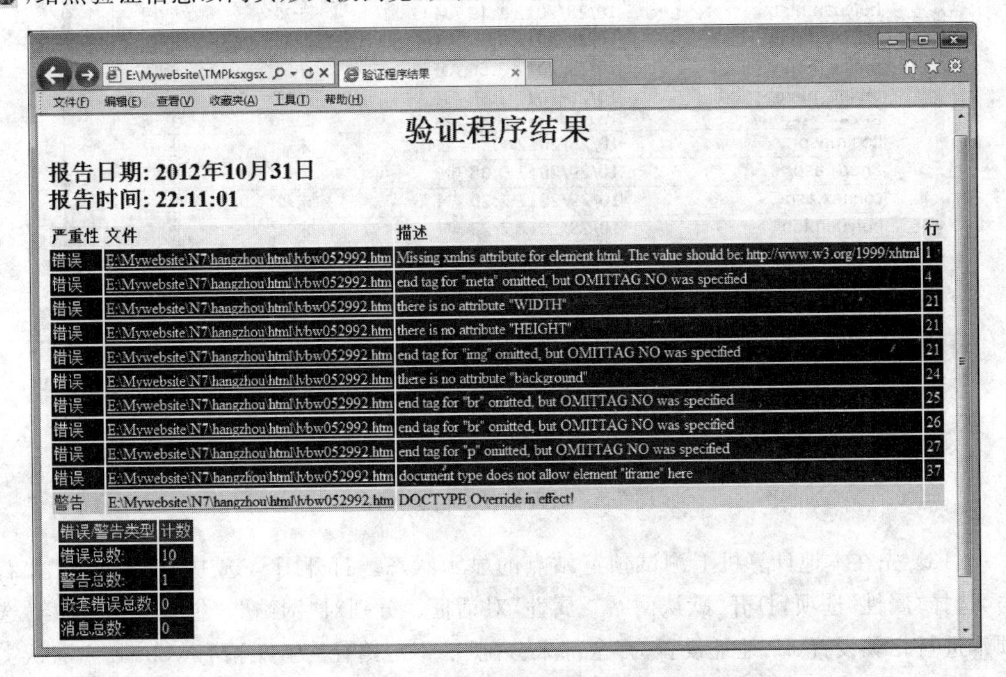

图 7-7　验证程序的浏览

(11) Dreamweaver CS6 能够自动检测网站内部的网页文件,并生成关于文件信息、HTML 源代码信息的报告,以便网站设计者能及时跟踪站点的状态并修改。选择“站点报告”选项卡,或选择“站点”|“报告”选项,则弹出如图 7-8 所示的对话框。

(12) 单击“运行”按钮,在“检查”面板显示整个站点报告检测内容,如图 7-9 所示。单击“检查”面板左侧的“保存报告”按钮,生成的站点信息报告存放在 ResultsReportStation. xml 文件中。至此,网站的测试工作完成。

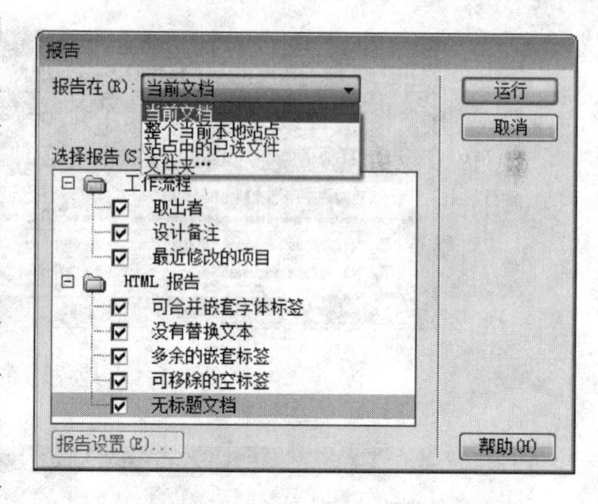

图 7-8 设置站点报告的对话框

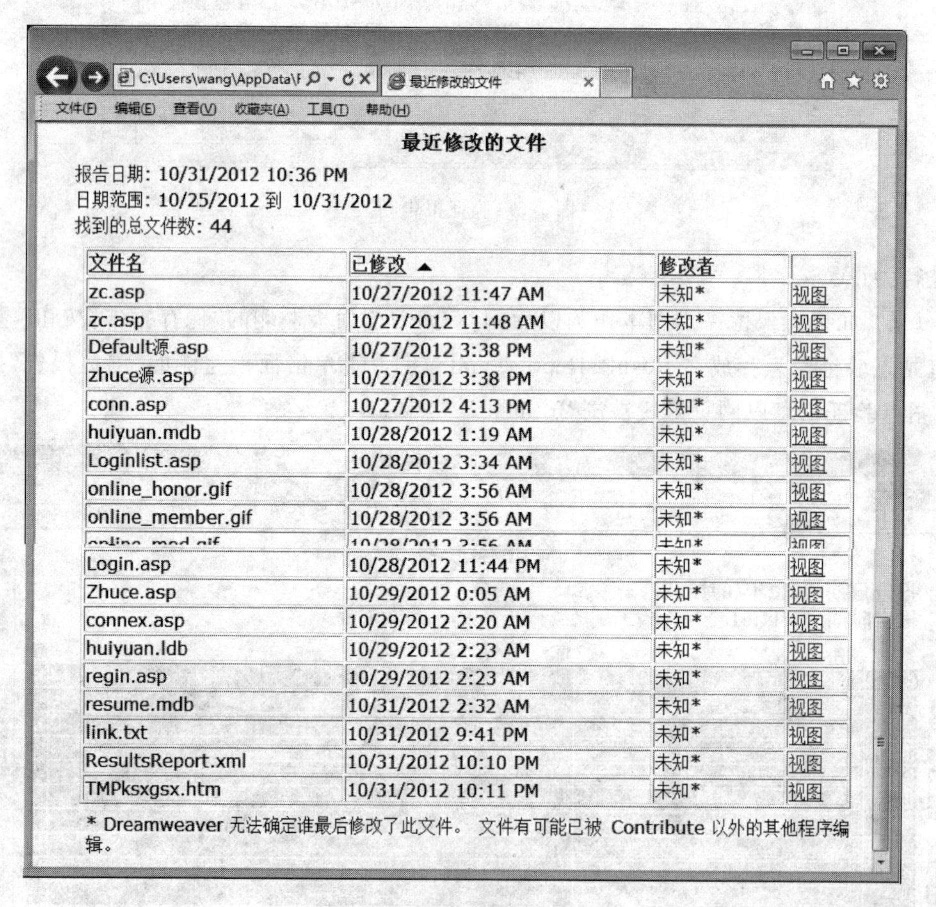

最近修改的文件

报告日期: 10/31/2012 10:36 PM
日期范围: 10/25/2012 到 10/31/2012
找到的总文件数: 44

文件名	已修改 ▲	修改者	
zc.asp	10/27/2012 11:47 AM	未知*	视图
zc.asp	10/27/2012 11:48 AM	未知*	视图
Default源.asp	10/27/2012 3:38 PM	未知*	视图
zhuce源.asp	10/27/2012 3:38 PM	未知*	视图
conn.asp	10/27/2012 4:13 PM	未知*	视图
huiyuan.mdb	10/28/2012 1:19 AM	未知*	视图
Loginlist.asp	10/28/2012 3:34 AM	未知*	视图
online_honor.gif	10/28/2012 3:56 AM	未知*	视图
online_member.gif	10/28/2012 3:56 AM	未知*	视图
Login.asp	10/28/2012 11:44 PM	未知*	视图
Zhuce.asp	10/29/2012 0:05 AM	未知*	视图
connex.asp	10/29/2012 2:20 AM	未知*	视图
huiyuan.ldb	10/29/2012 2:23 AM	未知*	视图
regin.asp	10/29/2012 2:23 AM	未知*	视图
resume.mdb	10/31/2012 2:32 AM	未知*	视图
link.txt	10/31/2012 9:41 PM	未知*	视图
ResultsReport.xml	10/31/2012 10:10 PM	未知*	视图
TMPksxgsx.htm	10/31/2012 10:11 PM	未知*	视图

* Dreamweaver 无法确定谁最后修改了此文件。 文件有可能已被 Contribute 以外的其他程序编辑。

图 7-9 最近修改的信息报告

(13) 先在本地计算机上测试预览站点的显示状态。打开 IIS,选中“默认网站”并右击,选择“属性”选项,打开“默认网站 属性”对话框。分别对“网站”、“主目录”、“文档”选项卡进行相关设置,IP 地址设置为“全部未分配”、“本地路径”为 D:\Mywebsite、“默认文档”为 default. htm,置于序列顶部,如图 7-10 所示。

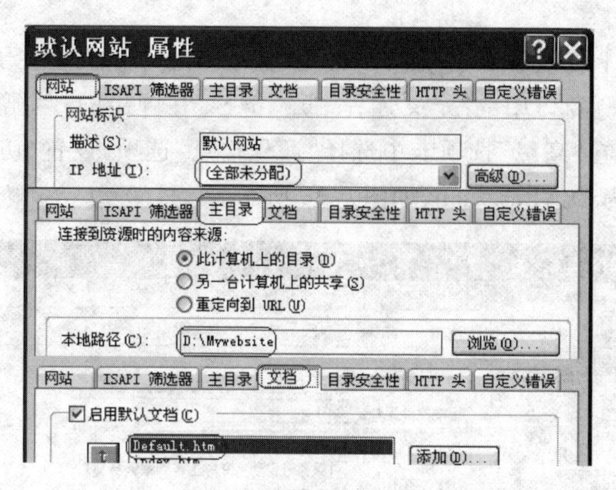

图 7-10　IIS“默认网站 属性”对话框

(14) 关闭 IIS 设置窗口。打开 IE 浏览器,在地址栏输入本地计算机地址“http://locallhost”,测试浏览器显示的是 IIS 设置的默认网页,如图 7-11 所示。

图 7-11　设置 IIS 后的动态首页预览效果

(15) Dreamweaver CS6 提供了站点上传功能。打开“文件”面板,单击“展开以显示本地的远程站点”按钮,在可视环境下,可清晰地查看当前站点和远程站点信息,如图 7-12 所示。

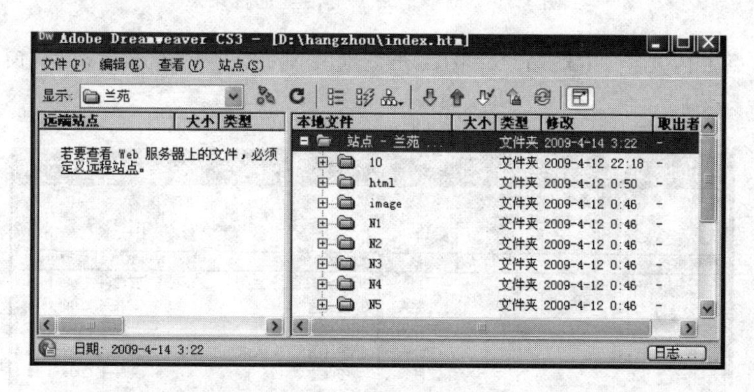

图 7-12　可视化视图效果

(16) 为了测试上传效果及后期操作的便利，在本地计算机建立子目录作为远端文件夹。单击图7-12左侧窗口中的“定义远程站点”链接，在弹出的“兰苑的站点定义为”对话框中设置相关选项，在“高级”选项卡中选择“远程信息”选项，设置“访问”模式为“本地/网络”，“远端文件夹”为 D:\Lanyuan，如图7-13所示。

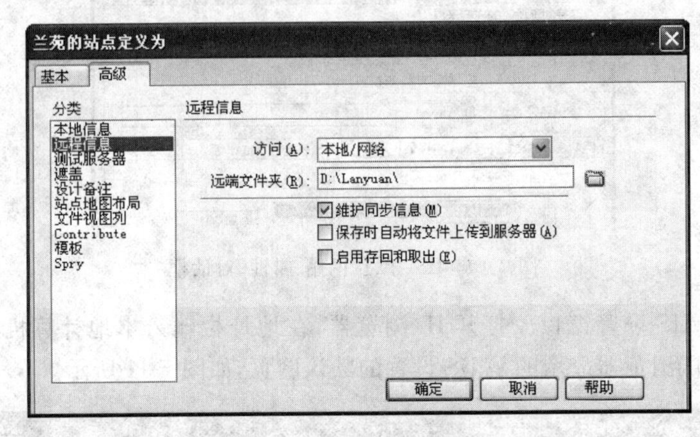

图7-13 远程站点定义的对话框

(17) 单击“确定”按钮，弹出消息框，提示正在建立远程站点信息，如图7-14所示。

(18) 单击“确定”按钮返回可视化状态，单击“刷新”按钮，刚才指定的目录出现在“远端站点”窗口。在“本地站点”浏览窗口选择要上传的文件、文件夹或网站，单击“上传文件”按钮，弹出确认消息框，继续确认后，系统显示后台文件的上传状态，如图7-15所示。

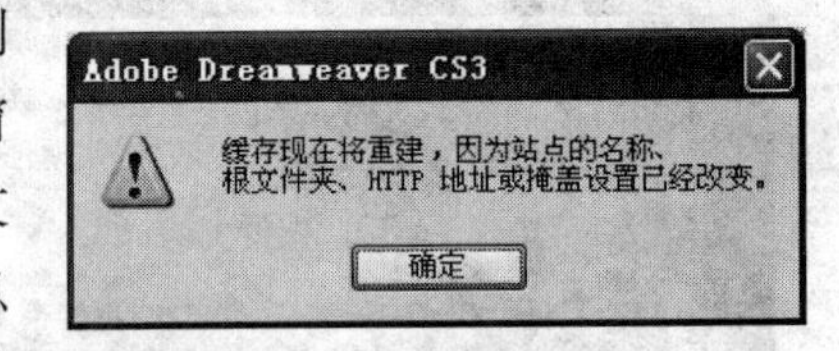

图7-14 重建远程站点

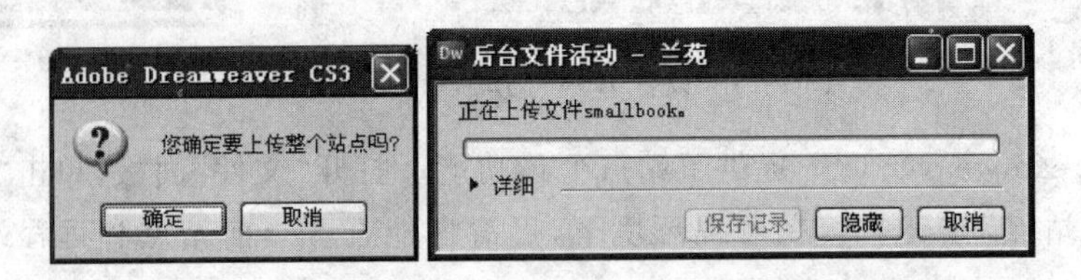

图7-15 将本地站点上传至远程站点

(19) 站点上传完毕，本地站点结构已完整地复制到左侧的“远端站点”窗口，如图7-16所示。

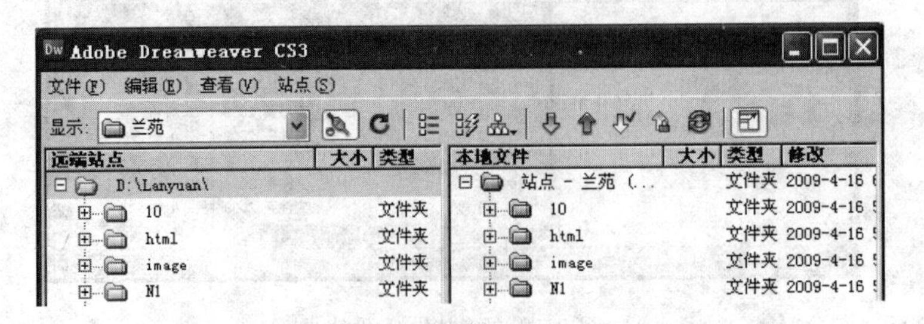

图7-16 本地站点上传后的状态

(20) 在 Dreamweaver CS6 中，修改某个文件并保存，单击快捷栏中的“同步”按钮，检测单个文件向远程站点的同步更新。有条件的读者可以申请网络空间（或免费网络空间），将网站上传到申请的网络空间发布。

7.1.2　使用设计备注管理站点信息

当站点的文件越来越多时，准确了解文件中的内容和文件的含义就显得非常重要。利用设计备注，可以对整个站点或某一文件夹，甚至是某一文件增加附注信息，用户就可以跟踪、管理每一个文件，以了解文件的开发信息、安全信息和状态信息等。

设计备注是 Dreamweaver CS6 与站点文件相关联的备注，它存储于独立的文件中。这些文件都保存在_notes 的文件夹中，文件的扩展名为.mno。使用记事本等文本编辑软件打开这类文件，就可以看到它记录的、与文档相关联的相关设计信息。

1. 启动站点设计备注

在“站点设置对象兰苑”对话框中选择“设计备注”选项，可以对整个站点的备注进行相关操作，如维护、启用上传并共享设计备注，如图 7-17 所示。“维护设计备注”可以选择仅在本地使用设计备注；“启用上传并共享设计备注”可以实现其他在该站点上工作的人员共享设计备注和文件视图列。

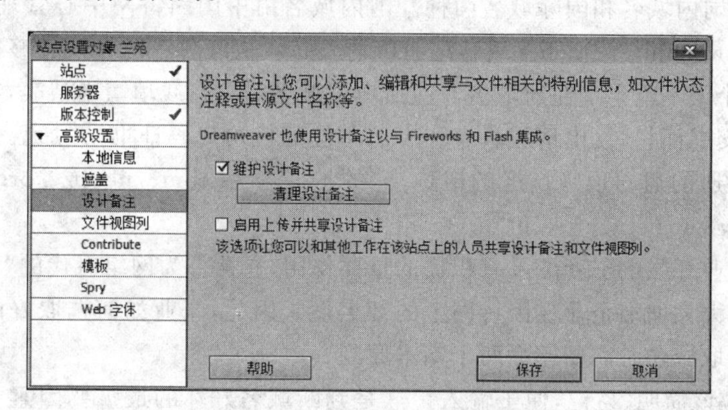

图 7-17　“设计备注”选项的窗口

2. 使用站点设计备注

管理站点文件时，可以为站点中每一个文档或模板创建设计备注文件；或者为文档中的 applet、JavaApplet、ActiveX 控件、图像文件、Flash 动画、Shockwave 影片及图像域创建设计备注。选择“文件”|“设计备注”命令或选中文件或文件夹，右击选择“设计备注”选项，就可以打开“设计备注”对话框，如图 7-18 所示。

7.1.3　知识拓展——网站发布

要想拥有属于自己的网站，必须先拥有一个域名。域名是连接企业和因特网网址

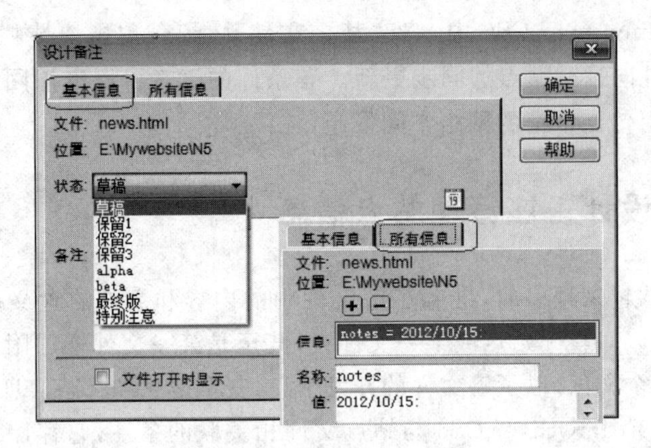

图 7-18 “设计备注”对话框

的纽带,它像品牌、商标一样,具有重要的识别作用,是企业在网络上存在的标志,担负着标识站点和形象展示的双重作用,它由若干英文字母和数字组成,由“.”分隔成几部分。

1. 域名和空间申请

(1) 域名申请

域名分为国内域名和国际域名两种。国内域名由中国因特网中心管理和注册,网址为 http://www.cnnic.net.cn。域名注册申请人必须是依法登记并且能够独立承担民事责任的组织,个人不能申请注册域名。注册申请域名需要在线填写申请表,在收到确认信后,还需要提交书面材料(申请域名表和申请单位的机构代码证书)并加盖公章。国际域名是用户可注册的通用顶级域名的俗称,它的扩展名为.com、.net 或 .org,主要申请网址是 http://www.networksolutions.com。

域名对企业开展电子商务具有积极的重要作用,它被誉为网络时代的“环球商标”,一个好的域名会大大增加企业在因特网上的知名度。因此,企业如何选取好的域名就显得十分重要。选取域名时需要遵循两个基本原则。

① 域名应该简明、易记,便于输入。这是判断域名好坏的最重要因素。一个好的域名应该短而顺口,便于记忆,最好让人看一眼就能记住,而且读起来发音清晰,不会导致拼写错误。此外,域名选取还要避免同音异义词。众所周知的新浪网,它的前身使用 sinanet.com 这个域名,为了更简洁,换成了现在的 sina.com;网易也把以前的 nease.net 和 netease.com 弃置一旁,对外宣传全部使用 163.com,原因就是后者都比前者简短、更容易记忆。

② 域名要有一定的内涵和意义。一个域名最终的价值是它带来商机的能力。具有一定意义和内涵的词或词组做域名,不但可以加强记忆,而且有助于实现企业的营销目标。如企业的名称、产品名称、商标名、品牌名等都是不错的选择,这样能够使企业的营销目标和非网络营销目标达成一致。例如,凤凰卫视的网站域名选用了 phoenix.com,phoenix.com 除了可贴切地译为“凤凰”之外,还体现出凤凰卫视的企业文化底蕴。此外,带有浓厚人情味的 5i5j.com(我爱我家)就表达了对家的热爱。

(2) 申请空间

当前网络提供的空间有两种形式：免费空间和收费空间。免费空间虽然不用付费，但不支持应用程序技术和数据库技术，提供的空间较小，一般在10～100MB之间，并且访问速度也不稳定，经常会出现网络广告、不定期的广告信函，上传的站点只能是静态网站，随时面临"倒站"的危险；收费空间提供的服务更全面，提供更大的容量空间，并有自己独立的网址和IP地址，支持应用程序技术和提供数据库空间等。用户除需要定期付费外，还需要购买或租用服务主机，另外还必须租用虚拟主机目录，才能完整地上传网站。

可以通过"百度"网站输入相关关键字，如"免费空间"、"免费网站"、"免费网页"等关键字搜索，能够提供免费空间的网站。一些专业网站提供的免费空间，可以直接登录该网站进行申请，如网易 http://www.netease.com，提供100MB免费主页空间，并提供免费域名，免费域名形式为 yeah.net.126.com。搜狐 http://www.sohu.com，提供20MB免费主页空间，并提供三级域名，免费域名形式为 yeou.home.shou.com。

如果是一个较大的企业，可以建立自己的机房，配备相关技术人员、服务器、路由器、网络管理软件等，再向邮电局申请专线。这样做需要较大的投资，而且日常管理费用也较高。如果是中小型企业，可以使用以下两种方法。

① 虚拟主机。将网站放在ISP的Web服务器上，这种方法对于一般中小型企业来说是一个经济型方案。虚拟主机与真实主机在运作上毫无区别，特别适合那些信息量和数据量不大的网站。

② 主机托管。如果企业的Web有较大的信息量和数据量，需要很大空间时，可以采用这种方案。将已经制作好的服务器主机放在ISP网络中心的机房里，借用ISP的网络通信系统接入Internet。

2. 设置远程站点信息

在本地计算机的硬盘上创建了本地站点之后，如果需要将本地站点传输到远程服务器上，就必须在传送站点之前设置站点远程访问信息。

(1) 选择"站点"|"管理站点"命令，打开"管理站点"对话框，选择要编辑的站点，单击"编辑当前选择定站点"按钮，打开"站点设置对象"对话框，切换至"服务器"选项卡，将项目6中设置的连接方式改变为访问远程站点的方式。单击"编辑现有服务器"按钮，打开"站点设置对象"对话框，如图7-19所示。

(2) 本书实例中，暂时借用一个已申请成功的域名空间 www.zjjava.net，并采用FTP方式访问远程服务器。在图7-19中的"基本"选项卡中，继续做如下设置：继续默认服务器名称"兰苑"，"连接方法"在下拉框中选择FTP，"FTP地址"填写"www.zjjava.net"，空间用户名和密码这两项是在申请付费空间时就已经确定的，主机根目录由主页空间提供商提供，Web URL填写"http://www.zjjava.net/"。其他更多选项则单击下方的▶图标，可根据需要勾选复选框作相应选择。单击"测试"按钮，如果输入正确，则提示已成功连接到Web服务器。

(3) 单击"保存"按钮返回"站点设置对象"对话框，刚设置的远程相关信息完全显示在该选项内，URL地址已默认为 http:/ www.zjjava.net/，如图7-20所示。

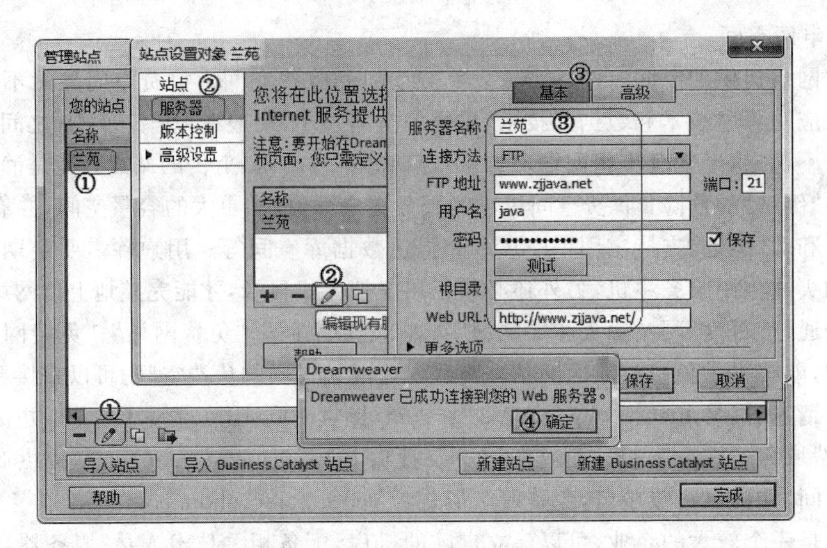

图 7-19 设置远程站点信息及访问方式

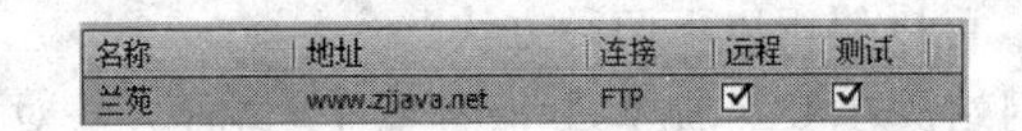

图 7-20 远程站点信息及访问方式

3. 上传站点

网页设计完成并在本地站点测试通过后，就可以将本地文件夹上传到 Web 服务器，以直接发布到 Internet 上，成为可以被网络用户访问的网站。网站的发布可以通过多种方式完成，一般网页制作软件都提供了上传功能，如 Dreamweaver CS6 通过内置的 FTP 上传工具—站点管理器来实现；另外，CuteFTP、LeapFTP 等工具软件都是很好的网页上传工具，其中 CuteFTP 功能比较齐全，能够实现本地站点和远程站点之间的文件传输。

(1) 使用 Dreamweaver CS6 自带的 FTP 上传功能

① 打开文件面板，选择“展开以显示本地和远程站点”按钮，可以在可视环境下清晰地查看当前站点和远程站点信息，如图 7-21 所示。

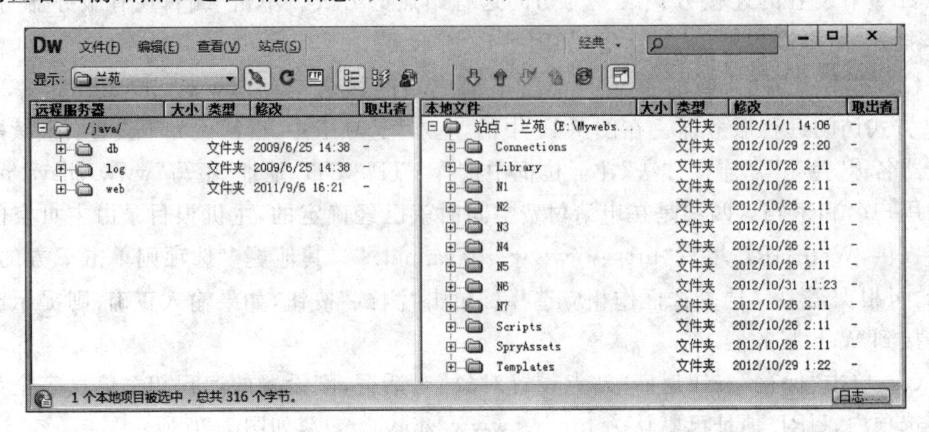

图 7-21 查看当前站点和远程站点信息

② 在本地站点浏览窗口中，选择要上传的文件、文件夹或网站，直接拖放至左框中的远程服务器站点，或单击“向‘远程服务器’上传文件”按钮，系统弹出“后台文件活动”消息框显示本次传送成功与否。如成功，则在状态栏给出相应提示信息；如未成功，则弹出如图 7-22 所示的消息框。

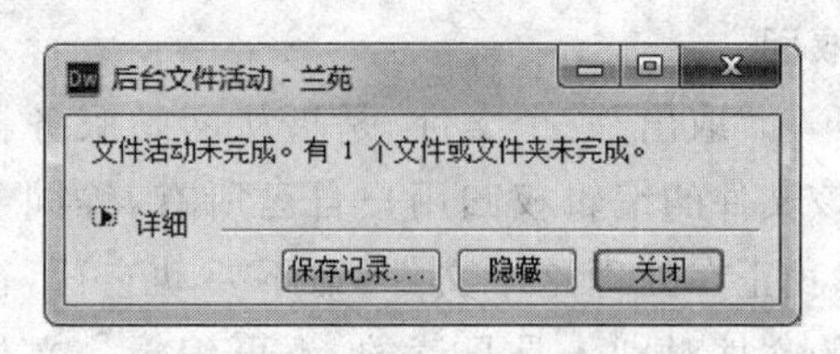

图 7-22　“后台文件活动”消息框

(2) 使用 CuteFTP 上传文件

CuteFTP 是一款简单、方便的实用 FTP 软件，可下载或上传整个目录，可以上传队列、支持断点续传，还支持目录覆盖和删除等。使用 CuteFTP 上传网页时，按照该软件提供的“向导”功能操作就可以顺利完成上传任务。

4. 获取文件

获取文件之前，同样要连接远程服务器，操作如下。

(1) 在远程服务器浏览窗口中，选择要上传的文件、文件夹或网站。

(2) 单击“从‘远程服务器’获取文件”按钮或直接拖放至本地站点，文件就被下载到本地站点中。

在上传和获取文件时，Dreamweaver CS6 都会自动记录各种相关信息，遇到问题时就可以打开 FTP 记录窗口，查看相关记录。

7.1.4　知识拓展——维护站点

网站的内容不可能是永久不变的，需要经常性地更新和维护站点内容，使自己的网站保持活力。更新时，不需要重新设计和发布整个网站，通常修改完后，再将新的网页文件上传到远程服务器上。Dreamweaver CS6 提供了两种维护站点的方法：存回和取出、获取和上传。其中，获取和上传适用于单人维护站点；存回和取出功能则适用于多人维护站点的情况。

1. 存回/取出

随着网站规模的扩大，站点的维护也变得比较困难，要想一个人维护站点几乎是不可能的，通常需要多人共同协作维护。如果在协作环境中工作，则需要借助 Dreamweaver CS6 的存回和取出功能，设置流水化操作过程，同一时间只能由一个维护人员对一个网页文件进行修改，以确保网页编辑的有效性。站点制作完毕也不要急于上传，必须先经过测试，正确无误后再通过“存回”上传到远程服务器站点，将编辑权交还给网站，以方便他人查看并再编辑该网页。

(1) 在使用系统之前，必须使用一个远程 FTP 或 Network 服务器连接到本地站点。返回“管理站点”，在“站点设置对象”的“服务器高级”选项卡下，勾选“远程服务器”下的复选框以激活相关功能，“取出名称”输入“兰苑”或写入其他名称，输入一个真实有效的电子邮箱，如图 7-23 所示。

（2）取出文件。将远程服务器的文件取回。

“取出”一个文件，是指从网站服务器取得该文件的编辑权归用户自己所有，等同于声明“我正在处理这个文件，请不要动它！”，被取出的文件对别人是只读的，不可编辑。文件被取出后，Dreamweaver CS6 会在“文件”面板中显示取出该文件的人的姓名，并在文件图标的旁边显示一个红色选中标记（表示取出文件的是其他人），或一个绿色选中标记（表示取出文件的用户）。

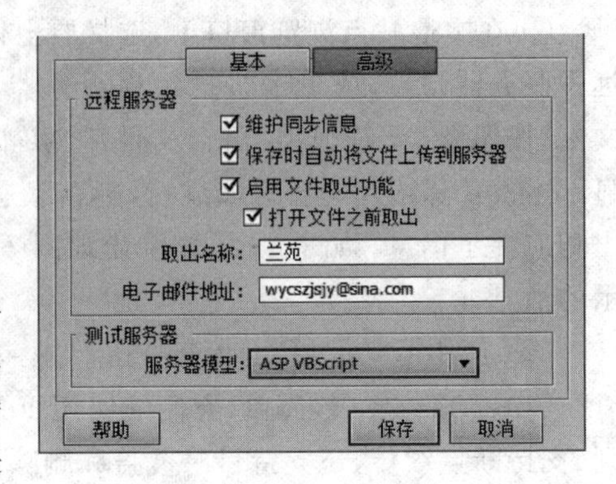

图 7-23　启用存回/取出

① 打开“文件”面板，在“本地文件”或“远程端点”视图中选择需要从远程服务器取出的站点或文件。红色选中标记指示该文件已由其他小组成员取出；锁形符号指示，该文件为只读或锁定状态。

② 单击工具栏中的“取出文件”按钮，或选中远程服务器中的文件，右击后选择“取出”选项，弹出“相关文件”对话框，询问是否“要获取相关文件”。单击“是”按钮将直接下载相关文件，单击“否”按钮将禁止下载相关文件。

③ 在取出新文件时，下载相关文件通常是一种不错的做法，但是如果本地磁盘上已经有最新版本的相关文件，则无须再次下载它们。一个绿色选中标记出现在本地文件图标的旁边，表示已将其取出，取出者的 ID 也被显示出来，如图 7-24 所示。

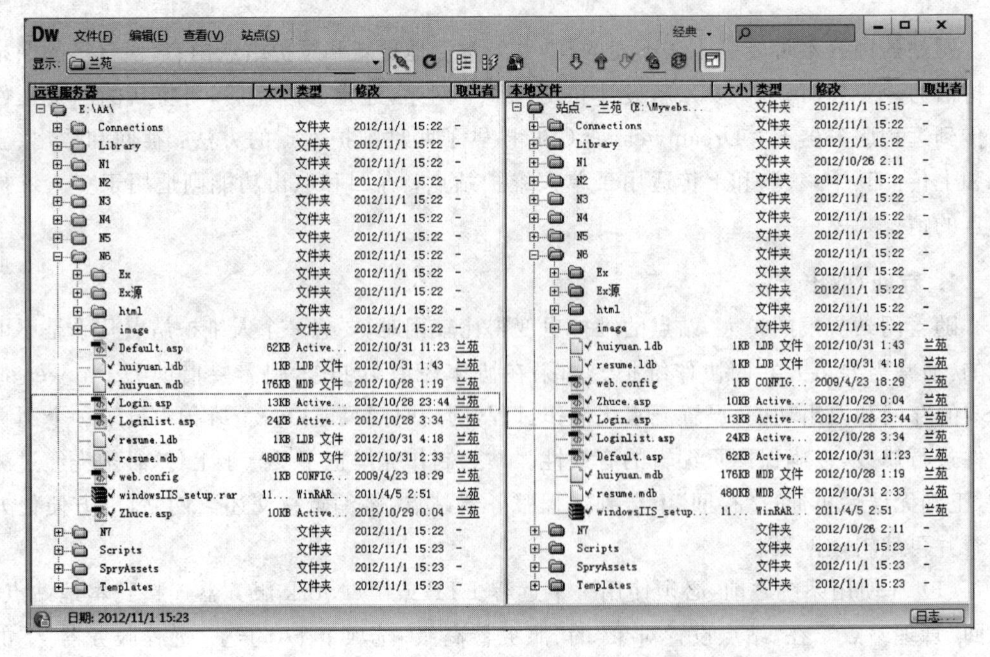

图 7-24　取出文件

(3) 存回文件。将编辑修改的文件存到远程服务器。

"存回"文件,是指文件可被其他网页维护者取出和编辑,表示放弃对文件权限的控制。当在编辑文件后将其存回时,本地版本将变为只读,一个锁形符号出现在"文件"面板上该文件的旁边,以避免他人在取出文件时本人去更改该文件。

① 在"文件"面板上选择取出的或新的文件。单击工具栏中的"存回文件"按钮,弹出"相关文件"对话框。

② 单击"是"按钮将相关文件随选定文件一起上传,单击"否"按钮将禁止上传相关文件。

在 Dreamweaver CS6 中,站点文件的存回和取出,是通过一个带有扩展名. LCK 的纯文本文件来记录的。当用户在站点窗口中对文件进行存回和取出操作时,Dreamweaver CS6 将分别在本地站点和远程站点上创建一个. LCK 文件,每个. LCK 文件都与取出的文件名相同。例如,一个 index. html 文件被取出后,在相应的目录中将生成一个 index. html. LCK 文件。. LCK 文件实际上是标记为隐藏的文件,用来记录"取出"信息,可将其删除。在本地站点目录下,只有把文件夹选项里设置为"显示所有文件和文件夹"后,才能看见该隐藏文件。

2. 获取和上传

完成站点的规划与创建工作后,不仅可以对本地站点进行操作,也可以对远程站点进行操作。使用 Dreamweaver CS6 自带的上传工具,犹如在本地计算机上一样,通过鼠标拖放,将本地文件夹与文件放到远程空间里,当所有网页放到远程空间后,用户们就能通过浏览器访问网站了。

(1) 启动 Dreamweaver CS6,选择"窗口"|"文件"命令,单击"文件"面板中的"展开以显示本地和远端站点"按钮,将视图切换到"远端站点"视窗,单击"刷新"按钮,打开远程服务器指定目录。如果事先没有指定远程服务器目录。单击"连接到远端主机"按钮,连接远端服务器,如图 7-25 示。

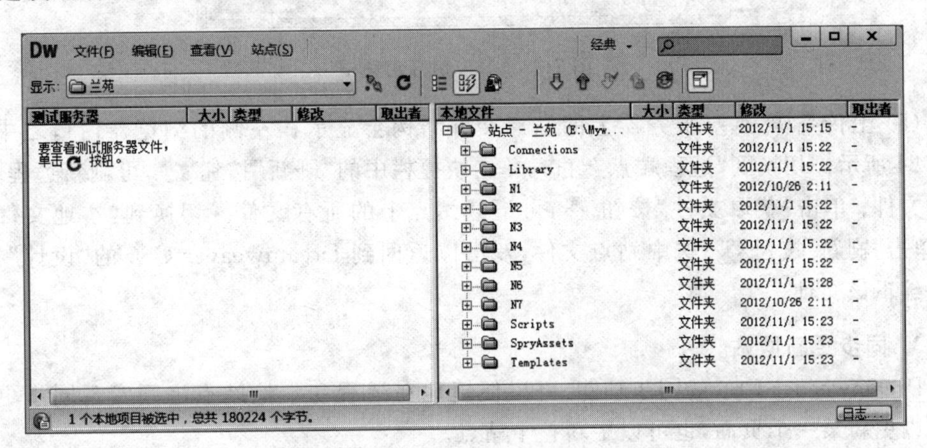

图 7-25　文件上传到 Web 服务器

(2) 在本地站点浏览窗口选择需要上传的文件或文件夹,单击“上传文件”按钮,弹出对话框询问是否上传整个站点。单击“确定”按钮上传相关文件,弹出“后台文件活动”对话框,如图 7-26 所示。

图 7-26 上传文件

(3) 如果上传的文件还没有保存,Dreamweaver CS6 就会弹出一个对话框,要求用户保存文件,如图 7-27 所示。

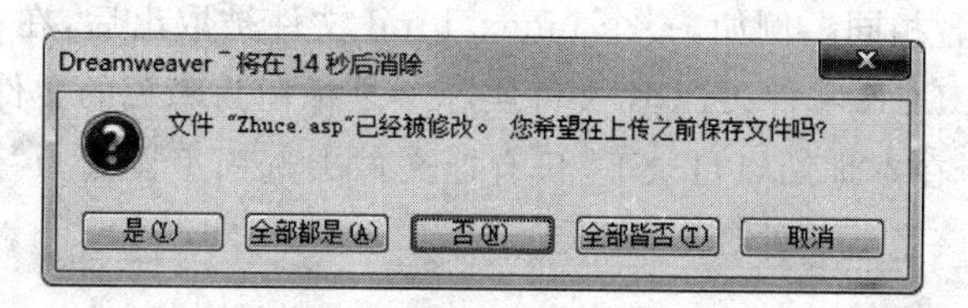

图 7-27 保存已修改的上传文件

(4) 需要注意的是,在文件名中不要使用特殊字符,否则有些服务器在上传时会自动更改文件名,弹出警告信息对话框,如图 7-28 所示。

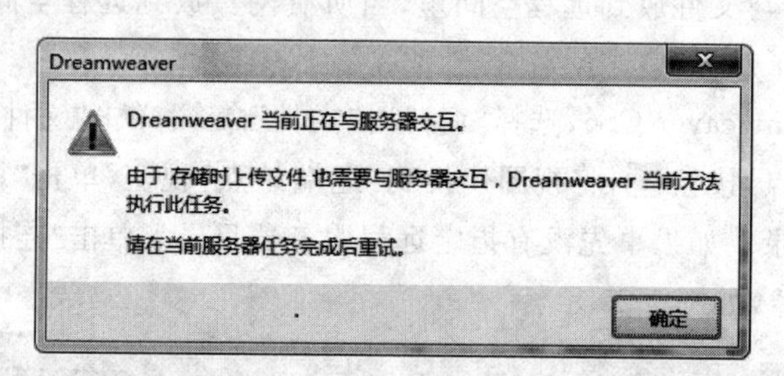

图 7-28 警告信息对话框

(5) 上传完毕,远端服务器上的站点文件结构会显示在左侧的浏览器窗口之中,如图 7-24 所示。切换到“远程端点”窗口,单击快捷栏中的“刷新”按钮,可刷新远程站点上的文件;单击“获取文件”按钮,可下载站点上的所有文件。切换到“本地文件”窗口,单击“刷新”按钮,选中站点文件,双击以返回到 Dreamweaver CS6 的“设计”视图重新编辑该文件。

3. 同步更新网站

Dreamweaver CS6 的同步功能,可以便捷地在远程和本地站点之间实现同步更新,既可以更新某一个页面,也可以更新整个站点。

(1) 选择“窗口”|“文件”命令,打开“文件”面板。选择需要同步的本地站点,单击快捷栏中的“与测试服务器同步”按钮,弹出“同步文件”对话框,如图 7-29 所示。

(2) 在“方向”下拉列表框中选择“放置较新的文件到远程”选项，单击“预览”按钮，系统会自动更新文件中的文件列表，如图 7-30 所示。

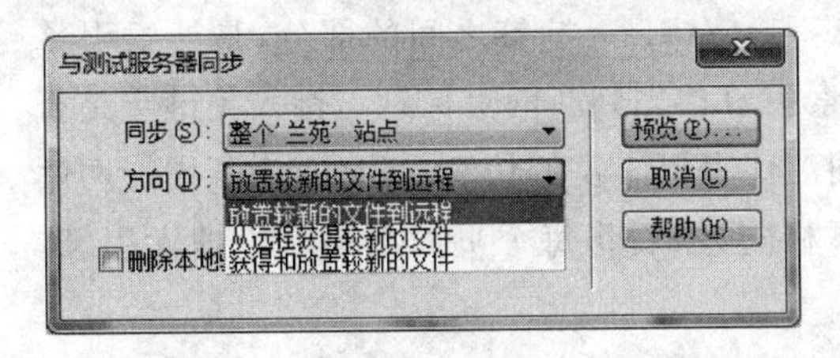

图 7-29　“与测试服务器同步”对话框

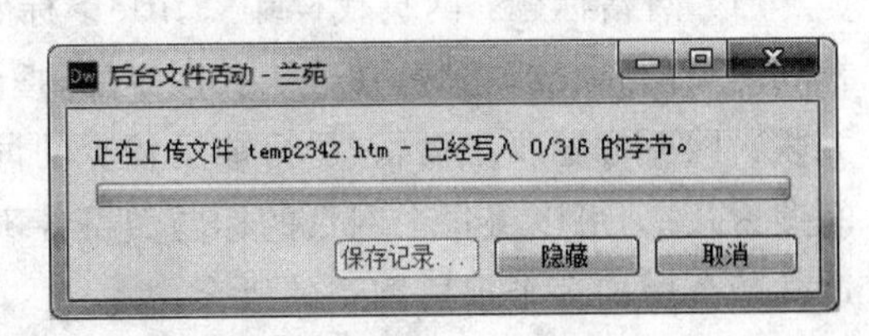

图 7-30　更新文件

(3) 更新完成后，系统会弹出消息框提供本次同步操作的更新结果，如图 7-31 所示。单击“确定”按钮，则返回站点。

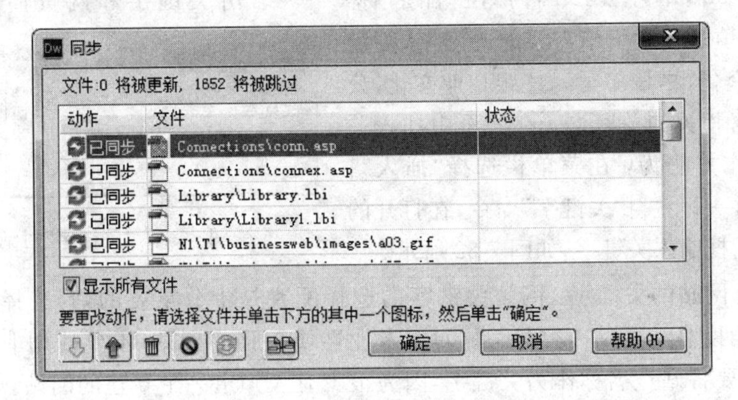

图 7-31　同步更新结果

7.1.5　知识拓展——网站的宣传

因特网上的网站数以千万计。网站创建发布后，如何使浏览者快速找到自己的网站、提高访问流量、提高知名度，是网站宣传所要考虑的问题。网站的宣传推广，需要借助一定的网络工具和资源，包括搜索引擎、分类目录、电子邮件、网站链接、在线黄页和分类广告、电子书、免费软件、网络广告媒体、传统推广渠道等推广策略。

1. 注册到搜索引擎

大多数网民在各大搜索引擎站点输入关键字或相关内容，搜索引擎系统就会基于这些关键字，通过计算机程序自动搜索因特网上的信息，并将这些信息的网址按照一定的规则反馈给信息查询者。随着因特网信息的快速增长，目前大多数搜索引擎 Robots(机器人)等程序都具备了自动搜索功能，即将每一页代表超链接的词汇放入一个数据库中，供查询者使用，目前比较有名的搜索引擎有 Google、搜狐、百度、网易等。据 CNNIC 调查，约 76%的新网站是浏览者通过搜索引擎获知的。因此对于每一个新成立的网站，注册搜索引擎，确保浏览者在主要搜索引擎里检索到站点，是其首要选择。

由于搜索引擎是基于关键字的查询，为提高站点排名，就必须精心设计网站的关键字，并确定所要注册的页面。设计网站的关键字，主要集中在 3 个方面：网站标题、Meta 标签的关键字和整合网站的关键字。

(1) 网站标题：网页代码中<title>标签和</title>标签之间的部分，是搜索引擎找到网页的路径或招牌，在输入关键字后，搜索引擎首先判断网页标题与输入关键字是否关联。网页标题要小而精，尽可能用较少的词汇代表更丰富的信息。另外，为了增加网站的搜索几率，可以将每个网页的标题做得各不相同，然后将每个页面都提交给搜索引擎，这样就会增加多个被检测到的机会。

(2) Meta 标签的关键字：当搜索站点的 Robots 搜索到网站时，首先会检查 Meta 所描述的关键字，然后把这些关键字加入数据库中。Meta 标签一般用来描述 HTML 网页文档的属性（作者、日期和时间、网页描述、关键词、页面刷新等），<meta name="keywords" content="网站名称，产品名称……">由关键字和网页简述构成。在 content 里边填写搜索引擎需要的关键字，关键词最好要大众化，尽量多写一些跟企业文化、公司产品等紧密相关的关联词。在网页中插入关键字具体操作方法为：在菜单栏选择“插入”|HTML|“文件头标签”|“关键字”命令，在打开的“关键字”对话框输入关键字，如图 7-32 所示。

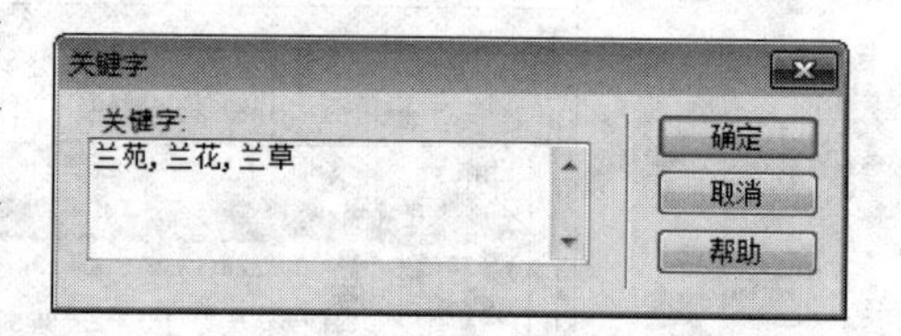

图 7-32 “关键字”对话框

(3) 整合网站的关键字：网站关键字的选择配置是十分重要的，其选择应尽可能站在检索者的角度且与网站内容相关。对于专业性质较强的网站，不要使用非专业词作为关键字，也不要将站点名称作为关键字，因为很少有人知道一个新建的网站。

搜索引擎注册方式有手动和通过软件自动注册两种。对于一个新的站点，不需要每个搜索引擎都注册，只要在几个知名的搜索引擎注册。由于因特网每天有成千上万的新网站涌现，更新速度非常快，需要定期将网站注册一次。需要注意的是，不要在同一个搜索引擎内频繁注册同一个页面，这样搜索引擎会认为是恶意攻击而拒绝批准。

2. 友情链接

友情链接也称为交换链接，是提高网站访问量最有效、经济的方法。与自己站点内容相近、相关或有业务往来、访问量相当的站点之间建立相互间的友情链接，或在各自站点上放置对方的 LOGO 或网站名称，除了互相从对方获得流量外，还可以使网站很快被大量搜索引擎收录，能够更好地促进网站的推广。对于一些商业型网站，花费一定数量的金钱在门户网站或其他知名网站上发布广告是十分必要的。

也可以通过专门的站点来交换动态链接，比如网盟、太极网等，可以选择图形或文字的方式，该成员网站的链接将出现在网站上，而有的网站也将按照访问量相应地显示在该成员的网站上，其最大优点是体现彼此间的公平。

3. 网站广告

网站广告的付费方式大致有两种：cpm 和 cpcocpm 方式是指按照广告在他人网站上每显示一千次的价格计费；cpc 方式是指按照广告在他人网站上每被单击访问一次的价

格计费。常见的网站广告类型有按键广告、弹出广告、旗帜广告等。

(1) 按键广告：网络广告的最早形式，在网站上单击链接站点的标志或超链接访问目标站点。

(2) 弹出广告：当前比较流行的一种网站广告，当打开一个站点，系统会自动弹出一个窗口，该窗口显示目标站点的一些内容，并提供指向目标站点的超链接。尽管弹出广告目前遭到众多非议，主要是出现频率过高，影响到浏览者的正常阅读和信息的获取。相信若对此方式加以统一控制，此种方式还是具备空间的。

(3) 旗帜广告：网络中较常见和有效的宣传方式，主要是以 GIF 格式的静态或动态图片放置到网站的顶部、中部或底部，具有面积大、颜色丰富、动画和表现力丰富的优点，如果具备交互性，效果会更好。

4. 利用 BBS 论坛推广

虽然花费精力，但是效果非常好。如果有时间，可以找一些跟公司产品相关并且访问人数比较多的一些论坛，选择自己潜在访问人群可能经常访问的 BBS，或者人气比较好的 BBS，注册登录并在论坛中输入公司一些基本信息，比如网址，产品等。此外，还可以采用群发邮件、网络广告、报纸和户外广告等推广方式。发帖时应注意以下几点。

(1) 不要直接发广告。这样的帖子很容易被当做广告帖删除。

(2) 用好的头像和签名。头像可以专门设计一个，宣传自己的站点；签名可以加入自己网站的介绍和链接。

(3) 发帖要注重质量。因为发帖多，质量不好，很快就会沉底，总浏览量便不会大。发帖关键是为了让更多的人看，变相地宣传自己的网站，所以发质量高的帖子，可以花费较小的精力获得较好的效果。

5. QQ 群发

QQ 的在线人数数目庞大，如果广告内容设计好、标题新颖，采用 QQ 方式进行群发，可以带来很好的宣传效果。此外，也可以采用电子邮件群发方式宣传站点。但需要注意的是，不要滥用，否则会被误认为是垃圾邮件或信息，拒绝访问。

6. 直接跟客户宣传

一个稍具规模的公司，一般都有业务部、市场部或者客户服务部。根据自身的特点选择一些较为便捷有效的宣传策略，通过业务员跟客户打交道时直接把公司的网址告诉给客户，或者直接给客户发 E-mail，等等。

网站的宣传对网站的知名度极为重要。但是网站设计人员应该懂得一个站点真正的生命在于内容本身，人们上网就是为了获取更多、更新的信息，网站应不断地提供人们所需、有价值的内容。如果网站本身内容枯燥乏味，再怎么宣传也是无济于事的。因而，要不断地对站点内容进行更新，并改善界面，将一些定期更新的栏目放在首页上，包括版面、配色等，并使首页的更新频率更高些、更友好些。此外，树立网站的信誉也是非常重要的，网站同样也需要“回头客”。

7.2 项目小结

通过本项目中的网站测试、域名和空间申请、网站发布、网站的宣传与推广、网站的维护与更新等内容的详细介绍，使用户能够清晰地知道，一个网站在开发完成之后，必须经过认真的测试后才能发布，以避免后期维护的烦恼。而一个网站也只有在申请到域名和空间并发布到服务器上，才能被网络上的浏览者欣赏；为了网站的生存与延续，后期维护工作同样重要。

7.3 上机操作练习

静态站点测试(站点内容保存在目录\Mywebsite\N7\hangzhou)，请参照7.1.1小节的站点测试过程。

7.4 习题

1. 选择题

(1) 如果没有申请WWW免费空间，也没有局域网环境，只想测试一下Dreamweaver上传功能，应选择(　　)访问选项。

A. 无　　B. FTP　　C. RDS　　D. 本地/网络

(2) 在站点中，用于记录存回/取出信息的纯文本文件的扩展名称是(　　)。

A. lck　　B. txt　　C. dwt　　D. pdf

(3) 在站点地图中，要将本地文件夹中的文件上传到远程站点，应选择的按钮是(　　)。

A.　　B.　　C.　　D.

(4) 在站点地图中，要使用图形化的方式查看站点结构，应选择的按钮是(　　)。

A.　　B.　　C.　　D.

(5) 检查浏览器兼容性的选项是(　　)。

A. 搜索　　B. 验证　　C. 链接检查器　　D. 目标浏览器

(6) 要将站点上传到测试服务器上，可使用系统提供的(　　)功能，但不能使用(　　)功能。

A. 上传/获取　存回/取出　　B. 存回/取出　获取/上传

C. 获取/存回　上传/取出　　D. 上传/取出　获取/存回

(7) 以下文件不是规范的首页名是(　　)。

A. index.html　　B. default.html　　C. index.asp　　D. first.html

(8) 如果要在不同的机器上对站点进行操作，可以采用(　　)来快速设置站点。

A. 编辑　　B. 复制　　C. 导入/导出　　D. 删除

(9) 在“链接检查器”面板的“显示”下拉列表框中，包含3种可检查的链接类型，

(　　)选项不属于该下拉列表框。

A. 断掉的链接　　B. 外部链接　　C. 孤立文件　　D. 检查链接

2. 填空题

(1) 只有一个用户编辑远程网站中的文件时,可使用________命令将本地网站中编辑的文件更新至远程网络中。

(2) 当前网格空间根据是否支付费用,可分为两类________和________。

(3) 网站设计完成后,要使网络上的计算机能够访问到自己创建的网站,就必须把网站________到 Internet 上的 Web 服务器。

(4) 设计备注是 Dreamweaver CS6 与站点文件相关联的________,它存储于独立的文件中。这些文件都保存在________的文件夹中,文件的扩展名为________。

(5) 站点文件的存回/取出是通过一个带有________扩展名的________文件来记录的。

(6) Dreamweaver CS6 提供了两种站点的维护方法________和________。

(7) 目标浏览器的检查报告把所有兼容性错误都存在________文件中。

3. 问答题/上机练习

(1) 选择一个本地站点,测试站点的链接情况,并改正链接错误。

(2) 为创建的本地站点设置站点地图。

(3) 如何测试浏览器?

(4) 选择一个本地站,将它上传到远程服务器。

(5) 设置一个虚拟目录,并浏览结果。

(6) 到网络中申请一个免费空间,并上传个人创作的站点。

参考文献

[1] 孙永道，高欢. 网页设计与制作教程[M]. 北京：清华大学出版社，2011.
[2] 孙印杰，刘金广. Dreamweaver CS5 中文版实训教程[M]. 北京：电子工业出版社，2011.
[3] 前沿科技曾顺. 精通 CSS+DIV 网页样式与布局[M]. 北京：人民邮电出版社，2010.
[4] 赵雪峰. 网站设计师必知技能核心培训[M]. 北京：中国水利水电出版社，2007.
[5] 周峰，王征. Dreamweaver CS3 中文版经典实例教程[M]. 北京：电子工业出版社，2008.
[6] 薛凯. Dreamweaver CS3 入门·提高·精通[M]. 北京：机械工业出版社，2008.
[7] 郝军启. Dreamweaver CS3 网培训页设计与网站建设[M]. 北京：清华大学出版社，2007.
[8] 陈益材，朱文军. Dreamweaver CS3+ASP 网站建设实例详解[M]. 北京：人民邮电出版社，2008.
[9] Carmeron Adams，Jina Bolton，David Johnson，等. CSS 艺匠之门[M]. 张普含，李小群，译. 北京：人民邮电出版社，2008.
[10] 吴教育. Dreamweaver CS3 中文版实例教程[M]. 北京：人民邮电出版社，2008.